Lecture Notes in Mathematics

Edited by A. Dold and B. Eckmann

T0237250

592

Detlef Voigt

Induzierte Darstellungen in der Theorie der endlichen, algebraischen Gruppen

Springer-Verlag
Berlin · Heidelberg · New York 1977

Author
Detlef Voigt
Fakultät für Mathematik
Universität Bielefeld
Universitätsstraße
4800 Bielefeld 1/BRD

Library of Congress Cataloging in Publication Data

Voigt, Detlef, 1938-
Induzierte Darstellungen in der Theorie der endlichen, algebraischen Gruppen.

(Lecture notes in mathematics ; 592)
Bibliography: p.
Includes index.
1. Representations of groups. 2. Finite groups.
I. Title. II. Series: Lecture notes in mathematics (Berlin) : 592.
QA3.L28 no. 592 [QA171] 510'.8s [512'.2] 77-9895

AMS Subject Classifications (1970): 14L05, 14L20, 16A24, 16A64, 16A68, 17B50

ISBN 3-540-08251-4 Springer-Verlag Berlin · Heidelberg · New York
ISBN 0-387-08251-4 Springer-Verlag New York · Heidelberg · Berlin

Printed in Germany

Printing and binding: Beltz Offsetdruck, Hemsbach/Bergstr.
2141/3140-543210

VORWORT

Wir betrachten zwei endliche, algebraische Gruppen $G' \subset G$ über dem algebraisch abgeschlossenen Grundkörper k mit der Charakteristik $p > 0$ sowie einen endlich-dimensionalen G'-Modul M. Die den Gruppen zugeordneten Gruppenalgebren seien wie üblich durch $H(G') \subset H(G)$ bezeichnet.

In der vorliegenden Arbeit sollen einige Fragen untersucht werden, die die Struktur des induzierten G-Moduls $H(G) \otimes_{H(G')} M$ betreffen. Die beiden wichtigsten Ergebnisse sind die Sätze (9.11.) und (12.6) aus den Abschnitten II und III. Während der Satz 9.11. in bestimmten Situationen die aufsteigende Loewy-Reihe des G'-Moduls $H(G) \otimes_{H(G')} M$ beschreibt, liefert Satz 12.6. für bestimmte Fälle Informationen über den G-Endomorphismenring $\mathrm{End}_{H(G)}(H(G) \otimes_{H(G')} M)$ des induzierten G-Moduls $H(G) \otimes_{H(G')} M$.

Wegen ihres mehr technischen Charakters sind diese beiden Resultate und die mit ihnen zusammenhängenden Begriffe im zweiten und dritten Abschnitt der Arbeit zusammengefaßt worden, während einige mit ihrer Hilfe leicht zu erreichende Ergebnisse im ersten Abschnitt dieser Arbeit entwickelt werden sollen.

Herr Professor Peter Gabriel hat mich in die Theorie der endlichen Hopfalgebren eingeführt. Ihm verdanke ich die Anregung zu dieser Arbeit, deren Entstehung er mit warmer Anteilnahme und vielen Ratschlägen gefördert hat. Für alles, was ich in der Zeit unserer Zusammenarbeit von ihm gelernt und empfangen habe, möchte ich meinem verehrten Lehrer an dieser Stelle von Herzen Dank sagen.

Mein Dank gilt auch dem Sonderforschungsbereich Theoretische Mathematik an der Universität Bonn für die Unterstützung meiner Arbeit sowie den Sekretärinnen des Mathematischen Institutes Zürich für die Mühe und Sorgfalt, mit der sie sich meines Manuskriptes angenommen haben.

Inhaltsverzeichnis

INTRODUCTION

FINITE ALGEBRAIC GROUPS

0.1. The object of this introduction is to develop firstly the main lines of the most important concepts and results in the theory of finite algebraic groups for those readers who are not well acquainted with this theory in order to enable easier access to the following text. To a large extent we follow the representations given in [10] and [12], where the interested reader will find all details missing in this introduction. We shall sketch only the most important arguments in the proofs omitting the technical details, though on the other hand for didactical reasons we shall attach great importance to sufficiently motivate the concepts which partly seem to be somewhat sophisticated. The object of the second part of this introduction is to formulate the principal results of the present paper and to give some supplementary comments. In this connection we shall show at least the broad outlines of the methods used in the proofs.

0.2. So let us start with the concept of an affine, algebraic group. Let k be a ground field which we assume to be fixed for the following, and let $GL_n(k)$ be the group of invertible n×n-matrices with coefficients in k. As a first rough approximation we call a subgroup $G(k) \subset GL_n(k)$ an affine, algebraic group over k, if $G(k) \subset GL_n(k)$ can be defined by a system of polynomial conditions imposed to the matrix coefficients of its elements, i.e. more precisely if there exists a family $(f_\lambda(X_{i,j}))_{\lambda\in\Lambda} \subset k[X_{i,j}]_{1\leq i,j\leq n}$ in the ring of polynomials $k[X_{i,j}]_{1\leq i,j\leq n}$ in the n^2 indeterminates $X_{i,j}$ with $1\leq i,j\leq n$ such that the following equation holds:

$$G(k) = \{(\xi_{i,j}) \in GL_n(k) \mid f_\lambda(\xi_{i,j}) = 0 \quad \forall\lambda\in\Lambda\}.$$

0.3. In the sense of the provisorial definition the following subgroups of $GL_n(k)$ are affine, algebraic groups:

1) $GL_n(k) = \{(\xi_{i,j}) \in GL_n(k) \mid \sigma(\xi_{i,j}) = 0\}$

2) $SL_n(k) = \{(\xi_{i,j}) \in GL_n(k) \mid \det(\xi_{i,j})-1 = 0\}$

3) $O_n(k) = \{(\xi_{i,j}) \in GL_n(k) \mid \sum_i \xi_{i,j}\, \xi_{i,k} - \delta_{j,k} = 0 \quad \forall 1\leq j,k\leq n\}$

4) $SO_n(k) = SL_n(k) \cap O_n(k)$

$$= \{(\xi_{i,j}) \in GL_n(k) \mid \sum_i \xi_{i,j}\, \xi_{i,k} - \delta_{j,k} = 0 \quad \forall 1 \leq j,k \leq n$$
$$\text{and } \det(\xi_{i,j}) - 1 = 0\}$$

5) $T_n(k) = \{(\xi_{i,j}) \in GL_n(k) \mid \xi_{i,j} = 0 \quad \forall i<j;\ 1 \leq i,j \leq n\}$

6) $U_n(k) = \{(\xi_{i,j}) \in GL_n(k) \mid \xi_{i,j} = 0 \quad \forall i<j;\ 1 \leq i,j \leq n$
$$\text{and } \xi_{i,i} - 1 = 0 \quad \forall 1 \leq i \leq n\}$$

7) $D_n(k) = \{(\xi_{i,j}) \in GL_n(k) \mid \xi_{i,j} = 0 \quad \forall i \neq j;\ 1 \leq i,j \leq n\}$

In example 2), let $\det(\xi_{i,j})$ denote the determinant of the matrix $(\xi_{i,j})$ and in 3) and 4) let $\delta_{j,k}$ denote Kronecker's symbol of the pair (j,k) as usual.

0.4. Obviously we do not change anything, if we replace in our provisorial definition as given in 0.2 above the family of polynomials $(f_\lambda(X_{i,j}))_{\lambda\in\Lambda} \subseteq k[X_{i,j}]_{1 \leq i,j \leq n}$ by the ideal $J \subset k[X_{i,j}]_{1 \leq i,j \leq n}$ which is generated by this family in the polynomial ring $k[X_{i,j}]_{1 \leq i,j \leq n}$:

$$J = \sum_{\lambda\in\Lambda} f_\lambda \; k[X_{i,j}]$$

So the defining equation of 0.2 for $G(k) \subset GL_n(k)$ goes over into:

$$G(k) = \{(\xi_{i,j}) \in GL_n(k) \mid f(\xi_{i,j}) = 0 \quad \forall f \in J\}$$

For aesthetical reasons we shall assume in the following that the affine, algebraic group $G(k) \subset GL_n(k)$ is always defined by a polynomial ideal $J \subset k[X_{i,j}]_{1 \leq i,j \leq n}$.

0.5. Incidentally please note that in the sense of our provisorial definition as given in 0.2 above, any finite abstract group Γ can be considered as an affine, algebraic group. In fact there exists for sufficiently large $n \in \mathbb{N}$ an injective group homomorphism:

$$\Phi : \Gamma \longrightarrow GL_n(k).$$

For $\gamma \in \Gamma$ let $\Phi_{i,j}(\gamma)$ denote the coefficient of the i-th row, j-th column of the invertible n×n-matrix $\Phi(\gamma) \in GL_n(k)$. We now consider the maximal ideal $M_\gamma \subset k[X_{i,j}]$ in the polynomial ring $k[X_{i,j}]$, which is generated by the linear polynomials $(X_{i,j} - \Phi_{i,j}(\gamma))$:

$$M_\gamma = \sum_{1\leq i,j\leq n} (X_{i,j}-\Phi_{i,j}(\gamma))\cdot k[X_{i,j}] \ ; \ \gamma \in \Gamma.$$

Then we obviously obtain the following equation:

$$8) \quad \Phi(\Gamma) = \{(\xi_{i,j}) \in GL_n(k) \mid f(\xi_{i,j}) = 0 \quad \forall f \in \prod_{\gamma\in\Gamma} M_\gamma\}$$

0.6. Now it is a wellknown phenomenon, that the set of zeros of a polynomial ideal may increase, if the ground field k is replaced by a suitable extension of k. As an example let us consider the affine, algebraic group $G(\mathbb{R}) \subset GL_2(\mathbb{R})$ over the field of real numbers $k = \mathbb{R}$, which is defined by the equation:

$$G(\mathbb{R}) = \{(\xi_{i,j}) \in GL_2(\mathbb{R}) \mid \xi_{i,j} = 0 \quad \forall i\neq j,\ 1\leq i,j\leq 2, \text{ and } \xi_{i,i}^3 = 1 \quad \forall 1\leq i\leq 2\}$$

Then obviously we have:

$$G(\mathbb{R}) = \{\begin{pmatrix}1 & 0\\ 0 & 1\end{pmatrix}\}$$

But if we consider the affine, algebraic group defined by the same system of polynomial equations over the field of complex numbers $k = \mathbb{C}$, then we obtain the equation:

$$G(\mathbb{C}) = \{(\xi_{i,j}) \in GL_2(\mathbb{C}) \mid \xi_{i,j} = 0 \quad \forall i\neq j,\ 1\leq i,j\leq 2, \text{ and } \xi_{i,i}^3 = 1 \quad \forall 1\leq i\leq 2\} \xrightarrow{\sim} \mathbb{Z}/3\mathbb{Z} \amalg \mathbb{Z}/3\mathbb{Z}$$

The following example however shows that it is not possible to evade the difficulties which arise above by restricting oneself to algebraically closed ground fields. Let k be any ground field of characteristic p>0. We consider in $GL_2(k)$ the affine algebraic group:

$$G(k) = \{(\xi_{i,j}) \in GL_2(k) \mid \xi_{11} = 1 = \xi_{22},\ \xi_{21}=0,\ \xi_{12}^p = 0\}$$

Obviously we obtain:

$$G(k) = \{\begin{pmatrix}1 & 0\\0 & 1\end{pmatrix}\}$$

But if we consider for any commutative k-algebra R the subgroup $G(R) \subset GL_2(R)$ in the group $GL_2(R)$ of invertible 2×2-matrices with coefficients in R, which is defined by the same system of polynomial equations, then we obtain the isomorphism:

$$G(R) = \{(\xi_{i,j}) \in GL_2(R) \mid \xi_{11} = 0 = \xi_{22},\ \xi_{21} = 0,\ \xi_{12}^p = 0\}$$

$$\xrightarrow{\sim} \{\xi \in R \mid \xi^p = 0\}$$

where the term $\{\xi \in R \mid \xi^p = 0\}$ becomes a group by the addition defined in R. So, for example, if we put $R = k[X]/(X^2)$, then we obtain the isomorphism:

$$G(k[X]/(X^2)) \xrightarrow{\sim} k^+$$

where k^+ may denote the additive group of the ground field k.

0.7. The above observations lead us to refine the original definition of an affine, algebraic group by examining the set of zeros of the defining polynomial ideal $J \subset k[X_{i,j}]$ in all matrix groups $GL_n(R)$, where R runs through the category of all commutative k-algebras. We try to formulate this idea more precisely obtaining the following refined version of the concept of an affine, algebraic group:

Let M_k denote the category of all commutative k-algebras and let G_r denote the category of all groups. Let $GL_n : M_k \longrightarrow G_r$ be the group valued functor on M_k, which assigns to any commutative k-algebra $R \in M_k$ the group $GL_n(R) \in G_r$ of invertible n×n-matrices with coefficients in R. We call a subgroup functor $G \subset GL_n$ an affine, algebraic group over k, if there exists a polynomial ideal $J \subset k[X_{i,j}]$ such that the following equation holds:

$$G(R) = \{(\xi_{i,j}) \in GL_n(R) \mid f(\xi_{i,j}) = 0 \quad \forall f \in J\} \qquad \forall R \in M_k$$

0.8. Obviously the examples 1)-7) of 0.3. above are affine algebraic groups, also in the sense of the refined definition as given in 0.7., because the polynomial conditions imposed to the matrix coefficients yield for any $R \in M_k$ subgroups in $GL_n(R)$. Only example 8) in 0.5. of a finite, abstract group requires a more detailed study:

Let $M_n(R)$ denote the ring of n×n-matrices with coefficients in the commutative k-algebra R. Then, as is well known, the elements of the set

$$\{(\xi_{i,j}) \in M_n(R) \mid f(\xi_{i,j}) = 0 \quad \forall f \in \prod_{\gamma\in\Gamma} M_\gamma\}$$

correspond bijectively to the k-algebra homomorphisms from $k[X_{i,j}]$ to R annihilating the ideal $\prod_{\gamma\in\Gamma} M_\gamma$. Now the ideal $\prod_{\gamma\in\Gamma} M_\gamma = \bigcap_{\gamma\in\Gamma} M_\gamma$ is the kernel of the surjective k-algebra homomorphism:

$$\pi : k[X_{i,j}] \longrightarrow k^\Gamma$$

described by the equation:

$$\pi(X_{i,j}) = (\Phi_{i,j}(\gamma))_{\gamma\in\Gamma} \in k^\Gamma \qquad \forall\, 1 \leq i,j \leq n$$

This remark yields immediately a bijective mapping φ from the set

$$\{(e_\gamma)_{\gamma\in\Gamma} \subset R^\Gamma \mid \sum_{\gamma\in\Gamma} e_\gamma = 1 \text{ and } e_{\gamma_1} \cdot e_{\gamma_2} = 0 \quad \forall \gamma_1 \neq \gamma_2 ; \gamma_1, \gamma_2 \in \Gamma\}$$

onto the set

$$\{(\xi_{i,j}) \in M_n(R) \mid f(\xi_{i,j}) = 0 \quad \forall f \in \prod_{\gamma\in\Gamma} M_\gamma\}$$

which is determined by the equation:

$$\varphi((e_\gamma)_{\gamma\in\Gamma}) = \sum_{\gamma\in\Gamma} \Phi(\gamma) \cdot e_\gamma \in M_n(R).$$

From these remarks we derive without any difficulties that the above set of matrices defined by the ideal $\prod_{\gamma\in\Gamma} M_\gamma$ is a subgroup of $GL_n(R)$.

<u>0.9.</u> Now we wish to consider functions on affine, algebraic groups. For our subsequent purposes it will be advantageous to define more generally the concept of a function for set-valued functors on the category of commutative k-algebras.

So let $X : M_k \longrightarrow Se$ be any functor from the category of commutative k-algebras M_k into the category of sets Se. A function f on X is by definition a family of maps:

$$(f(R):X(R) \longrightarrow R)_{R\in M_k}$$

such that for any k-algebra homomorphism $(u : R \longrightarrow S) \in M_k$ the following diagram becomes commutative:

$$\begin{array}{ccc} X(R) & \xrightarrow{f(R)} & R \\ {\scriptstyle X(u)}\downarrow & & \downarrow{\scriptstyle u} \\ X(S) & \xrightarrow{f(S)} & S \end{array}$$

Now let f, g be two functions on X. We define the sum f + g, the product fg and the scalar multiple $\lambda\cdot f$ for $\lambda\in k$ by the equations:

$$(f+g)(R)(\xi) = f(R)(\xi)+g(R)(\xi) \quad \forall R \in M_k;\ \xi \in X(R)$$

$$(f\cdot g)(R)(\xi) = f(R)(\xi)\cdot g(R)(\xi) \quad \forall R \in M_k;\ \xi \in X(R)$$

$$(\lambda\cdot f)(R)(\xi) = \lambda\cdot f(R)(\xi) \quad \forall R \in M_k;\ \xi \in X(R)$$

Obviously the functions on X form a commutative k-algebra, which we shall denote by $\mathcal{O}_k(X)$. If no confusion is possible, we shall often write $\mathcal{O}(X)$ instead of $\mathcal{O}_k(X)$. The identy element (or zero element, respectively) of this algebra is the "constant function" on X given by the element $1 \in k$ (or $o \in k$, respectively).

<u>0.10.</u> Now let $G \subset GL_n$ be an affine, algebraic group in the sense of 0.7., i.e.

$$G(R) = \{(\xi_{i,j}) \in GL_n(R) \mid f(X_{i,j}) = 0 \quad \forall f \in J\} \ \forall R \in M_k$$

Next we put:

$$k[X_{i,j}]_{det} = \{f(X_{i,j})/\det(X_{i,j})^n \in k(X_{i,j}) \mid \forall f(X_{i,j}) \in k[X_{i,j}],\ n \in \mathbb{N}\}$$

where $\det(X_{i,j})$ may denote the determinant of the n×n-matrix $(X_{i,j})$.

Then there exists a canonical isomorphism of k-algebras:

$$\Psi : k[X_{i,j}]_{\det} / J\cdot k[X_{i,j}]_{\det} \xrightarrow{\sim} \mathcal{O}(G),$$

which is defined by the following equation:

$$\Psi(\overline{f(X_{i,j})/\det(X_{i,j})^n})(R)((\xi_{i,j})) = f(\xi_{i,j})/\det(\xi_{i,j})^n$$

$$\forall\ (\xi_{i,j}) \in G(R),\ R \in M_k$$

In the above equation $\overline{f(X_{i,j})/\det(X_{i,j})^n}$ denotes the residue class of the element $f(X_{i,j})/\det(X_{i,j})^n$ in the residue class algebra $k[X_{i,j}]_{\det} / J\cdot k[X_{i,j}]_{\det}$ as usual. In fact, one verifies easily, that the k-algebra homomorphism

$$\varphi : \mathcal{O}(G) \longrightarrow k[X_{i,j}]_{\det} / J\cdot k[X_{i,j}]_{\det}$$

given by the equation:

$$\varphi(f) = f(k[X_{i,j}]_{\det} / J\cdot k[X_{i,j}]_{\det})((\overline{X_{i,j}})),$$

is the inverse of Ψ. In this equation $\overline{X_{i,j}}$ denotes again the residue class of $X_{i,j}$ in $k[X_{i,j}]_{\det} / J\cdot k[X_{i,j}]_{\det}$.

0.11. The observations made above in 0.10. especially yield the important fact, that the function algebra $\mathcal{O}(G)$ of the affine, algebraic group G determines G considered as a set valued functor up to isomorphism. In fact, if we denote for any two k-algebras $R, S \in M_k$ the set of k-algebra homomorphisms from R to S by $M_k(R,S)$, then we obtain because of 0.10. the canonical bijective mapping:

$$M_k(\mathcal{O}(G), S) \xrightarrow{\sim} M_k(k[X_{i,j}]_{\det} / J\cdot k[X_{i,j}]_{\det}, S) \xrightarrow{\sim} G(S)$$

which is functorial in $S \in M_k$.

0.12. Let us now consider the functors of the form $M_k(R,?)$ more exactly. For $R \in M_k$ we shall denote the functor $M_k(R,?)$ also by $Sp_k(R)$ or, if no confusion is possible, by $Sp(R)$. So this convention yields:

$$Sp_k(R)(S) = M_k(R, S) \quad \forall R, S \in M_k$$

A set valued functor X on M_k which is of the form $X \xrightarrow{\sim} Sp_k(R)$ with $R \in M_k$ is called a representable functor on M_k.

Now, as is well-known, the full subcategory of all representable functors in the category of all set valued functors on M_k is equivalent to the dual category of M_k.

In fact, we have for any $R \in M_k$ the isomorphism of k-algebras

$$\varphi : R \xrightarrow{\sim} \mathcal{O}(Sp(R))$$

given by the equation:

$$\varphi(\rho)(S)(\eta) = \eta(\rho) \quad \forall \rho \in R,\ S \in M_k,\ \eta \in Sp(R)(S) = M_k(R,S).$$

Obviously φ is functorial in R. The inverse of φ

$$\psi : \mathcal{O}(Sp(R)) \xrightarrow{\sim} R$$

is given by the equation

$$\psi(f) = f(R)(id_R) \quad \forall f \in \mathcal{O}(Sp(R)).$$

On the other hand there is a canonical functor morphism for any set valued functor X on M_k:

$$\chi : X \longrightarrow Sp(\mathcal{O}(X))$$

given by the equation

$$\chi(S)(\xi)(f) = f(S)(\xi) \quad \forall S \in M_k,\ \xi \in X(S),\ f \in \mathcal{O}(X)$$

Obviously χ is functorial in X. For X = Sp(R) with $R \in M_k$ we obtain the equation:

$$Sp(\varphi) \circ \chi = id_{Sp(R)}$$

This means that for representable functors X the functor morphism χ becomes an isomorphism. Summarizing we have that the functor $Sp_k(?)$ induces an equivalence from the dual category of M_k onto the category of all representable functors on M_k. The functor $\mathcal{O}_k(?)$ is the quasi-inverse of $Sp_k(?)$ (see [10], chap.I, §1, for further details).

0.13. By these considerations we are lead to the following definite version of the concept of an affine, algebraic group:

A group valued functor $G : M_k \longrightarrow Gr$ on the category of commutative k-algebras M_k is called an affine, algebraic group if G, considered as a set valued functor, is representable by a finitely generated, commutative k-algebra.

This definition has the advantage, compared with the previous one, that we get rid of the onerous restriction to consider the affine, algebraic groups as subgroups of the full linear group.

Because of 0.11. it is clear that the affine, algebraic groups in the sense of our improved provisorial definition, as given in 0.7 above, are also affine, algebraic groups in the sense of our definite definition.

But the converse is also true:

Any affine, algebraic group in the sense of our definite definition is isomorphic to a subgroup functor of GL_n, which is defined by a polynomial ideal $J \subset k[X_{i,j}]$ as explained in 0.7. above. (see [10], chap.II, §2, nº 3 for further details).

0.14. Let G be an affine, algebraic group. As G, considered as a set valued functor is determined up to isomorphism by the function algebra $\mathcal{O}(G)$, it seems natural to ask how one could describe the group structure on the set valued functor G by an appropriate additional structure on $\mathcal{O}(G)$. Before answering this question we want to give some preparing comments.

It is fully clear by our definitions that the indication of a morphism in set valued functors

$$e : Sp_k(k) \longrightarrow X$$

is equivalent to the indication of a family

$$(e_R)_{R\in M_k} \text{ with } e_R \in X(R) \quad \forall\, R \in M_k$$

such that the following condition is satisfied:

$$X(u)(e_R) = e_S. \quad \forall\ (u : R \to S) \in M_k$$

On the other hand a family $(e_R)_{R \in M_k}$ with the above property is uniquely determined by the element $e_k \in X(k)$. So we obtain that the functor morphisms $e : Sp_k(k) \longrightarrow X$ correspond bijectively to the elements of the set $X(k)$. Finally we remark the k-algebra homomorphism

$$\mathcal{O}_k(e) : \mathcal{O}_k(X) \longrightarrow \mathcal{O}_k(Sp_k(k)) \xrightarrow{\sim} k$$

induced by e is given by the equation:

$$\mathcal{O}(e)(f) = f(k)(e_k) \quad \forall\ f \in \mathcal{O}_k(X).$$

If, on the other hand, A, B $\in M_k$ are two commutative k-algebras, then by the universal property of the tensor product $A \otimes_k B$ we obtain a canonical isomorphism in set valued functors:

$$Sp_k(A \otimes_k B) \xrightarrow{\sim} Sp_k(A) \amalg Sp_k(B)$$

Since the functor $\mathcal{O}_k(?)$ induces an equivalence from the category of representable functors onto the dual category of M_k, the above relation gives us an isomorphism for representable functors $X = Sp(A)$, $Y = Sp(B)$

$$\mathcal{O}_k(X) \otimes_k \mathcal{O}_k(Y) \xrightarrow{\sim} \mathcal{O}_k(X \amalg Y).$$

Under this isomorphism the element $f \otimes g \in \mathcal{O}_k(X) \otimes_k \mathcal{O}_k(Y)$ goes over into a function on $X \pi Y$, which is defined by the equation:

$$(f \otimes g)(R)(\xi,\eta) = f(R)(\xi)\cdot g(R)(\eta) \quad \forall\ R \in M_k,\ (\xi,\eta) \in X(R) \pi Y(R).$$

0.15. Now let G be an affine, algebraic group, that means a set-valued representable functor on M_k equipped with an additional group structure. This group structure on the set valued functor G consists of three data:

1) A functor morphism $m_G : G\pi G \longrightarrow G$ defining the composition law in the group G(R) for all $R \in M_k$.

2) A functor morphism $e_G : Sp_k(k) \longrightarrow G$ determining the identity element $e_{G(R)}$ in the group G(R) for all $R \in M_k$.

3) A functor morphism $s_G : G \longrightarrow G$ describing the transition to the inverse in the group G(R) for all $R \in M_k$.

These three functor morphism are subject to the condition that the following three diagrams become commutative:

I)
$$\begin{array}{ccc} G \pi G \pi G & \xrightarrow{m_G \pi G} & G \pi G \\ \downarrow{\scriptstyle G\pi m_G} & & \downarrow{\scriptstyle m_G} \\ G \pi G & \xrightarrow[m_G]{} & G \end{array}$$

II)
$$\begin{array}{ccccc} Sp_k(k) \pi G & \xrightarrow{e_G \pi G} & G \pi G & \xleftarrow{G \pi e_G} & G \pi Sp_k(k) \\ & {\scriptstyle can.}\,\searrow\,{\scriptstyle \cong} & \downarrow{\scriptstyle m_G} & {\scriptstyle \cong}\,\swarrow\,{\scriptstyle can.} & \\ & & G & & \end{array}$$

III)
$$\begin{array}{ccccc} G & \xrightarrow{diag.} & G \pi G & \xrightarrow{G\pi s_G} & G \pi G \\ \downarrow{\scriptstyle can.} & & & & \downarrow{\scriptstyle m_G} \\ Sp_k(k) & & \xrightarrow[e_G]{} & & G \end{array}$$

where diag. may denote the diagonal morphism and can the obvious canonical morphismus in set-valued functors.

Now let us put:

1) $\Delta_{\mathcal{O}(G)} = \mathcal{O}(m_G) : \mathcal{O}(G) \longrightarrow \mathcal{O}(G\pi G) \cong \mathcal{O}(G) \underset{k}{\otimes} \mathcal{O}(G)$

2) $\varepsilon_{\mathcal{O}(G)} = \mathcal{O}(e_G) : \mathcal{O}(G) \longrightarrow \mathcal{O}(Sp_k(k)) \cong k$

3) $\sigma_{\mathcal{O}(G)} = \mathcal{O}(s_G) : \mathcal{O}(G) \longrightarrow \mathcal{O}(G)$

Because of the remarks made above in 0.14. these three algebra homomorphisms can be described by the following equations:

1') $\Delta_{\mathcal{O}(G)}(f)(R)((\xi,\eta)) = f(R)(\xi\cdot\eta) \;\; \forall(\xi,\eta) \in G(R)\pi G(R),$
$R \in M_k,\; f \in \mathcal{O}(G)$

2') $\varepsilon_{\mathcal{O}(G)}(f) \;=\; f(k)(e_{G(k)}) \qquad \forall\, f \in \mathcal{O}(G)$

3') $\sigma_{\mathcal{O}(G)}(f)(R)(\xi) = f(R)(\xi^{-1}) \qquad \forall\, \xi \in G(R),\; R \in M_k,\; f \in \mathcal{O}(G)$

Next we apply the functor $\mathcal{O}(?)$ to the diagrams I, II, III obtaining the three commutative diagrams in M_k

I')
$$\begin{array}{ccc}
\mathcal{O}(G)\underset{k}{\otimes}\mathcal{O}(G)\underset{k}{\otimes}\mathcal{O}(G) & \xleftarrow{\;\Delta_{\mathcal{O}(G)}\underset{k}{\otimes}\mathcal{O}(G)\;} & \mathcal{O}(G)\underset{k}{\otimes}\mathcal{O}(G) \\
\uparrow{\scriptstyle \mathcal{O}(G)\underset{k}{\otimes}\Delta_{\mathcal{O}(G)}} & & \uparrow{\scriptstyle \Delta_{\mathcal{O}(G)}} \\
\mathcal{O}(G)\underset{k}{\otimes}\mathcal{O}(G) & \xleftarrow{\;\Delta_{\mathcal{O}(G)}\;} & \mathcal{O}(G)
\end{array}$$

II')
$$\begin{array}{ccccc}
k\underset{k}{\otimes}\mathcal{O}(G) & \xleftarrow{\;\varepsilon_{\mathcal{O}(G)}\otimes\mathcal{O}(G)\;} & \mathcal{O}(G)\underset{k}{\otimes}\mathcal{O}(G) & \xrightarrow{\;\mathcal{O}(G)\otimes\varepsilon_{\mathcal{O}(G)}\;} & \mathcal{O}(G)\underset{k}{\otimes}k \\
& {\scriptstyle \text{can.}}\;\nwarrow\!\sim & \uparrow{\scriptstyle \Delta_{\mathcal{O}(G)}} & \sim\!\nearrow\;{\scriptstyle \text{can.}} & \\
& & \mathcal{O}(G) & &
\end{array}$$

$$\text{III}')\quad \begin{array}{ccccc} \mathcal{O}(G) & \xleftarrow{\;m_{\mathcal{O}(G)}\;} & \mathcal{O}(G)\underset{k}{\otimes}\mathcal{O}(G) & \xleftarrow{\;\mathcal{O}(G)\otimes\sigma_{\mathcal{O}(G)}\;} & \mathcal{O}(G)\underset{k}{\otimes}\mathcal{O}(G) \\ \uparrow{\scriptstyle \text{can.}} & & & & \uparrow{\scriptstyle \Delta_{\mathcal{O}(G)}} \\ k & & \xleftarrow{\qquad\qquad\varepsilon_{\mathcal{O}(G)}\qquad\qquad} & & \mathcal{O}(G) \end{array}$$

where $m_{\mathcal{O}(G)} = \mathcal{O}(\mathrm{diag})$ can be described by the equation:

$$m_{\mathcal{O}(G)}(f\underset{k}{\otimes}h) = f\cdot h \qquad \forall\ f,h \in \mathcal{O}(G)$$

and can denotes again the obvious canonical algebra morphisms.

A commutative k-algebra A together with k-algebra homomorphisms $\Delta_A : A \longrightarrow A\underset{k}{\otimes}A$, $\varepsilon_A : A \longrightarrow k$, $\sigma_A : A \longrightarrow A$, such that the above three diagrams I', II', III' become commutative if $\mathcal{O}(G)$ is subsituted by A is called a bigebra (see [10], chap II, §1 for further details). To sum up the preceding observations we can formulate the following result:

The functor $\mathcal{O}(?)$ induces an equivalence from the category of affine, algebraic groups over k onto the dual category of the category of all bigebras over k, which considered as commutative k-algebras are finitely generated over k.

0.16. Let us now consider some examples of affine algebraic groups and their associated bigebras.

1) $G = GL_n$; $\mathcal{O}(G) = k[X_{i,j}]_{\det}$

$\Delta_{\mathcal{O}(G)}(X_{i,j}) = \sum\limits_{\ell} X_{i,\ell}\otimes X_{\ell,j}$; $\varepsilon_{\mathcal{O}(G)}(X_{i,j}) = \delta_{i,j}$

$\sigma_{\mathcal{O}(G)}(X_{i,j}) = \det(X_{i,j})^{-1}\, V_{i,j}$

where $V_{i,j}$ is the determinant of the matrix $(U_{\ell,k})_{1\le\ell,k\le n}$, which is given by the equations:

$U_{\ell,k} = X_{\ell,k}$ $\quad\forall\ 1\le\ell,\ k\le n$ such that $\ell\neq j$.

$U_{\ell,k} = 0$ $\quad\forall\ 1\le\ell,\ k\le n$ such that $\ell=j$ and $k\neq i$.

$U_{j,i} = 1$

2) $G = SL_n$, $G = O_n$, $G = SO_n$, $G = T_n$, $G = U_n$, $G = D_n$.

In any case we obtain

$$\mathcal{O}(G) = k[X_{i,j}]_{\det}/J\cdot k[X_{i,j}]_{\det}$$

where an appropriate system of generators for the polynomial ideal $J \subset k[X_{i,j}]$ can be taken directly from the examples 2)-7) given in 0.3. above. If $f \in k[X_{i,j}]_{\det}$ is an element in the ring of fractions $k[X_{i,j}]_{\det}$ we denote again by $\overline{f}$ the residue class in the residue class ring $k[X_{i,j}]_{\det}/J\cdot k[X_{i,j}]_{\det}$. Then we obtain in all cases for the associated bigebras the following formulas:

$$\Delta_{\mathcal{O}(G)}(\overline{X_{i,j}}) = \sum_{\ell} \overline{X_{i,\ell}} \otimes \overline{X_{\ell,j}} \quad ; \quad \varepsilon_{\mathcal{O}(G)}(\overline{X_{i,j}}) = \delta_{i,j}$$

$$\sigma_{\mathcal{O}(G)}(\overline{X_{i,j}}) = \overline{\det(X_{i,j})^{-1} \cdot V_{i,j}}$$

3) $G = \alpha_k$. As a functor α_k is defined by the equation

$$\alpha_k(R) = \text{additive group of } R = R^+ \quad \forall\, R \in M_k.$$

Obviously we have an isomorphism in set-valued functors

$$G \xrightarrow{\sim} Sp_k(k[T])$$

This yields a k-algebra isomorphism (see 0.12.)

$$\mathcal{O}(G) \xrightarrow{\sim} k[T]$$

together with the following formulas describing the bigebra structure on $\mathcal{O}(G)$:

$$\Delta_{\mathcal{O}(G)}(T) = T \otimes 1 + 1 \otimes T \quad ; \quad \varepsilon_{\mathcal{O}(G)}(T) = 0$$

$$\sigma_{\mathcal{O}(G)}(T) = -T.$$

4) $G = \mu_k$. As a functor μ_k is defined by the equation

$$\mu_k(R) = \text{group of units in } R = R^* \quad \forall\, R \in M_k$$

Obviously we have an isomorphism in set valued functors:

$$G \xrightarrow{\sim} Sp_k(k[T,T^{-1}])$$

This yields a k-algebra isomorphism (see 0.12.):

$$\mathcal{O}(G) \xrightarrow{\sim} k[T,T^{-1}]$$

together with the following formulas describing the bigebra structure on $\mathcal{O}(G)$:

$$\Delta_{\mathcal{O}(G)}(T) = T \otimes T \quad ; \quad \varepsilon_{\mathcal{O}(G)}(T) = 1$$

$$\sigma_{\mathcal{O}(G)}(T) = T^{-1}$$

5) Now let k be a field of characteristic p>o.

$G = {}_{p^n}\alpha_k$. As a functor ${}_{p^n}\alpha_k$ is defined ba the equation

$${}_{p^n}\alpha_k(R) = \{\xi \in R \mid \xi^{p^n} = o\} \quad \forall R \in M_k$$

In this equation the term $\{\xi \in R \mid \xi^{p^n} = o\}$ becomes a group by the addition defined in R. Obviously we have an isomorphism in set valued functors:

$$G \xrightarrow{\sim} Sp_k(k[T]/(T^{p^n}))$$

This yields a k-algebra isomorphism (see 0.12):

$$\mathcal{O}(G) \xrightarrow{\sim} k[T]/(T^{p^n})$$

together with the following formulas describing the bigebra structure on $\mathcal{O}(G)$:

$$\Delta_{\mathcal{O}(G)}(\overline{T}) = \overline{T} \otimes 1 + 1 \otimes \overline{T} \quad ; \quad \varepsilon_{\mathcal{O}(G)}(\overline{T}) = 0$$

$$\sigma_{\mathcal{O}(G)}(\overline{T}) = -\overline{T}$$

where $\overline{T}$ denotes again the residue class in the residue class algebra $k[T]/(T^{p^n})$.

6) Let again k be a field of characteristic p>o.

$G = {}_{p^n}\mu_k$. As a functor G is defined by the equation:

$$G(R) = \{\xi \in R \mid \xi^{p^n} = 1\} \quad \forall R \in M_k$$

In this equation the term $\{\xi \in R \mid \xi^{p^n} = 1\}$ becomes a group by the multiplication defined in R. Obviously we have an isomorphism in set-valued functors:

$$G \xrightarrow{\sim} Sp_k(k[T]/(T^{p^n} - 1)$$

This yields a k-algebra homomorphism (see 0.12):

$$\mathcal{O}(G) \xrightarrow{\sim} k[T]/(T^{p^n} -1)$$

together with the following formulas describing the bigebra structure on $\mathcal{O}(G)$:

$$\Delta_{\mathcal{O}(G)}(\overline{T}) = \overline{T} \otimes \overline{T} \quad ; \quad \varepsilon_{\mathcal{O}(G)}(\overline{T}) = 1$$

$$\sigma_{\mathcal{O}(G)}(\overline{T}) = \overline{T}^{-1}$$

where $\overline{T}$ denotes again the residue class in the residue class ring $k[T]/(T^{p^n} -1)$.

7) Next let Γ be an abstract, finite group.

$G = \Gamma_k$. As a functor Γ_k is defined by the equation:

$$\Gamma_k(R) = \{(e_\gamma)_{\gamma\in\Gamma} \in R^\Gamma \mid \sum_{\gamma\in\Gamma} e_\gamma = 1 \text{ and } e_{\gamma_1} \cdot e_{\gamma_2} = o \quad \forall_{\gamma_1 \neq \gamma_2}, \ \gamma_1, \gamma_2 \in \Gamma\}$$

where the product

$$(e_\gamma)_{\gamma\in\Gamma} \cdot (f_\gamma)_{\gamma\in\Gamma} = (h_\gamma)_{\gamma\in\Gamma}$$

is obtained by the rule:

$$h_\gamma = \sum_{\gamma_1 \cdot \gamma_2 = \gamma} e_{\gamma_1} \cdot f_{\gamma_2} \qquad \forall \gamma \in \Gamma$$

Because of the considerations in 0.8. above we see, that Γ_k is up to isomorphism the subgroup functor of GL_n defined by the polynomial ideal $\prod_{\gamma\in\Gamma} M_\gamma \subset k[X_{i,j}]$. Therefore Γ_k must be an affine, algebraic group over k. One verifies easily (see 0.17. below):

$$\mathcal{O}(G) \xrightarrow{\sim} k^\Gamma$$

Using the canonical identification

$$k^\Gamma \underset{k}{\otimes} k^\Gamma \xrightarrow{\sim} k^{\Gamma\pi\Gamma}$$

we obtain the following formulas describing the bigebra structure on $\mathcal{O}(G)$ (see 0.17.):

$$\Delta_{\mathcal{O}(G)}((r_\gamma)_{\gamma\in\Gamma}) = (r_{\gamma_1\gamma_2})_{(\gamma_1,\gamma_2)\in\Gamma\pi\Gamma} \quad \forall\ (r_\gamma)_{\gamma\in\Gamma} \in k^\Gamma .$$

$$\varepsilon_{\mathcal{O}(G)}((r_\gamma)_{\gamma\in\Gamma}) = r_{1_\Gamma} \quad \text{where } 1_\Gamma \text{ denotes the identity element of } \Gamma.$$
$$\forall\ (r_\gamma)_{\gamma\in\Gamma} \in k^\Gamma$$

$$\sigma_{\mathcal{O}(G)}((r_\gamma)_{\gamma\in\Gamma}) = (r_{\gamma^{-1}})_{\gamma\in\Gamma} \quad \forall\ (r_\gamma)_{\gamma\in\Gamma} \in k^\Gamma.$$

<u>0.17.</u> We shall give some more explanations with respect to the above example 7) of 0.16. We consider for an arbitrary finite set Γ the set-valued functor Γ_k defined by the equation:

$$\Gamma_k(R) = \{(e_\gamma)_{\gamma\in\Gamma} \in R^\Gamma \mid \sum_{\gamma\in\Gamma} e_\gamma = 1 \text{ and } e_{\gamma_1}\cdot e_{\gamma_2} = 0 \ \ \forall\ \gamma_1 \neq \gamma_2\ ;\ \gamma_1,\gamma_2 \in \Gamma\}$$
$$\forall\ R \in M_k$$

Obviously we have an isomorphism in set-valued functors:

$$Sp_k(k^\Gamma) \xrightarrow{\sim} \Gamma_k$$

Next we state, that there is a canonical bijective mapping:

$$i : \Gamma \xrightarrow{\sim} \Gamma_k(k)$$

defined by the equation

$$i(\eta) = (\delta_{\eta,\gamma})_{\gamma\in\Gamma} \quad \forall\, \eta \in \Gamma$$

where $\delta_{\eta,\gamma}$ is given by:

$$\delta_{\eta,\eta} = 1 \text{ and } \delta_{\eta,\gamma} = 0 \quad \forall\, \gamma \in \Gamma \text{ such that } \gamma \neq \eta.$$

In the sequel we shall identify Γ and $\Gamma_k(k)$ by means of i. Now let X be an arbitrary set-valued functor von M_k. Then the Yoneda lemma yields a canonical bijective mapping

$$M_k S(\Gamma_k, X) \xrightarrow{\sim} X(k^{\Gamma})$$

where $M_k S(\Gamma_k, X)$ denotes the set of all morphisms in set-valued functors from Γ_k to X. If $X = Sp_k(A)$ is a representable functor, then because of

$$X(k^{\Gamma}) \xrightarrow{\sim} X(k)^{\Gamma}$$

we obtain a bijective mapping:

$$\varphi : M_k S(\Gamma_k, X) \xrightarrow{\sim} X(k)^{\Gamma}$$

which is determined by the equation:

$$\varphi(f) = (f(k)(i(\gamma)))_{\gamma\in\Gamma} \quad \forall\, f \in M_k S(\Gamma_k, X)$$

Now let Γ_1, Γ_2 be any two finite sets. Then the canonical isomorphism in k-algebras:

$$\psi : k^{\Gamma_1} \underset{k}{\otimes} k^{\Gamma_2} \xrightarrow{\sim} k^{\Gamma_1 \pi \Gamma_2}$$

which is defined by the equation:

$$\psi((f_\gamma)_{\gamma\in\Gamma_1} \otimes (h_\eta)_{\eta\in\Gamma_2}) = (f_\gamma \cdot h_\eta)_{(\gamma,\eta) \in \Gamma_1 \pi \Gamma_2}$$

$$\forall (f_\gamma)_{\gamma\in\Gamma_1} \in k^{\Gamma_1},\ (h_\eta)_{\eta\in\Gamma_2} \in k^{\Gamma_2}$$

induces an isomorphism in set-valued functors:

$$\chi : (\Gamma_1 \pi \Gamma_2)_k \xrightarrow{\sim} \Gamma_{1k} \pi \Gamma_{2k} .$$

Using the preceding remarks we are now in position to state the following results:

1) Let Γ be a finite, abstract group and let Γ_k denote the affine, algebraic group defined in example 7) of 0.16. above. Then it is easily verified, that the canonical bijective mapping

$$i : \Gamma \xrightarrow{\sim} \Gamma_k(k)$$

becomes an isomorphism of groups. Furthermore, as the functions on Γ_k are nothing else than the morphisms of the set valued functor Γ_k into the set-valued functor α_k (see example 3 of 0.16), the above observations yield without any difficulties the description of the bigebra associated to Γ_k as given in example 7) of 0.16.

2) Let again be Γ an abstract, finite group and Γ_k the associated affine, algebraic group of example 7) in 0.16. Furthermore let G be an arbitrary affine, algebraic group over k. We denote by $Gr(\Gamma_k,G)$ the set of all morphisms in affine, algebraic groups from Γ_k to G and correspondingly by $Gr(\Gamma,G(k))$ the set of all homomorphisms in abstract groups from Γ to G(k). Then we obtain the preceding remarks a canonical bijective mapping:

$$\varphi : Gr(\Gamma_k,G) \xrightarrow{\sim} Gr(\Gamma, G(k))$$

which is determined by the equation:

$$\varphi(h)(\gamma) = h(k)(i(\gamma)) \qquad \forall\ h \in Gr(\Gamma_k,G)$$

3) Let us call an affine, algebraic group G a constant, algebraic group over k if these exists an appropriate finite, abstract group Γ such that $\Gamma_k \xrightarrow{\sim} G$, where Γ_k again denotes the affine, algebraic group of example 7) in 0.16. Then especially the remark 2) yields, that the functor:

$$\Gamma \longmapsto \Gamma_k$$

is an equivalence from the category of finite, abstract groups onto the full subcategory of all affine, constant, algebraic groups. The quasi inverse functor is given by

$$G \longmapsto G(k) .$$

4) Finally we obtain by the preceding considerations the following characterisation of constant, algebraic groups:

An affine, algebraic group G is constant if and only if these is an isomorphism in commutative k-algebras:

$$\mathcal{O}(G) \xrightarrow{\sim} k^{\Gamma}$$

for a suitable finite set Γ .

<u>0.18</u>. We call an affine, algebraic group G a finite, algebraic group, if the function algebra $\mathcal{O}(G)$ of G is finite dimensional over the groundfield k . The dimension of the k-vectorspace $\mathcal{O}_k(G)$ is called the order of the finite, algebraic group G . The groups Γ_k, ${}_{p^n}\alpha_k$, ${}_{p^n}\mu_k$ considered in 0.16. above are examples of finite algebraic groups. Obviously the order of Γ_k equals to the order of the abstract, finite group Γ , while ${}_{p^n}\alpha_k$ and ${}_{p^n}\mu_k$ are both of order p^n .
If k is an algebraically closed groundfield of characteristic 0, then by a theorem of Cartier it follows, that any finite, algebraic group over k must be constant. (see [10], chap. II, § 6, n° 1, théorême 1.1.)

If k is a groundfield of characteristic $p > 0$, then the so-called infinitesimal, algebraic groups appear as a new important class of finite, algebraic groups besides the constant ones.
We call a finite, algebraic group G over the groundfield k infinitesimal, if $G(\bar{k})$ consists of the identy element only, where $\bar{k}$ denotes the algebraic closure of k . Obviously a finite, algebraic group G is infinitesimal if and only if its function algebra $\mathcal{O}_k(G)$ is a local, commutative, finite-dimensional algebra over k . Examples of infinitesimal algebraic groups are the groups ${}_{p^n}\alpha_k$, ${}_{p^n}\mu_k$ considered in 0.16. above.

0.19. Further examples of infinitesimal algebraic groups over a groundfield k of characteristic $p > 0$ are the subgroups $_{F^m}GL_n \subset GL_n$, which are defined by the equation:

$$_{F^m}GL_n(R) = \{(\xi_{i,j}) \in GL_n(R) | \xi_{i,j}^{p^m} = \delta_{i,j} \ \forall 1 \leq i,j \leq n\} \ \forall R \in M_k ,$$

where $\delta_{i,j}$ denotes Kronecker's symbol of the pair (i,j) as usual.

Now let G be an arbitrary affine, algebraic group, which we may suppose to be imbedded in a suitable large full linear group: $G \subset GL_n$. (see 0.13. above)
If the groundfield k is of characteristic $p > 0$, then we define the m-th Frobenius-kernel $_{F^m}G \subset G$ of G by the equation:

$$_{F^m}G = G \cap {}_{F^m}GL_n$$

It is easy to see, that this definition does not depend on the special choice of the embedding $G \subset GL_n$ (see [10], chap II, §7, n° 1).
Obviously the infinitesimal subgroup $_{F^m}G \subset G$ is a normal subgroup of G, that means $_{F^m}G(R)$ is a normal subgroup of $G(R)$ for all $R \in M_k$.
Next let G be an infinitesimal algebraic group over the groundfield k of characteristic $p > 0$. Again we assume G to be embedded in a suitable large full linear group: $G \subset GL_n$ (see 0.13. above).
We denote by $J \subset k[X_{i,j}]_{1 \leq i,j \leq n}$ the polynominal ideal defining G in GL_n. For $f \in k[X_{i,j}]_{det}$ let $\bar{f} \in k[X_{i,j}]_{det}/J \cdot k[X_{i,j}]_{det}$ denote the residne class of f in the residne class algebra $k[X_{i,j}]_{det}/$ $/J \cdot k[X_{i,j}]_{det}$. Now using the identification

$$\psi: k[X_{i,j}]_{det}/J \cdot k[X_{i,j}]_{det} \xrightarrow{\sim} \mathcal{O}_k(G)$$

of 0.10. above, one verifies easily, that the functions

$$(\bar{X}_{i,j} - \delta_{i,j}) \qquad \forall 1 \leq i,j \leq n$$

on G must be contained in the kernel of $\varepsilon_{\mathcal{O}(G)}: \mathcal{O}(G) \longrightarrow k$. But as G is supposed to be infinitesimal, the dernel of $\varepsilon_{\mathcal{O}(G)}$ must be nilpotent. So for a suitable $m \in \mathbb{N}$ we obtain the equations:

$$(\bar{X}_{i,j} - \delta_{i,j})^{p^m} = \bar{X}_{i,j}^{p^m} - \delta_{i,j} = 0 \qquad \forall 1 \leq i,j \leq n$$

But this implies immediately:

$$_{F^m}G = G .$$

We say that infinitesimal, algebraic group G is of height $\leq m$ if the above equation holds for G. The preceding consideration shows, that any infinitesimal, algebraic group G is of finite height.

0.20. Let k be an algebraically closed groundfield of characteristic $p > 0$. Let G be a finite, algebraic group over k. We denote by $\mathrm{Rad}(\mathcal{O}(G)) \subset \mathcal{O}(G)$ the radical of the k-algebra $\mathcal{O}(G)$ and by $\mathcal{O}(G)^{et} \subset \mathcal{O}(G)$ the greatest semisimple subalgebra in $\mathcal{O}(G)$. As it is well known, the canonical k-algebra homomorphism:

$$\mathcal{O}(G) \longrightarrow \mathcal{O}(G)/\mathrm{Rad}(\mathcal{O}(G))$$

induces an isomorphism in k-algebras:

$$\mathcal{O}(G)^{et} \xrightarrow{\sim} \mathcal{O}(G)/\mathrm{Rad}(\mathcal{O}(G)) .$$

On the other hand one verifies easily, that the bigebra structure on $\mathcal{O}(G)$ induces bigebra structures on $\mathcal{O}(G)^{et}$ and $\mathcal{O}(G)/\mathrm{Rad}(\mathcal{O}(G))$ respectively, such that the k-algebra homomorphisms

$$\mathcal{O}(G)^{et} \hookrightarrow \mathcal{O}(G) \quad \text{and} \quad \mathcal{O}(G) \longrightarrow \mathcal{O}(G)/\mathrm{Rad}(\mathcal{O}(G))$$

become bigebra homomorphisms. This yields, that G must be the semidirect product of an infinitesimal normal subgroup with a constant subgroup. More precisely for a sufficiently large $n \in \mathbb{N}$ we have an isomorphism, which is functorial in G:

$$G \xrightarrow{\sim} [_{F^n}G] \, \pi \, G(k)_k$$

Here the brackets indicate the normal subgroup within the two factors of the product on the right-hand side. (For further details see [10], chap II, § 5, n° 1) Hence, in case of positive characteristic ininitesimal and constant groups are the composing elements of finite algebraic groups.

0.21. Now let G be an arbifrary finite groups over an arbitrary groundfield k. We define the vector space of the measures $H(G)$ on G to be the vector space $\mathcal{O}(G)^t = \mathrm{Hom}_k(\mathcal{O}(G),k)$ of the linear forms on $\mathcal{O}(G)$:

$$H(G) = \mathcal{O}(G)^t = \mathrm{Hom}_k(\mathcal{O}(G),k) .$$

For $\mu \in H(G)$, $f \in \mathcal{O}(G)$ we write instead of $<\mu,f>$ sometimes in a more suggestive manner:

$$<\mu,f> = \int f d\mu = \int_{x\in G} f(x)d\mu(x)$$

0.22. Let V be a finite dimensional vector space over the groundfield k. We denote by V_a the affine,algebraic group, which is defined by the equation:

$$V_a(R) = V \underset{k}{\otimes} R \qquad \forall R \in M_k$$

More over let $u: V \to W$ be a linear mapping between finite dimensional vector spaces over k, then we denote by $u_a : V_a \to W_a$ the morphism between the associated affine, algebraic groups, which is defined by the equation:

$$u_a(R) = u \underset{k}{\otimes} R \qquad \forall R \in M_k$$

If S is a commutative ring and A and B are S-algebras, then we denote by $M_S(A,B)$ the set of all S-algebra homomorphisms from A to B. Correspondingly we denote by $\mathrm{Hom}_S(A,B)$ the set of all moduler homomorphisms from the S-module A to the S-module B.
Now let G be a finite algebraic group over k and let $R \in M_k$ be a commutative k-algebra. Then the sequence of canonical mappings

$$G(R) \xrightarrow{\sim} Sp(\mathcal{O}(G))(R) = M_k(\mathcal{O}(G),R) \xrightarrow{\sim} M_R(\mathcal{O}(G) \underset{k}{\otimes} R,R)$$

$$\hookrightarrow \mathrm{Hom}_R(\mathcal{O}(G) \underset{k}{\otimes} R,R) \xrightarrow{\sim} \mathrm{Hom}_k(\mathcal{O}(G),k) \underset{k}{\otimes} R = H(G) \underset{k}{\otimes} R$$

yields an embedding

$$\delta_G : G \hookrightarrow H(G)_a$$

of the set valued functor G into the set-valued functor $H(G)_a$.
This embedding can be described by the following equation

$$< \delta_G(R)(g), f \otimes_R 1 > = f(R)(g) \quad \forall g \in G(R), f \in \mathcal{O}(G), R \in M_k$$

Instead of δ_G we will write frequently δ only, provided that there cannot occur any misunderstanding. In many cases we shall even omit δ considering G as a subfunctor of $H(G)_a$.

0.23. Now the embedding $\delta_G : G \hookrightarrow H(G)_a$ constructed in 0.21. above has a remarkable universal property:
For any finite dimensional vector space V and any morphism $\psi: G \longrightarrow V_a$ in set valued functors there exists one and only one linear mapping $v : H(G) \longrightarrow V$ such that $\psi = v_a \circ \delta_G$

In fact using the Yoneda lemma we obtain the sequence of canonical bijective mappings:

$$M_kS(G, V_a) \xrightarrow{\sim} M_kS(Sp(\mathcal{O}(G)), V_a) \xrightarrow{\sim} V \otimes_k \mathcal{O}(G)$$
$$\xrightarrow{\sim} Hom_k(\mathcal{O}(G)^t, V) \xrightarrow{\sim} Hom_k(H(G), V)$$

where again for two set-valued functors X,Y on M_k the term $M_kS(X,Y)$ may denote the set of all morphisms from X to Y.

0.24. For the following we need still two simple results:
a) For the identity group $G = Sp_k(K)$ we have $H(G) \xrightarrow{\sim} k$.
b) If G_1, G_2 are any two finite algebraic groups, then the canonical isomorphism in k-algebras

$$\mathcal{O}(G_1) \otimes_k \mathcal{O}(G_2) \xrightarrow{\sim} \mathcal{O}(G_1 \amalg G_2)$$

yields an isomorphism in k-vector spaces

$$H(G_1 \amalg G_2) \xrightarrow{\sim} H(G_1) \otimes_k H(G_2).$$

Using this identification the canonical embedding

$$\delta_{G_1 \sqcap G_2} : G_1 \sqcap G_2 \hookrightarrow H(G_1 \sqcap G_2)_a$$

can be described by the following equation:

$$\delta_{G_1 \sqcap G_2}(R)((g_1,g_2)) = \delta_{G_1}(R)(g_1) \underset{R}{\otimes} \delta_{G_2}(R)(g_2)$$

$$\forall (g_1,g_2) \in (G_1 \sqcap G_2)(R),\ R \in M_k$$

where the term of the right hand side is an element of the R-module

$$H(G_1) \underset{k}{\otimes} R \underset{R}{\otimes} H(G_2) \underset{k}{\otimes} R \xrightarrow{\sim} H(G_1) \underset{k}{\otimes} H(G_2) \underset{k}{\otimes} R.$$

0.25. Now using the universal property of the embedding $\delta_G : G \hookrightarrow H(G)_a$ together with the remarks in 0.23. we obtain the structure of an associative k-algebra on the k-vectorspace H(G). In fact the morphism in set-valued functors (see 0.15):

$$m_G : G \sqcap G \longrightarrow G$$

induces a k-linear mapping

$$H(m_G) : H(G) \underset{k}{\otimes} H(G) \longrightarrow H(G)$$

which describes the multiplication on H(G). On the other hand, the morphism in set-valued functors (see 0.15):

$$e_G : Sp_k(k) \longrightarrow G$$

induces a k-linear mapping

$$H(e_G) : k \longrightarrow H(G)$$

which maps the identity element of k onto the identity element of the k-algebra H(G). For reasons of symmetry we will write in the following

$$H(m_G) = m_{H(G)} \quad , H(e_G) = 1_{H(G)}.$$

We denote the product of two elements $\mu, \nu \in H(G)$ with respect to this k-algebra structure on H(G) by $\mu * \nu$. Then using the integral notationintroduced in 0.20 above we obtain the following defining equation for the convolution $\mu * \nu$ of the two measures μ, ν on G:

$$\int_{z \in G} f(z) d(\mu * \nu)(z) = \int_{y \in G} \int_{x \in G} f(x.y) d\mu(x)\, d\nu(y)$$

where it is obvious how to interpret the term $\int_{x \in G} f(x.y) d\mu(x)$ as a function on G. The k-algebra H(G) is called the group algebra of G.

0.26. Let A be an arbitrary, finite-dimensional, associative algebra over k. Then we define the affine, algebraic group of unities A^* of the associative k-algebra A by the equation:

$A^*(R)$ = (abstract)group of unities in the R-Algebra $A \otimes_k R \; \forall R \in M_k$.
(see [10], chap II, § 1, n°2,2.3)
Now obviously the embedding in set-valued functors

$$\delta_G : G \hookrightarrow H(G)_a$$

induces an imbedding in affine, algebraic groups:

$$\delta_G : G \hookrightarrow H(G)^*.$$

This monomorphism in affine, algebraic groups again possesses a remarkable universal property, which follows immediately from 0.22: Let A be any finite dimensional, associative k-algebra and let $\psi: G \longrightarrow A^*$ be any homomorphism in affine, algebraic groups. Then there exists one and only one homomorphism in k-algebras $v : H(G) \longrightarrow A$ such the equation $\psi = v_a \circ \delta_G$ holds. (This result is due to Cartier, see [12] , VII_B, 2.3.2)

0.27. The universal property of the embedding $\delta_G : G \hookrightarrow H(G)$ just mentioned before in 0.25. plays an important role in the theory of linear representations of the finite, algebraic group G.
To make this remark more precise let us consider a finite dimensional vectorspace V over k and let GL(V) denote the affine, algebraic group over k, which is defind by the equation:

$$GL(V)(R) = \text{(abstract)group of automorphisms of the R-module } V \underset{k}{\otimes} R \quad \forall R \in M_k$$

(Obviously we have $GL(V) \xrightarrow{\sim} GL_n$ for $n = \dim_k V$)
Now if we have a linear representation of G on V, that means a homomorphism

$$\psi : G \longrightarrow GL(V)$$

of affine, algebraic groups, then by the above universal property of H(G) ψ extends uniquely to a homomorphism in associative k-algebras:

$$v : H(G) \longrightarrow \mathrm{Hom}_k (V, V)$$

So the linear finite dimensional representations of G correspond bijectivly to the linear finite demensional representations of the k-algebra H(G).

0.28. Using the universal property of the group algebra H(G) of a finite algebraic group G we can define an additional structure on H(G).
In fact the group homomorphisms (see 0.15)

$$\mathrm{diag} : G \longrightarrow G \pi G \quad ; \quad G \longrightarrow Sp_k(k) \quad ; \quad s_G : G \xrightarrow{\sim} G^{op}$$

induce k-algebra homomorphisms

$$\Delta_{H(G)} : H(G) \longrightarrow H(G) \underset{k}{\otimes} H(G) ; \quad \varepsilon_{H(G)} : H(G) \longrightarrow k ;$$

$$\sigma_{H(G)} : H(G) \xrightarrow{\sim} H(G)^{op}$$

where G^{op} (or $H(G)^{op}$ respectively) denotes the opposite group of G (or the opposite k-algebra of H(G) respectively).

N.B.: $H(G^{op}) \xrightarrow{\sim} H(G)^{op}$.

Equipped with this additional structure H(G) becomes a cocommutative Hopfalgebra, that means a group object in the category of cocommutative cogebras over k in the sense of [12], VII_A, n°3.

Let us consider this point more in detail.

Firstly we state that the structure of a Hopfalgebra on the k-vectorspace H(G) is described by the following k-linear mappings:

$$H(G);\ m_{H(G)} : H(G) \otimes_k H(G) \longrightarrow H(G);\ 1_{H(G)} : k \longrightarrow H(G) \text{ (see 0.24)}$$

$$\Delta_{H(G)} : H(G) \longrightarrow H(G) \otimes_k H(G);\ \varepsilon_{H(G)} : H(G) \longrightarrow k,$$

$$\sigma_{H(G)} : H(G) \longrightarrow H(G).$$

On the other hand the bigebra structure on the k-vectorspace $\mathcal{O}(G)$ is described by the following k-linear mappings:

$$\mathcal{O}(G);\ m_{\mathcal{O}(G)} : \mathcal{O}(G) \otimes_k (G) \longrightarrow \mathcal{O}(G),\ 1_{\mathcal{O}(G)} : K \longrightarrow \mathcal{O}(G)$$

$$\Delta_{\mathcal{O}(G)} : \mathcal{O}(G) \longrightarrow \mathcal{O}(G) \otimes_k \mathcal{O}(G),\ \varepsilon_{\mathcal{O}(G)} : \mathcal{O}(G) \longrightarrow k$$

$$\sigma_{\mathcal{O}(G)} : \mathcal{O}(G) \longrightarrow \mathcal{O}(G)$$

In this list all mappings have been already defined in 0.15 except $1_{\mathcal{O}(G)} : k \rightarrow \mathcal{O}(G)$, which is determined by the condition that it maps the identity element of k onto the identity element of $\mathcal{O}(G)$. Now the universal property of the embedding $\delta_G : G \hookrightarrow H(G)_a$ immediately yields the equations:

$$(m_{\mathcal{O}(G)})^t = \Delta_{H(G)} \quad ; \quad (\Delta_{\mathcal{O}(G)})^t = m_{H(G)} \quad ; \quad (1_{\mathcal{O}(G)})^t = \varepsilon_{H(G)}$$

$$(\varepsilon_{\mathcal{O}(G)})^t = 1_{H(G)} \quad ; \quad (\sigma_{\mathcal{O}(G)})^t = \sigma_{H(G)}.$$

(For a linear mapping $u : \mathcal{V} \longrightarrow W$ between finite dimensional vectorspaces we put $u^t = \mathrm{Hom}_k(u,k) : \mathrm{Hom}_k(W,k) = W^t \longrightarrow \mathcal{V}^t = \mathrm{Hom}_k(\mathcal{V},k)$.)

This means that the functor $?^t$ induces an equivalence from the dual

category of all finite dimensional bigebras over k onto the category of all finite-dimensional, cocommutative Hopfalgebras over k.
Hence the category of all finite dimensional, cocommutative Hopf-algebras over k becomes equivalent to the category of all finite, algebraic groups over k.
Expecially any finite, algebraic group G can be obtained again from its Hopfalgebra H(G). In fact, if one considers G as a subfunctor of $H(G)_a$ then it is easy to verify the following equation (see 0.21 above):

G(R) =

$$\{\mu \in H(G) \otimes_k R \mid (\Delta_{H(G)} \otimes_k R)\ (\mu) = \mu \otimes_R \mu \in H(G) \otimes_k R \otimes_R H(G) \otimes_k R$$

$$\xrightarrow{\sim} H(G) \otimes_k H(G) \otimes_k R \text{ and } (\varepsilon_{H(G)} \otimes_k R)\ (\mu) = 1\} \quad \forall\ R \in M_k.$$

0.29. Now let k be an algebraically closed ground field of charakteristic $p > o$. If G is a finite, algebraic, commutative group, then obviously H(G) is the bigebra of a finite, algebraic, commutative group, which we will denote by $\underline{D}(G)$. Applying the last equation of 0.27 to $\underline{D}(G)$ in the case $R = k$ we obtain the equation:

$$\underline{D}(G)(k) = Gr(G, \mu_k)$$

where the term $Gr(G, \mu_k)$ denotes the set of all group homomorphisms from the finite algebraic group G into the affine, algebraic group μ_k equipped with its obvious group structure. This equation can be generalized to arbitrary commutative k-algebras $R \in M_k$ and so yields a direct description of $\underline{D}(G)$ considered as a group valued functor on M_k (see [10], chap II, ; 1, n^o2,2.10 for further details).
The functor $\underline{D}(?)$ is called Cartier's duality. As it is induced by the functor $?^t$ on the category of finite-dimensional vectorspaces (see 0.27), $\underline{D}(?)$ must be an equivalence from the categroy of finite, commutative, algebraic groups onto the dual of this category and moreover $\underline{D}(?)$ must be quasiinverse to itself.
Now let $G = \Gamma_k$ be a commutative, constant, algebraic grlup over k.

Because of the equation

$$H(\underline{D}(\Gamma_k)) = \mathcal{O}(\Gamma_k) = k^{\Gamma}$$

all finite dimensional linear representations of $\underline{D}(G)$ are seni-simple and all simple representations of $\underline{D}(G)$ are one-dimensional. Affine algebraic groups with this property are called diagonalizable groups (see [10], chap. IV,§ 1 for further details).

On the other hand if G is an infinitesimal algebraic group, then because of the equation

$$H(\underline{D}(G)) = \mathcal{O}(G)$$

$\underline{D}(G)$ possesses only one simple, linear representation, i.e. the trivial one. Affine, algebraic groups with this property are called unipotent groups, even if they are not commutative (see [10], chap. IV, § 2 for further details).
Appliying Cartier's duality to the result of 0.20 in the case of commutative, finite, algebraic groups we obtain:

Any commutative, finite algebraic group G over an algebraically closed field k of characteristic $p > o$ is the direct product of an unipotent subgroup with a diagonalizable subgroup ([10], chap.IV, § 3, n° 1)

(As we will see later on, the category of commutative, finite, algebraic groups is abelian, so that finite direct products coincide with finite direct sums).

<u>0.30</u>. Let us consider some examples of finite, algebraic groups and their associated group algebras (The description of the Hopf-structure is omitted).

1) Let $G = \Gamma_k$ be a constant, algebraic group (see 0.16, 7)). The universal property of the group algebra H(G) together with the remark 2) of 0.18 yields a canonical isomorphism in k-algebras

$$H(\Gamma_k) \xrightarrow{\sim} k[\Gamma]$$

where $k[\Gamma]$ denotes the group algebra of the abstract, finite group Γ. The canonical embedding $\delta: \Gamma_k \hookrightarrow H(\Gamma_k)^*$ is induced by the canonical embedding $\Gamma \hookrightarrow k[\Gamma]$ of the finite, abstract group Γ in its group algebra $k[\Gamma]$.

2. Now let us consider the finite, algebraic group $G = {}_{p^n}\mu_k$ over a ground-field k of characteristic $p > o$ (see 0.16,6)). First of all there is a canonical isomorphism in k-algebras:

$$H(G) \xrightarrow{\sim} k^{\mathbb{Z}/p^n\mathbb{Z}}$$

To describe the canonical embedding we define

$$\xi^{\bar{n}} = \xi^n \quad \forall n \in \mathbb{Z}, \xi \in {}_{p^n}\mu_k(R), R \in M_k$$

where again $\bar{n} \in \mathbb{Z}/p^n\mathbb{Z}$ denotes the residue class of $n \in \mathbb{Z}$ in the residue class group $\mathbb{Z}/p^n\mathbb{Z}$. Obviously this definition does not depend on the choice of the representant n in the residue class $\bar{n}$. Using this convention the canonical embedding

$$\delta: G \hookrightarrow H(G)$$

is given by the equation:

$$\delta(R)(\xi) = (\xi^r)_{r \in \mathbb{Z}/p^n\mathbb{Z}} \in (k^{\mathbb{Z}/p^n\mathbb{Z}} \otimes_k R) \xrightarrow{\sim} R^{\mathbb{Z}/p^n\mathbb{Z}}$$

$$\forall \xi \in {}_{p^n}\mu_k(R), R \in M_k.$$

(see [10], chap II, § 2, n° 2, 2.5.)

3) Now we consider the finite, algebraic group $G = {}_{p^n}\alpha_k$ over a ground field k of characteristic $p > o$ (see 0.16., 5)).
Then there is a canonical isomorphism in k-algebras:

$$H(G) \xrightarrow{\sim} k[T_o, T_1 \dots T_{n-1}]/(T_o^p, T_1^p \dots T_{n-1}^p)$$

The canonical embedding

$$\delta : G \hookrightarrow H(G)$$

is given by the equation

$$\delta(R)(\eta) = \prod_{i=o}^{i=n-1} \exp(\eta^{p^i} . \overline{T}_i) \in k[T_o, T_1 \ldots T_{n-1}] / (T_o^p, T_1^p \ldots T_{n-1}^p) \underset{k}{\otimes} R \xrightarrow{\sim} R[T_o, T_1 \ldots T_{n-1}] / (T_o^p, T_1^p \ldots T_{n-1}^p)$$

$$\forall \eta \in {}_{p^n}\alpha_k(R), \; R \in M_k$$

where the term $\exp(\xi \, \overline{T}_i)$ for $\xi \in {}_{p^n}\alpha_k(R)$, $R \in M_k$ is defined by:

$$\exp(\xi \overline{T}_i) = 1 + \xi \overline{T}_i + \xi^2 . \overline{T}_i^2 / 2! + \ldots \xi^{p-1} . \overline{T}_i^{p-1} / (p-1)!$$

$$\in R[T_o, T_1 \ldots T_{n-1}] / (T_o^p, T_1^p \ldots T_{n-1}^p)$$

(Again we denote by $\overline{T}_i$ the residue class of T_i in the residue class algebra $R[T_o, T_1 \ldots T_{n-1}] / (T_o^p, T_1^p \ldots T_{n-1}^p)$)
(see [10], chap II, § 2, n° 2, 2.7)

4) The rader will find further examples of finite, algebraic groups, their associated group algebras and their linear representations in the subsequent text marked by the numbers 2.13, 2.14, 2.15, 2.51, 2.61.

0.30. We are now going to define the Lie algebra Lie(G) of an affine, algebraic group G over an arbitrary ground field k. Intuitively we claim that Lie(G) considered as a vector space over k is the tangential space $T_{G,e}$ of G in the identity element $e \in G(k)$. If the group G is defined by the polynomial ideal $J \subset k[X_{i,j}]_{1 \leq i,j \leq n}$ as a subgroup functor of GL_n:

$$G(R) = \{ (\xi_{i,j}) \in GL_n(R) \mid f(\xi_{i,j}) = 0 \;\; \forall f \in J \} \quad \forall R \in M_k$$

then we obtain the tangential space $T_{G,e}$ as a vector subspace in the vector space of all n x n matrices $M_n(k)$ with coefficients in k by the equation:

$$T_{G,e} = \{ (\xi_{i,j}) \in M_n(k) \mid \sum_{1 \leq i,j \leq n} \partial f/\partial x_{i,j}(id_n).\xi_{i,j} = 0 \quad \forall f \in J \}$$

where id_n denotes the identity element of the k-algebra $M_n(k)$.
In order to find a definition which does not depend on the special embedding of G in a sufficiently large full linear group GL_n we consider first the algebra of dual numbers

$$k[\varepsilon] = k[X] / (X^2)$$

where ε denotes the residue class of X in the residue class algebra $k[X]/(X^2)$.
Let G be an affine, algebraic group. Then the canonical k-algebra homomorphism

$$\varphi: k[\varepsilon] \longrightarrow k$$

which maps ε on zero, induces a group homomorphism

$$G(\varphi) : G(k[\varepsilon]) \longrightarrow G(k)$$

whose kernel is denoted by Lie(G). In case if G is defined as a subgroup functor in GL_n by the polynomial ideal $J \subset k[X_{i,j}]_{1 \leq i,j \leq n}$, there is a canonical bijective mapping

$$\psi : \{ (\xi_{i,j}) \in M_n(k) \mid f(id_n + \varepsilon(\xi_{i,j})) = 0 \quad \forall f \in J \} \xrightarrow{\sim} \mathrm{Lie}(G)$$

given by the equation

$$\psi((\xi_{i,j})) = (id_n + \varepsilon(\xi_{i,j})) \in \mathrm{Lie}(G) \subset G(k[\varepsilon])$$

Because of the Taylor expansion

$$f(id_n + \varepsilon(\xi_{i,j})) = f(id_n) + \varepsilon(\sum_{1\leq i,j\leq n} \partial f/\partial x_{i,j}(id_n)\cdot \xi_{i,j})$$

and the equation

$$f(id_n) = 0 \qquad \forall f \in J$$

we obtain finally

$$T_{G,e} = \{(\xi_{i,j}) \in M_n(k) \mid f(id_n + \varepsilon(\xi_{i,j})) = 0 \quad \forall f \in J\}$$

Hence we arrive at a canonical bijective mapping

$$\psi : T_{G,e} \xrightarrow{\sim} \mathrm{Lie}(G)$$

which is easily verified to be an isomorphism in groups. The above group isomorphism will even become an isomorphism in k-vector spaces if we introduce on Lie(G) a scalar multiplication for elements $\lambda \in k$ in the following way: We consider the k-algebra homomorphism

$$\omega_\lambda : k[\varepsilon] \longrightarrow k[\varepsilon]$$

given by the condition

$$\omega_\lambda(\varepsilon) = \lambda\cdot\varepsilon .$$

As we have for the canonical k-algebra homomorphism

$$\varphi : k[\varepsilon] \longrightarrow k$$

just defined above the equation

$$\varphi \circ \omega_\lambda = \omega_\lambda \circ \varphi$$

we obtain

$$G(\varphi) \circ G(\omega_\lambda) = G(\omega_\lambda) \circ G(\varphi).$$

This implies especially that Lie(G) is mapped into itself by the endomorphism $G(\omega_\lambda)$ of $G(k[\varepsilon])$. So we define

$$\lambda \cdot v = G(\omega_\lambda)(v) \qquad \forall v \in \mathrm{Lie}(G),\ \lambda \in k.$$

<u>0.31</u>. In order to introduce the structure of a Lie algebra on Lie(G) we identify the k-vector space Lie(G) with the k-vector space of all Derivations from $\mathcal{O}(G)$ to k taken in the identity element $e = e_k \in G(k)$:

$$\mathrm{Der}_\varepsilon(\mathcal{O}(G), k) = \{ D \in \mathcal{O}_k(G)^t = \mathrm{Hom}_k(\mathcal{O}(G), k) \mid D(1) = 0 \text{ and}$$
$$D(f.g) = D(f).g(e) + f(e).D(g) \quad \forall f,g \in \mathcal{O}_k(G)\}$$

(In this formula 1 denotes the identity element of the k-algebra $\mathcal{O}(G)$ To simplify the notation, we have put f(e) (or g(e) respectively) instead of $f(k)(e) = \varepsilon_{\mathcal{O}(G)}(f)$ (or $g(k)(e) = \varepsilon_{\mathcal{O}(G)}(g)$ respectively)).

In fact there is a bijective mapping:

$$\tau : \mathrm{Der}_\varepsilon(\mathcal{O}(G), k) \xrightarrow{\sim} \mathrm{Lie}(G) \subset G(k[\varepsilon]) \xrightarrow{\sim} Sp_k(\mathcal{O}(G))(k[\varepsilon])$$

which is defined by the equation:

$$\tau(D)(f) = f(e) + \varepsilon.D(f) \qquad \forall f \in \mathcal{O}(G)$$

In order to show that τ is a vector space isomorphism, obviously it suffices to verify the following equation

$$\tau(D_1 + D_2) = \tau(D_1) \cdot \tau(D_2) \qquad \forall D_1, D_2 \ \mathrm{Der}_\varepsilon(\mathcal{O}(G), k)$$

Now take $f \in \mathcal{O}(G)$ and $\Delta_{\mathcal{O}(G)}(f) = \sum g_i \otimes h_i$. The last equation is equivalent to

$$f(R)(\xi \cdot \eta) = \sum g_i(R)(\xi).h_i(R)(\eta) \qquad \forall \xi, \eta \in G(R), R \in M_k.$$

Then for $\tau(D_1).\tau(D_2) \in Sp_k(\mathcal{O}(G))(k[\varepsilon])$ we obtain the equations:

$$(\tau(D_1).\tau(D_2))(f) = f(k[\varepsilon])(\tau(D_1).\tau(D_2)) =$$

$$\sum_i g_i(k[\varepsilon])(\tau(D_1)).h_i(k[\varepsilon])(\tau(D_2))$$

$$= \sum_i \tau(D_1)(g_i).\tau(D_2)(h_i) = \sum_i (g_i(e)+\varepsilon D_1(g_i))(h_i(e)+\varepsilon\cdot D_2(h_i))$$

$$= \sum_i g_i(e).h_i(e) + \varepsilon.(\sum_i D_1(g_i).h_i(e) + g_i(e).D_2(h_i))$$

$$= \sum_i g_i(e).h_i(e) + \varepsilon.(D_1(\sum_i g_i.h_i(e)) + D_2(\sum_i g_i(e).h_i))$$

$$= f(e) + \varepsilon.(D_1(f) + D_2(f)) = f(e) + \varepsilon(D_1+D_2)(f) = \tau(D_1+D_2)(f).$$

(N.B. $f(R)(x) = f(R)(x.e_R) = \sum g_i(R)(x).h_i(R)(e_R) = \sum g_i(R)(x).h_i(k)(e_k)$

$$= \sum g_i(R)(x).h_i(e) \quad \forall x \in G(R),\ R \in M_k$$

where $e_R \in G(R)$ denotes the identity element of $G(R)$. Hence we obtain $f = \sum g_i.h_i(e)$ and correspondingly $f = \sum g_i(e).h_i$.)

<u>0.32</u>. Now let G be a finite algebraic group over k. Considered as a vector subspace of $\mathcal{O}(G)^t = H(G)$ the k-vector space $Der_\varepsilon(\mathcal{O}(G),k)$ can be described by the equation

$$Der_\varepsilon(\mathcal{O}(G),k) = \{\mu \in H(G) \mid \varepsilon_{H(G)}(\mu) = 0 \text{ and } \Delta_{H(G)}(\mu) = \mu\otimes 1 + 1\otimes\mu\}$$

This follows immediately from the equations

$$\varepsilon_{H(G)}(\mu) = \mu(1_{\mathcal{O}(G)}) \quad ; \quad \langle 1_{H(G)}, f\rangle = f(e),$$

$$\langle \Delta_{H(G)}(\mu); f\otimes g\rangle = \langle \mu, f.g\rangle \quad \forall \mu \in H(G);\ f,g \in \mathcal{O}(G)$$

where in order to avoid confusions we have denoted the identity element of $H(G)$ by $1_{H(G)}$ and correspondingly the identity element of $\mathcal{O}(G)$ by $1_{\mathcal{O}(G)}$. Again $e \in G(k)$ is the identity element of $G(k)$.

The above description of $Der_\varepsilon(\mathcal{O}(G),k)$ as a subspace of $H(G)$

allows us to define the structure of a Lie algebra on Lie(G), which is functorial in G. In fact one checks easily:

$$[\mu,\nu] = \mu * \nu - \nu * \mu \in \mathrm{Der}_{\varepsilon}(\mathcal{O}(G), k) \subset H(G)$$

$$\forall \mu, \nu \in \mathrm{Der}_{\varepsilon}(\mathcal{O}(G), k) \subset H(G).$$

Moreover if k is a ground field of characteristic $p > o$, we have

$$\mu^{p} = \underbrace{\mu * \mu * \ldots \mu}_{p \text{ times}} \in \mathrm{Der}_{\varepsilon}(\mathcal{O}(G), k) \subset H(G)$$

$$\forall \mu \in \mathrm{Der}_{\varepsilon}(\mathcal{O}(G), k) \subset H(G)$$

In other words: Lie(G) is a p-Lie algebra. By a p-Lie algebra over a field k of characteristic $p > o$ we understand a Lie algebra $\mathfrak{g}$, which is equipped additionally with a "symbolic p-th power":

$$\mathfrak{g} \ni x \longmapsto x^{[p]} \in \mathfrak{g}$$

satisfying the following three conditions:

1) $(\lambda \cdot x)^{[p]} = \lambda^{p} \cdot x^{[p]} \quad \forall \lambda \in k,\ x \in \mathfrak{g}$

2) $\mathrm{ad}(x^{[p]}) = (\mathrm{ad}\, x)^{[p]} \quad \forall x \in \mathfrak{g}$

3) $(x + y)^{[p]} = x^{[p]} + y^{[p]} + \sum_{o < r < p} s_r(x,y) \quad \forall x, y \in \mathfrak{g}$

where s_r is defined by the equation

$$s_r(x_o, x_1) = -1/r \cdot \sum_{u} \Big(\prod_{1 \leq i \leq p-1} \mathrm{ad}\, x_{u(i)} \Big)(x_1)$$

and u runs through the set of all mappings $u : [1,p-1] \to [0,1]$ such that $u^{-1}(o)$ contains exactly r elements (see [10], chap. II, § 7 for further details).

0.33. Any associative algebra A over a groundfield k of characteristic $p > o$ will become a p-Lie algebra by the definitions:

$$[x,y] = xy-y.x \quad \text{and} \quad x^{[p]} = \underbrace{x.x \ldots x}_{p \text{ times}} = x^p \quad \forall x,y \in A.$$

Inversely let $\mathfrak{g}$ be any p-Lie algebra over a ground field k of characteristic $p > o$ and let

$$\mathfrak{U}^{[p]}(\mathfrak{g}) = \mathfrak{U}(\mathfrak{g}) / \mathfrak{J}$$

denote the residue class algebra of the enveloping algebra $\mathfrak{U}(\mathfrak{g})$ of $\mathfrak{g}$ with respect to the two sided ideal:

$$\mathfrak{J} = \sum_{x \in \mathfrak{g}} \mathfrak{U}(\mathfrak{g})(x^{[p]}-x^p)\mathfrak{U}(\mathfrak{g})$$

Then for any assiciative k-algebra A and any homomorphism in p.Lie algebras $\varphi : \mathfrak{g} \longrightarrow A$ there exists one and only one homomorphism in associative algebras $\psi : \mathfrak{U}^{[p]}(\mathfrak{g}) \longrightarrow A$, such that the equation $\varphi = \psi o i$ holds, where $i : \mathfrak{g} \longrightarrow \mathfrak{U}(\mathfrak{g}) \longrightarrow \mathfrak{U}(\mathfrak{g})/J = \mathfrak{U}^{[p]}(\mathfrak{g})$ denotes the canonical p-Lie algebra homomorphism.

Later on we will see that the p-Lie algebra homomorphism $\mathfrak{g} \xrightarrow{i} \mathfrak{U}^{[p]}(\mathfrak{g})$ is injective, so that we may consider $\mathfrak{g}$ as a p-Lie subalgebra of $\mathfrak{U}^{[p]}(\mathfrak{g})$. Now the universal property of $\mathfrak{U}^{[p]}(\mathfrak{g})$ enables us to define the additional structure of a cocommutative Hopf algebra on $\mathfrak{U}^{[p]}(\mathfrak{g})$ by the equations:

$$\Delta(x) = x \otimes 1 + 1 \otimes x \quad \forall x \in \mathfrak{g} \subset \mathfrak{U}^{[p]}(\mathfrak{g})$$

$$\varepsilon(x) = 0 \quad \forall x \in \mathfrak{g} \subset \mathfrak{U}^{[p]}(\mathfrak{g})$$

$$\sigma(x) = -x \quad \forall x \in \mathfrak{g} \subset \mathfrak{U}^{[p]}(\mathfrak{g})$$

Let us denote the finite, algebraic group assiciated to the cocommutative Hopf algebra $\mathfrak{U}^{[p]}(\mathfrak{g})$ by $\mathcal{E}(\mathfrak{g})$.

<u>0.34</u>. Now let G be an arbitrary affine, algebraic group over the ground field k of characteristic $p > o$. Then the definition of Lie(G)

as given in 0.30 above immediately yields the equation:

$$\mathrm{Lie}\ ({}_F G) = \mathrm{Lie}(G)$$

We will see that the first Frobenius kernel ${}_F G$ of G is completely determined by its p-Lie algebra. More precisely we have the following theorem:

The functor $\mathfrak{E}(?)$ induces an equivalence from the category of all finite-dimensional p-Lie algebras over k onto the category of all infinitesimal algebraic groups of height ≤ 1 over k. The functor Lie(?) is quasiinverse to $\mathfrak{E}(?)$ (see [10], chap II, § 7, n° 3,3.5).

In order to give the broad outlines of the proof we firstly have to consider the algebra $\mathfrak{U}^{[p]}(\mathfrak{g})$ in more detail. Using the theorem of Poincare-Birkhoff-Witt we obtain from the three p-Lie algebra axioms stated in 0.32 above the following description of the k-algebra $\mathfrak{U}^{[p]}(\mathfrak{g})$:

Let $u_1, \ldots u_n$ be a k-basis for the finite-dimensional p-Lie algebra $\mathfrak{g}$. Then the elements

$$\prod_{1 \leq i \leq n} u_i^{m_i} \quad \text{with } 0 \leq m_i < p \quad \forall 1 \leq i \leq n$$

form a k-basis of the associative k-algebra $\mathfrak{U}^{[p]}(\mathfrak{g})$. The multiplication in $\mathfrak{U}^{[p]}(\mathfrak{g})$ is determined by the following rules:

$$u_i u_j - u_j u_i = [u_i, u_j] \in \mathfrak{g} \subset \mathfrak{U}^{[p]}(\mathfrak{g}) \qquad \forall 1 \leq i,j \leq n$$

$$u_i^p = \underbrace{u_i . u_i \ldots u_i}_{p \text{ times}} = u_i^{[p]} \in \mathfrak{g} \subset \mathfrak{U}^{[p]}(\mathfrak{g}) \quad \forall 1 \leq i \leq n$$

(Note that the first assertion implies already that $\mathfrak{g}$ can be considered as a subspace of $\mathfrak{U}^{[p]}(\mathfrak{g})$)

Now using the notation of the above theorem we define for any family

$\underline{r} = (r_i)_{1 \leq i \leq n} \in \mathbb{Z}^n$ such that $0 \leq r_i < p \quad \forall \; 1 \leq i \leq n$

the element $u_{\underline{r}} \in \mathbb{U}^{[p]}(\mathfrak{g})$ by the equation

$$u_{\underline{r}} = \prod_{1 \leq i \leq n} (u_i^{r_i} / r_i!)$$

Then we obtain the following formula describing the Hopf algebra structure on $\mathbb{U}^{[p]}(\mathfrak{g})$:

$$\Delta(u_{\underline{r}}) = \sum_{\underline{s} + \underline{t} = \underline{r}} u_{\underline{s}} \otimes u_{\underline{t}}$$

where the sum $\underline{s} + \underline{t}$ is formed with respect to the usual addition rule in $\mathbb{Z}^n$.
This explicit description of the Hopf algebra structure on $\mathbb{U}^{[p]}(\mathfrak{g})$ leads without any difficulties to an isomorphism in commutative k-algebras:

$$k[T_1, T_2 \ldots T_n] / (T_1^p, T_2^p \ldots T_n^p) \xrightarrow{\sim} (\mathbb{U}^{[p]}(\mathfrak{g}))^t \xrightarrow{\sim} \mathcal{O}(\mathcal{E}(\mathfrak{g}))$$

where n denotes the dimension of the p-Lie algebra $\mathfrak{g}$ over the groundfield k. Especially this isomorphism implies that $\mathcal{E}(\mathfrak{g})$ is an infinitesimal, algebraic group of height ≤ 1, whose order equals to p^n.

On the other hand the above description of the Hopf algebra structure on $\mathbb{U}^{[p]}(\mathfrak{g})$ already yields a canonical isomorphism in p-Lie algebras for any finite dimensional p-Lie algebra :

$$\mathfrak{g} \xrightarrow{\sim} \mathrm{Lie}(\mathcal{E}(\mathfrak{g}))$$

which is functorial in $\mathfrak{g}$.
All that remains is therefore to prove the following assertion:
If G is an infinitesimal algebraic group of height ≤ 1, then the canonical Hopf algebra homomorphism

$$\varphi : \mathbb{U}^{[p]}(\mathrm{Lie}(G)) \longrightarrow H(G)$$

which is induced by the canonical inclusion of p-Lie algebras

$$\mathrm{Lie}(G) \hookrightarrow H(G)$$

becomes bijective.
Obviously it would suffice to prove that the dual mapping:

$$\varphi^t : H(G)^t \longrightarrow (\mathcal{U}^{[p]}(\mathrm{Lie}(G)))^t$$

is bijective. As φ is an Hopf algebra homomorphism, φ^t must especially be a homomorphism in k-algebras. In order to simplify our notation let us put:

$$G' = \mathfrak{E}(\mathrm{Lie}(G)).$$

Then we obtain

$$\mathcal{O}(G) \xrightarrow{\sim} H(G)^t \quad \text{and} \quad \mathcal{O}(G') \xrightarrow{\sim} (\mathcal{U}^{[p]}(\mathrm{Lie}(G)))^t$$

Now let $\mathfrak{m} \subset \mathcal{O}(G)$ denote the maximal ideal of the local algebra $\mathcal{O}(G)$ and let correspondingly $\mathfrak{n} \subset \mathcal{O}(G')$ denote the maximal ideal of the local algebra $\mathcal{O}(G')$. As G and G' are both infinitesimal, algebraic groups of heigth ≤ 1 we obtain:

$$\mathfrak{m}^p = 0 = \mathfrak{n}^p.$$

In this situation clearly it suffices to show that the induced homomorphism$^{\wedge}$, where $gr(\mathcal{O}(G))$ (or $gr(\mathcal{O}(G'))$ respectively) denotes the associated, gradued k-algebra of $\mathcal{O}(G)$ (or $\mathcal{O}(G')$ respectively) with respect to the $\mathfrak{m}$-adic filtration (or $\mathfrak{n}$-adic filtration respectively).
Now the explicit description of $\mathcal{O}(\mathfrak{E}(\mathfrak{g}))$ for a finite dimensional p-Lie algebra $\mathfrak{g}$ as given above yields an isomorphism in gradued k-algebras

$$gr(\mathcal{O}(G')) \xrightarrow{\sim} k[T_1, T_2 \ldots T_n]/(T_1^p, T_2^p \ldots T_n^p)$$

$^{\wedge}$ in gradued, k-algebras: $gr(\varphi^t) : Gr(\mathcal{O}(G)) \longrightarrow Gr(\mathcal{O}(G'))$

becomes an isomorphism.

where the term on the rigth-hand side is provided with its canonical graduation induced from the total graduation on the polynomial ring $k[T_1, T_2 \ldots T_n]$ and where again n denotes the dimension of Lie(G') over the groundfield k.
Therefore it clearly suffices to prove that the k-linear mapping

$$gr_1(\varphi^t) : \mathfrak{m}/\mathfrak{m}^2 \longrightarrow \mathfrak{n}/\mathfrak{n}^2$$

is bijective. But this last assertion is an immediate consequence of the canonical identifications:

$$\text{Lie}(G) \xrightarrow{\sim} (\mathfrak{m}/\mathfrak{m}^2)^t \quad , \quad \text{Lie}(G') \xrightarrow{\sim} (\mathfrak{n}/\mathfrak{n}^2)^t$$

$$\text{and Lie}(G) \xrightarrow{\sim} \text{Lie}(G').$$

(Note that if G is any finite, algebraic group over the groundfield k and if $\mathfrak{m} \subset \mathcal{O}(G)$ dnotes the maximal ideal, which is the kernel of the k-algebra homomorphism $\varepsilon_{\mathcal{O}(G)} : \mathcal{O}(G) \longrightarrow k$, then we have:

$$D(\mathfrak{m}^2) = 0 \qquad \forall\, D \in \text{Der}_{\varepsilon}(\mathcal{O}(G), k).$$

Therefore any $D \in \text{Der}_{\varepsilon}(\mathcal{O}(G), k)$ induces a k-linear mapping

$$\overline{D} : \mathfrak{m}/\mathfrak{m}^2 \longrightarrow k$$

which is given by the equation

$$\overline{D}(\overline{f}) = D(f) \qquad \forall\, f \in \mathfrak{m}$$

where again $\overline{f}$ denotes the residue class of f in the residue class space $\mathfrak{m}/\mathfrak{m}^2$. Hence finally we obtain a k-linear mapping:

$$\psi : \text{Lie}(G) \xrightarrow{\sim} \text{Der}_{\varepsilon}(\mathcal{O}(G), k) \longrightarrow (\mathfrak{m}/\mathfrak{m}^2)^t$$

described by the equation

$$\psi(D) = \overline{D} \quad \forall\, D \in \mathrm{Der}_{\varepsilon}(\mathcal{O}(G),k)$$

which is easily checked to be an isomorphism (see [10], chap II, § 7 for further details).

0.35. To end our introductory remarks about finite, algebraic groups we shall now deal with the construction of residue class groups. Let again be G a finite, algebraic group over the ground field k and let $N \subset G$ be a finite, algebraic subgroup of G. Moreover we suppose that N is even a normal subgroup of G, which means that for all $R \in M_k$ the subgroup $N(R) \subset G(R)$ is a normal subgroup of G(R). What shall we now understand by the residue class group of G with respect to N?
In order to answer this question it seems natural to consider the residue class functor G/N which is described by the equation:

$$G/N(R) = G(R)/N(R) \qquad \forall\, R \in M_k$$

But this will not be possible because G/N in general is not representable. For example let us consider the infinitesimal, algebraic groups

$${}_p\alpha_k \quad \subset \quad {}_{p^2}\alpha_k$$

over a groundfield k of characteristic $p > o$. Then it is sure that the residue class functor

$$Q = {}_{p^2}\alpha_k \,/\, {}_p\alpha_k$$

will not be representable. In fact if the functor Q would be representable, it would be left-exact and so, in particular, it should transform difference kernels into difference kernels.
Now let us consider the exact sequence in k-algebras:

$$k[T]/(T^p) \xrightarrow{j} k[T]/(T^{p^2}) \underset{\Delta}{\overset{i_1}{\rightrightarrows}} k[T]/(T^{p^2}) \otimes_k k[T]/(T^p)$$

with $j(\overline{T}) = \overline{T}^p$, $i_1(\overline{T}) = \overline{T}\otimes 1$, $\Delta(\overline{T}) = \overline{T}\otimes 1 + 1\otimes\overline{T}$

where $\overline{T}$ denotes the residue class of T in the residue class algebra $k[T]/(T^{p^2})$ or $k[T]/(T^p)$ respectively.
If we apply the residue class functor Q on this sequence, then surely the resulting sequence in abstract, commutative groups will not be exact. For we obtain on one hand

$$Q(i_1) = Q(\Delta)$$

while on the other hand the following equation holds:

$$Q(k[T]/(T^p)) = 0.$$

<u>0.36</u>. Because of the preceding observations in 0.35 we must choose another path in order to develop a satisfying concept of the residue class group $\overline{G}$ of a finite, algebraic group G with respect to the normal subgroup $N \subset G$. To reach this goal, we try to find a finite algebraic group $\overline{G}$ together with a homomorphism $\varphi: G \longrightarrow \overline{G}$ such that the diagram:

$$\begin{array}{ccc} G & \xrightarrow{\ \varphi\ } & \overline{G} \\ \uparrow\cup & & \uparrow\cup\ e_{\overline{G}} \\ N & \xrightarrow[\text{can.}]{} & Sp_k(k) \end{array}$$

becomes cocartesian in the category of finite, algebraic groups. First of all we remark that the above diagram must even be cocartesian in the category of all affine, algebraic groups because any homomorphism

$$h : G_1 \longrightarrow G_2$$

from a finite, algebraic group G_1 into an affine, algebraic group G_2 always factors through a finite, algebraic subgroup $G_3 \subset G_2$ of G_2:

$$g : G_1 \longrightarrow G_3 \subset G_2.$$

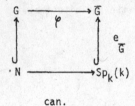

In fact, if we denote by $I \subset \mathcal{O}(G_2)$ the ideal of $\mathcal{O}(G_2)$, which is the kernel of the assiciated bigebra morphism:

$$\mathcal{O}(h) : \mathcal{O}(G_2) \longrightarrow \mathcal{O}(G_1)$$

then obviously the residue class algebra $\mathcal{O}(G_2)/I$ is provided with a uniquely determined bigebra structure, such that the canonical k-algebra homomorphism

$$p : \mathcal{O}(G_2) \longrightarrow \mathcal{O}(G_2)/I$$

becomes a homomorphism in bigebras. Obviously the subgroup

$$G_3 = Sp_k(\mathcal{O}(G_2)/I) \hookrightarrow Sp_k(\mathcal{O}(G_2)) \xrightarrow{\sim} G_2$$

has the demanded property.
Now using the universal property of the group algebra of a finite algebraic group we ebtain that the diagram:

$$\begin{array}{ccc} H(G) & \xrightarrow{H(\varphi)} & H(\overline{G}) \\ \uparrow & & \uparrow 1_{H(\overline{G})} \\ H(N) & \xrightarrow[\varepsilon_{H(N)}]{} & k \end{array}$$

must also be cocartesian in the category of finite-dimensional, associative k-algebras.
This observation yields a canonical isomorphism in k-algebras:

$$H(\overline{G}) \xrightarrow{\sim} H(G)/H(G).J.H(G)$$

where $J \subset H(N)$ denotes the ideal, which is the kernel of the k-algebra homomorphism

$$\varepsilon_{H(N)} : H(N) \longrightarrow k.$$

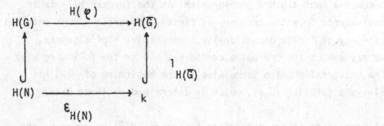

In order to simplify over notation let us denote the two sided ideal H(G).J.H(G) of the k-algebra H(G) in the sequel by L. Then because of the relations

$$\Delta_{H(N)}.(J) \subset H(N) \otimes J + J \otimes H(N) \; ; \varepsilon_{H(N)}(J) = 0 ; \sigma_{H(N)}(J) = J$$

we obtain

$$\Delta_{H(G)}(L) \subset H(G) \otimes L + L \otimes H(G) \; ; \quad \varepsilon_{H(G)}(L) = 0 \; ; \sigma_{H(G)}(L) = L.$$

This means that the residue class algebra H(G)/L is provided with a uniquely determined structure of a cocommutative Hopfalgebra such that the canonical k-algebra homomorphism

$$q : H(G) \longrightarrow H(G)/L$$

becomes a Hopf algebra homomorphism. As the functur H(?) is an equivalence from the category of finite, algebraic groups onto the category of finite-dimensional, cocommutative Hopf algebras, we may sum up the preceding considerations in the following way: The universal problem formulated at the beginning of Q36 has always a solution $(\overline{G},\varphi)$, which is determined by three data:

1) Considered as an associative k-algebra, $H(\overline{G})$ is given by the equation

$$H(\overline{G} = H(G)/H(G).J.H(G)$$

where $J \subset H(N)$ denotes the kernel of the k-algebra homomorphism $\varepsilon_{H(N)} : H(N) \longrightarrow k$.

2) The Hopf algebra structure on $H(\overline{G})$ is given by the equations

$$\Delta_{H(\overline{G})}(\overline{\mu}) = \sum_i \overline{\mu}_{1i} \otimes \overline{\mu}_{2i} \quad \text{if } \Delta_{H(G)}(\mu) = \sum_i \mu_{1i} \otimes \mu_{2i}$$

$$\forall \mu \in H(G)$$

$$\varepsilon_{H(\bar{G})}(\bar{\mu}) = \varepsilon_{H(G)}(\mu) \qquad \forall \mu \in H(G)$$

$$\sigma_{H(\bar{G})}(\bar{\mu}) = \overline{\sigma_{H(G)}(\mu)} \qquad \forall \mu \in H(G)$$

where again $\bar{\mu}$ (or $\bar{\mu}_{1i}, \bar{\mu}_{2i}, \overline{\sigma_{H(G)}(\mu)}$ respectively) denotes the residue class of μ (or $\mu_{1i}, \mu_{2i}, \sigma_{H(G)}(\mu)$ respectively) in the residue class algebra H(G)/H(G).J.H(G).

3) The Hopf algebra homomorphism

$$H(\varphi) : H(G) \longrightarrow H(G)/H(G).J.H(G)$$

is given by the equation

$$H(\varphi)\ (\mu) = \bar{\mu} \qquad \forall \mu \in H(G)$$

where again $\bar{\mu}$ denotes the residue class of μ in the residue class algebra H(G)/H(G).J.H(G).

<u>0.37</u>. The solution $(\bar{G}, \varphi)$ of the universal problem formulated in 0.36 above is called the residue class group of G with respect to the normal subgroup $N \subset G$ and the homomorphism $\varphi: G \longrightarrow \bar{G}$ is called the canonical projection from G to its residue class group $\bar{G}$. Now we ask how the finite, algebraic group $\bar{G}$ constructed above by means of its Hopf algebra $H(\bar{G})$ looks like, if it is considered as a group valued functor on the category M_k of commutative k-algebras. As the functor $\bar{\mathfrak{G}}$ is representable we have to study $\mathcal{O}(\bar{G})$ in order to answer this question. First of all using the notations of 0.36 above let us state the following result:

$$H(G).J = H(G).J.H(G) = H(G).J$$

In order to prove these equations let us consider the kernel $S \subset H(G)$ of the k-linear mapping:

$$H(G) \xrightarrow{m} Hom_k(J.H(G), H(G)) \xrightarrow{can} Hom_k(J.H(G), H(G)/J.H(G))$$

where m is defined by the equation:

$$m(\mu)(\nu) = \mu * \nu \qquad \forall\ \mu \in H(G),\quad \nu \in JH(G)$$

while can. is induced by the canonical k-linear mapping:

$$H(G) \longrightarrow H(G)/J.H(G).$$

Obviously we have the equation:

$$S \underset{k}{\otimes} R = \{ \mu \in H(G) \underset{k}{\otimes} R \mid \mu * (JH(G) \underset{k}{\otimes} R) \subset J.H(G) \underset{k}{\otimes} R \} \forall R \in M_k.$$

(In this equation $H(G) \underset{k}{\otimes} R$ is provided with its canonical R-algebra structure. The multiplication with respect to this structure is again denoted by $*$)

Now $N \subset G$ is a normal subgroup of G. Therefore we obtain:

$$g * (J \underset{k}{\otimes} R) * g^{-1} = J \underset{k}{\otimes} R \qquad \forall g \in G(R) \subset H(G) \underset{k}{\otimes} R,\ R \in M_k$$

From this equation we deduce immediately:

$$G \subset S_a \subset H(G)_a$$

Using the universal property of the k-vector space of measures H(G) on G we obtain

$$S = H(G)$$

Finally this last equation yields

$$J.H(G) = H(G).J.H(G).$$

Applying the mapping $\sigma_{H(G)}$ to this equation we obtain on the other hand:

$$H(G).J = H(G).J.H(G)$$

Now using this result we derive the exact sequence:

$$H(G) \underset{k}{\otimes} H(N) \underset{p_1}{\overset{m}{\rightrightarrows}} H(G) \longrightarrow H(\overline{G})$$

where m is defined by the equation

$$m(\mu \otimes \nu) = \mu * \nu \qquad \forall \ \mu \in H(G), \quad \nu \in H(N)$$

and where p_1 is defined by the equation

$$p_1(\mu \otimes \nu) = \mu * \varepsilon_{H(N)}(\nu) \qquad \forall \ \mu \in H(G), \quad \nu \in H(N)$$

Dualizing this sequence we obtain the exact sequence

$$\mathcal{O}(G) \underset{k}{\otimes} \mathcal{O}(N) \underset{i_1}{\overset{\Delta}{\leftleftarrows}} \mathcal{O}(G) \longleftarrow \mathcal{O}(\overline{G})$$

where Δ is given by the equation

$$\Delta(f)(R)((\xi,\eta)) = f(R)(\xi.\eta) \quad \forall \ \xi \in G(R), \eta \in N(R), R \in M_k$$
$$f \in \mathcal{O}(G)$$

and where i_1 is given by the equation: .

$$i_1(f)(R)((\xi,\eta)) = (f \otimes 1)(R)((\xi,\eta)) = f(R)(\xi)$$

$$\forall \ \xi \in G(R), \ \eta \in N(R), R \in M_k \quad , \quad f \in \mathcal{O}(G)$$

This yields the following description of the algebra of functions $\mathcal{O}(\overline{G})$ on the residue class group $\overline{G}$:

$$\mathcal{O}(\overline{G}) = \{ f \in \mathcal{O}(G) \mid f(R)(\xi.\eta) = f(R)(\xi) \ \forall \ \xi \in G(R), \ \eta \in N(R), R \in M_k \}$$

In other words: $\mathcal{O}(\overline{G}) \hookrightarrow \mathcal{O}(G)$ is the k-algebra of all functions on G, which are invariant under all translations from the right induced by the elements of N.

0.38. We still preserve the notations and conventions of 0.36 and 0.37 above. As we will see later on, $\mathcal{O}(G)$ considered as a module over $\mathcal{O}(\overline{G})$ is free of rank $\dim_k \mathcal{O}(N)$. This result especially yields the equation:

$$\dim_k \mathcal{O}(G) = \dim_k \mathcal{O}(N).\dim_k \mathcal{O}(\overline{G})$$

On the other hand let us consider the canonical morphism in representable functors:

$$h : G \prod N \longrightarrow G \prod_{\overline{G}} G$$

which is defined by the equation:

$$h((\xi,\eta)) = (\xi,\xi\eta) \qquad \forall\ \xi\in G(R),\quad \eta\in N(R),\ R\in M_k$$

Now as h is obviously a monomorphism in functors, the induced homomorphism in the associated function algebras

$$\mathcal{O}(h) : \mathcal{O}(G) \underset{\mathcal{O}(\overline{G})}{\otimes} \mathcal{O}(G) \longrightarrow \mathcal{O}(G) \underset{k}{\otimes} \mathcal{O}(N)$$

must be surjective (see [10], chap. I, § 5, 1.5.)
(Note, that there is a canonical isomorphism in set-valued functors

$$Sp(\mathcal{O}(G) \underset{\mathcal{O}(\overline{G})}{\otimes} \mathcal{O}(G)) \xrightarrow{\sim} G \prod_{\overline{G}} G \qquad).$$

Now $\mathcal{O}(h)$ becomes a homomorphism in $\mathcal{O}(G)$-modules, if we provide $\mathcal{O}(G) \underset{\mathcal{O}(\overline{G})}{\otimes} \mathcal{O}(G)$ and $\mathcal{O}(G) \underset{k}{\otimes} \mathcal{O}(N)$ with the $\mathcal{O}(G)$-module structures, which are induced by the k-algebra homomorphisms

$$i_1 : \mathcal{O}(G) \longrightarrow \mathcal{O}(G) \underset{\mathcal{O}(\overline{G})}{\otimes} \mathcal{O}(G)$$

and

$$j_1 : \mathcal{O}(G) \longrightarrow \mathcal{O}(G) \underset{k}{\otimes} \mathcal{O}(N)$$

given by the equations:

$$i_1(F) = f \otimes 1 \in \mathcal{O}(G) \underset{\mathcal{O}(\overline{G})}{\otimes} \mathcal{O}(G) \quad \forall f \in \mathcal{O}(G)$$

and

$$j_1(f) = f \otimes 1 \in \mathcal{O}(G) \underset{k}{\otimes} \mathcal{O}(N) \quad \forall f \in \mathcal{O}(G)$$

In fact one easily verifies the equation:

$$\mathcal{O}(h) \circ i_1 = j_1$$

from which it follows that $\mathcal{O}(h)$ must respect the $\mathcal{O}(G)$-module structures just defined above.
As both $\mathcal{O}(G) \underset{\mathcal{O}(\overline{G})}{\otimes} \mathcal{O}(G)$ and $\mathcal{O}(G) \underset{k}{\otimes} \mathcal{O}(N)$ are free $\mathcal{O}(G)$-modules of rank $\dim_k \mathcal{O}(N)$, the surjective morphism in $\mathcal{O}(G)$-modules $\mathcal{O}(h)$ becomes bijective and so h must be an isomorphism in set-valued functors. This remark especially yields that the residue class group $\overline{G}$ of the finite, algebraic group G with respect to the finite, algebraic, normal subgroup $N \subset G$ is just the associated sheaf of the residue class functor G/N in the f.p.p.f.-to pology on M_k :

$$\overline{G} = \widetilde{G/N}$$

Now it is well-known that many arguments and constructions used in the theory of abstract groups carry over to the situation of group-valued sheaves on M_k by the so called reduction to the set theoretical case. So for example the isomorphism theorems of E. Noether are now at our disposition (see [10], chap. III, § ; for details).

0.39. It remains to prove the statement at the beginning of 0.38 above that $\mathcal{O}(G)$ considered as a module over $\mathcal{O}(G\tilde{/}N)$ in free of rank $\dim_k \mathcal{O}(N)$. In order to do this we study a slightly generalized situation.

Let X be a finite algebraic scheme over an arbitrary ground field k (that means a representable, set-valued functor on M_k with a finite-dimensional function algebra $\mathcal{O}(X)$ over k) and let G be a finite, algebraic group over k, which operates from the right on X by scheme automorphisms:

$$m : X \pi G \longrightarrow X$$

This operation induces a left operation of G on $\mathcal{O}(X)$ by k-algebra automorphisms, which can be described by the following equation:

$$(\gamma . f)(S)(\xi) = f(S)(\xi . \gamma_S) \qquad \forall f \in \mathcal{O}(G_R) \xrightarrow{\sim} \mathcal{O}(G) \otimes_k R,$$
$$\gamma \in G(R), \ \xi \in X(S),$$
$$S \in M_R ; R \in M_k$$

(see [10], chap. I, § 1, $n^o 6$ for the definition of $G_R = G \otimes_k R$. Operations of algebraic groups on algebraic schemes, vector spaces and algebras are studied in detail in [10], chap II, § 1 and §2").

Now let us consider the subalgebra ${}^G\mathcal{O}(X) \subset \mathcal{O}(X)$ consisting of all functions on X, which are left fixed by G:

$${}^G\mathcal{O}(X) = \left\{ f \in \mathcal{O}(X) \;\middle|\; f(R)(\xi . \gamma) = f(R)(\xi) \ \ \forall \xi \in X(R), \gamma \in G(R), R \in M_k \right\}$$

(As to the general definition of fixed points of linear representations see [10], chap II, § 2, n° 1)

Using these definitions we can formulate the following result, which is a very special case of the general, far reaching theorem stated in [10], chap III, § 2, n° 3:

If in the situation just described above G operates on X in such a way that the canonical morphism in set-valued functors

$$h : X \prod G \longrightarrow X \prod X$$

given by the eauation

$$h((\xi,\gamma)) = (\xi, \xi\cdot\gamma) \quad \forall\ \xi \in X(R),\ \gamma \in G(R),\ R \in M_k$$

becomes a monomorphism, then $\mathcal{O}(X)$ considered as a $\overset{G}{\mathcal{O}}(X)$-module is free of rank $\dim_k \mathcal{O}(G)$.

The following proof depends heavily on the methods developed in [12], VII_B, n° 5. First of all let us simplify our notations:

$$A = \mathcal{O}(X) \quad , \quad B = \overset{G}{\mathcal{O}}(X) \quad , \quad C = \mathcal{O}(G)$$

Now let us assume for a moment that the result has been already proved for the case of an algebraically closed ground field and let $\bar{k}$ denote the algebraic closure of k. Then because of the equations:

$$A \underset{k}{\otimes} \bar{k} \xrightarrow{\sim} \mathcal{O}(X \underset{k}{\otimes} \bar{k}), \quad B \underset{k}{\otimes} \bar{k} \xrightarrow{\sim} \overset{\bar{G}}{\mathcal{O}}(X \underset{k}{\otimes} \bar{k}) \quad \text{with } \bar{G} = G \underset{k}{\otimes} \bar{k}$$

$$\text{and} \quad C \underset{k}{\otimes} \bar{k} \xrightarrow{\sim} \mathcal{O}(G \underset{k}{\otimes} \bar{k})$$

$A \underset{k}{\otimes} \bar{k}$ must be free of rank n over $B \underset{k}{\otimes} \bar{k}$, where n denotes the order of the finite, algebraic group $G \underset{k}{\otimes} \bar{k}$ over $\bar{k}$. By means of the last equation n is just the order of the finite, algebraic group G over k:

$$\dim_k \mathcal{O}(G) = n = \dim_{\bar{k}} \mathcal{O}(G \underset{k}{\otimes} \bar{k})$$

Hence A must be a sprojective, finitely generated B-module. Now the projective, finitely generated B-module A is free of rank n if and only if for any maximal ideal $\mathfrak{m} \subset B$ the $B/\mathfrak{m}$ -vector space $A/\mathfrak{m}\cdot A$ is of dimension n over $B/\mathfrak{m}$. As the corresponding remark holds also for the projective, finitely generated $B \otimes_k \bar{k}$-module $A \otimes_k \bar{k}$, it suffices to mention that for any maximal ideal $\mathfrak{m} \subset B$ there exists a maximal ideal $\mathfrak{n} \subset B \otimes_k \bar{k}$, such that the following equation holds:

$$\mathfrak{n} \cap B = \mathfrak{m}$$

Therefore we may assume for the sequel that the ground field k is algebraically closed. In this situation the finite, algebraic scheme X decomposes into a direct sum of open, disjount, G-stable suschemes

$$X = \coprod_{1 \leq i \leq m} X_i$$

which satisfy the additional condition that G(k) operates transitively on $X_i(k)$ for all $1 \leq i \leq m$. Hence it will suffice to study the special case that G(k) operates transitively on X(k).

Now let $\xi \in X(k)$ be an arbitrary, rational point of X. Let us consider the morphism in set-valued functors:

$$j : G \longrightarrow X$$

which is given by the equation:

$$j(R)(\gamma) = \xi_R \cdot \gamma \qquad \forall\ \gamma \in G(R),\ R \in M_k.$$

Obviously j becomes a morphism in finite, algebraic schemes with G-operation if we provide G with its canonical G-operation from the right given by the multiplication in G:

$$j(R)(\gamma_1 \cdot \gamma_2) = j(R)(\gamma_1) \cdot \gamma_2 \quad \forall \gamma_1, \gamma_2 \in G(R), \quad R \in M_k$$

Because of our hypothesis that the morphism in set-valued functors

$$h : X \amalg G \longrightarrow X \amalg X$$

is a monomorphism, j must also be a monomorphism in finite, algebraic schemes. Proposition 1.5 of § 5, chap. I in [10] tells us that j must even be a closed immersion. This closed immersion j being surjective on the rational points is defined by a nilpotent ideal $J \subset A$. As j is a G-morphism, the ideal $J \subset A$ must be stable under the operation of G on A. By the same reason we obtain an isomorphism in k-algebras respecting the canonical G-operations:

$$A/J \xrightarrow{\sim} C.$$

As the ideal $J \subset A$ is stable under the operation of G on A, all powers $J^i \subset A$ must be stable, too. Using this remark we are lead to an operation of G on the gradued algebra:

$$Gr(A) = A/J \amalg J/J^2 \ldots \amalg J^i/J^{i+1} \ldots \amalg J^{q-1}$$

by k-algebra automorphisms (We denote by q the least natural number with $J^q = 0$). Now applying Taylor's lemma in its simplest form as it is stated in [26] to this situation we obtain the canonical isomorphism in k-algebras respecting the G-operations fefined on the three terms:

$$\vartheta : C \otimes_k {}^G Gr(A) \xrightarrow{\sim} A/J \otimes_k {}^G Gr(A) \xrightarrow{\sim} Gr(A)$$

where ${}^G Gr(A) \subset Gr(A)$ denotes the subalgebra of Gr(A) consisting of all elements in Gr(A) which are left fixed by G (see [26], II, 1. Korollar). In other words: Any k-basis of A/J is also a basis of Gr(A) considered as a module over ${}^G Gr(A)$. Especially we obtain the equation:

$$\dim_k C . \dim_k {}^G Gr(A) = \dim_k Gr(A) = \dim_k A.$$

Now obviously the operation of G respects the graduation on Gr(A). So ${}^G Gr(A)$ becomes a gradued algebra. More precisely we have:

$${}^G Gr(A) = k \,\Pi\, {}^G(J/J^2) \ldots \Pi\, {}^G(J^i/J^{i+1}) \ldots \Pi\, {}^G(J^{q-1})$$

where again ${}^G(J^i/J^{i+1})$ denotes the vector subspace of J^i/J^{i+1} consisting of all elements in J^i/J^{i+1}, which are left fixed by G.

Hence ϑ becomes an isomorphism in gradued algebras and so we obtain the isomorphisms in H(G)-modules:

$$C \otimes_k {}^G(J^i/J^{i+1}) \xrightarrow{\sim} C^{s_i} \xrightarrow{\sim} J^i/J^{i+1}$$

where s_i denotes the dimension of the k-vector space ${}^G(J^i/J^{i+1})$. Now the H(G)-module $\mathcal{O}(G) = C$ provided with its canonical left operation of G (which is induced from the canonical right operation of G on itself) is obviously an injective H(G)-module because of the equation:

$$\langle \gamma . f, \mu \rangle = \langle f, \mu * \gamma \rangle \qquad \forall\, f \in \mathcal{O}(G) \otimes_k R,$$

$$\mu \in H(G) \otimes_k R,$$

$$\gamma \in G(R) \subset H(G) \otimes_k R, \; R \in M_k$$

Therefore we obtain an isomorphism in H(G)-modules:

$$A \xrightarrow{\sim} A/J \,\Pi\, J/J^2 \ldots \Pi\, J^i/J^{i+1} \ldots \Pi\, J^{q-1} \xrightarrow{\sim} C^r$$

where r denotes the k-dimension of ${}^G Gr(A)$:

$$r = \dim_k {}^G Gr(A).$$

From this isomorphism we deduce the equation:

$$\dim_k B = \dim_k^G A = r$$

Now let us denote by Gr(B) the associated, gradued algebra of B with respect to the filtration induced by the J-adic filtration on A:

$$Gr(B) = B/(J\cap B) \amalg (J\cap B)/(J^2\cap B) \ldots \amalg (J^i\cap B)/(J^{i+1}\cap B) \ldots$$

Then obviously we have the inclusion:

$$Gr(B) \subset {}^G Gr(A).$$

But because of the equation:

$$\dim_k Gr(B) = \dim_k B = \dim_k^G Gr(A)$$

we obtain:

$$Gr(B) = {}^G Gr(A).$$

Now let $(e_i)_{1\leq i\leq n} \in A^n$ be a family of elements in A, such that the residue classes $(\overline{e_i})_{1\leq i\leq n} \in (A/J)^n$ form a basis of the residue class algebra A/J over the ground field k. We consider the morphism in B-modules:

$$\psi : B^n \longrightarrow A$$

given by the equation

$$\psi((b_i)_{1\leq i\leq n}) = \sum_{1\leq i\leq n} b_i e_i \quad \forall\ (b_i)_{1\leq i\leq n} \in B^n$$

If we provide B^n with the filtration

$$B^n \supset (B \cap J)^n \supset (B \cap J^2)^n \ldots \supset (B \cap J^i)^n \ldots$$

and A with the J-adic filtration respectively

$$A \supset J \supset J^2 \ldots \supset J^i \ldots$$

then obviously ψ becomes a morphism in filtered B-modules. As the induced morphism in the associated, gradued modules

$$Gr(\psi) : Gr(B)^n \longrightarrow Gr(A)$$

mapping a Gr(B)-basis of $Gr(B)^n$ onto a Gr(B)-basis of Gr(A) is bijective, ψ itself must be an isomorphism and so we are through.

SUMMARY OF RESULTS

Now having developed the general theory of finite, algebraic groups in its broad outlines we ask for results concerning the structure and the linear representations of these groups in case of an algebraically closed ground field k of characteristic $p > 0$. Trying to do this we will first remark that there are typically "constant" results in case of constant groups, results, which cannot be transferred to infinitesimal groups and that on the other hand there are typically "infinitesimal" phenomena, which don't carry over to the situation of constant groups. So as an example the group order being of paramount importance in the structure theory of finite, constant groups has not any influence at all on the structure of infinitesimal groups. All infinitesimal groups over k are of p-power order, but this does not imply that they are nilpotent or at least solvable, on the contrary as it is well-known there exist even simple infinitesimal, algebraic groups. The well-known theorem stating that any constant group of order p^2 is commutative is refuted in case of infinitesimal groups already by the semidirect product $[{}_p\alpha]\pi\, {}_p\mu$ to be formed with respect to the canonical operation of ${}_p\mu$ on ${}_p\alpha$. Inversely it is a typical "infinitesimal" phenomenon that any normal diagonalizable subgroup of an infinitesimal group G is already contained in the center of G (see [10] , chap IV, § 1, n° 4,4.4.) So looking for general theorems in the theory of finite algebraic groups it seems to be natural to force one's attention in first line on the theory of linear representations of these groups, since the constant groups as well as the infinitesimal groups can be considered as subgroups defined by polynomial equations in the full linear group.

On this field there seems to be a lot of theorems, which can be generalized from the constant groups to arbitrary, finite algebraic groups.

In this connection we will make a discovery, which will be as surprising as fascinating: Though there exists in the theory of linear representations of finite constant groups a number of theorems, which can be generalized to arbitrary finite algebraic groups, the proofs of these "constant" results will completely break down in the "infinitesimal" situation. It will always be necessary to complete the proof, which works in the constant case, by another proof using completely different techniques for the infinitesimal situation and combine then both results to get a

general theorem about finite, algebraic groups (The last step will sometimes be the most complicated one and in a few cases it will even be impossible to do it).
In the present paper we have been concentrated about some questions related to the therory of induced representations. On the following pages we will state and comment the results of the present paper rather in detail. This is done in order to make the following text better accessible for those people who have the same difficulties in reading German as the author has in writing the English language.

First of all let us explain the techniques used to obtain the results in the first chapter of the present paper. These techniques are developed in the subsequent chapters II and III of our paper. In order to simplify matters let us assume for all which follows that the ground field k is algebraically closed of characteristic $p > 0$.

One of the central concepts in the theory of induced representations is the concept of the stabilizer of a module. Let $N \subset G$ be two finite algebraic groups and assume that N is a normal subgroup of G. Moreover let M be a finite-dimensional H(N)-module. By the stabilizer of M in G-notation $\mathrm{Stab}_G(M)$- we understand the finite algebraic subgroup of G containing N, which is described by the equation as a functor:

$$\mathrm{Stab}_G(M)(R) = \{ g \in G(R) \mid M \otimes_k R \xrightarrow[H(N) \otimes_k R]{\sim} F_g(M \otimes_k R)\} \quad \forall R \in M_k \text{ with } \dim_k R < \infty$$

where the term $F_g(M \otimes_k R)$ denotes the R-module $M \otimes_k R$ provided with the $H(N) \otimes_k R$-operation " $\underset{g}{\circ}$ " given by the rule:

$$\mu \underset{g}{\circ} m = (g * \mu * g^{-1}).m \qquad \forall \mu \in H(N) \otimes_k R,\ m \in M \otimes_k R$$

In this equation the term on the right hand side is to be performed with respect to the canonical operation of $H(N) \otimes_k R$ on the R-module $M \otimes_k R$

(Note that because of Yoneda's lemma a finite, algebraic group as a functor is already determined by its restriction to the full subcategory of all finite-dimensional, commutative k-algebras in M_k).

The above definition of $Stab_G(M)$ does not imply, however, that this group functor is representable. In order to answer this question, we introduce in § 3 the affine, algebraic k-scheme of the H(N)-module structures on the k-vector space M. This algebraic scheme is provided with an operation of GL(M) from the left and with an operation of G from the right, operations, which respect each other. In this connection $Stab_G(M)$ appears as the stabilizer taken in G of the well defined GL(M)-orbit, which contains the H(N)-module M as a rational point. As the GL(M) orbits are subschemes, $Stab_G(M)$ becomes a subscheme of G and hence must be representable.
Now we call a H(N)-module M stable with respect to G, if the equation $Stab_G(M) = G$ holds. In case of the equation $Stab_G(M) = N$ the H(N)-module M is called purely unstable. If no confusion is possible,we shall often suppress the expression "with respect to G".

In § 4 we consider the affine, algebraic k-scheme of the decompositions of the H(N)-module $H(G) \otimes_{H(N)} M$ into two factors. The affine, algebraic group of automorphisms of the H(N)-module $H(G) \otimes_{H(N)} M$ operates from the left on this algebraic scheme in an obvious manner, and the same remark holds for the finite, algebraic group $G \tilde{/} N$. Studying this geometrical situation in detail we obtain the following result:

Let $M \subset H(G) \otimes_{H(N)} M$ be a direct summand of the H(N)-module $H(G) \otimes_{H(N)} M$ and assume $G \tilde{/} N$ to be infinitesimal. Then M is stable with respect to G (see § 4, 4.5.).

In this connection it should be mentioned that because of the decomposition therem of Oberst-Schneider the H(N)-module M can be always identified with a submodule of the H(N)-module $H(G) \otimes_{H(N)} M$ (see [20] for details).

For the questions considered in the present paper Mackey's decomposition theorem for induced representations plays an important role.

At first we shall study in § 7 an important special case, and then we shall fully generalize Mackey's theorem for arbitrary, finite algebraic groups in § 8.

Let $G', G'' \subset G$ be three finite, algebraic groups, and assume that M is a finite-dimensional H(G')-module. How does the co-induced module $\mathrm{Hom}_{H(G')}(H(G),M)$ considered as a H(G'')-module appear then?

To answer this question we interpret the H(G'')-module $\mathrm{Hom}_{H(G')}(H(G), M)$ as the module of the global sections in a certain quasi vector bundle with linear G''-bundle operation defined over the double residue sheaf $G'\tilde{\backslash}G\tilde{/}G''$ as base space. By arguements from descent theory we can describe explicitely a sufficiently "generic" fibre in this bundle together with its G''-operation. This - rather involved - description is the contents of the decomposition theorem of Mackey as it is stated in the present paper. When using this theorem the main difficulty consists in the fact that the application of this result depends on the representability of the double residue class sheaf $G'\tilde{\backslash}G\tilde{/}G''$. In § 8 we shall develop some sufficient conditions for the representability of this sheaf. But I do not know a criterion, which would be necessary and sufficient at the same time.

Let us state here only one important consequence resulting from Macky's decomposition theorem for the special situation, when $G' = N = G''$ and N is a normal subgroup of G.

Let $A = \mathcal{O}(G)$ denote the function algebra of G and let correspondingly denote $B = \mathcal{O}(G\tilde{/}N)$ the function algebra of the residue class group $G\tilde{/}N$. As it is wellknown B can be identified with the subalgebra ${}^{N}A \subset A$ consisting of all functions in A, which are invariant under the translations of N : $B = {}^{N}A$.

Now the canonical B-module structure on A yields a B-module structure on $H(G) = A^{t}$, which is compatible with the canonical H(N)-bimodule structure on H(G). Hence we obtain on the induced module $H(G) \otimes_{H(N)} M$ a canonical $H(N) \otimes_{k} B$-module structure. Using now the decomposition theorem of Mackey we obtain the following result:

Let M be a finite-dimensional H(N)-module, which is stable with respect to G. Then there exists an isomorphism in $H(N)\otimes_k B$-modules:

$$H(G) \otimes_{H(N)} M \xrightarrow{\sim} M \otimes_k B$$

(see § 7, 7.4)

Let us now suppose that the residue class group $G/\tilde{N}$ is an infinitesimal algebraic group. Then the ideal $J \subset A$ defining N in G has to be milpotent and hence its powers define a discrete, descending filtration on A. By dualizing we obtain an exhaustive, ascending filtration by H(N)-bimodules on H(G):

$$H(N) = H(G)_0 \subset \cdots H(G)_{i-1} \subset H(G)_i \cdots \subset H(G)_n = H(G)$$

This yields finally an ascending, exhaustive filtration by H(N) -submodules on $H(G) \otimes_{H(N)} M$ putting:

$$(H(G) \otimes_{H(G)} M)_i = \mathrm{Im}(H(G)_i \otimes_{H(N)} M \xrightarrow{\text{can}} H(G) \otimes_{H(N)} M)$$

The filtration obtained by this procedure is called the canonical filtration on the induced module $H(G) \otimes_{H(N)} M$.

At this point the methods developed by P. Gabriel in [12], VII_B, n° 5 appear as the very cornerstone of all what follows. First of all we obtain by these techniques the result:

Assume that the residue class group $G/\tilde{N}$ is an infinitesimal algebraic group. Then the composition factors $(H(G) \otimes_{H(N)} M)_i/(H(G) \otimes_{H(N)} M)_{i-1}$ of the canonical filtration on $H(G) \otimes_{H(N)} M$ as H(N)-modules are all isomorphic to direct sums of copies of M (see § 9, 9.6).

From this last result we obtain in particular the remarkable consequence that the H(N)-modules M and $H(G) \otimes_{H(N)} M$ have the same Jordan-Hölder composition factors, if the residue class group $G/\tilde{N}$ is infinitesimal. Now the canonical filtration on $H(G) \otimes_{H(N)} M$ coincides with the ascending Loewy series of the B-module $H(G) \otimes_{H(N)} M$. This yields in combination with 7.4.:

Assume that G/N is an infinitesimal, algebraic group, and let M be a finite-dimensional H(N)-module, which is stable with respect to G. Then all exact sequences in H(N)-modules

$$0 \longrightarrow (H(G) \otimes_{H(N)} M)_{i-1} \longrightarrow (H(G) \otimes_{H(N)} M)_i \longrightarrow (H(G) \otimes_{H(N)} M)_i / (H(G) \otimes_{H(N)} M)_{i-1} \longrightarrow 0$$

resulting from the canonical filtration on $H(G) \otimes_{H(N)} M$ are split exact sequences
(see § 9, 9.9).

Combining 9.9 with 4.5 we obtain the following remarkable criterion of stability of a H(N)-module M in the infinitesimal case:

Assume that $G/\tilde{N}$ is an infinitesimal algebraic group. Then the finite-dimensional H(N)-module M is stable with respect to G, if and only if the H(N)-submodule $M \subset H(G) \otimes_{H(N)} M$ is a direct summand of the H(N)-module $H(G) \otimes_{H(N)} M$

(see § 7, 7.4).

This last result shows significantly that stability under the infinitesimal aspect has just a different meaning than in the constant case.
The most important result obtained in the second chapter using Mackey's decomposition theorem in combination with the techniques of [12] , VII_B, n^0 5 is theorem 9.11 with its corollaries 9.13 and 9.14. To simplify matters we shall formulate in the following only one special case out of 9.11:

Assume that $G/\widetilde{N}$ is an infinitesimal, algebraic group, and let M be an irreducible H(N)-module which is purely unstable with respect to G. Then the ascending Loewy series of the H(N) -module $H(G) \underset{H(N)}{\otimes} M$ coincides with the canonical filtration of this module. Hence in particualr $M \subset H(G) \underset{H(N)}{\otimes} M$ is just the

$H(N)$-socle of $H(G) \underset{H(N)}{\otimes} M$

(see § 9,9.11).

In chapter III we shall study the endomorphism algebras of induced modules. If M is a finite-dimensional H(N)-module, which is stable with respect to G, then we can describe the endomorphism algebra of the induced H(G)-module $H(G) \underset{H(N)}{\otimes} M$ as a crossed product (in a very general sense) of the endomorphism algebra of the H(N)-module M with the finite algebraic group $G/\widetilde{N}$. In order to be able to give a precise formulation of this result we first must develop the concept of a crossed product in sufficient generality.

So let l be a finite-dimensional, associative k-algebra, and let l^* denote the affine, algebraic k-group of its units. We now consider an affine, algebraic group L over k having the following properties:

1) L contains l^* as a normal subgroup.
2) The residue class group $\bar{L} = L/\widetilde{l^*}$ is a finite, algebraic group.
3) L operates on the normal subgroup l^* by k-algebra automorphisms of l

(The condition 3) means spoken intuitively by formulated somewhat unprecisely that for any $g \in L$ the inner automorphism induced by g on l^* can be extended to a k-algebra automorphism of l (see § 10 for details)).

Then there exists a triple (V, j_1, j_2) consisting of a finite-dimensional k-algebra V , together with a monomorphism $j_1 : l \hookrightarrow V$ in k-algebras as well as a monomorphism $j_2 : L \hookrightarrow V^*$ in affine, algebraic groups over k such that the following conditions hold:

The diagram

$$\begin{array}{ccc} L & \overset{j_2}{\hookrightarrow} & V \\ {\scriptstyle can}\uparrow & & \uparrow{\scriptstyle j_1} \\ 1^* & \underset{can}{\hookrightarrow} & 1 \end{array}$$

is commutative.

For any triple (W,f_1,f_2) consisting of a finite-dimensional, associative k-algebra W together with a homomorphism $f_1 : 1 \longrightarrow W$ in k-algebras and a homomorphism $f_2 : L \longrightarrow W^*$ in affine, algebraic groups over k such that the diagram

$$\begin{array}{ccc} L & \overset{f_2}{\longrightarrow} & W \\ \uparrow & & \uparrow{\scriptstyle f_1} \\ 1^* & \hookrightarrow & 1 \end{array}$$

is commutative, there exists one and only one k-algebra homomorphism

$$f : V \longrightarrow W$$

such that in the diagram

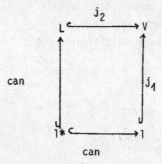

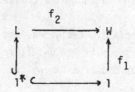

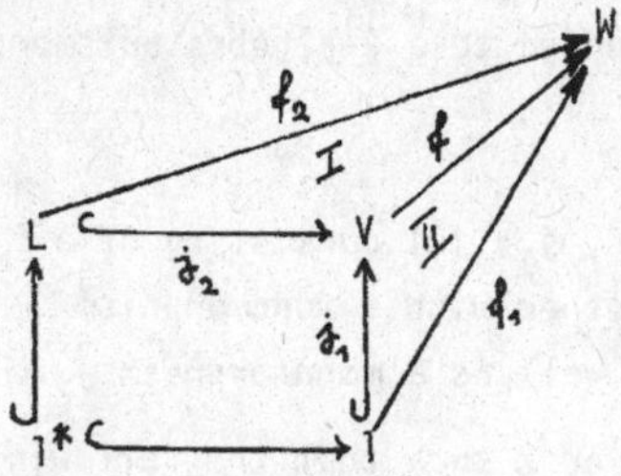

the subdiagrams I and II become commutative (Here we denote the affine, algebraic group of units of the k-algebra V(or W respectively) by V^*(or W^* respectively). Furthermore using the canonical indlusion $V^* \hookrightarrow V_a$ (or $W^* \hookrightarrow W_a$ respectively) we have abbreviated the composition $L \xrightarrow{j_2} V^* \hookrightarrow V_a$ (or $L \xrightarrow{f_2} W^* \hookrightarrow W_a$ respectively) by $L \xrightarrow{j_2} V$ (or $L \xrightarrow{f_2} W$ respectively)).

We call the k-algebra V, which is determined up to isomorphism by the universal problem above, the crossed product of the associative k-algebra 1 with the finite algebraic group $\bar{L} = L/\tilde{1}$ with respect to the group extension L and write $V = 1 \otimes_{k,L} \bar{L}$.

In § 10 we shall show that the solution of the above-formulated universal problem does already exist and that one can describe explicitely crossed products using factor systems. In § 11 we shall study the most important properties of crossed products. At last we shall show in § 12:

Let M be a finite-dimensional H(N)-module, which is stable with respect to G. Then there exists a canonical isomorphism in k-algebras:

$$\mathrm{Hom}_{H(N)}(M,M) \otimes_{k,L} (G\tilde{/}N) \xrightarrow{\sim} \mathrm{Hom}_{H(G)}(H(G) \otimes_{H(N)} M,\ H(G) \otimes_{H(N)} M)$$

where L = L(N,G,M) denotes a suitable, affine algebraic group over k containing $\mathrm{Hom}_{H(N)}(M,M)^*$ as normal subgroup and having $G\tilde{/}N$ as residue class group : $L(N,G,M)\tilde{/}\mathrm{Hom}_{H(N)}(M,M)^* \xrightarrow{\sim} G\tilde{/}N$

(see § 12,12.6).

As a first consequence of 12.6 we obtain a generalisation of a well-known theorem due to Green in the representation theory of finite constant groups to finite algebraic groups:

Let M be an indecomposable, finite-dimensional H(N)-module,
which is stable with respect to G. Moreover let us assume that
the residue class group $G\widetilde{/}N$ is unipotent. Then the induced
H(G)-module $H(G) \underset{H(N)}{\otimes} M$ is a direct sum of isomorphic, indecomposable H(G)-submodules

(see § 12,12.8).

Let us now have a look at the results contained in the first
chapter, which can be deduced by the techniques developed in the
following chapters II and III.
By 9.11 we first obtain a sufficient criterion for the irre-
ducibility of an induced module, which in case of Lie algebras
over a ground field of characteristic o corresponds to a
theorem due to Blattner. To simplify matters we confine ourselves
here to the formulation of a very restricted special case:

Let M be a simple H(N)-module, purely unstable with respect
to G. Then the induced H(G)-module $H(G) \underset{H(N)}{\otimes} M$ is also simple

(see § 1, 1.4).

The same as in the theory of constant groups, we call a finite
algebraic group G monomial, if any irreducible H(G)-module M is
induced by a one-dimensional module M' of a suitable algebraic
subgroup $G' \subset G$: $M \xrightarrow{\sim} H(G) \underset{H(G')}{\otimes} M'$.

Using 9.11 we obtain the following result, which generalizes a
well-known theorem due to Blichfeldt in the representation
theory of finite, constant groups to arbitrary finite,
algebraic groups:
Any supersolvable, finite algebraic group G is monomial

(see § 2 A, 2.4).

In § 2 C we will give a further generalization of this result (see § 2 C, 2.49). § 2 D extends Shoda's theorems in the representation theory of finite constant groups to arbitrary finite algebraic groups (see § 2 D, 2.56, 2.58, 2.59). Using these results, it will be possible to compute explicitly the irreducible representations of special monomial groups (see § 2 D, example 2.61). In this connection Mackey's decomposition theorem as formulated under § 8 will be the most important aid. Taketa's well-known theorem stating that any finite constant monomial group is solvable can also be generalized to arbitrary finite algebraic groups (see § 2 E, 2.70). The proof of this result uses - in addition to the decomposition theorem of Oberst-Schneider (see [20]) mainly the fact that an infinitesimal, algebraic group is unipotent if and only if it does not contain any multiplicative subgroups (§ 2 E, 2.62). At last we show in § 2 F that any solvable finite algebraic group G, whose infinitesimal component G^{o} is of height $\leqslant 1$, can be embedded into a monomial finite algebraic group. The main difficulty arising in the proof of this result which generalizes a well-known theorem of Dade to finite, algebraic groups consists in combining the "infinitesimal" and the "constant" result in order to obtain a general statement. The most important aid in the proof of Dade's theorem is the result formulated in § 12 under 12.6.

Refining the methods used for the proof of 2.4 in § 2 A we obtain the following theorem:
All irreducible linear representations of a supersolvable finite algebraic group G belonging to the 1-block of G are one-dimensional

(see § 2 A, 2.5).

Inversely if G is a solvable infinitesimal algebraic group of height $\leqslant 1$ such that all irreducible linear representations of G belonging to the 1-block of G are one-dimensional, then G must be supersolvable (see § 2 A, 2.10). This result is due to the following fact which might also be of interest, if taken seperately:

If $\mathfrak{g}$ is a solvable p-Lie-algebra and if

$$0 \subset \mathfrak{g}_0 \subset \mathfrak{g}_1 \cdots \mathfrak{g}_i \subset \mathfrak{g}_{i+1} \cdots \mathfrak{g}$$

is a chain of p-Lie ideals in $\mathfrak{g}$ which cannot be refined any more, then the quotients $\mathfrak{g}_{i+1}/\mathfrak{g}_i$ all yield irreducible linear representations of $\mathfrak{g}$ belonging to the 1-block of $\mathfrak{g}$.

(see § 2 A, 2.10, 2.11).

I am indebted to Mr. G. Michler for kindly drawing my attention to the fact that finite constant groups having the property that all irreducible linear representations of the 1-block are one-dimensional can be characterized in a simple way. This characterization can be extended to arbitrary finite algebraic groups (see § 2 A, 2.37). Using this characterization we obtain the following farreaching generalization of the result 2.10 just mentioned above:
Any infinitesimal, algebraic group is supersolvable if and only if all its irreducible linear representations contained in the 1-block are one-dimensional

(see § 2 A, 2.40).

Now the characterization given in 2.37 of the finite algebraic groups having one-dimensional irreducible linear representations in their 1-block only in combination with the result 2.5 yields an interesting statement concerning the structure of supersolvable, finite algebraic groups (see 2.38).
Combining the results 1.4 and 12.6 we obtain the following theorem about infinitesimal, algebraic nilpotent groups which can even be generalized to connected, algebraic nilpotent groups:

Any block of an infinitesimal, algebraic nilpotent group contains up to isomorphism one and only one irreducible linear representation

(see § 2 A, 2.27).

Inversely if G is a solvable, infinitesimal algebraic group, whose 1-block contains up to isomorphism one and only one irreducible linear representation (i.e. the trivial one), then G must be nilpotent (see 2.29). This weak inversion of 2.27 is due to the following lemma which taken separately might also be of interest:

Let $N \subset G$ be a normal algebraic subgroup of the finite, algebraic group G such that the residue class group $G/\tilde{N}$ is infinitesimal and unipotent. Then there exists a canonical bijection from the set of N-blocks onto the set of G-blocks

(see § 2, 2.31).

By means of 2.37 we are able to considerably refine the above weak inversion of theorem 2.27:

An infinitesimal algebraic group G is nilpotent if and only if its 1-block contains up to isomorphism only one irreducible linear representation (i.e. the trivial one).

(see § 2 A, 2.41).

As a particularly fine example of how both technical results 9.11 and 12.6 interact let us mention the following theorem concerning the irreducible linear representations of solvable, infinitesimal algebraic groups which can even be extended to solvable connected algebraic groups:

Let G be a solvable infinitesimal algebraic group. Then the dimension of any irreducible linear representation of G is a power of p (= charcteristic of the ground field K)

(see § 2 A, 2.22).

Reverting once more to the result 2.5 we have as an important consequence the following remark:

If M is an irreducible linear representation of the supersolvable, finite algebraic group G with $\dim_k M > 1$, then all cohomology groups $H^i(G,M)$ must vanish

(see § 2 A, 2.8).

A corresponding theorem for Lie algebras has been prooved by D.W. Barnes in [2] (see loc. cit. theorem 3).

It should be mentioned in this connection that the corollary 2.8 of § 2 A is a special case of a more general remark about solvable finite algebraic groups:

Let M be a simple module of a solvable finite algebraic group G such that G acts faithfully on M. Then the cohomology groups $H^i(G,M)$ must all vanish.

In fact let $N \subset G$ be a minimal normal algebraic subgroup of G. Then N cannot be unipotent because otherwise ${}^N M$ would be a G-submodule of M different from zero. Hence N must be multiplicative and therefore must be contained in the kernel of the 1-block of G(see 2.37). As N acts faithfully on M, M cannot be contained in the 1-block of G. Now the argument used in the proof of 2.8 yields the above mentioned generalization to solvable finite algebraic groups. In case of Lie algebras D.W. Barnes has proved a corresponding result in [2] (see loc. cit. theorem 2).

Now using the result 2.8 of § 2.A we can characterize the supersolvable infinitesimal algebraic groups of height $\leqslant 1$ in the following way:

A solvable infinitesimal algebraic group G of height$\leqslant 1$ is supersolvable if and only if all maximal subgroups of G are of prime index p (=characteristic of the ground field k,

(see § 2 A, 2.17).

In case that the ground field k is of characteristic 2 then in 2.17 we can omit the hypothesis that G is solvable (see § 2 G, 2.94).

In the theory of finite abstract groups the above characterization of supersolvable groups goes back to Huppert (Indeed Huppert's theorem is much more powerful than 2.17, because it is not restricted to solvable groups).
In [2] Barnes has given a corresponding theorem for Lie algebras (see loc. cit., theorem 7).

If we now try to extend 2.17 to arbitrary solvable infinitesimal algebraic groups we fail because of example 2.19. It is equally impossible to combine the constant and the infinitesimal result to obtain a more comprehensive theorem about finite, algebraic groups whose infinitesimal component is of height $\leqslant 1$. This results from example 2.20.

Example 2.19 of § 2 A indicates that the infinitesimal algebraic groups of height $\leqslant 1$ have an exceptional position among the infinitesimal algebraic groups of arbitrary height. This is essentially due to the fact that all extensions in the category of the infinitesimal algebraic groups of height $\leqslant 1$ are Hochschild extensions and hence can be described by factor systems (see [10] , chap III, § 6, n° 8, 8.5). This special role of the infinitesimal algebraic groups of height $\leqslant 1$ is underlined by the following results which are all greatly influenced by the important investigations of Barnes on solvable Lie algebras.

First using the above mentioned remark about the vanishing of certain cohomology groups we can show:

Let G be a solvable infinitesimal algebraic group of height $\leqslant 1$ and let $N \subset G$ be a minimal normal algebraic subgroup which equals to its centralizer in G. Then N has a complement in G and any two such complements are always conjugate under the automorphism group of G
(see § 2 A, 2.12).

In case of finite abstract groups this result goes back to Ore and Baer. For Lie algebras Barnes has proven a corresponding theorem in [2] (see loc. cit. theorem 4). We shall use this result to prove in § 2 G the following theorem:

Let G be a solvable infinitesimal algebraic group of height ≤ 1. Then the Frattini subgroup $\Phi(G) \subset G$ is always a normal subgroup of G (§ 2 G, 2.88).

In the proof of this result we follow an idea developed by F. Schwarck in her thesis on the Frattinialgebra of Lie algebras over a ground field of characteristic zero (see [24] for further details). Now D.W. Barnes has shown in [3] that the so called Frattiniargument in the theory of finite abstract groups has an analogue in the theory of Lie algebras. This interesting result of Barnes can be transformed into a - surprisingly simple - argument in the theory of p-Lie algebras (see § 2 G, 2.84). Using this modified Frattini argument as well as the structure theorem on connected, nilpotent algebraic groups as stated in [10], chap IV, § 4, n° 1, 1.10 we can show:

Let G be an infinitesimal algebraic group of height ≤ 1, and let $N \subset \Phi(G) \subset G$ be a normal subgroup contained in the Frattini group $\Phi(G)$ of G. Then a further normal subgroup $L \subseteq G$ of G is nilpotent if and only if the residue class group $L \tilde{/} (L \cap N)$ is nilpotent

(see § 2 G, 2.86).

In case of abstract finite groups this result goes back to Wielandt and Gaschütz. For Lie algebras Barnes has proven a corresponding result in [2] (see loc. cit. theorem 5).

1. Das Kriterium von Blattner.

1.1. Ohne besonderen Hinweis werden wir die in [10] und [12] entwickelten Begriffe und Notationen verwenden. Lediglich in der funktoriellen Sprache werden wir abweichend von [10] dort, wo Missverständnisse nicht zu befürchten sind, Quantifizierungen über den Bereich der k-Modelle unterdrücken. So werden wir beispielsweise für einen k-Funktor $X \in M_k E$ den Term "$\forall x \in X(R);\ R \in M_k$" häufig zu dem Ausdruck "$\forall x \in X$" verkürzen. Ist G eine endliche, lokalfreie algebraische Gruppe über dem kommutativen Grundring k , so benutzen wir für einen k-Modul M mit k-linearer G-Operation nebeneinander auch die Bezeichnungen: k-G-Modul, G-Modul oder H(G)-Modul, wobei H(G) die Gruppenalgebra der Gruppe G bezeichnen soll. Moduln über Algebren (bzw. algebraischen Gruppen) sollen, wenn nichts anderes verabredet wird, stets Linksmoduln sein. Wenn Missverständnisse nicht zu befürchten sind, wollen wir algebraische Gruppen (bzw. Gruppenfunktoren) kurz als Gruppen bezeichnen. Insbesondere werden wir häufig den Begriff "algebraische Untergruppe der algebraischen Gruppe G" (bzw. "abgeschlossener Untergruppenfunktor des Gruppenfunktors G") durch den kürzeren Ausdruck "Untergruppe von G " ersetzen. Konstante Gruppen sollen grundsätzlich mit den ihnen zu Grunde liegenden abstrakten Gruppen identifiziert werden. Sind $G' \subset G$ zwei abstrakte Gruppen, so sei mit G/G' der Quotient von G nach der Operation von G' auf G durch Rechtstranslationen und entsprechend mit $G' \backslash G$ der Quotient von G nach der Operation von G' auf G durch Linkstranslationen bezeichnet. Entsprechende Verabredungen sollen für Gruppenfunktoren bzw. Gruppengarben gelten. Schließlich sei mit $\delta : G \longrightarrow H(G)$ die kanonische Einbettung von G in H(G) bez.^{V}

1.2. Seien nun $G' \subset G$ zwei endliche, lokal-freie algebraische Gruppen über dem kommutativen Grundring k derart,

V siehe hierzu [26].

dass G' ein Normalteiler von G ist. Wir betrachten nun den k-G'-Modul M, dessen k-lineare G'-Operation durch den Homomorphismus

$$\rho : G' \longrightarrow Gl_k(M)$$

gegeben sei. Für $g \in G(k)$ bezeichnen wir mit $F_g(M)$ den k-Modul M zusammen mit einer k-linearen G'-Operation

$$\Psi : G' \longrightarrow Gl_k(M)$$

welche durch die Gleichung

$$\Psi(g') = \rho(g \cdot g' \cdot g^{-1}) \quad \forall g' \in G'$$

beschrieben wird.

1.3. Wir betrachten die Situation von 1.2. unter der zusätzlichen Voraussetzung, dass k ein Körper und M ein endlichdimensionaler k-Vektorraum mit k-linearer G'-Operation ist. In II, §3 wird gezeigt werden, dass es einen G' enthaltenden, abgeschlossenen Untergruppenfunktor $Stab_G(M) \subset G$ in G gibt, der durch die folgende Gleichung charakterisiert wird:

$$Stab_G(M)(R) = \{g \in G(R) \mid F_g(M \otimes_k R) \underset{H(G') \otimes_k R}{\tilde{\rightarrow}} M \otimes_k R\} \quad \forall R \in Alf/k$$

wobei Alf/k die Kategorie der endlich-dimensionalen kommutativen k-Algebren bezeichnen soll.

1.4. Der nachfolgende Satz ist in der Theorie der unendlich dimensionalen Darstellungen von Liealgebren im Falle der Charakteristik 0 als Kriterium von Blattner bekannt:

Satz: Ueber einem algebraisch abgeschlossenen Grundkörper k der Charakteristik $p > 0$ seien drei endliche, algebraische Gruppen $G'' \subset G' \subset G$ gegeben derart, dass G'' normal in G ist. Weiterhin sei M ein einfacher G'-Modul, der als G''-Modul halbeinfach und isotypisch ist. Gilt dann die Beziehung $Stab_G(M) = G'$, so muss der induzierte G-Modul $H(G) \otimes_{H(G')} M$ einfach sein.

Beweis: Wir setzen $N = H(G) \otimes_{H(G')} M$ und bezeichnen mit $\sigma : G(k)/G'(k) \to G(k)$ einen Schnitt für die kanonische

Projektion $\pi: G(k) \to G(k)/G'(k)$. Bezeichnen wir den G''-Sockel von N mit $S(_{G''}N)$, so ist wegen II, § 9, 9.13.

$$S(_{G''}N) = \coprod_{\bar g \in G(k)/G'(k)} \delta(\sigma(\bar g)) \otimes_{H(G')} M$$

die Zerlegung von $S(_{G''}N)$ in seine isotypischen Komponenten die von Null verschieden sind.

Sei nun $L \subset N$ ein von Null verschiedener G-Teilmodul von N. Dann ist offenbar $L \cap S(_{G''}N) \neq 0$. Dies bedeutet aber, dass es ein $\bar g \in G(k)/G'(k)$ geben muss mit $L \cap \sigma(\bar g) \otimes_{H(G'')} M \neq 0$. Da L ein G-Modul ist, erhält man hieraus sofort $L \cap M \neq 0$. Nun ist aber M ein einfacher G'-Modul, und mithin muss $M \subset L$ gelten. Da aber M den G-Modul N erzeugt, erhalten wir schliesslich $L = N$.

§ 2 A. Einfache Darstellungen von auflösbaren, algebraischen Gruppen.

2.1. Wir nennen eine endliche, algebraische Gruppe G über dem Grundkörper k überauflösbar, wenn es eine Kette $1_K = G_0 \subset G_1 \ldots G_l \subset G_{l+1} \ldots G_n = G$ von G-Normalteilern gibt derart, dass alle Quotienten $G_{i+1} \tilde{/} G_i$ einfache, abelsche Gruppen sind.

2.2. Sei G eine algebraische Gruppe über dem Grundkörper k und N ein endlich-dimensionaler G-Modul. Für einen Untervektorraum $M \subset N$ bezeichnen wir mit $\mathrm{Norm}_G(M \subset N)$ den abgeschlossenen Untergruppenfunktor von G, der durch die Gleichung

$$\mathrm{Norm}_G(M \subset N)(R) = \{g \in G(R) \mid g(M \otimes_k R) = M \otimes_k R\} \quad \forall R \in M_k$$

beschrieben wird.

2.3. Zu dem in 2.4. folgenden Satz gibt es in der Darstellungstheorie der endlichen, konstanten Gruppen im Falle der

Charakteristik 0 ein analoges Resultat, das auf Blichfeldt zurückgeht. Wir benötigen zum Beweis dieses Satzes das folgende

Lemma: Seien $G' \subset G$ zwei endliche, algebraische Gruppen über dem Grundkörper k, und sei G' ein Normalteiler von G. Weiterhin sei N ein endlich-dimensionaler G-Modul und $M \subset N$ eine isotypische Komponente des G'-Sockels von N. Mit $T \subset M$ sei ein einfacher G'-Teilmodul von M bezeichnet. Dann gilt:

$$\mathrm{Norm}_G(M \subset N) = \mathrm{Stab}_G(M) = \mathrm{Stab}_G(T) .$$

Beweis: Die Inklusion $\mathrm{Norm}_G(M \subset N) \subset \mathrm{Stab}_G(M)$ folgt unmittelbar aus den Definitionen. Setzen wir nun $G^* = \mathrm{Stab}_G(M)$, so muss wegen II §7,7.4 der G'-Modul $H(G^*) \underset{H(G')}{\otimes} M$ halbeinfach und isotypisch vom Typ T sein. Dann faktorisiert aber die kanonische Abbildung $H(G^*) \underset{H(G')}{\otimes} M \to N$ über $M \subset N$. Das bedeutet aber gerade $G^* = \mathrm{Stab}_G(M) \subset \mathrm{Norm}_G(M \subset N)$.

Wegen $M \xrightarrow[H(G')]{\sim} T^n$ mit $n = \mathrm{long}_{H(G')}(M)$ folgt die Inklusion $\mathrm{Stab}_G(T) \subset \mathrm{Stab}_G(M)$ wieder unmittelbar aus den Definitionen. Zum Beweis der umgekehrten Inklusion genügt es, da beide algebraischen Gruppen endlich sind, zu zeigen, dass

$$\mathrm{Stab}_G(M)(R) \subset \mathrm{Stab}_G(T)(R) \quad \forall R \in \mathrm{Alf}/k$$

gilt. Sei $g \in \mathrm{Stab}_G(M)(R)$ mit $R \in \mathrm{Alf}/k$. Dann ist wegen 1.3. $F_g(M \otimes_k R) \xrightarrow[H(G') \otimes_k R]{\sim} M \otimes_k R$. Nun ist aber

$M \otimes_k R \xrightarrow[H(G') \otimes_k R]{\sim} (T \otimes_k R)^n$. Damit ergibt sich

$F_g(M \otimes_k R) \xrightarrow[H(G') \otimes_k R]{\sim} F_g(T \otimes_k R)^n$. Aus diesen drei Beziehungen erhält man schliesslich: $F_g(T \otimes_k R)^n \xrightarrow[H(G') \otimes_k R]{\sim} (T \otimes_k R)^n$.

Wendet man den Satz von Remak-Knull-Schmidt auf den letzten Isomorphismus an, so liefert dies: $F_g(T \otimes_k R) \xrightarrow[H(G') \otimes_k R]{\sim} T \otimes_k R$.

Dies heisst aber gerade: $g \in \mathrm{Stab}_G(T)(R)$.

<u>2.4.</u> Wir führen nun das Analogon zum Satz von <u>Blickfeldt</u> an:

<u>Satz</u>: Sei G eine endliche, algebraische, überauflösbare Gruppe über dem algebraisch abgeschlossenen Grundkörper k der Charakteristik $p > 0$. Mit N sei ein einfacher G-Modul bezeichnet. Dann gilt:

i) Ist $\dim_k N > 1$, so gibt es eine normale, algebraische Untergruppe $G'' \subset G$ derart, dass der G''-Modul N nicht isotypisch-halbeinfach ist.

ii) Sei $\dim_k N > 1$ und $G'' \subset G$ eine normale, algebraische Untergruppe von G mit der in i) angegebenen Eigenschaft. Sei $M \subset N$ eine von Null verschiedene, isotypische Komponente des G''-Sockels von N. Mit $G' = \mathrm{Norm}_G(M \subset N)$ gilt dann

$$H(G) \underset{H(G')}{\otimes} M \xrightarrow[H(G)]{\sim} N \; .$$

iii) Es gibt stets eine algebraische Untergruppe $G' \subset G$, sowie einen eindimensionalen G'-Modul M derart, dass

$$H(G) \underset{H(G')}{\otimes} M \xrightarrow[H(G)]{\sim} N$$ gilt.

<u>Beweis</u>: Wir zeigen zunächst ii). Wegen Lemma 2.3. ist $G' = \mathrm{Norm}_G(M \subset N) = \mathrm{Stab}_G(M)$. Dann folgt aber aus II, §9, 9.14, dass der kanonische Morphismus in G-Moduln $H(G) \underset{H(G')}{\otimes} M \to N$ injektiv sein muss. Da N einfach ist, muss der fragliche Morphismus auch surjektiv sein.
Andrerseits folgt aus i) und ii) mit vollständiger Induktion nach $\dim_k H(G)$ die Behauptung iii), denn eimal ist mit den Bezeichnungen von i) und ii) M stets ein einfacher G'-Modul. Wäre nämlich $L \subset M$ ein echter G'-Teilmodul von M , so müsste $H(G) \underset{H(G')}{\otimes} L \subset H(G) \underset{H(G')}{\otimes} M \cong N$ ein echter G-Teilmodul von N sein, da nach dem Zerlegungssatz von Oberst-Schneider in [20] $H(G)$ ein freier $H(G')$-Rechtsmodul ist. Zum anderen ist stets $G' \neq G$. Wäre nämlich $G' = \mathrm{Norm}_G(M \subset N) = G$, so wäre M ein G-Teilmodul von N:

und mithin müsste $M = N$ gelten, da N einfach und M von Null verschieden ist. Dies würde aber bedeuten, dass N als G''-Modul isotypisch-halbeinfach wäre im Gegensatz zur Wahl von G''.

Es bleibt somit die Behauptung i) zu beweisen. Sei nun $\varphi: G \to Gl_k(N)$ der kanonische Homomorphismus, welcher die G-Modulstruktur auf dem k-Vektorraum N festlegt. Indem wir nun G durch sein Bild $\widetilde{\varphi(G)}$ unter φ ersetzen, erkennen wir, dass wir ohne Beschränkung der Allgemeinheit annehmen können, dass G auf N treu operiert. Zur Konstruktion des Normalteilers $G'' \subset G$ machen wir nun die folgende Fallunterscheidung:

1) $G^0 = 1_k$, also G konstant bzw. 2) $G^0 \neq 1_k$.

Im Falle 1) kann G keinen p-Normalteiler enthalten, da G treu auf N operiert. Daher muss die Ordnung des Zentrums von G-Notation Cent(G) • prim zu p sein. Offenbar ist nun $G \neq \mathrm{Cent}(G)$, denn wäre $G = \mathrm{Cent}(G)$, so müsste N als einfacher Modul über der kommutativen Gruppe G eindimensional sein. Für $G'' \subset G$ wählen wir nun einen Cent(G) echt enthaltenden Normalteiler derart, dass $G''/\mathrm{Cent}(G)$ ein minimaler Normalteiler in $G/\mathrm{Cent}(G)$ wird. Da G überauflösbar ist, muss $G''/\mathrm{Cent}(G) \xrightarrow{\sim} \mathbb{Z}/q\mathbb{Z}$ für eine geeignete Primzahl q sein. Wäre nun $p = q$, so erhielte man $G'' \xrightarrow{\sim} \mathrm{Cent}(G) \amalg \mathbb{Z}/p\mathbb{Z}$, und $\mathbb{Z}/p\mathbb{Z}$ wäre als charakteristische Untergruppe von G'' ein p-Normalteiler von G. Also ist $p \neq q$, und damit ist auch die Ordnung von G'' prim zu p. Da $G''/\mathrm{Cent}(G)$ zyklisch ist, muss G'' kommutativ sein. Damit wird N zu einem halbeinfachen G''-Modul, dessen einfache Kompositionsfaktoren sämtlich eindimensional sind. Da G'' das Zentrum von G echt enthält, kann keine isotypische Komponente des G''-Moduls N mit N zusammenfallen.

Sei nun $G^0 \neq 1_k$. Da G überauflösbar ist, muss der Normalteiler $G^0 \subset G$ einen minimalen Normalteiler enthalten, der entweder vom Typ p_μ oder vom Typ p_α ist.

Der zweite Fall scheidet aber aus, da G auf N treu operiert.

Betrachten wir nun den grössten multiplikativen Normalteiler
K von G^0 , der ja sogar ein Normalteiler von G ist, so
erhalten wir insbesondere $K \neq 1_k$. Dies liefert die folgende Fallunterscheidung:

2a) $K = G^0$ bzw.   2b) $K \neq G^0$

Wir wenden uns zunächst dem Fall 2a) zu, den wir seinerseits
unterteilen:

2aα) Der halbeinfache K-Modul N ist isotypisch

2aβ) Der halbeinfache K-Modul N ist nicht isotypisch.

Im Falle 2aα) operiert K über einen einzigen Charakter
$X : K \xrightarrow{\sim} \mu_k$ treu auf N . Mithin ist $K \xrightarrow{\sim} {}_{p^n}\mu_k$. Weiterhin
erhalten wir $G = K\pi G_{red}$, denn G operiert treu auf N . Nun
ist N aber offenbar schon unter G_{red} einfach. Wegen Fall
1) finden wir also einen Normalteiler $G'' \subset G_{red}$ mit der gesuchten Eigenschaft. Da G'' sogar in $G = K\pi G_{red}$ ein Normalteiler ist, haben wir auch im Fall 2aα) den gesuchten Normalteiler konstruiert.

Im Fall 2aβ) genügt es, $G'' = K$ zu setzen.

Wir wenden uns nun dem Fall 2b) zu. Hier wählen wir für G''
einen K enthaltenden, infinitesimalen Normalteiler derart,
dass $G''\tilde{/}K$ ein minimaler Normalteiler von $G\tilde{/}K$ wird. Da G
überauflösbar ist, muss $G''\tilde{/}K$ entweder vom Typ ${}_p\mu_k$ oder
vom Typ ${}_p\alpha_k$ sein. Der erste Fall scheidet aber aus, da K
der grösste multiplikative Normalteiler in G^0 ist. (Siehe
[10] , chap.IV, § 1., n°4, proposition 4.5.b). Also ist
$G''\tilde{/}K \xrightarrow{\sim} {}_p\alpha_k$, und damit zerfällt die zentrale Erweiterung:

$$1 \longrightarrow K \longrightarrow G'' \longrightarrow {}_p\alpha_k \longrightarrow 1$$

(Siehe [10] , chap.III, § 6, n°8, Corollaire 8.6). Wir erhalten
somit einen Isomorphismus $G'' \xrightarrow{\sim} K\pi {}_p\alpha_k$. Nun ist aber der G''-
Sockel von N echt kleiner als N , da anderenfalls ${}_p\alpha_k$
trivial auf N operieren würde.

2.5. Ein ähnliches Argument wie im Beweis des voraufgegangenen Satzes liefert nun das folgende Resultat (vergleiche Bemerkung 2.34. am Schluss des ersten Kapitels):

<u>Satz</u>: Sei G eine endliche, überauflösbare algebraische Gruppe über dem algebraisch abgeschlossenen Grundkörper k der Charakteristik $p > 0$. Dann haben alle einfachen G-Moduln, die demselben Block angehören, dieselbe Dimension.

<u>2.6. Bemerkung</u>: Wir nennen eine endlich-dimensionale Algebra über dem algebraisch abgeschlossenen Grundkörper k <u>basisch</u>, wenn ihre Radikalrestklassenalgebra ein Produkt von Kopien von k ist. Wie nun eine einfache Anwendung der Morita-Äquivalenz lehrt, ist der obige Satz 2.5. gleichbedeutend mit dem folgenden

<u>Satz</u>: Die Gruppenalgebra $H(G)$ einer endlichen, überauflösbaren algebraischen Gruppe G über dem algebraisch abgeschlossenen Grundkörper k der Charakteristik $p > 0$ ist ein Produkt von Matrizenringen über basischen Algebren:

$$H(G) = \prod \mathbb{M}_{n_i}(A_i) \quad \text{mit} \quad A_i/\mathrm{Rad}(A_i) \cong k^{m_i}$$

<u>2.7. Beweis des Satzes 2.5.</u>: Seien M und N zwei einfache G-Moduln verschiedener k-Dimension und

$$\varepsilon : \quad 0 \longrightarrow M \xrightarrow{i} E \xrightarrow{q} N \longrightarrow 0$$

eine kurze, exakte Sequenz in G-Moduln. Wir beweisen durch Induktion nach $\dim_k H(G)$, dass ε zerfällt. Wir können daher ohne Beschränkung der Allgemeinheit annehmen, dass G auf E treu operiert. Unter dieser Voraussetzung werden wir die Annahme, ε würde nicht zerfallen, zusammen mit der Induktionsvoraussetzung zu einem Widerspruch führen.

Wir bemerken zunächst, dass unter den eingangs gemachten Voraussetzungen G keinen Normalteiler $J \subset G$ mithalten kann, der vom Typ $\mathbb{Z}/p\mathbb{Z}$ oder $\mu_{p^{\alpha_k}}$ ist. Zunächst ist nämlich der J-Sockel von E (Notation: $S(_J E)$) wegen der Gleichung:

$$S({}_J E) = {}^J E = \{v \in E \mid gv = v \quad \forall g \in J\}$$

ein G-stabiler Teilmodul von E. Rüsten wir nun den dualen Modul $E^t = \mathrm{Hom}_k(E,k)$ mit der durch die Gleichung

$$\langle gf,v\rangle = \langle f,g^{-1}v\rangle \quad \forall f \in E^t = \mathrm{Hom}_k(E,k), v \in E, g \in G$$

festgelegten G-Modulstruktur aus, so erhalten wir für das J-Radikal von E (Notation: $\mathrm{Rad}({}_J E)$) aus der Beziehung

$$\mathrm{Rad}({}_J E) = \{v \in E \mid \langle f,v\rangle = 0 \quad \forall f \in S({}_J E^t)\}\gamma$$

wegen

$$S({}_J E^t) = {}^J(E^t) = \{f \in E^t \mid gf = f \quad \forall g \in J\}$$

wiederum die Bemerkung, dass auch $\mathrm{Rad}({}_J E)$ ein G-Teilmodul von E sein muss. Da G treu auf E operiert, ist die Bedingung

$$\mathrm{Rad}({}_J E) = 0 \Longleftrightarrow S({}_J E) = E$$

nicht möglich. Da die Erweiterung ε nicht zerfällt, erhalten wir daher die Gleichung

$$\mathrm{Rad}({}_J E) = M = S({}_J E)$$

im Widerspruch zu der Tatsache, dass für jeden endlich-dimensionalen J-Modul P die Gleichung

$$\dim_k(S(P)) = \dim_k(P/\mathrm{Rad}(P)) \quad \text{gelten muss.}$$

Es genügt nun einen Normalteiler $G'' \subset G$ anzugeben, der eine der beiden folgenden Bedingungen erfüllt:

i) Es gibt im G''-Sockel von E eine von E verschiedene, isotypische Komponente $P \neq 0$ mit $P \not\subset M \subset E$.

ii) Es gibt im G''-Sockel von E^t eine von E^t verschiedene, isotypische Komponente $Q \neq 0$ mit $Q \not\subset N^t \subset E^t$.

γ $S({}_J E^t)$ = Sockel des J-Moduls E^t.

Setzen wir nämlich im Falle i) $G' = \mathrm{Norm}_G(P \subset E)$, so muss $G' \neq G$ sein, denn es gibt in E ausser M keine nichttrivialen G-Teilmoduln, da die Erweiterung ε nicht zerfällt. Offenbar ist nun $P \cap M$ ein G'-Teilmodul von M und $q(P) \subset N$ ein G'-Teilmodul von N . Wegen Lemma 2.3 ist $\mathrm{Stab}_G(P) = \mathrm{Stab}_G(q(P)) = G'$. Wir erhalten nun ein kommutatives Diagramm mit exakten Zeilen:

$$\begin{array}{ccccccccc}
0 & \longrightarrow & M & \xrightarrow{\ i\ } & E & \xrightarrow{\ q\ } & N & \longrightarrow & 0 \\
 & & \uparrow \alpha & & \uparrow \beta & & \uparrow \gamma & & \\
0 & \longrightarrow & H(G) \otimes_{H(G')} (P \cap M) & \longrightarrow & H(G) \otimes_{H(G')} P & \longrightarrow & H(G) \otimes_{H(G')} q(P) & \longrightarrow & 0
\end{array}$$

Wegen II, §9, 9.14 sind β und γ injektiv. Da N einfach ist, muss wegen $P \not\subset M$ die Abbildung γ auch surjektiv sein. Dann folgt aber aus dem Lemma von Nakayama, dass auch β surjektiv ist. Mit β und γ ist schliesslich auch α ein Isomorphismus. Nun sind aber $P \cap M$ bzw. $q(P)$ einfache G'-Moduln, da M bzw. N einfache G-Moduln sind. (vergleiche den Beweis von 2.4). Aus den Gleichungen

$$\dim_k(M) = \dim_k(\mathcal{O}(G/G')) \cdot \dim_k(P \cap M) \quad \text{bzw.}$$

$$\dim_k(N) = \dim_k(\mathcal{O}(G/G')) \cdot \dim_k(q(P))$$

erhalten wir schliesslich die Ungleichung $\dim_k(P \cap M) \neq \dim_k(q(P))$. Dann muss aber nach Induktionsvoraussetzung die exakte Sequenz in G'-Moduln:

$$0 \longrightarrow P \cap M \longrightarrow P \longrightarrow q(P) \longrightarrow 0$$

zerfallen und damit im Widerspruch zur Voraussetzung auch ε . Entsprechend würde man im zweiten Falle erhalten, dass die Erweiterung

$$\varepsilon^t : 0 \longrightarrow N^t \xrightarrow{\ q^t\ } E^t \xrightarrow{\ i^t\ } M^t \longrightarrow v$$

zerfallen müsste, woraus wiederum folgen würde, dass auch ε

zerfällt.

Zur Konstruktion des Normalteilers G" machen wir nun die folgende Fallunterscheidung:

1) $G^0 = 1_k$, also G konstant bzw. 2) $G^0 \neq 1_k$.

Wie im Falle 1) des Beweises von Satz 2.4. erhalten wir im ersten Falle aus der eingangs gemachten Bemerkung, dass G keinen Normalteiler vom Typ $\mathbb{Z}/p\mathbb{Z}$ enthalten kann, einen Normalteiler $G" \subset G$, der das Zentrum von G echt enthält, kommutativ ist und dessen Ordnung prim zu p ist. Der halbeinfache G"-Modul E enthält mindestens eine isotypische Komponente $P \neq 0$, die nicht in M gelegen ist. Da G" das Zentrum von G echt enthält und G auf E treu operiert, ist P offenbar von E verschieden.

Im Falle 2) muss, da G^0 keinen Normalteiler vom Typ $_p\alpha_k$ enthält, der grösste multiplikative Normalteiler K von G^0 verschieden von 1_k sein. Das liefert die beiden Unterfälle:

2a) der halbeinfache K-Modul E ist isotypisch

2b) der halbeinfache K-Modul E ist nicht isotypisch.

Im Falle 2b) genügt offenbar der Normalteiler G" = K der Bedingung i). Den Fall 2a) unterteilen wir weiter:

2aα) $K = G^0$ bzw. 2aβ) $K \neq G^0$

Im Falle 2aα) erhalten wir wieder $K \cong {}_{p^n}\mu_k$ und $G \cong K \Pi G_{red}$. Da die Erweiterung ε offenbar schon unter G_{red} nicht trivial ist und M bzw. N bereits einfache G_{red}-Moduln sind, liefert Fall 1) einen Normalteiler $G" \subset G_{red}$ mit der Eigenschaft i).

Im Falle 2aβ) erhalten wir wie im Falle 2b) des Beweises von Satz 2.4. eine infinitesimale, algebraische, invariante Untergruppe $G'' \subsetneqq K\pi_p\alpha_k \subset G$. Nun operiert K auf E und damit auch auf dem dualen Modul E^t über genau einen Charakter $X : K \to \mu_k$. Damit sind der G''-Sockel $S({}_{G''}E)$ von E und der G''-Sockel $S({}_{G''}E^t)$ von E^t beide isotypisch. Daher ist wegen Lemma 2.3.:

$$\mathrm{Norm}_G\,(S({}_{G''}E) \subset E) = \mathrm{Stab}_G(S({}_{G''}E)) = \mathrm{Stab}_G(S({}_{G''}E^t)) =$$

$$\mathrm{Norm}_G(S({}_{G''}E^t) \subset E^t)$$

Bezeichnen wir diese Gruppe wieder mit G', so würde aus den beiden Inklusionen

$$S({}_{G''}E) \subset M \quad \text{und} \quad S({}_{G''}E^t) \subset N^t$$

wegen II, §9, 9.14 die Beziehungen

$$H(G)\underset{H(G')}{\otimes} S({}_{G''}E) \subsetneqq M \quad \text{und} \quad H(G)\underset{H(G')}{\otimes} S({}_{G''}E^t) \subsetneqq N^t$$

folgen. Damit erhalten wir schliesslich die Ungleichung

$$\dim_k(S({}_{G''}E)) \neq \dim_k(S({}_{G''}E^t))$$

Bezeichnen wir den ${}_p\alpha_k$-Sockel von E bzw. E^t für die Untergruppe ${}_p\alpha_k \subset K\pi_p\alpha_k = G'' \subset G$ mit $S({}_{p}\alpha_k E)$ bzw. $S({}_{p}\alpha_k E^t)$, so ergibt wegen

$$S({}_{p}\alpha_k E) = S({}_{G''}E) \quad \text{und} \quad S({}_{p}\alpha_k E^t) = S({}_{G''}E^t)$$

schliesslich die Ungleichung:

$$\dim_k\,(S({}_{p}\alpha_k E)) \neq \dim_k(S({}_{p}\alpha_k E^t))\ .$$

Bezeichnen wir schliesslich das ${}_p\alpha_k$-Radikal von E für die

Untergruppe ${}_{p}\alpha_k \subset K\pi_p\alpha_k = G'' \subset G$ mit $\mathrm{Rad}({}_{p}\alpha_k E)$, so erhalten wir wegen des ${}_{p}\alpha_k$-Isomorphismus

$$S({}_{p}\alpha_k E^t) \xrightarrow{\sim} (E/\mathrm{Rad}({}_{p}\alpha_k E))^t$$

aus der letzten Ungleichung schliesslich den Widerspruch

$$\dim_k S({}_{p}\alpha_k E) \neq \dim_k (E/\mathrm{Rad}({}_{p}\alpha_k E)) .$$

Also gilt $S({}_{G''}E) \not\subset M$ oder $S({}_{G''}E^t) \not\subset N^t$.

Da G auf E treu operiert, kann weder

$$S({}_{G''}E) = E \quad \text{noch} \quad S({}_{G''}E^t) = E^t$$

gelten. Der Normalteiler G'' erfüllt also eine der beiden Bedingungen i) bzw. ii).

2.8. Aus dem Satz 2.5. erhält man nun leicht das folgende Resultat, dessen Analogon für Liealgebren von Barnes in [2] mit anderen Methoden genommen wurde:

Corollar: Sei G eine endliche, algebraische, überauflösbare Gruppe über dem algebraisch abgeschlossenen Grundkörper k der Charakteristik $p > 0$. Sei M ein einfacher G-Modul mit $\dim_k M > 1$. Dann gilt für alle $i \geq 0$

$$H^i(G,M) = 0 .$$

Beweis: Wir sagen, ein endlich-dimensionaler G-Modul N sei zum Einsblock von G fremd, wenn kein Kompositionsfaktor einer Jordan-Hölderschen Kompositionsreihe von N dem Einsblock von G angehört. Nun ist aber offenbar mit jedem zum Einsblock von G fremden, endlich-dimensionalen G-Modul N auch dessen injektive Hülle $I(N)$ zum Einsblock von G fremd. Bezeichnen wir mit T den eindimensionalen k-Vektorraum mit der trivialen G-Operation und setzen wie üblich für einen G-Modul N

$$^{G}N = \{v \in N \mid gv = v \quad \forall g \in G\}$$

so folgt wegen $^{G}N = \mathrm{Hom}_{H(G)}(T,N)$ für jeden zum Einsblock von G fremden, endlich-dimensionalen G-Modul N die Beziehung: $^{G}N = 0$. Aus diesen beiden Bemerkungen ergibt sich für jeden endlich-dimensionalen G-Modul N , der zum Einsblock von G fremd ist: $H^{i}(G,N) = 0 \forall i \geq 0$. Wegen des Satzes 2.5. kann aber der einfache G-Modul M dem Einsblock von G nicht angehören, weil $\dim_k M > 1$ ist.

2.9. Sei nun V ein endlich-dimensionaler k-Vektorraum, so bezeichnen wir mit V_a die durch die Gleichung

$$V_a(R) = V \otimes_k R \quad \forall R \in M_k$$

gegebene kommutative, algebraische Gruppe über k und, falls die Charakteristik von k positiv ist, mit $_F V_a$ ihren ersten Frobeniuskern. Bekanntlich ist der kanonische Homomorphismus $Gl_k(V) \to \mathrm{Aut}(_F V_a)$ ein Isomorphismus, weil die Komposition $Gl_k(V) \to \mathrm{Aut}(_F V_a) \xrightarrow{\sim} Gl_k(\mathrm{Lie}(_F V_a))$ von dem kanonischen Isomorphismus $V \xrightarrow{\sim} \mathrm{Lie}(_F V_a)$ induziert wird. Mit diesen Bemerkungen gilt nun das folgende

Corollar: Sei G eine überauflösbare, infinitesimale, algebraische Gruppe der Höhe ≤ 1 über dem algebraisch abgeschlossenen Grundkörper k der Charakteristik $p > 0$, die auf einer kommutativen, infinitesimalen, algebraischen Gruppe der Gestalt $_F V_a$ mit $\dim_k V > 1$ so operieren möge, dass $\mathrm{Lie}(_F V_a)$ zu einem einfachen G-Modul wird. Dann gilt:

$$H_0^2(G,{_F V_a}) = 0 \quad \text{und} \quad \widetilde{Ex}^1(G,{_F V_a}) \xrightarrow{\sim} \mathfrak{G}_{+}(G,{_F V_a}) .$$

Beweis: Sei $\alpha: G \pi G \to {_F V_a}$ ein Faktorensystem zu der Hochschilderweiterung

$$\varepsilon : 1 \longrightarrow {_F V_a} \longrightarrow E \longrightarrow G \longrightarrow 1$$

Indem wir die Komposition $\alpha^*: G\pi G \xrightarrow{\alpha} {}_F V_a \hookrightarrow V_a$ betrachten, erhalten wir ein Faktorensystem für eine Hochschildererweiterung

$$\varepsilon^* : \quad 1 \longrightarrow V_a \longrightarrow E^* \longrightarrow G \longrightarrow 1$$

sowie einen injektiven Gruppenhomomorphismus $i: E \to E^*$ derart, dass das nachfolgende Diagramm kommutativ wird:

$$\begin{array}{lccccccccc}
\varepsilon: & 1 & \longrightarrow & {}_F V_a & \longrightarrow & E & \longrightarrow & G & \longrightarrow & 1 \\
 & & & \big\downarrow \text{ind.} & & \big\downarrow i & & \big\downarrow id_G & & \\
\varepsilon^*: & 1 & \longrightarrow & V_a & \longrightarrow & E^* & \longrightarrow & G & \longrightarrow & 1
\end{array}$$

Nun ist aber E von der Höhe $\leqq 1$, also erhalten wir eine Inklusion $j: E \to {}_F E^*$ derart, dass das nachfolgende Diagramm kommutativ wird:

$$\begin{array}{lccccccccc}
\varepsilon: & 1 & \longrightarrow & {}_F V_a & \longrightarrow & E & \longrightarrow & G & \longrightarrow & 1 \\
 & & & \big\downarrow id & & \big\downarrow j & & \big\downarrow id & & \\
{}_F\varepsilon^*: & 1 & \longrightarrow & {}_F V_a & \longrightarrow & {}_F E^* & \longrightarrow & G & \longrightarrow & 1
\end{array}$$

Da V_a zu einem Produkt α_k^n isomorph ist, muss ε^* eine Hochschilderweiterung sein und mithin ist die zweite Zeile des letzten Diagramms exakt (siehe [10], chap.III, 4,n°6, Corollaire 6.6). Daher ist $j: E \tilde{\to} {}_F E^*$ ein Isomorphismus. Wegen Corollar 2.8. gibt es einen Schnitt $S: G \to E^*$, der die Erweiterung ε^* zerfällt und, da er über ${}_F E^* = E$ faktorisiert, gleichzeitig dasselbe für die Erweiterung ε leistet.

Zum Beweis der zweiten Behauptung betrachten wir die exakte Sequenz

$$0 \longrightarrow {}_F V_a \longrightarrow V_{a,1} \xrightarrow{F} V_{a,0} \longrightarrow v$$

von kommutativen, algebraischen Gruppen mit G-Operation, wobei $V_{a,1}$ die Gruppe V_a mit der vorgegebenen, linearen G-Operation und $V_{a,0}$ die Gruppe V_a mit der trivialen G-Operation bezeichnen möge. Wir erhalten hieraus die exakte

Sequenz:

$$0 \longrightarrow Ex^0(G,{}_FV_a) \longrightarrow Ex^0(G,V_{a,1}) \longrightarrow Ex^0(G,V_{a,0})$$

$$\longrightarrow \widetilde{Ex}^1(G,{}_FV_a) \longrightarrow \widetilde{Ex}^1(G,V_{a,1})$$

Wegen Corollar 2.8. ist $H_0^1(G,V_{a,1}) = 0$. Daher ist die Abbildung $\partial : V \longrightarrow Ex^0(G,V_{a,1})$, welche durch

$\partial(v)(g) = v - g\cdot v \quad \forall g \in G$ gegeben wird, surjektiv. Hieraus folgt aber, dass die Abbildung $Ex^0(G,V_{a,1}) \to Ex^0(G,V_{a,0})$ die Nullabbildung sein muss. Andrerseits ist $\widetilde{Ex}^1(G,V_{a,1}) = H_0^2(G,V_{a,1}) = 0$. Wegen $Ex^0(G,V_{a,0}) = \mathbf{G}_+(G,V_a) = \mathbf{G}_+(G,{}_FV_a)$ folgt auch die zweite Behauptung.

<u>2.10.</u> Mit Hilfe des voraufgegangenen Corollars 2.9. erhalten $^{\vee}$ wir nun den folgenden

<u>Satz:</u> Sei G eine algebraische, infinitesimale, auflösbare Gruppe der Höhe ≤ 1 über dem algebraisch abgeschlossenen Grundkörper k der Charakteristik $p > 0$. Dann sind die folgenden Bedingungen gleichbedeutend.

i) G ist überauflösbar
ii) Zwei einfache G-Moduln desselben Blocks haben dieselbe Dimension.
iii) Alle einfachen G-Moduln des Einsblockes sind eindimensional.

<u>Beweis:</u> Die Implikation i)$\Rightarrow$ ii) folgt aus Satz 2.5. Da die Implikation ii)$\Rightarrow$ iii) ohnehin klar ist, genügt es, die Behauptung iii)$\Rightarrow$ i) zu beweisen. Wir führen den Beweis durch Induktion nach $\dim_k(H(G))$. Da sich die Bedingung iii) auf alle algebraischen Restklassengruppen von G überträgt, können wir ohne Beschränkung der Allgemeinheit annehmen, dass alle echten algebraischen Restklassengruppen von G überauflösbar sind. Sei nun $N \subset G$ ein minimaler-algebraischer

---

$^{\vee}$ siehe auch 2.40.

Normalteiler von G. Da G auflösbar vorausgesetzt wurde, muss N von der Gestalt $N \tilde{\to} {}_p\mu_k$ oder von der Gestalt $N \tilde{\to} {}_FV_a$ für einen geeigneten endlich-dimensionalen k-Vektorraum V sein. Im ersten Falle und im zweiten Falle für $\dim_k V = 1$ ist mit $G/\tilde{N}$ auch G überauflösbar. Da G von der Höhe ≤ 1 ist, muss die Erweiterung in algebraischen Gruppen:

$$1 \longrightarrow N \longrightarrow G \longrightarrow G/\tilde{N} \longrightarrow 1$$

eine Hochschilderweiterung sein, und wir erhalten im zweiten Falle für $\dim_k V > 1$ wegen Corollar 2.9. einen Schnitt $s : G/\tilde{N} \to G$ für die kanonische Projektion $\mathfrak{q} : G \to G/\tilde{N}$. Dass dies jedoch hier nicht möglich ist, zeigt

2.11. Lemma: Sei $\overline{G}$ eine endliche, algebraische Gruppe über dem Grundkörper k der Charakteristik $p > 0$ und V ein einfacher $\overline{G}$-Modul. Die lineare Operation von $\overline{G}$ auf V_a induziert eine Operation von $\overline{G}$ auf ${}_FV_a$. Das semidirekte Produkt von $\overline{G}$ mit ${}_FV_a$ bezüglich dieser Operation sei mit $G = [{}_FV_a] \pi \overline{G}$ bezeichnet. Dann wird der $\overline{G}$-Modul V über die kanonische Projektion $G \to \overline{G}$ zu einem einfachen G-Modul, der im Einsblock von G liegt.

Beweis: Sei P die projektive Hülle der trivialen, eindimensionalen Darstellung von $\overline{G}$. Mit $\mathfrak{m} \subset H({}_FV_a)$ sei das Radikal der k-Algebra $H({}_FV_a)$ bezeichnet. Da ${}_FV_a$ unipotent ist, muss $\mathfrak{m}$ zugleich das Augmentationsideal der Hopfalgebra $H({}_FV_a)$ sein. Deshalb wird $\mathfrak{m}$ bei der Operation von $G \subset H(G)$ auf $H({}_FV_a) \subset H(G)$ durch innere Automorphismen in sich abgebildet. Wir erhalten somit die Gleichung:

$$\mathfrak{m}H(G) = \mathfrak{m}H(G)\mathfrak{m} = H(G)\mathfrak{m}$$

Mit anderen Worten: $\mathfrak{m}H(G)$ ist ein zweiseitiges, nilpotentes Ideal von H(G) und mithin im Radikal von H(G) gelegen.

Nun ist der H(G)-Modul $H(G) \underset{H(\overline{G})}{\otimes} P$ projektiv, und wegen

$H(G)/\mathfrak{m}H(G) \cong H(\overline{G})$ erhalten wir den Isomorphismus in $H(G)$-Moduln:

$$H(G) \underset{H(\overline{G})}{\otimes} P \,/\, \mathfrak{m}\, H(G) \underset{H(\overline{G})}{\otimes} P \xrightarrow{\sim} P$$

Da $\mathfrak{m}H(G)$ im Radikal von $H(G)$ gelegen ist, bedeutet dies, dass $H(G) \underset{H(\overline{G})}{\otimes} P$ die projektive Hülle der trivialen, eindimensionalen Darstellung von G sein muss.

Nun liefert der Isomorphismus in $H(\overline{G})$-Rechtsmoduln: $H(G) \cong H({}_F V_a) \otimes_k H(\overline{G})$ einen Isomorphismus in k-Vektorräumen:

$$H(G) \underset{H(\overline{G})}{\otimes} P \cong H({}_F V_a) \underset{k}{\otimes} H(\overline{G}) \underset{H(\overline{G})}{\otimes} P \xrightarrow{\sim} H({}_F V_a) \underset{k}{\otimes} P$$

Dieser k-lineare Isomorphismus wird zu einem Isomorphismus in G-Moduln, wenn wir G auf $H({}_F V_a) \otimes_k P$ vermöge der folgenden Vorschrift operieren lassen:

$$n(m \otimes q) = n.m \otimes q \quad \text{und} \quad \overline{g}(m \otimes q) = \overline{g} m \overline{g}^{-1} \otimes \overline{g} q \quad \forall n \in {}_F V_a;\ \overline{g} \in \overline{G} \subset G;\ m \in H({}_F V_a)\ q \in P .$$

Da ${}_F V_a$ bezüglich der regulären Darstellung in $H({}_F V_a)$ auf allen Kompositionsfaktoren der Kompositionsreihe:

$$H({}_F V_a) \supset \mathfrak{m} \supset \mathfrak{m}^2 \ldots \mathfrak{m}^i \supset \mathfrak{m}^{i+1} \ldots \mathfrak{m}^n = 0$$

trivial operiert, erhalten wir auf dem G-Modul $H(G) \underset{H(\overline{G})}{\otimes} P \cong H({}_F V_a) \otimes_k P$ eine Kompositionsreihe

$$H({}_F V_a) \otimes_k P \supset \mathfrak{m} \otimes_k P \supset \mathfrak{m}^2 \otimes_k P \ldots \mathfrak{m}^i \otimes_k P \supset \mathfrak{m}^{i+1} \otimes_k P \ldots \mathfrak{m}^n \otimes_k P = 0$$

von G-Moduln, deren sämtliche Kompositionsfaktoren Moduln über der Restklassengruppe $G/{}_F V_a \cong \overline{G}$ sind. Als $\overline{G}$-Moduln aufgefasst sind die Kompositionsfaktoren dieser Kompositionsreihe offenbar von der Gestalt

$$\mathfrak{m}^i \otimes_k P / \mathfrak{m}^{i+1} \otimes_k P \cong \mathfrak{m}^i / \mathfrak{m}^{i+1} \otimes_k P$$

wenn wir wie üblich $\overline{G}$ auf dem Tensonprodukt $\mathfrak{m}^i / \mathfrak{m}^{i+1} \otimes_k P$ "diagonal" operieren lassen. Nun besitzt aber der Kompositionsfaktor $\mathfrak{m}/\mathfrak{m}^2 \otimes_k P$ den $\overline{G}$-Modul $\mathfrak{m}/\mathfrak{m}^2 \cong \mathrm{Lie}({}_F V_a) \cong V$ als Restklassenmodulm womit der Beweis des Lemmas beendet ist.

2.12. Bemerkung. Eine leichte Modifikation der in 2.8. und 2.9. bemerkten Argumente liefert für die Theorie der auflösbaren p-Liealgebren ein Resultat, das dem Satz von Ore und Baer in der Theorie der endlichen, konstanten auflösbaren Gruppen entspricht. Der Satz von Ore wird gewöhnlich folgendermassen formuliert (siehe auch [2], theorem 4):

Sei G eine konstante, endliche auflösbare Gruppe und $N \subset G$ ein minimaler Normalteiler, der gleich seinem Zentralisator in G ist: $N = \mathrm{Cent}_G(N)$. Dann besitzt N in G ein Komplement, und je zwei Komplemente von N in G sind unter N konjugiert.

Bezeichnen wir in der Situation des Satzes von Ore mit $\mathrm{Aut}(N \subset G)$ die Untergruppe der vollen Automorphismengruppe von G, die aus allen denjenigen Automorphismen besteht, die den Normalteiler $N \subset G$ festlassen und dabei auf N und G/N die Identität induzieren, so erkennt man sofort, dass $\mathrm{Aut}(N \subset G)$ auf der Menge der Komplemente von N in G frei u. transitiv operiert und deshalb mit dieser Menge identifiziert werden kann. Die Konjugiertheitsaussage des Satzes von Ore ist nun offenbar gleichwertig mit der Behauptung, dass der Homomorphismus

$$\mathrm{int}: N \to \mathrm{Aut}(N \subset G)$$

der jedem Element von N den von ihm induzierten inneren Automorphismus von G zuordnet, surjektiv ist. Im Fall $N \neq G$ ist unter den Voraussetzungen des Satzes von Ore $N \cap \mathrm{Cent}(G) = \{1\}$, demnach muss der obige Gruppenhomomorphismus sogar ein Isomorphismus sein.

Sei nun G eine algebraische, infinitesimale, auflösbare Gruppe der Höhe ≤ 1 über dem algebraische abgeschlossenen Grundkörper k der Charakteristik $p > 0$ und $N \subset G$ eine minimale, abgeschlossene, invariante Untergruppe von G, die gleich ihrem Zentralisator in G ist: $N = \mathrm{Cent}_G(N)$. Da G auflösbar ist, kann N nur vom Typ $N \cong {}_F V_a$ für einen endlich-dimensionalen k-Vektorraum V oder vom Typ $N \xrightarrow{\sim} {}_p\mu_k$ sein. Der zweite Fall scheidet aber wegen der über N gemachten Voraussetzung aus, denn ein multiplikativer Normalteiler in einer infinitesimalen Gruppe G muss immer im Zentrum von G gelegen sein. (Siehe [10], chap. IV, 1, n° 4, Corollaire 4.6). Also ist $N \xrightarrow{\sim} {}_F V_a$, und der zugehörige $G/\!\!\sim\! N$-Modul V ist einfach. Wegen der Voraussetzung $N = \mathrm{Cent}_G(N)$ muss die Darstellung von $G\widetilde{/}N$ auf V sogar treu sein. Dann kann aber die Gruppe $G\widetilde{/}N$ keine unipotenten, abgeschlossenen Normalteiler enthalten. Ist nun $M \subset G\widetilde{/}N$ ein minimaler, abgeschlossener Normalteiler von $G\widetilde{/}N$, so muss $M \xrightarrow{\sim} {}_p\mu_k$ sein, und mithin muss M im Zentrum von $G\widetilde{/}N$ liegen. Deswegen operiert M auf jeder einfacher Darstellung von $G\widetilde{/}N$ über genau einen Charakter, und dieser Charakter ist eine Invariante des Blockes, dem die Darstellung angehört. Da $G\widetilde{/}N$ auf V treu dargestellt wird, kann M auf V nicht über den Einscharakter operieren, und mithin kann V nicht im Einsblock von $G\widetilde{/}N$ gelegen sein. Hieraus folgt mit dem in 2.8. benutzten Argument sofort $H^i(G\widetilde{/}N, V) = 0$ $\forall i \geq 0$. Hiermit erhalten wir sofort wie in 2.9. die Existenz eines Komplementes von N in G. Wir bezeichnen nun mit $\mathrm{Aut}(N \subset G)$ den abgeschlossenen Untergruppenfunktor des Automorphismenschemas $\mathrm{Aut}(G)$ von G, der durch die nachfolgende Gleichung beschrieben wird:

$$\mathrm{Aut}(N \subset G)(R) = \{g \in \mathrm{Aut}(G)(R) \mid g \text{ lässt } N_R \subset G_R \text{ fest und induziert auf } N_R \text{ und } G_R\widetilde{/}N_R \text{ die Identität}\} \quad \forall R \in M_k$$

Dann erhält man sofort die Kette von in R funktoriellen Isomorphismen:

$$\mathrm{Aut}(N \subset G)(R) \xrightarrow{\sim} Z^1_0(G_R\widetilde{/}N_R\,;\, N_R) \xrightarrow{\sim} Z^1_0(G_R\widetilde{/}N_R;\, {}_FV_a \otimes_k R) \xrightarrow{\sim} Z^1_0(G_R\widetilde{/}N_R;\, V_a \otimes_k R) \xrightarrow{\sim} Z^1(G\widetilde{/}N;\, V) \otimes_k R \;.\; \forall R \in M_k$$

Der letzte Isomorphismus besteht wegen [10; II, §3, 3.1]. Dies liefert schliesslich einen Isomorphismus in algebraischen Gruppen

$$\mathrm{Aut}(N \subset G) \xrightarrow{\sim} Z^1(G/\widetilde{N}, V)_a$$

Nun ist aber wegen $H^1(G/\widetilde{N}, V) = 0$ die Abbildung $\partial^0: V \longrightarrow Z^1(G/\widetilde{N}, V)$ surjektiv und wegen $\mathrm{Ker}\,\partial^0 = {}^{G/\widetilde{N}}V = 0$ auch injektiv. Wir erhalten so den Isomorphismus

$$e : V_a \xrightarrow{\sim} \mathrm{Aut}(N \subset G)$$

Bezeichnen wir für $g \in G$ mit $\overline{g} \in G/\widetilde{N}$ das Bild von g unter der kanonischen Projektion $G \longrightarrow G/\widetilde{N}$ und für $v \in V$ mit $\overline{g}(v) \in V$ das Bild von v unter der von $\overline{g}$ auf V induzierten linearen Abbildung, so lässt sich mit diesen Verabredungen der obige Isomorphismus e folgendermassen beschreiben:

$$e(v)(g) = v.(\overline{g}(v))^{-1}.g = v\,g\,v^{-1} \quad \forall v \in V,\ g \in G\ .$$

2.13. <u>Beispiel</u>: Sei k ein algebraisch abgeschlossener Grundkörper der Charakteristik $p = 2$. Wir bezeichnen wie üblich mit Sl_2 den Kern des Homomorphismus in algebraischen k-Gruppen:

$$\det : Gl_{2,k} \longrightarrow \mu_k$$

Der erste Frobeniuskern ${}_FSl_2 \subset Sl_2$ wird dann durch die Gleichung:

$${}_FSl_2(R) = \left\{ \begin{pmatrix} \xi, & \alpha \\ \beta, & \xi(1+\alpha\beta) \end{pmatrix} \middle|\ \alpha,\beta,\xi \in R, \alpha^2 = 0 = \beta^2; \xi^2 = 1 \right\}$$

$\forall R \in M_k$

beschrieben. Ueber den injektiven Gruppenhomomorphismus

$$i : {}_2\mu_k \longrightarrow Sl_2$$

welcher durch die Gleichung:

$$i(\xi) = \begin{pmatrix} \xi & 0 \\ 0 & \xi \end{pmatrix} \qquad \forall \xi \in {}_2\mu_k(R);\ R \in M_k$$

gegeben wird, können wir ${}_2\mu_k$ als zentrale Untergruppe von Sl_2 auffassen. Betrachten wir nun den Epimorphismus in Gruppengarben:

$$q : {}_F Sl_2 \longrightarrow \; {}_2\alpha_k \,\pi\, {}_2\alpha_k$$

mit

$$q(\begin{pmatrix} \xi, \alpha \\ \beta, \xi(1+\alpha\beta) \end{pmatrix}) = (\alpha\xi, \beta\xi)$$

so erhalten wir hieraus den Isomorphismus

$${}_F Sl_2 / {}_2\mu_k \;\tilde{\rightarrow}\; {}_2\alpha_k \,\pi\, {}_2\alpha_k$$

Für die Gruppenalgebra $H({}_F Sl_2)$ ergibt sich aus dieser Bemerkung die Identifizierung:

$$H({}_F Sl_2) \xrightarrow{\sim} k[x,y]/(x^2,y^2) \,\pi\, M_2(k)$$

zusammen mit der Einbettung $\delta : {}_F Sl_2 \hookrightarrow H({}_F Sl_2)$, welche durch die Gleichung

$$\delta(\begin{pmatrix} \xi & \alpha \\ \beta & \xi(1+\alpha\beta) \end{pmatrix}) = (1+\alpha\xi\overline{x} + \beta\xi\overline{y} + \alpha\beta\overline{x}\,\overline{y} ; \begin{pmatrix} \xi & \alpha \\ \beta & \xi(1+\alpha\beta) \end{pmatrix}) \in H({}_F Sl_{2,R})$$

$$\tilde{\rightarrow} H({}_F Sl_2) \underset{k}{\otimes} R$$

beschrieben wird.

Bezeichnen wir wie üblich die Algebra der dualen Zahlen über k mit $k[\varepsilon]$, so verifiziert man sofort, dass die Matrizen:

$$H = \begin{pmatrix} 1 & 0 \\ 0 & 1 \end{pmatrix} + \varepsilon \begin{pmatrix} 1 & 0 \\ 0 & 1 \end{pmatrix} ; X = \begin{pmatrix} 1 & 0 \\ 0 & 1 \end{pmatrix} + \varepsilon \begin{pmatrix} 0 & 1 \\ 0 & 0 \end{pmatrix} ; Y = \begin{pmatrix} 1 & 0 \\ 0 & 1 \end{pmatrix} + \varepsilon \begin{pmatrix} 0 & 0 \\ 1 & 0 \end{pmatrix}$$

$$\in {}_F Sl_2(k[\varepsilon]) = Sl_2(k[\varepsilon])$$

eine Basis des k-Vektorraumes $Lie({}_F Sl_2) = Lie(Sl_2)$ bilden und dabei die folgenden Relationen erfüllen:

$$X^{[2]} = 0 = Y^{[2]},\; H^{[2]} = H,\; [H,X] = 0 = [H,Y] ; [X,Y] = H .$$

Bei der oben angegebenen Beschreibung der Gruppenalgebra $H({}_F Sl_2)$ wird die kanonische Einbettung $\rho : Lie({}_F Sl_2) \to H({}_F Sl_2)$ durch die folgenden Gleichungen festgelegt:

$\rho(H) = (0\ ;\ \begin{pmatrix}1 & 0\\ 0 & 1\end{pmatrix})\ ;\ \rho(X) = (\overline{x}\ ;\ \begin{pmatrix}0 & 1\\ 0 & 0\end{pmatrix})\ ;\ \rho(Y) = (\overline{y};\begin{pmatrix}0 & 0\\ 1 & 0\end{pmatrix})$

Zusammenfassend erhalten wir das folgende Resultat: Die Gruppenalgebra der nilpotenten (und daher auflösbaren) Gruppe ${}_F Sl_2$ zerfällt in genau zwei Blöcke, von denen jeder genau eine einfache Darstellung enthält.

2.14. Beispiel: Da sich im Falle nilpotenter, infinitesimaler, algebraischer Gruppen der Satz 2.5. zu dem Satz [2.27] verschärfen lässt, geben wir im nachfolgenden Beispiel noch eine überauflösbare, infinitesimale, algebraische Gruppe der Höhe 2 an, die nicht mehr nilpotent ist. Zu diesem Zwecke betrachten wir unter Benutzung der in 2.13. eingeführten Bezeichnungen und Verabredungen den Frobeniushomomorphismus

$$F : Sl_2 \longrightarrow Sl_2$$

und bilden für die Untergruppe ${}_2\mu_k \subset Sl_2$ das Urbild $F^{-1}({}_2\mu_k) \subset Sl_2$ unter F. Die infinitesimale algebraische Gruppe $G = F^{-1}({}_2\mu_k)$ wird nun durch die Gleichung:

$$G(R) = \left\{\begin{pmatrix}\xi, \alpha\\ \beta, \xi^{-1}(1+\alpha\beta)\end{pmatrix} \middle| \ \alpha,\beta,\xi \in R,\ \alpha^2 = 0 = \beta^2\ ,\xi^4 = 1\right\}$$

$\forall R \in M_k$,

beschrieben. G ist sicher nicht nilpotent. Denn bezeichnen wir mit $[{}_2\alpha_k \pi\, {}_2\alpha_k]\pi\, {}_2\mu_k$ die durch

$$[{}_2\alpha_k \pi\, {}_2\alpha_k]\pi\, {}_2\mu_k(R) = \{(\alpha,\beta,\mu) \mid \alpha,\beta,\mu \in R, \alpha^2 = 0 = \beta^2, \mu^2 = 1\}$$

$R \in M_k$

zusammen mit der Verknüpfung

$$(\alpha_1,\beta_1,\mu_1)\cdot(\alpha_2,\beta_2,\mu_2) = (\alpha_1+\mu_1\alpha_2, \beta_1+\mu_1\beta_2, \mu_1\mu_2)$$

gegebene infinitesimale, algebraische Gruppe, so liefert der Gruppenhomomorphismus

$$h : G \longrightarrow [{}_2\alpha_k \pi\, {}_2\alpha_k]\pi\, {}_2\mu_k$$

mit

$$h\left(\begin{pmatrix} \xi & \alpha \\ \beta & \xi^{-1}(1+\alpha\beta) \end{pmatrix}\right) = (\xi\alpha, \xi^{-1}\beta, \xi^2)$$

einen Garbenepimorphismus von G auf das semidirekte Produkt $[{}_2\alpha_k \pi\, {}_2\alpha_k] \pi\, {}_2\mu_k$, das sicher nicht nilpotent sein kann, da es eine multiplikative Untergruppe enthält, die nicht invariant ist. In der Liealgebra von $[{}_2\alpha_k \pi\, {}_2\alpha_k] \pi\, {}_2\mu_k$ können wir eine aus drei Elementen bestehende Basis $\{X,Y,H\}$ mit den folgenden Relationen angeben:

$$X^{[2]} = 0 = Y^{[2]}; \quad H^{[2]} = H ; \; [X,Y] = 0 ; \; [H,X] = X ;$$

$$[H,Y] = Y$$

Hieraus erhalten wir in

$$U^{[2]}(\mathrm{Lie}([{}_2\alpha_k \pi\, {}_2\alpha_k] \pi\, {}_2\mu_k)) \tilde{\to} H([{}_2\alpha_k \pi\, {}_2\alpha_k] \pi\, {}_2\mu_k)$$

die Basis:

$$H;\; XH;\; YH;\; XYH;\; (H+1);\; X(H+1);\; Y(H+1);\; XY(H+1) .$$

Für die Gruppenalgebra $H(G)$ erhalten wir jetzt:

$$H(G) \tilde{\to} H([{}_2\alpha_k \pi\, {}_2\alpha_k] \pi\, {}_2\mu_k) \pi M_2(k) \pi M_2(k)$$

mit der Einbettung

$$\delta : G \longrightarrow H(G)$$

deren Komponenten

$$\delta_1 : G \longrightarrow H({}_2\alpha_k \pi\, {}_2\alpha_k \pi\, {}_2\mu_k) \quad \text{bzw.} \quad \delta_{2/3} : G \longrightarrow M_2(k)$$

durch die folgenden Gleichungen gegeben werden:

$$\delta_1\left(\begin{pmatrix} \xi & \alpha \\ \beta & \xi^{-1}(1+\alpha\beta) \end{pmatrix}\right) = \xi^2 H + \alpha\xi^{-1} XH + \beta\xi YH + \alpha\beta\xi^2 XYH + (H+1) + \alpha\xi X(H+1) + \beta\xi^{-1} Y(H+1) + \alpha\beta\, XY(H+1)$$

$$\delta_2\left(\begin{pmatrix} \xi & \alpha \\ \beta & \xi^{-1}(1+\alpha\beta) \end{pmatrix}\right) = \begin{pmatrix} \xi & \alpha \\ \beta & \xi^{-1}(1+\alpha\beta) \end{pmatrix} ;$$

$$\delta_3\left(\begin{bmatrix} \xi, \alpha \\ \beta, \xi^{-1}(1+\alpha\beta) \end{bmatrix}\right) = \begin{bmatrix} \xi^{-1} ; \xi^2\alpha \\ \xi^2\beta ; \xi(1+\alpha\beta) \end{bmatrix}$$

Nun besitzt die trigonalisierbare Gruppe $[{}_2\alpha_k \pi\, {}_2\alpha_k]\pi\, {}_2\mu_k$ genau zwei einfache, eindimensionale Darstellungen, die den Charakteren von ${}_2\mu_k$ entsprechen. Da andrerseits das Zentrum von $H([{}_2\alpha_k \pi\, {}_2\alpha_k]\pi\, {}_2\mu_k)$ durch die lokale Unteralgebra

$$k[XYH, XY(H+1)] \subset H([{}_2\alpha_k \pi\, {}_2\alpha_k]\pi\, {}_2\mu_k)$$

gegeben wird, erhalten wir zusammenfassend das folgende Resultat: Die Gruppenalgebra $H(G)$ zerfällt in drei Blöcke, von denen der Einsblock genau zwei eindimensionale, einfache Moduln enthält, während die beiden anderen Blöcke genau je einen zweidimensionalen, einfachen Modul enthalten.

2.15. Bemerkung: Einem Hinweis von P. Gabriel folgend sollen nun die unzerlegbaren, endlich-dimensionalen Darstellungen der in 2.13. und 2.14. betrachteten Gruppen klassifiziert werden. Dazu benötigen wir das nachfolgende, in [13], §9 entwickelte Resultat:

Sei A eine endlich-dimensionale Algebra über dem Grundkörper k und $\omega \subset A$ ihr Radikal. Wir setzen voraus, dass die Radikalrestklassenalgebra $K = A/\omega$ von der Gestalt $K = k^n$ ist und dass $\omega^2 = 0$ gilt. Ist nun M ein endlich-dimensionaler A-Modul, so ordnen wir ihm die endlich-dimensionalen k-Moduln $M_0 = M/\omega M$ bzw. $M_1 = \omega M$ sowie die surjektive, K-lineare Abbildung $\varphi : \omega \otimes_K M_0 \to M_1$ zu, welche durch die Gleichung

$$\varphi(w \otimes_K \bar{m}) = w \cdot m \quad \forall w \in \omega,\ m \in M$$

beschrieben wird, wobei $\bar{m}$ die Restklasse von m in $M_0 = M/\omega M$ bezeichnet. Wie in [13] gezeigt wird, induziert der Funktor $M \to (M_0, M_1, \varphi)$ eine Bijektion zwischen den Isomorphieklassen der endlich-dimensionalen A-Moduln einerseits und den Isomorphieklassen der Tripel (M_0, M_1, φ) andererseits, die aus zwei endlich-dimensionalen K-Moduln M_0 bzw. M_1 sowie einer surjektiven, K-linearen Abbildung $\varphi: \omega \otimes_K M_0 \to M_1$ bestehen.

Sei nun $1_K = \sum_{i=1}^{i=n} l_i$ die Zerlegung des Einselementes von K in primitive, orthogonale Idempotente. Setzen wir noch $_i\omega_j = l_i \omega l_j$, so ist die Angabe eines Tripels (M_0, M_1, φ) mit endlich-dimensionalen K-Moduln M_0, M_1 und einer surjektiven, K-linearen Abbildung $\varphi: \omega \otimes_K M_0 \longrightarrow M_1$ gleichbedeutend mit der Angabe eines Systems

$(M_{i,0}; M_{j,1}; {}_j\varphi_i)_{1 \leq i, j \leq n}$ von endlich-dimensionalen k-Vektorräumen $M_{i,0}; M_{j,1}$ und surjektiven k-linearen Abbildungen ${}_j\varphi_i: {}_j\omega_i \otimes_K M_{i,0} \longrightarrow M_{j,1}$ $\forall 1 \leq i, j \leq n$.

Wir betrachten nun zunächst die Gruppe ${}_F Sl_2$. Die Algebra $k[x,y]/(x^2,y^2)$ hat die Höhe 3 und damit haben alle Darstellungen im Einsblock von $H({}_F Sl_2)$ die Höhe ≤ 3. Bezeichnen wir den $k[x,y]/(x^2,y^2)$ - Modul $k[x,y]/(x^2,y^2)$ abkürzend mit P, so ist P der einzige unzerlegbare, endlich-dimensionale $k[x,y]/(x^2,y^2)$ - Modul der Höhe 3. In der Tat:

Ist $$q: P^n \longrightarrow M$$

die projektive Hülle eines unzerlegbaren, endlich-dimensionalen $k[x,y]/(x^2,y^2)$-Moduls M, so muss die Abbildung q auf mindestens einer Kopie von P in dem Produkt P^n injektiv sein, denn der Sockel von P ist einfach. Dann enthält aber M einen direkten Summanden vom Typ P, denn P ist injektiv. Da M unzerlegbar ist, bedeutet dies: $M \xrightarrow{\sim} P$.

Jeder endlich-dimensionale, unzerlegbare $k[x,y]/(x^2,y^2)$-Modul, der nicht zu P isomorph ist, wird also von $\bar{x} \cdot \bar{y}$ annulliert und lässt sich mithin als Modul über der Restklassenalgebra $k[x,y]/(x^2,xy,y^2)$ auffassen. Da diese

Algebra von der Höhe 2 ist, entsprechen wegen der voraufgegangenen Bemerkung die Isomorphieklassen der endlich-dimensionalen $k[x,y]/(x^2,xy,y^2)$ - Moduln umkehrbar eindeutig den Isomorphieklassen der endlich-dimensionalen Kronecker Moduln: $(M_0,M_1,M_0 \overset{\bar{x}}{\underset{\bar{y}}{\rightrightarrows}} M_1)$, die die zusätzliche Bedingung $M_1 = \bar{x}(M_0) + \bar{y}(M_0)$ erfüllen.

Benutzt man nun die in [14] angegebene Aufzählung der unzerlegbaren Kroneckermoduln, so erhält man die endlich-dimensionalen, unzerlegbaren Matrixdarstellungen von der Höhe ≤ 2 im Einsblock von ${}_F Sl_2$ bis auf Aequivalenz- und ohne Wiederholungen- in der folgenden Form:

$$\rho(\Lambda_n)\left(\begin{pmatrix}\xi & \alpha\\ \beta & \xi(1+\alpha\beta)\end{pmatrix}\right) =$$

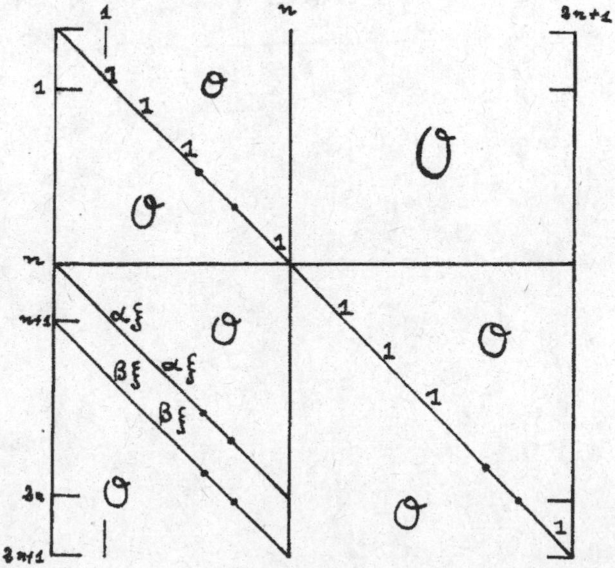

für $n \geq 1$

$$\rho(\overset{n}{V})\left(\begin{bmatrix} \xi & \alpha \\ \beta & \xi(1+\alpha\beta) \end{bmatrix}\right) =$$

für $n \geq 0$

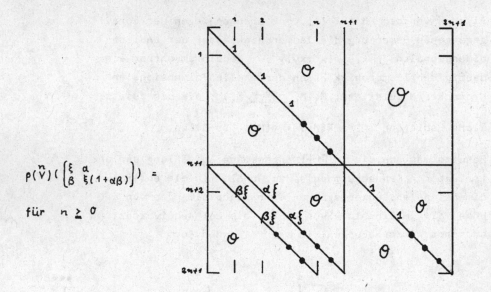

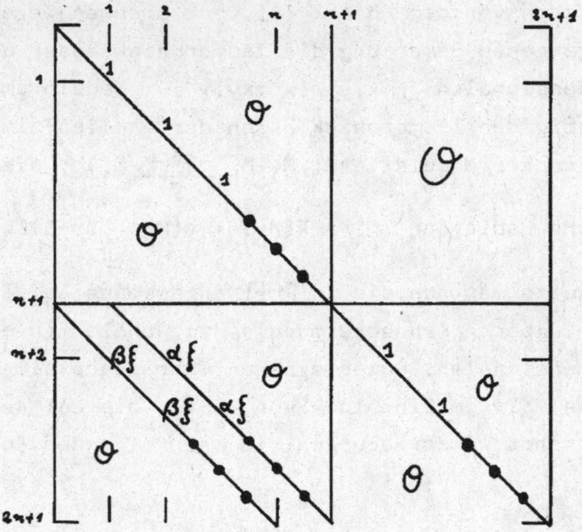

$$\rho(I_{n+1},\lambda)\left(\begin{bmatrix}\xi & \alpha\\ \beta & \xi(1+\alpha\beta)\end{bmatrix}\right) =$$

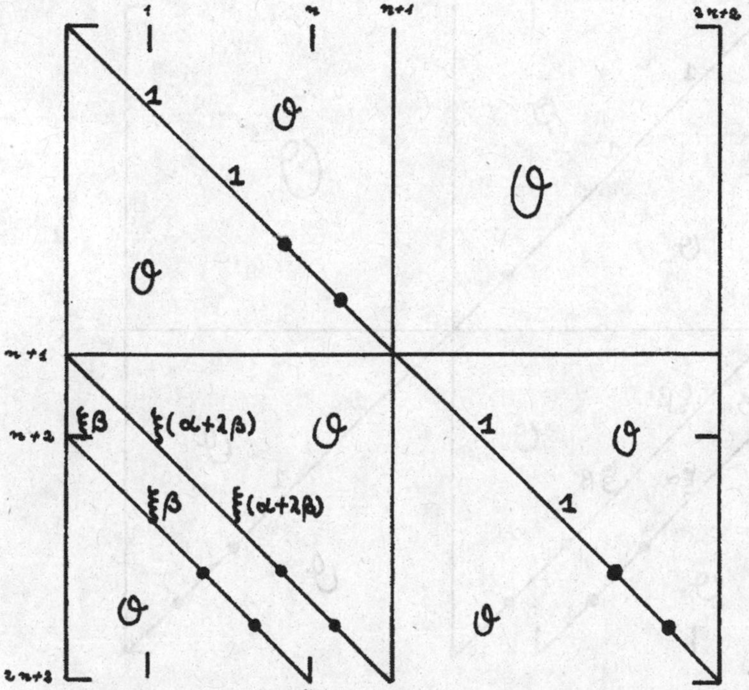

für $n \geq 0$; $\lambda \in k$

$$\rho(I_{n+1,\omega})\left(\begin{pmatrix}\xi & \alpha\\ \beta & \xi(1+\alpha\beta)\end{pmatrix}\right) =$$

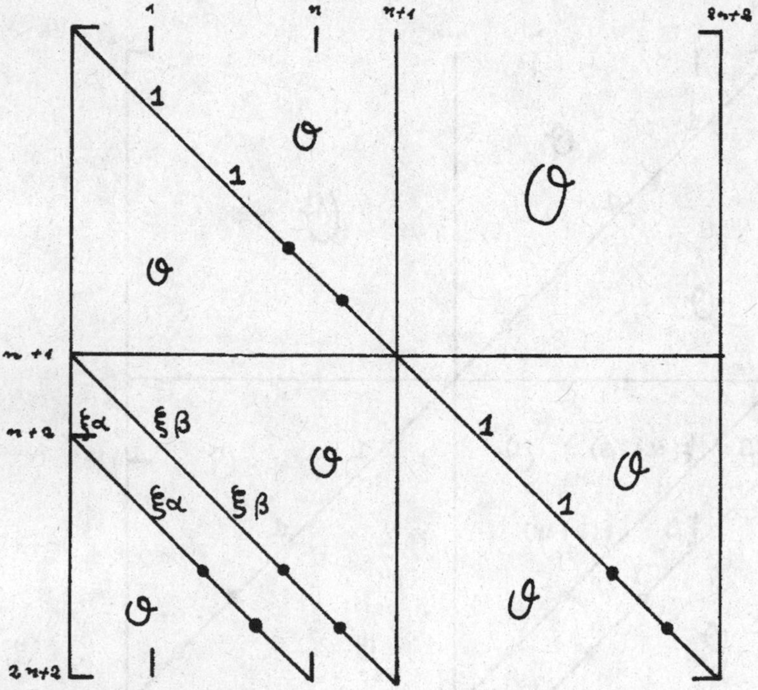

für $n \geqq 0$.

Der projektive ${}_F Sl_2$ - Modul $P = k[x,y]/(x^2,y^2)$ liefert in der Basis $\{1, \bar{x}, \bar{y}, \bar{x}\cdot\bar{y}\}$ die Matrixdarstellung:

$$\rho(P)\left(\begin{pmatrix} \xi & \alpha \\ \beta & \xi(1+\alpha\beta)\end{pmatrix}\right) = \begin{bmatrix} 1 & 0 & 0 & 0 \\ \alpha\xi & 1 & 0 & 0 \\ \beta\xi & 0 & 1 & 0 \\ \alpha\beta & \beta\xi & \alpha\xi & 1 \end{bmatrix}$$

Fügen wir noch die einfache 2-dimensionale, irreduzible Darstellung von ${}_F Sl_2$ hinzu:

$$\rho_1\left(\begin{pmatrix} \xi & \alpha \\ \beta & \xi(1+\alpha\beta)\end{pmatrix}\right) = \begin{pmatrix} \xi & \alpha \\ \beta & \xi(1+\alpha\beta)\end{pmatrix}$$

so haben wir eine vollständige Liste ohne Wiederholungen der Aequivalenzklassen der unzerlegbaren, endlich-dimensionalen Darstellungen von ${}_F Sl_2$ erhalten. (Die triviale, irreduzible Darstellung ist $\rho(\overset{\theta}{V})$.)

Wir wenden uns nun der Gruppe G aus dem Beispiel 2.14. zu. Als erstes wollen wir eine übersichtliche Beschreibung der Gruppenalgebra $H([{}_2\alpha_k \pi\, {}_2\alpha_k] \pi\, {}_2\mu_k)$ geben. Hierfür gehen wir von der k-Algebra $k \pi k = K$ aus. In K setzen wir abkürzend: $(1,0) = 1_1$ und $(0,1) = 1_2$. Mit ${}_2\omega_1$ sei der K-Bi modul bezeichnet, der als k-Vektorraum zweidimensional ist, und auf dem K von rechts über den zweiten Faktor und von links über den ersten Faktor operiert. Setzen wir nun ${}_1\omega_2 = \mathrm{Hom}_k({}_2\omega_1, k)$, so wird ${}_1\omega_2$ zu einem K-Bimodul, auf dem K von links über den ersten Faktor und von rechts über den zweiten Faktor operiert. Wir zeichnen in ${}_2\omega_1$ eine Basis $\{u,v\}$ aus und bezeichnen mit $\{u^*,v^*\}$ die duale Basis in ${}_1\omega_2$. Weiterhin sei ${}_1K_1$ (bzw. ${}_2K_2$) der K-Bimodul k auf dem K von links und von rechts über den ersten (bzw. zweiten) Faktor operiert. Dann sind die k-linearen Abbildungen

$$h_1 : {}_1\omega_2 \underset{K}{\otimes} {}_2\omega_1 = {}_1\omega_2 \underset{k}{\otimes} {}_2\omega_1 \longrightarrow {}_1k_1 \quad \text{mit}$$

$h_1(f \otimes l) = f(l) \qquad \forall l \in {}_2\omega_1 \; , \; f \in {}_1\omega_2$

bzw.

$h_2 : {}_2\omega_1 \underset{K}{\otimes} {}_1\omega_2 = {}_2\omega_1 \underset{k}{\otimes} {}_1\omega_2 \longrightarrow {}_2k_2$ mit

$h_2(l \otimes f) = f(l) \qquad \forall l \in {}_2\omega_1 \; , \; f \in {}_1\omega_2$

offensichtlich Morphismen in K-Bimoduln, und infolgedessen sind ihre Kerne $N_1 = \mathrm{Ker}\, h_1$ bzw. $N_2 = \mathrm{Ker}\, h_2$ Unter-Bimoduln von ${}_1\omega_2 \underset{K}{\otimes} {}_2\omega_1$ bzw. ${}_2\omega_1 \underset{K}{\otimes} {}_1\omega_2$.

Setzen wir nun $\omega = {}_2\omega_1 \oplus {}_1\omega_2$ und bezeichnen wir mit

$$T_K(\omega) = K \oplus \omega \oplus (\omega \underset{K}{\otimes} \omega) \oplus (\omega \underset{K}{\otimes} \omega \underset{K}{\otimes} \omega) \oplus \ldots$$

die Tensoralgebra des K-Bimoduls ω , so gibt es einen surjektiven k-Algebrenhomomorphismus:

$$\Psi : T_K(\omega) \longrightarrow H([{}_2\alpha_k \pi {}_2\alpha_k] \pi {}_2\mu_k)$$

der durch die folgenden Gleichungen beschrieben wird:

$$\Psi(l_1) = H \quad , \quad \Psi(u) = XH \; ; \quad \Psi(v) = YH$$

$$\Psi(l_2) = H+1 \quad , \quad \Psi(u^*) = Y(H+1) \; ; \Psi(v^*) = X(H+1)$$

Der Kern von Ψ ist offenbar $N_1 \oplus N_2 \oplus \bigoplus_{n \geq 3} \omega^{\otimes n}$.
Damit erhalten wir schliesslich den k-Algebrenisomorphismus:

$$T_K(\omega)/(\bigoplus_{n \geq 3} \omega^{\otimes n} \oplus N_1 \oplus N_2) \xrightarrow{\sim} H([{}_2\alpha_k \pi {}_2\alpha_k] \pi {}_2\mu_k)$$

Wie im vorangegangenen Beispiel erkennt man nun zunächst, dass die beiden einzigen unzerlegbaren $H([{}_2\alpha_k \pi {}_2\alpha_k] \pi {}_2\mu_k)$ -Moduln der Höhe 3 die beiden projektiven Moduln:

$$P_1 = H([{}_2\alpha_k \pi {}_2\alpha_k] \pi {}_2\mu_k) \cdot H \quad \text{bzw.} \quad P_2 = H([{}_2\alpha_k \pi {}_2\alpha_k] \pi {}_2\mu_k) \cdot (H+1)$$

sind. Damit müssen alle unzerlegbaren $H([{}_2\alpha_k \pi {}_2\alpha_k] \pi {}_2\mu_k)$-Moduln, die nicht zu P_1 oder P_2 isomorph sind, von der Höhe ≤ 2 sein und mithin von XYH und $XY(H+1)$ annulliert werden. Das heisst aber, dass sich diese Moduln als Moduln über der Restklassenalgebra $T_K(\omega)/(\omega^{\otimes 2})$ auffassen lassen. Aber die Moduln über dieser Algebra entsprechen bis auf Isomorphie umkehrbar eindeutig den Paaren von Kroneckermoduln:

$$(M_{1,0};\ M_{2,1};\ M_{1,0} \underset{YH}{\overset{XH}{\rightrightarrows}} M_{2,1};\ M_{2,0};\ M_{1,1};\ M_{2,0} \underset{Y(H+1)}{\overset{X(H+1)}{\rightrightarrows}} M_{1,1}$$

mit den Nebenbedingungen:

$$XH(M_{1,0})+YH(M_{1,0}) = M_{2,1} \quad \text{und} \quad X(H+1)(M_{2,0})+Y(H+1)(M_{2,0}) = M_{1,1}$$

Benutzt man die in [04] angegebene Aufzählung der unzerlegbaren, endlich-dimensionalen Kronecker-Moduln, so erhält man die unzerlegbaren, endlich-dimensionalen Matrix-Darstellungen der Gruppe G aus Beispiel 2.14. von der Höhe ≤ 2 im Einsblock bis auf Aequivalenz und ohne Wiederholungen in der folgenden Form:

$$\rho(\Lambda_n,\ 0)\left(\begin{pmatrix}\alpha, & \xi \\ \beta, & \xi^{-1}(1+\alpha\beta)\end{pmatrix}\right) =$$

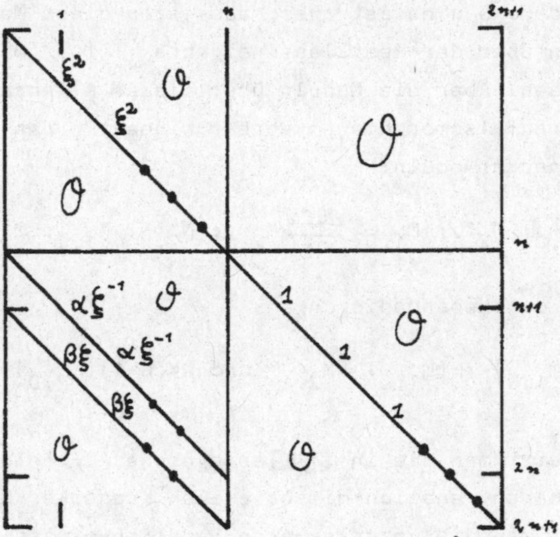

für $n \geq 1$

$$\rho(\nabla;\ 0)\left(\begin{pmatrix}\xi & \alpha \\ \beta & \xi^{-1}(1+\alpha\beta)\end{pmatrix}\right) =$$

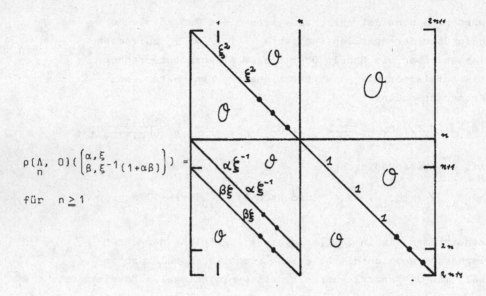

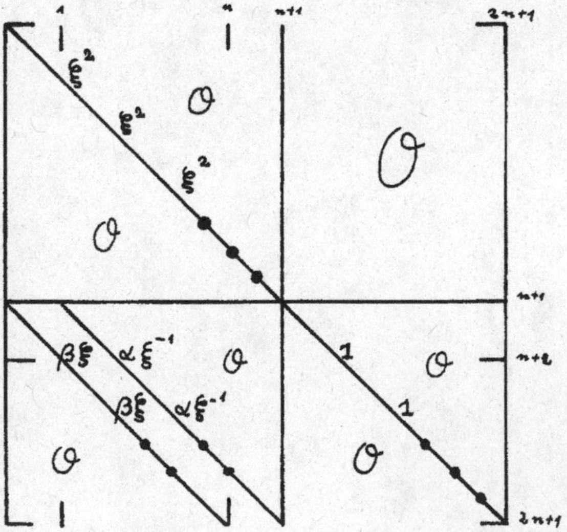

für $n \geq 0$

$$\rho(0, \underset{n}{\wedge})\left(\begin{bmatrix}\xi & \alpha \\ \beta & \xi^{-1}(1+\alpha\beta)\end{bmatrix}\right) =$$

für $n \geq 1$

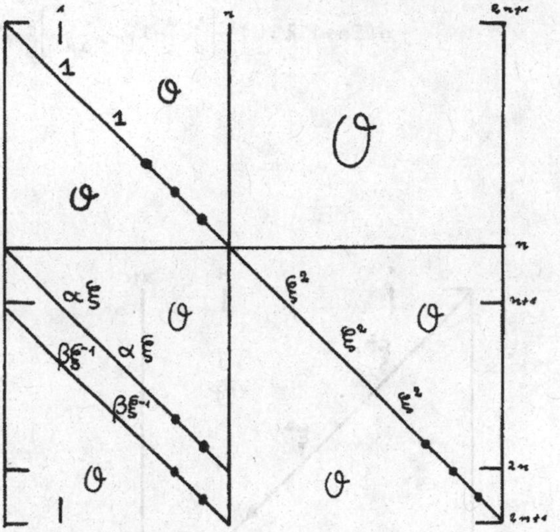

$$\rho(0, \overset{n}{\vee})\left(\begin{bmatrix}\xi & \alpha \\ \beta & \xi^{-1}(1+\alpha\beta)\end{bmatrix}\right) =$$

für $n \geq 0$

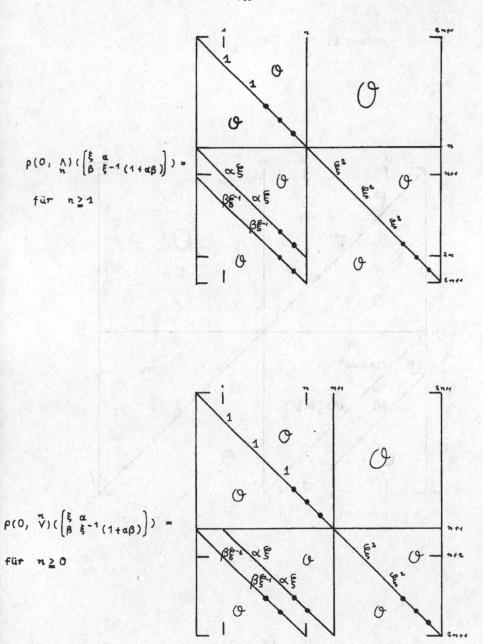

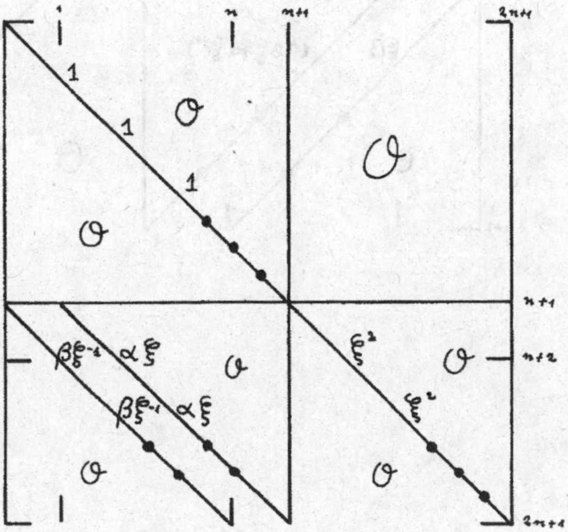

$$\rho(I^{n+1},\lambda;0)\left(\begin{bmatrix}\xi & \alpha\\ \beta & \xi^{-1}(1+\alpha\beta)\end{bmatrix}\right) =$$

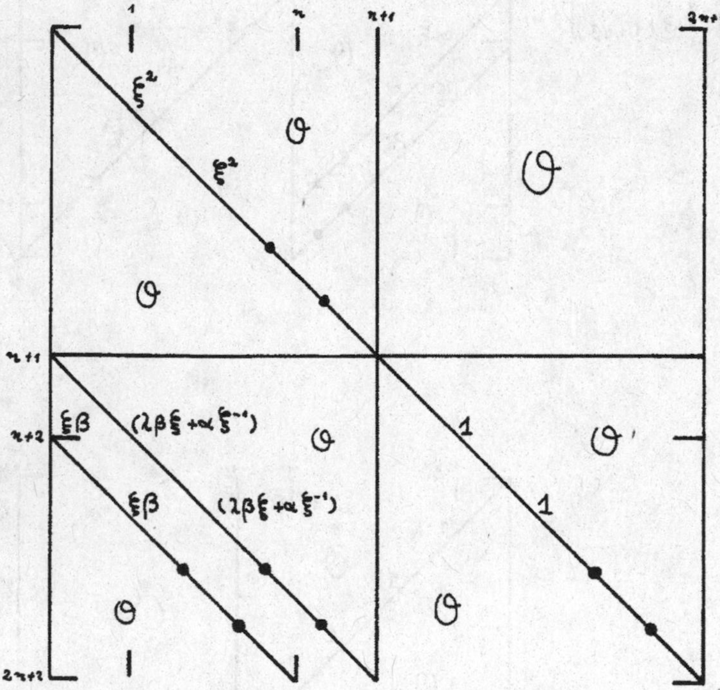

für $n \geqq 0$, $\lambda \in K$

$$\rho(0;I_{n+1},\lambda)\left(\begin{pmatrix}\xi & \alpha\\ \beta & \xi^{-1}(1+\alpha\beta)\end{pmatrix}\right) =$$

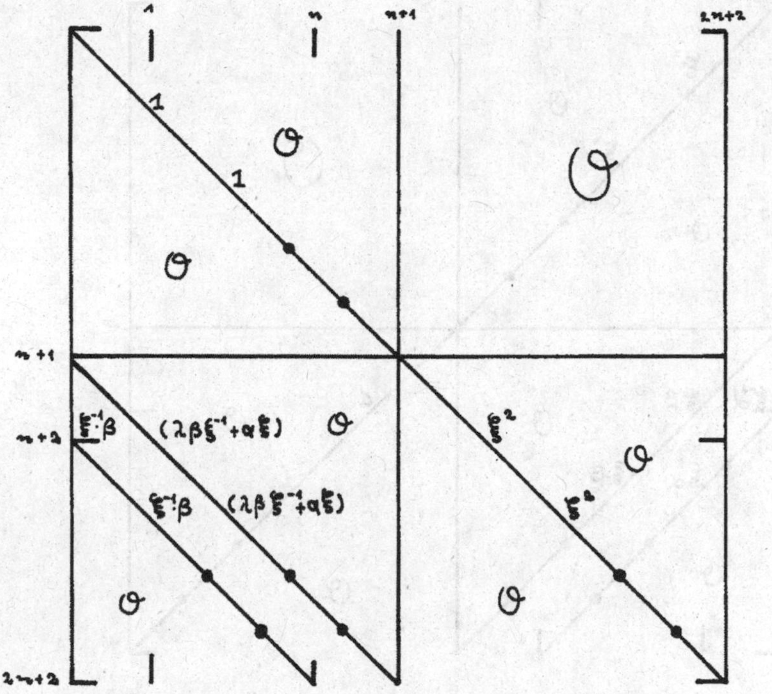

für $n \geqq 0, \lambda \in K$

$$\rho(I_{n+1}, \omega; 0)\left(\begin{pmatrix} \xi, \alpha \\ \beta, \xi^{-1}(1+\alpha\beta) \end{pmatrix}\right) =$$

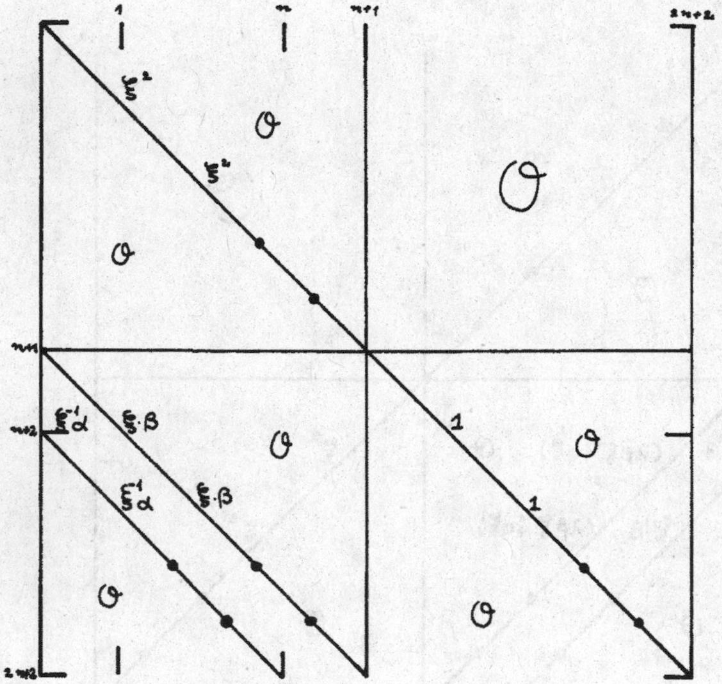

für $n \geq 0$.

$$\rho(0;In+1,\omega)\left(\begin{pmatrix}\xi & \alpha\\ \beta & \xi^{-1}(1+\alpha\beta)\end{pmatrix}\right) =$$

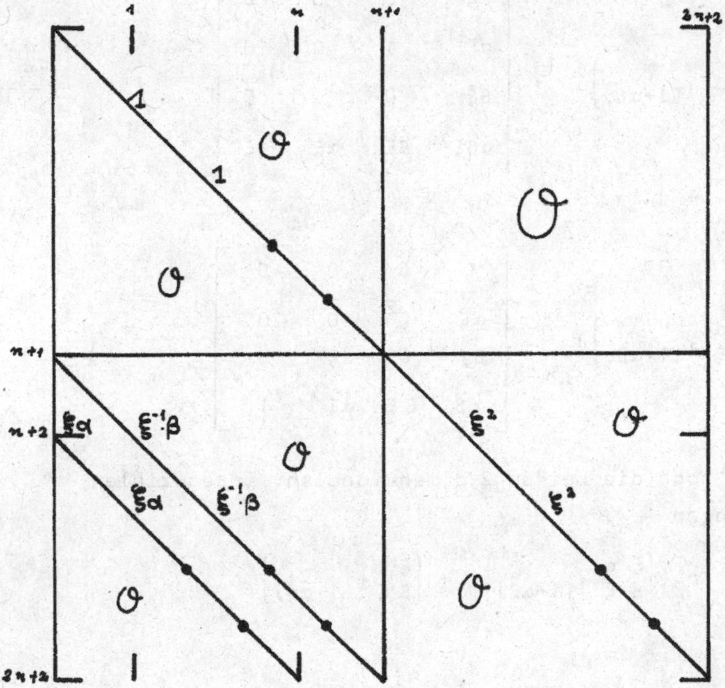

für $n \geq 0$

Die projektiven G-Moduln P_1 (bzw. P_2) liefern in den Basen

$\{H, XH, YH, XYH\}$ (bzw. $\{(H+1); X(H+1), Y(H+1), XY(H+1)\}$)

die beiden Matrixdarstellungen:

$$\rho(P_1)\left(\begin{pmatrix} \xi & \alpha \\ \beta & \xi^{-1}(1+\alpha\beta) \end{pmatrix}\right) = \begin{bmatrix} \xi^2 & 0 & 0 & 0 \\ \alpha\xi^{-1} & 1 & 0 & 0 \\ \beta\xi & 0 & 1 & 0 \\ \alpha\beta\xi^2 & \beta\xi^{-1} & \alpha\xi & \xi^2 \end{bmatrix}$$

und

$$\rho(P_2)\left(\begin{pmatrix} \xi & \alpha \\ \beta & \xi^{-1}(1+\alpha\beta) \end{pmatrix}\right) = \begin{bmatrix} 1 & 0 & 0 & 0 \\ \alpha\xi & \xi^2 & 0 & 0 \\ \beta\xi^{-1} & 0 & \xi^2 & 0 \\ \alpha\beta & \beta\xi & \alpha\xi^{-1} & 1 \end{bmatrix}$$

Fügen wir noch die beiden 2-dimensionalen, irreduziblen Darstellungen

$$\rho_2\left(\begin{pmatrix} \xi & \alpha \\ \beta & \xi^{-1}(1+\alpha\beta) \end{pmatrix}\right) = \begin{pmatrix} \xi & \alpha \\ \beta & \xi^{-1}(1+\alpha\beta) \end{pmatrix}$$

und

$$\rho_3\left(\begin{pmatrix} \xi & \alpha \\ \beta & \xi^{-1}(1+\alpha\beta) \end{pmatrix}\right) = \begin{pmatrix} \xi^{-1} & \alpha\xi^2 \\ \beta\xi^2 & \xi(1+\alpha\beta) \end{pmatrix}$$

So erhalten wir eine - bis auf Aequivalenz - vollständige Liste ohne Wiederholungen von allen unzerlegbaren, endlich-dimensionalen Matrix-Darstellungen der Gruppe G von Beispiel 2.14 (Die beiden eindimensionalen Darstellungen von G sind $\rho(\overset{\circ}{V};0)$ und $\rho(0;\overset{\circ}{V})$).

2.16. Ist G eine endliche, algebraische Gruppe über dem Grundkörper k und sind V und W zwei k-G-Moduln, so rüsten wir den k-Vektorraum $\mathrm{Hom}_k(V,W)$ mit der durch die Gleichung

$$(g.h)(v) = g(h(g^{-1}v)) \qquad \forall h \in \mathrm{Hom}_k(V,W),\ v\in V,\ g\in G$$

festgelegten k-G-Modulstruktur aus. Bezeichnen wir wie üblich mit ${}^G(\mathrm{Hom}_k(V,W))$ den Vektorraum der unter G invarianten Elemente des k-G-Moduls $\mathrm{Hom}_k(V,W)$, so gilt offenbar:

$${}^G(\mathrm{Hom}_k(V,W)) = \mathrm{Hom}_{H(G)}(V,W)$$

Kehren wir nun zu den beiden endlichen, algebraischen Gruppen ${}_F\mathrm{Sl}_2 \subset G$ von 2.13. und 2.14. zurück. Ist M ein G-Modul, so besitzt die kanonische Projektion

$$q : H(G) \underset{H({}_F\mathrm{Sl}_2)}{\otimes} M \to M$$

einen G-linearen Schnitt

$$s : M \to H(G) \underset{H({}_F\mathrm{Sl}_2)}{\otimes} M$$

In der Tat: Die kanonische Inklusion $M \to H(G) \underset{H({}_F\mathrm{Sl}_2)}{\otimes} M$ ist ein ${}_F\mathrm{Sl}_2$-linearer Schnitt für q. Setzen wir abkürzend $N = H(G) \underset{H({}_F\mathrm{Sl}_2)}{\otimes} M$, so ist infolgedessen die Sequenz:

$${}^{{}_F\mathrm{SL}_2}(\mathrm{Hom}_K(M,N)) \xrightarrow{\mathrm{Hom}(M,q)} {}^{{}_F\mathrm{SL}_2}(\mathrm{Hom}_K(M,M)) \longrightarrow 0$$

exakt. Da $G/{}_F\mathrm{Sl}_2 \cong {}_2\mu_k$ multiplikativ ist, muss infolgedessen auch

$${}^{G/{}_F\mathrm{SL}_2}({}^{{}_F\mathrm{SL}_2}(\mathrm{Hom}_K(M,N))) \longrightarrow {}^{G/{}_F\mathrm{SL}_2}({}^{{}_F\mathrm{SL}_2}(\mathrm{Hom}_K(M,M))) \longrightarrow 0$$

exakt sein. Aber diese Sequenz identifiziert sich mit der Sequenz:

$$\mathrm{Hom}_{H(G)}(M,N) \xrightarrow{\mathrm{Hom}(M,q)} \mathrm{Hom}_{H(G)}(M,M) \to 0$$

woraus die Behauptung folgt.

Betrachtet man nun die beiden Listen in 2.15, so erkennt man, dass es zu jedem endlich-dimensionalen, unzerlegbaren ${}_F Sl_2$-Modul M bis auf Isomorphie genau zwei verschiedene, endlich-dimensionale, unzerlegbare G-Moduln M_1 und M_2 gibt, die als ${}_F Sl_2$-Moduln zu M isomorph sind. Der Satz von Remak-Krull-Schmidt liefert aus dieser Bemerkung zusammen mit der voraufgegangenen Ueberlegung die Beziehung:

$$H(G) \underset{H({}_F Sl_2)}{\otimes} M \xrightarrow[H(G)]{\sim} M_1 \oplus M_2 \ .$$

Wenden wir dieses Ergebnis auf die in 2.15. angegebenen Listen an, so ergeben sich die folgenden Isomorphismen:

$$H(G) \underset{H({}_F Sl_2)}{\otimes} \rho_1 \xrightarrow{\sim} \rho_2 \oplus \rho_3$$

$$H(G) \underset{H({}_F Sl_2)}{\otimes} P \xrightarrow{\sim} P_1 \oplus P_2$$

$$H(G) \underset{H({}_F Sl_2)}{\otimes} \rho(\nabla) \xrightarrow{\sim} \rho(0;\nabla) \oplus \rho(\nabla,0) \quad \text{für} \quad n \geqq 0$$

$$H(G) \underset{H({}_F Sl_2)}{\otimes} \rho(\Lambda_n) \xrightarrow{\sim} \rho(0,\Lambda_n) \oplus \rho(\Lambda_n,0) \quad \text{für} \quad n \geqq 1$$

$$H(G) \underset{H({}_F Sl_2)}{\otimes} \rho(I_{n+1,\lambda}) \xrightarrow{\sim} \rho(0,I_{n+1,\lambda}) \oplus \rho(I_{n+1,\lambda},0)$$

$$\text{für} \quad n \geqq 0, \ \lambda \in k \ .$$

$$H(G) \underset{H({}_F Sl_2)}{\otimes} \rho(I_{n+1,\omega}) \xrightarrow{\sim} \rho(0,I_{n+1,\omega}) \oplus \rho(I_{n+1,\omega},0)$$

$$\text{für} \quad n \geqq 0 \ .$$

2.17. Ein Satz, der dem nachfolgenden Ergebnis in der Theorie der endlichen, konstanten Gruppen entspricht, wurde von Huppert in [17] bewiesen. Später hat Barnes in

[2] ein analoges Resultat für auflösbare Liealgebren abgeleitet.

Satz: Sei G eine auflösbare, infinitesimale, algebraische Gruppe der Höhe $\leqq 1$ über dem algebraisch abgeschlossenen Grundkörper k, der Charakteristik $p > 0$. Dann gilt: G ist überauflösbar dann und nur dann, wenn jede maximale, algebraische Untergruppe $U \subset G$ den Index p besitzt (vgl. 2.93 u. 2.94).

Beweis: Sei zunächst G überauflösbar. Wir zeigen durch Induktion nach $\dim_k(\mathcal{O}(G))$, dass jede maximale Untergruppe $U \subset G$ den Primzahlindex p besitzt. Sei $N \subset G$ ein minimaler Normalteiler in G. Da G überauflösbar ist, muss N entweder vom Typ ${}_k\mu_p$ oder vom Typ ${}_k\alpha_p$ sein. Ist $U \subset G$ eine maximale Untergruppe und gilt $N \subset U$, so ist $U\tilde{/}N \subset G\tilde{/}N$ eine maximale Untergruppe von $G\tilde{/}N$, und die Behauptung folgt aus der Induktionsvoraussetzung. Ist dagegen $N \not\subset U$, so muss U ein Komplement von N in G sein, denn N ist eine einfache, kommutative, algebraische Gruppe. Dies liefert aber den Isomorphismus in endlichen Schemata: $N \tilde{\to} G\tilde{/}U$ und damit die Behauptung.

Sei nun G eine auflösbare, algebraische, infinitesimale Gruppe der Höhe $\leqq 1$ derart, dass jede maximale Untergruppe $U \subset G$ vom Primzahlindex p ist. Wir beweisen wieder durch Induktion nach $\dim_k(\mathcal{O}(G))$, dass G überauflösbar sein muss. Sei $N \subset G$ ein minimaler Normalteiler von G. Dann ist in $G\tilde{/}N$ ebenfalls jede maximale Untergruppe vom Primzahlindex, also ist $G\tilde{/}N$ nach Induktionsvoraussetzung überauflösbar. Da G auflösbar ist, muss N entweder vom Typ ${}_p\mu_k$ oder vom Typ $({}_p\alpha_k)^n$ sein. Im ersten Fall ist offenbar G überauflösbar. Im zweiten Fall ist G genau dann überauflösbar, wenn $n=1$ ist.

Wäre nun im zweiten Fall $n > 1$, so muss N wegen 2.9. ein Komplement $U \subset G$ besitzen. Da N ein minimaler Normalteiler von G ist, muss U eine maximale Untergruppe von G sein. Damit muss U nach Voraussetzung den Primzahlindex p in G haben im Widerspruch zu der Tatsache, dass der Schemaisomorphismus $N \xrightarrow{\sim} G/\tilde{U}$ für U den Index p^n in G liefert.

2.18. Wie bei Barnes in [2] im Falle von Liealgebren erhält man aus 2.17 noch die folgende, verbandstheoretische Charakterisierung der Ueberauflösbarkeit von auflösbaren, algebraischen, infinitesimalen Gruppen der Höhe ≤ 1.

Satz: Sei G eine auflösbare, algebraische, infinitesimale Gruppe der Höhe ≤ 1 über dem algebraisch abgeschlossenen Grundkörper k der Charakteristik $p > 0$. Die Gruppe ist genau dann überauflösbar, wenn alle maximalen Ketten im Verband der algebraischen Untergruppen von G dieselbe Länge haben.

2.19. Beispiel. Sei ${}_F Sl_2$ die in 2.13. betrachtete nilpotente, algebraische, infinitesimale Gruppe der Höhe ≤ 1 über einem algebraisch abgeschlossenen Grundkörper k der Charakteristik 2 und V ihre zweidimensionale irreduzible Darstellung. Die lineare Operation von ${}_F Sl_2 \check{V}$ auf ${}_F V_a$ durch Gruppenautomorphismen, und wegen Corollar 2.9. erhalten wir:

$$H^2({}_F Sl_2, {}_F V_a) = 0 \quad \text{und} \quad \tilde{Ex}^1({}_F Sl_2, {}_F V_a) \xrightarrow{\sim} Gr({}_F Sl_2, {}_F V_a) \xrightarrow{\sim}$$

$$\xrightarrow{\sim} Gr({}_F V_a, {}_F V_a) \xrightarrow{\sim} Hom_k(V,V) \neq 0 .$$

Sei nun

$$1_k \longrightarrow {}_F V_a \longrightarrow G \longrightarrow {}_F Sl_2 \longrightarrow 1_k$$

eine nicht zerfallende Erweiterung in algebraischen Gruppen.

$\check{V}$ auf V induziert eine Operation von ${}_F Sl_2$ auf

Offenbar ist G eine algebraische, infinitesimale Gruppe der Höhe 2 . Wäre nämlich G von der Höhe ≤ 1, so wäre die obige Erweiterung schon eine Hochschilderweiterung und müsste daher zerfallen. Nun ist G nach Konstruktion auflösbar, aber nicht überauflösbar, weil ${}_F V_a$ ein minimaler, unipotenter Normalteiler von G ist, der offenbar nicht vom Typ ${}_2\alpha_k$ ist. Andrerseits muss jede maximale Untergruppe $U \subset G$ den Normalteiler ${}_F V_a$ enthalten, da sonst U ein Komplement für ${}_F V_a$ in G wäre. Damit muss aber jede maximale Untergruppe Primzahlindex 2 in G haben, denn $G/{}_F V_a \tilde{\to} {}_F Sl_2$ ist nilpotent und damit überauflösbar.

Damit ist gezeigt, dass sich Satz 2.17 nicht auf algebraische, infinitesimale Gruppen beliebiger Höhe ausdehnen lässt. Der naheliegende Gedanke, das Resultat von Huppert über endliche, konstante Gruppen mit Satz 2.17 zu einem Satz über endliche, algebraische Gruppen zu verbinden, deren infinitesimaler Anteil von der Höhe ≤ 1 ist, scheitert an dem folgenden

<u>2.20. Beispiel</u>: Wir betrachten wieder wie im voraufgegangenen Beispiel 2.19 die Gruppe ${}_F Sl_2$ und die kommutative Gruppe ${}_F V_a$ mit ihrer dort angegebenen kanonischen ${}_F Sl_2$-Operation. Bezüglich dieser Operation bilden wir jetzt das semidirekte Produkt $E = [{}_F V_a] \pi\, {}_F Sl_2$. Wegen 2.12 gilt nun:

$$V_a \tilde{\to} \mathrm{Aut}({}_F V_a \subset E) .$$

Wir wählen jetzt eine endliche, konstante Untergruppe $\Gamma_k \subset V_a$, die von Null verschieden ist und bilden bezüglich der kanonischen Operation von Γ_k auf E das verschränkte Produkt $G = \boxed{E}\, \pi \Gamma_k$. In G kann der Normalteiler ${}_F V_a$ kein Komplement besitzen, denn ein derartiges Komplement K müsste Γ_k enthalten und sein infinitesimaler Anteil K^0 wäre ein Komplement für ${}_F V_a$ in

$G^0 = E$. Dann müsste aber Γ_k auf K^0 und auf ${}_F V_a$ und damit schliesslich auf E trivial operieren. Damit ist wieder gezeigt, dass jede maximale Untergruppe von G den Normalteiler ${}_F V_a$ enthalten und damit vom Primzahlindex 2 in G sein muss, denn $G/\tilde{}_F V_a \tilde{\rightarrow} {}_F Sl_2 \pi \Gamma_k$ ist nilpotent. Andrerseits ist die auflösbare Gruppe $G = [E] \pi \Gamma_k$ sicher nicht überauflösbar, denn sie besitzt in ${}_F V_a$ einen minimalen, unipotenten Normalteiler, der nicht vom Typ ${}_2\alpha_k$ ist.

<u>2.21.</u> Im dritten Kapitel sollen die Krull-Schmidt-Zerlegungen induzierter Darstellungen genauer untersucht werden. Für die Anwendungen in diesem Abschnitt genügt der folgende

<u>Satz:</u> Seien $G' \subset G$ zwei endliche, algebraische Gruppen über dem algebraisch abgeschlossenen Grundkörper k der Charakteristik $p > 0$, und sei G' ein Normalteiler von G . Mit M sei ein einfacher G'-Modul bezeichnet, der unter G stabil ist: $Stab_G(M) = G$. Dann gilt:

a) Ist $G/\tilde{G}' \tilde{\rightarrow} {}_p\alpha_k$, so ist $H(G) \underset{H(G')}{\otimes} M$ ein *einreihiger* G-Modul der Länge p , für dessen Jordan-Hölder-Kompositionsfaktoren $K_1, K_2, \ldots K_p$ die folgenden Beziehungen gelten:

$$K_i \underset{G}{\tilde{\rightarrow}} K_j \quad \forall\ 1 \leq i, j \leq p \quad \text{sowie} \quad K_i \underset{G'}{\tilde{\rightarrow}} M \quad \forall\ 1 \leq i \leq p$$

b) Ist $G/\tilde{G}' \tilde{\rightarrow} {}_p\mu_k$, so ist $H(G) \underset{H(G')}{\otimes} M$ ein halbeinfacher G-Modul, der Länge p , für dessen Jordan-Hölder-Kompositionsfaktoren $K_1, K_2 \ldots K_p$ die folgenden Bedingungen gelten:

$$K_i \underset{G}{\not\tilde{\rightarrow}} K_j \quad \forall\ 1 \leq i, j \leq p;\ i \neq j \quad \text{und} \quad K_i \underset{G'}{\tilde{\rightarrow}} M \quad \forall\ 1 \leq i \leq p$$

Beweis: Zunächst gilt wegen [II,§7,7.4] für den G'-Modul $H(G)\underset{H(G')}{\otimes}M$ die Beziehung

$$H(G)\underset{H(G')}{\otimes}M \xrightarrow[G']{\sim} M^p$$

Da andrerseits der Grundkörper k algebraisch abgeschlossen ist, muss jede Erweiterung in algebraischen Gruppen von der Gestalt:

$$1_k \longrightarrow \mu_k \longrightarrow E \longrightarrow G/\tilde{G}' \longrightarrow 1_k$$

mit $G/\tilde{G}' \cong {}_p\alpha_k$ oder $G/\tilde{G}' \cong {}_p\mu_k$ zerfallen (Siehe [10], chap.III,§6,n° 8, Corollaire 8.6. bzw. 8.7.).

Wegen [III,§12][*] ist daher der Endomorphismenring des induzierten G-Moduls $H(G)\underset{H(G')}{\otimes}M$ zu der Gruppenalgebra $H(G/\tilde{G}')$ isomorph, also im Falle a) von der Gestalt $k[T]/(T^p)$ und im Falle b) von der Gestalt $k[T]/(T^p-T) \cong k^{(Z/pZ)}$. Die Behauptung des Satzes folgt nun aus der Bemerkung, dass die volle Unterkategorie in der Kategorie der G-Moduln, welche von denjenigen G-Moduln gebildet wird, die als G'-Moduln halbeinfach, isotypisch vom Typ M sind, eine abelsche Kategorie ist, für welche $H(G)\underset{H(G')}{\otimes}M$ ein endlicher, projektiver Generator ist. Somit ist der Funktor $\mathrm{Hom}_{H(G)}(H(G)\underset{H(G')}{\otimes}M,?)$ eine Aequivalenz dieser Unterkategorie auf die Kategorie der $H(G/\tilde{G}')$-(Rechts)-Moduln, welche insbesondere dem G-Modul $H(G)\underset{H(G')}{\otimes}M$ den $H(G/\tilde{G}')$-(Rechts)-Modul $H(G/\tilde{G}')$ zuordnet.

2.22. Satz. Sei G eine zusammenhängende, algebraische Gruppe über dem algebraisch abgeschlossenen Grundkörper k der Charkteristik $p > 0$ und M ein endlich-dimensionaler, einfacher G-Modul. Ist der erste Frobeniuskern ${}_FG \subset G$ von G auflösbar, so gilt: $\dim_k(M) = p^n$ für ein geeignetes $n \geq 0$.

Zum Beweis dieses Satzes benötigen wir das folgende

[*] Satz 12.6.

2.23. Lemma. Sei G eine zusammenhängende, algebraische Gruppe über dem algebraisch abgeschlossenen Grundkörper k der Charakteristik $p > 0$ und M ein endlich-dimensionaler, einfacher G-Modul. Dann ist M bereits für alle "hinreichen-grossen" Frobeniuskerne $_{F^n}G$ von G einfach.

Beweis des Lemmas: Sei $m = \dim_k M$. Für $(n,r) \in \mathbb{N} \times \mathbb{N}$ mit $n+r = m$ und $0 < n < m$ bezeichnen $G_{n,r}$ die Grassmann mannigfaltigkeit der n-dimensionalen Teilräume von M. Mit $X = \coprod_{\substack{n+r=m \\ 0<n<m;\, r\geq 0}} G_{n,r}$ sei die Mannigfaltigkeit aller echten Teilräume von M bezeichnet. Die lineare Operation von G auf M induziert eine Operation von G auf X. Bezeichnen wir nun mit ^{G}X (bzw. $^{F^nG}X$) das abgeschlossene Teilschema der unter G (bzw. F^nG) invarianten Punkte von X (Siehe hierzu [10], chap. II, §1, n° 3, théorème 3.6), so gibt es einen Index q derart, dass für alle $n \geq q$

$$^{G}X = {}^{F^nG}X$$

gilt. In der Tat, da X algebraisch ist, muss die absteigende Folge abgeschlossener Teilschemata:

$$^{FG}X \supset {}^{F^2G}X \supset \ldots {}^{F^nG}X \supset {}^{F^{(n+1)}G}X \supset \ldots \supset {}^{G}X$$

von einem gewissen Index q an stationär werden:

$$^{F^qG}X = {}^{F^{(q+1)}G}X = {}^{F^{(q+2)}G}X = \ldots \supset {}^{G}X$$

Jetzt muss aber auch $^{G}X \supset {}^{F^qG}X$ gelten, denn der Zentralisator $\mathrm{Cent}_G({}^{F^qG}X)$ von $^{F^qG}X$ in G ist ein abgeschlossener Untergruppenfunktor von G, der alle Frobeniuskerne $_{F^i}G$ von G enthält.

Da M ein einfacher G-Modul ist, muss $^{G}X = \phi$ gelten. Dies bedeutet aber wegen der voraufgegangenen Bemerkung, dass $^{F^nG}X = \phi$ für $n \geq q$ sein muss. Mit anderen Worten:

M ist ein einfacher ${}_{F^n}G$- Modul für alle $n \geq q$.

2.24. Beweis von 2.22 : Da mit ${}_F G$ auch alle höheren Frobeniuskerne ${}_{F^n}G$ von G auflösbar sind, genügt es wegen Lemma 2.23, den Satz 2.22 für infinitesimale, algebraische, auflösbare Gruppen zu beweisen. Wir führen den Beweis durch Induktion nach $\dim_k \mathcal{O}(G)$. Sei also M ein einfacher Modul über der infinitesimalen, algebraischen, auflösbaren Gruppe G und $G' \subset G$ ein maximaler, abgeschlossener Normalteiler von G. Da G auflösbar ist, muss $G/\tilde{G}' \tilde{\to} {}_p\mu_k$ oder $G/\tilde{G}' \tilde{\to} {}_p\alpha_k$ gelten.

Sei weiterhin $N \subset M$ ein einfacher G'-Teilmodul von M, dann ist die kanonische Abbildung $H(G) \otimes_{H(G')} N \to M$ wegen der Einfachheit von M sicher surjektiv.

Da der Stabilisator $\mathrm{Stab}_G(N)$ von N unter G ein abgeschlossener, G'-enthaltender Untergruppenfunktor von G ist, ergeben sich zwei Fälle:

a) $\mathrm{Stab}_G(N) = G$ oder b) $\mathrm{Stab}_G(N) = G'$

Im Falle a) liefert Satz 2.21 die Gleichung $\dim_k M = \dim_k M = \dim_k N$.

Im Falle b) folgt aus Satz 1.4., dass die Abbildung $H(G) \otimes_{H(G')} N \to M$ sogar bijektiv sein muss, das heisst man erhält die folgende Gleichung : $\dim_k(M) = p \dim_k(N)$.

2.25. Bemerkung.- Zassenhaus hat in [27] ein zu Satz 2.22 analoges Resultat für die einfachen Darstellungen nilpotenter Liealgebren über einem Grundkörper mit positiver Charakteristik abgeleitet. Für den Fall einer infinitesimalen, algebraischen, nilpotenten Gruppe der Höhe ≤ 1 ist Satz 2.22 somit in dem Satz von Zassenhaus enthalten. Allgemeiner erhält man den Satz 2.22 unter der zusätzlichen Voraussetzung, dass G infinitesimal und überauflösbar ist, schon aus Satz 2.4. Dass in den Voraussetzungen zu Satz 2.22. nicht auf die Bedingung $G = G^0$ verzichtet werden kann, lehrt die folgende Ueberlegung: Sei Γ_k eine endliche, konstante, auflösbare, nicht kommutative Gruppe über einem algebraisch abgeschlossenen Grundkörper k der Charakteristik $p > 0$ derart, dass $\mathrm{ord}(\Gamma) < p$ gilt. Würde nun Γ_k der Behauptung von Satz 2.22 genügen, so müssten aus Ranggründen alle einfachen Moduln der halbeinfachen Algebra $H(\Gamma_k) = k[\Gamma]$ eindimensional und somit Γ_k im Gegensatz zur Voraussetzung kommutativ sein.

2.26. Sei nun G eine zusammenhängende, affine, algebraische, nilpotente Gruppe über dem algebraisch abgeschlossenen Grundkörper k der Charakteristik $p > 0$. Mit G^m sei der multiplikative Anteil des Zentrums von G bezeichnet: $G^m = \mathrm{Cent}(G)^m$. Wegen [10], chap.IV., no 4, Corollaire 4.6 ist G^m offenbar der grösste multiplikative Normalteiler von G. Da G nilpotent ist, muss $G/\tilde{G}^m$ unipotent sein (Siehe [10], chap. IV, §4, no1, théorème 1.10.) Infolgedessen ist G^m sogar die grösste multiplikative Untergruppe von G. Hieraus erhalten wir insbesondere die Gleichung

$$G^m \cap {}_{F^n}G = ({}_{F^n}G)^m,$$

wobei $({}_{F^n}G)^m$ den multiplikativen Anteil des Zentrums von ${}_{F^n}G$ bezeichnen soll.

Wir setzen abkürzend $\Gamma = \underline{D}(G^m)(k)$ für die Charaktergruppe von G^m.

Sei nun $\rho : G \to Gl_k(V)$ eine lineare Darstellung von G, so zerfällt der Vektorraum V unter der induzierten Operation von G^m in eine direkte Summe von Untervektorräumen

$$V = \bigoplus_{\chi \in \Gamma} V_\chi$$

wo für $\chi \in \Gamma$ der zugehörige Untervektorraum V_χ durch die Gleichung

$$V_\chi = \{v \in V \mid g\cdot v = \chi(g)\cdot v \quad \forall g \in G^m\}$$

gegeben wird (Siehe [10], chap. II, §2, n° 2.5., exemple 1)
Da nun G^m im Zentrum von G liegt, sind die Untervektorräume V_χ bereits G-Unterräume von V. Ist nun insbesondere V ein einfacher G-Modul, so kann G^m auf V nur über einen Charakter $\chi = ch(V)$ operieren, der ersichtlich nur von der Isomorphieklasse von V abhängt. Wir erhalten somit eine Abbildung

$$ch : S(G) \to \underline{D}(G^m)(k)$$

von der Menge der Isomorphieklasse einfacher G-Moduln $S(G)$ in die Charaktergruppe $\underline{D}(G)(k) = \Gamma$ von G^m.

Unter Benutzung dieser Bezeichnungen und Verabredungen gilt nun der folgende

<u>2.27. Satz.</u> Sei G eine zusammenhängende, affine algebraische, nilpotente Gruppe über dem algebraisch abgeschlossenen Grundkörper k der Charakteristik $p > 0$. Dann ist die Abbildung $ch : S(G) \to D(G^m)(k)$ aus 2.26 bijektiv.

<u>Beweis</u>: Wir zeigen zunächst die Surjektivität von ch. Für eine algebraische Gruppe G machen wir die Funktionenalgebra $\mathcal{O}_k(G)$ zu einem G-Linksmodul vermöge der Vorschrift:

$$g\cdot f(x) = f(g^{-1}x) \qquad \forall f \in \mathcal{O}_k(G)\ ,\ x,g \in G\ .$$

Zerlegen wir nun zu der in 2.26 beschriebenen Situation zurückkehrend den G^m-Modul $\mathcal{O}_k(G)$ in seine Eigenvektorräume unter G^m:

$$\mathcal{O}_k(G) = \bigoplus_{\chi \in \Gamma} \mathcal{O}_k(G)_\chi$$

so muss zunächst $\mathcal{O}_k(G)_\chi \neq 0 \;\; \forall\, \chi \in \Gamma$ gelten. In der Tat: Der G^m-Modul $\mathcal{O}_k(G)$ besitzt ja den G^m-Modul $\mathcal{O}_k(G^m)$ als Restklassenmodul. Für den G^m-Modul $\mathcal{O}_k(G^m)$ sind aber in der Zerlegung

$$\mathcal{O}_k(G^m) = \bigoplus_{\chi \in \Gamma} \mathcal{O}_k(G)_\chi$$

sämtliche Summanden von Null verschieden: $\mathcal{O}_k(G^m)_\chi \neq 0$ $\forall_\chi \in \Gamma$. Da G eine affine Gruppe ist, muss jeder G-Modul der filtrierende, induktive Limes seiner endlich-dimensionalen G-Teilmoduln sein. Insbesondere ist jeder einfache G-Modul endlich-dimensional (Siehe [10], chap. II, §2, n°3, Lemme 3.1).

Dann muss aber der G-Modul $\mathcal{O}_k(G)_\chi$ wegen $\mathcal{O}_k(G)_\chi \neq 0$ einen einfachen G-Teilmodul M_χ enthalten, auf dem G^m über den Charakter χ operiert.

Sei jetzt G eine infinitesimale, algebraische, nilpotente Gruppe. Wir beweisen zuerst in dieser Situation die Injektivität von ch durch Induktion nach $\dim_k(\mathcal{O}(G))$. Seien also V und W zwei einfache G-Moduln, auf denen G^m über denselben Charakter χ operiert.

Ist $G^m = G$, so folgt unmittelbar $V \underset{G}{\tilde{\to}} W$.

Ist $G^m \neq G$, so wählen wir zunächst einen maximalen, G^m enthaltenden Normalteiler G' in G. Da G infinitesimal und nilpotent ist, muss $G/\!\!\sim G^m$ unipotent sein, und mithin muss $G/\!\!\sim G' \tilde{\to} {}_p\alpha_k$ gelten.

Seien nun $V_1 \subset V$ und $W_1 \subset W$ einfache G'-Teilmoduln von V bzw. W. Da G^m auf V_1 und W_1 über denselben Charakter χ operiert, erhalten wir aus der Induktionsvoraussetzung : $V_1 \underset{G'}{\tilde{\to}} W_1$.

Setzen wir aus Symmetriegründen $V_1 = M$, so erhalten wir

zunächst die beiden surjektiven, G-linearen Abbildungen:

$$H(G) \otimes_{H(G')} M \longrightarrow V \quad \text{und} \quad H(G) \otimes_{H(G')} M \longrightarrow W$$

Wie im Beweis von Satz 2.22. ergibt sich nun die folgende Fallunterscheidung:

a) $\mathrm{Stab}_G(M) = G$ oder b) $\mathrm{Stab}_G(M) = G'$.

Im Falle a) erhalten wir die gesuchte Beziehung $V \underset{G}{\tilde{\to}} W$ aus Satz 2.21., im Falle b) dagegen aus Satz 1.4.

Es bleibt die Injektivität von ch im allgemeinen Falle zu beweisen. Seien also V und W zwei einfache Moduln über der zusammenhängenden affinen, algebraischen, nilpotenten Gruppe G derart, dass G^m auf V und W über denselben Charakter χ operiert. Da G affin ist, sind V und W endlich-dimensional. Wegen Lemma 2.23. gibt es einen Index q derart, dass für alle $n \geq q$ V und W einfache ${}_{F^n}G$-Moduln sind. Nun operiert aber

$$({}_{F^n}G)^m = {}_{F^n}G \cap G^m \quad \text{(siehe 2.26.)}$$

ebenfalls über den Charakter χ auf V und W. Die voraufgegangene Ueberlegung liefert hieraus aber die Beziehung:

$$V \xrightarrow[F^nG]{\sim} W \qquad \forall n \in \mathbb{N}$$

Die Injektivität von ch folgt nun aus dem

<u>2.28. Lemma.</u> Sei G eine zusammenhängende, algebraische Gruppe über dem algebraisch abgeschlossenen Grundkörper k der Charakteristik $p > 0$, und seien V bzw. W zwei endlich-dimensionale G-Moduln. Dann gilt:

$$(V \xrightarrow[F^nG]{\sim} W \quad \forall n \in \mathbb{N}) \Longleftrightarrow (V \xrightarrow[G]{\sim} W)$$

<u>Beweis des Lemmas:</u> Die Implikation von rechts nach links ist klar. Zum Beweis der anderen Behauptung betrachten wir das affine, algebraische k-Schema:

$$\mathcal{H}om_k(M,N) \xrightarrow{\sim} \mathrm{Hom}_k(M,N)_a$$

welches durch die Gleichung

$$\mathcal{H}om_k(M,N)(R) = \mathrm{Hom}_R(M \underset{k}{\otimes} R,\ N \underset{k}{\otimes} R) \qquad \forall R \in M_k$$

gegeben wird. Auf $\mathcal{H}om_k(M,N)$ lassen wir G von links operieren vermöge der Vorschrift:

$$g\,u = g \circ u \circ g^{-1} \qquad \forall\, u \in \mathcal{H}om_k(M,N),\ g \in G\ .$$

und bemerken, dass das offene Teilschema $\mathcal{I}som_k(M,N) \subset \mathcal{H}om_k(M,N)$, welches durch die Gleichung

$$\mathcal{I}som_k(M,N)(R) = \{u \in \mathcal{H}om_k(M,N)(R) \mid u \text{ ist bijektiv}\} \qquad \forall R \in M_k$$

festgelegt wird, unter dieser Operation stabil ist. Wie im Beweis von Lemma 2.23. zeigen wir, dass es einen Index q gibt derart, dass für alle $n \geq q$

$$^{F^nG}\mathcal{I}som_k(M,N) = {}^{G}\mathcal{I}som_k(M,N)$$

gilt. Wegen $M \xrightarrow[F^nG]{\sim} N \quad \forall n \in \mathbb{N}$ ist $^{F^nG}\mathcal{I}som_k(M,N)(k) \neq \emptyset$ für $n \geq q$. Damit ist aber auch $^{G}\mathcal{I}som_k(M,N)(k) \neq \emptyset$, das heisst aber gerade, dass $M \underset{G}{\xrightarrow{\sim}} N$ gelten muss.

<u>2.29. Satz</u>: Sei G eine infinitesimale, algebraische, auflösbare Gruppe über dem algebraisch abgeschlossenen Grundkörper k der Charakteristik $p > 0$. Dann sind die folgenden Bedingungen gleichwertig:

i) G ist nilpotent.

ii) Der Einsblock von $H(G)$ enthält - bis auf Isomorphie ausser der trivialen, eindimensionalen Darstellung keine weiteren irreduziblen Darstellungen.

iii) Jeder Block von $H(G)$ enthält - bis auf Isomorphie-genau eine irreduzible Darstellung (vgl. 2.41).

Beweis: Die Implikation i) $\Longrightarrow$ iii) folgt aus Satz 2.27. Die Implikation iii) $\Longrightarrow$ ii) ist klar, sodass es genügt, ii) $\Longrightarrow$ i) zu beweisen. Wir führen den Beweis durch vollständige Induktion nach $\dim_k(\mathcal{O}(G))$. Um zu zeigen, dass G nilpotent ist, genügt es nun offenbar, die beiden folgenden Behauptungen zu verifizieren:

a) Ist G nicht multiplikativ, so gibt es einen von G verschiedenen Normalteiler G' in G mit unipotenter Restklassengruppe $G\tilde{/}G'$.

b) Jeder von G verschiedene Normalteiler G' in G mit unipotenter Restkalssengruppe $G\tilde{/}G'$ ist nilpotent.

Die Behauptung b) wird sich aus den Hilfssätzen 2.30 und 2.31 ergeben. Zuvor treffen wir noch die folgende Verabredung: Sei A eine endlich-dimensionale Algebra über dem Grundkörper k, dann bezeichnen wir mit $Z(A)$ das Zentrum von A und mit $Z(A)^{et}$ die grösste separable (= etale) Unteralgebra von $Z(A)$.

2.30. Lemma: Sei G eine endliche, algebraische Gruppe über dem Grundkörper k der Charakteristik $p > 0$, und sei $G' \subset G$ eine normale Untergruppe von G mit infinitesimaler Restklassengruppe $G\tilde{/}G'$. Dann gilt:

$$Z(H(G'))^{et} \subset (Z(H(G))^{et} .$$

Beweis: Bei der Operation von G auf $H(G)$ durch innere Automorphismen wird $H(G')$ in sich abgebildet, denn G' ist normal in G. Da nun die Bildung des Zentrums mit Basiswechseln vertauscht, erhalten wir hieraus eine Operation von G auf $Z(H(G'))$. Ist nun $R \in M_k$ eine noethersche k-Algebra, so ist $R \otimes_k Z(H(G'))^{et}$ die grösste, etale Unteralgebra von $R \otimes_k Z(H(G'))$ (vergl. [4], n°2, Lemme 5). Damit erhalten wir schliesslich eine Operation von G auf $Z(H(G'))^{et}$. Aber das Automorphismenschema der etalen k-Algebra $Z(H(G'))^{et}$ ist selbst etal und deswegen muss, da $G\tilde{/}G'$ infinitesimal ist, die Operation von G auf $Z(H(G'))^{et}$ trivial sein. Dies liefert aber $Z(H(G'))^{et} \subset Z(H(G))$, woraus wir schliesslich $Z(H(G'))^{et} \subset Z(H(G))^{et}$ erhalten.

2.31. Identifizieren wir in der Situation von 2.30. die Menge der Blöcke von $H(G')$ mit den Punkten des endlichen, etalen Schemas $Spec(Z(H(G'))^{et})$ und entsprechend die Menge der Blöcke von $H(G)$ mit den Punkten des endlichen, etalen Schemas $Spec(Z(H(G))^{et})$, so induziert die Inklusion $Z(H(G'))^{et} \subset Z(H(G))^{et}$ von 2.30. eine surjektive Abbildung

$$\Psi : Spec(Z(H(G))^{et}) \rightarrow Spec(Z(H(G'))^{et})$$

von der Menge der G-Blöcke auf die Menge der G'-Blöcke. Es gilt nun das folgende

Lemma: Sei G eine endliche, algebraische Gruppe über dem Grundkörper k der Charakteristik $p > 0$ und $G' \subset G$ eine normale Untergruppe von G mit infinitesimaler, unipotenter Restklassengruppe $G\tilde{/}G'$. Dann induziert die Abbildung

$$\Psi : Spec(Z(H(G))^{et}) \rightarrow Spec(Z(H(G'))^{et})$$

eine bijektive Korrespondenz zwischen den G-Blöcken

einerseits und den G'-Blöcken andrerseits.

Beweis: Die Abbildung Ψ ist offensichtlich surjektiv (nämlich dominant und endlich). Um die Injektivität von Ψ zu beweisen, müssen wir die folgende (gleichwertige) Behauptung verifizieren:

Ist

$$H(G') = \bigoplus_{i=1}^{i=r} B_i$$

die Zerlegung von $H(G')$ in seine G'-Blöcke, so ist

$$H(G) = \bigoplus_{i=1}^{i=r} H(G) \otimes_{H(G')} B_i$$

die Zerlegung von $H(G)$ in seine G-Blöcke. Aus 2.30 folgt bereits, dass die $H(G)$-Linksideale $C_i = H(G) \otimes_{H(G')} B_i$ zugleich auch $H(G)$-Rechtsideale sein müssen. Es bleibt zu zeigen, dass das zweiseitige Ideal C_i als $H(G)$-Bimodul unzerlegbar ist. Angenommen

$$C_i = C_{i,0} \oplus C_{i,1}$$

wäre eine nicht-triviale Zerlegung des $H(G)$-Bimoduls C_i. Da sich jede $H(G)$-(links)-lineare Abbildung zwischen den beiden Linksidealen $C_{i,0}$ und $C_{i,1}$ zu einer Rechtsmultiplikation mit einem geeigneten Element aus $H(G)$ fortsetzen lässt, erhalten wir für die Vektorräume der $H(G)$-(links)-linearen Abbildungen zwischen den beiden $H(G)$-Linksmoduln $C_{i,0}$ und $C_{i,1}$ die Gleichungen:

$$\mathrm{Hom}_{H(G)}(C_{i,0}; C_{i,1}) = 0 \quad \text{und} \quad \mathrm{Hom}_{H(G)}(C_{i,1}; C_{i,0}) = 0$$

Da die Restklassengruppe $G\tilde{/}G'$ unipotent vorausgesetzt wurde, folgt aus den Gleichunge (siehe [2.16.]) :

$$\mathrm{Hom}_{H(G)}(C_{i,0}; C_{i,1}) = {}^{G}(\mathrm{Hom}_k(C_{i,0}; C_{i,1})) =$$

$$= {}^{G\tilde{/}G'}({}^{G'}(\mathrm{Hom}_k(C_{i,0}; C_{i,1})) = 0$$

schliesslich auch

$^{G'}(\mathrm{Hom}_k(C_{i,0}; C_{i,1})) = \mathrm{Hom}_{H(G')}(C_{i,0}, C_{i,1}) = 0$. Entsprechend erhält man

$^{G'}(\mathrm{Hom}_k(C_{i,1}; C_{i,0})) = \mathrm{Hom}_{H(G')}(C_{i,1}; C_{i,0}) = 0$. (siehe [10], chap IV, § 2,2.5)

Hieraus ergibt sich insbesondere die Bemerkung, dass kein Summand einer Krull-Schmidt-Zerlegung des H(G')-Linksmoduls $C_{i,0}$ zu einem Summanden einer Krull-Schmidt-Zerlegung des H(G')-Linksmoduls $C_{i,1}$ isomorph sein kann. Nun erhalten wir aber mit $n = \dim_k \mathcal{O}(G\tilde{/}G')$ wegen II, § 7,7.4. einen Isomorphismus in H(G')-Linksmoduln

$$H(G) \otimes_{H(G')} B_i \xrightarrow[H(G')]{\sim} B_i^n$$

denn der projektive G'-Linksmodul B_i ist unter G stabil, weil $G\tilde{/}G'$ infinitesimal ist.[1] Hieraus ergibt sich der Isomorphismus in H(G')-Linksmoduln

$$B_i^n \xrightarrow[H(G')]{\sim} C_{i,0} \oplus C_{i,1}$$

Der Satz von Remak-Krull-Schmidt liefert angewandt auf diese Isomorphiebeziehung zusammen mit der voraufgegangenen Bermerkung über die Krull-Schmidt-Zerlegungen der H(G')-Linksmoduln $C_{i,0}$ und $C_{i,1}$ eine Zerlegung des H(G')-Linksmoduls B_i :

$$B_i = B_{i,0} \oplus B_{i,1}$$

derart, dass die folgenden Isomorphisbeziehungen in H(G')-Linksmoduln gelten:

$$B_{i,0}^n \xrightarrow[H(G')]{\sim} C_{1,0} \quad \text{und} \quad B_{i,1}^n \xrightarrow[H(G')]{\sim} C_{i,1}$$

Nun erhalten wir aber aus

[1] vergl.: II, § 3, 3.7.

$$\mathrm{Hom}_{H(G')}(C_{i,0};C_{i,1}) \cong \mathrm{Hom}_{H(G')}(B^n_{i,0};B^n_{i,1}) \cong \mathrm{Hom}_{H(G')}(B_{i,0};B_{i,1})^{n^2} =$$

$$= 0$$

sofort $\mathrm{Hom}_{H(G')}(B_{i,0};B_{i,1}) = 0$. Entsprechend ergibt sich auch $\mathrm{Hom}_{H(G')}(B_{i,1};B_{i,0}) = 0$. Das heisst aber, dass die Zerlegung $B_1 = B_{1,0} \oplus B_{i,1}$ sogar eine (nicht-triviale) $H(G')$-Bimodulzerlegung des zweiseitigen $H(G')$-Ideals B_i darstellt im Widerspruch zu der Annahme, dass B_i ein Block von $H(G')$ sein sollte.

2.32. Beweis der Behauptungen a) und b) aus 2.29.

Wir beweisen zunächst die Behauptung b). Sei also $G' \subset G$ ein von G verschiedener Normalteiler in G mit unipotenter Restklassengruppe G/G' . Sei weiterhin

$$H(G') = \bigoplus_{i=1}^{i=r} B_i$$

die Zerlegunge von $H(G')$ in seine Blöcke, wobei wir den Einsblock von $H(G')$ mit B_1 bezeichnen wollen. Wegen Lemma 2.30. ist das $H(G)$-Linksideal $H(G) \otimes_{H(G')} B_1 = C_1 \subset H(G)$ zweiseitig und wegen Lemma 2.31 als $H(G)$-Bimodul unzerlegbar. Im folgenden wollen wir den eindimensionalen G-Modul (bzw. G'-Modul) mit trivialer G-Operation (bzw. G'-Operation) durch T (bzw. T') bezeichnen. Dann ist T' ein Restklassenmodul des $H(G')$-Linksmoduls B_1 und mithin ist $H(G)_{H(G')}\otimes T'$ ein Restklassenmodul des $H(G)$-Linksmoduls $C_1 = H(G)_{H(G')}\otimes B_1$. Nun ist aber offenbar T ein Restklassenmodul von $H(G)_{H(G')}\otimes T'$, und damit muss C_1 der Einsblock von $H(G)$ sein. Wegen der Voraussetzung über G besitzt der $H(G)$-Linksmodul C_1 eine Jordan-Höldersche Kompositionsreihe, deren sämtliche Faktoren zu T isomorph sind. Weil der $H(G')$-Linksmodul B_1 ein Teilmodul des $H(G')$-Linksmoduls C_1 ist, ergibt sich hieraus die Existenz einer Jordan-Hölderschen Kompositionsreihe für den $H(G')$-Linksmodul

B_1 , deren sämtliche Kompositionsfaktoren zu T' isomorph sind. Aus der Induktionsvoraussetzung erhalten wir damit, dass G' nilpotent sein muss.

Zum Beweis von a) betrachten wir in G den kleinsten Normalteiler N mit multiplikativer Restklassengruppe G/N . Da G nicht multiplikativ ist, muss $N \neq e_k$ sein. Wir wählen nun weiter eine G-invariante Untergruppe $M \subset N$ derart, dass N/M ein minimaler Normalteiler in G/M ist. Da mit G auch G/M auflösbar ist, kann N/M nur vom Typ $N/M \cong {}_p\mu_k$ sehr vom Typ $N/M \cong {}_FV_a$ sein, wo V einen einfachen G/N - Modul bezeichnet. Im ersten Fall liegt $N/M \cong {}_p\mu_k$ im Zentrum von G , während im zweiten Fall die Operation von G/N auf $N/M \cong {}_FV_a$ durch innere Automorphismen von der linearen Operation von G/N auf dem G/N-Modul V induziert wird [vergl. 2.9]. Der erste Fall scheidet aber aus, da mit N/M auch G/M multiplikativ wäre im Gegensatz zur Auswahl von N (siehe [10], chap IV, §1, n°4, Proposition 4.5). Im zweiten Fall ist $\dim_k V = 1$, denn V ist ein einfacher Modul über der multiplikativen Gruppe G/N (siehe [7], chap. II, §2, 2.5). Da der Grundkörper k algebraisch abgeschlossen ist, muss der Normalteiler $N/M \cong {}_p\alpha_k$ in der Gruppe G/M ein Komplement besitzen (siehe[10] , chap III, §6, 6.4). Wegen Lemma 2.11 muss dann aber der G/M-Modul V im Einsblock von $H(G/M)$ liegen. Da sich die Bedingungen ii) in 2.29. von $H(G)$ auf die Restklassenalgebra $H(G/M)$ überträgt, bedeutet dies, dass G/M auf V trivial operiert. Mithin ist $G/M \cong {}_p\alpha_k \pi G/N$ eine kommutative Gruppe, deren unipotenter Anteil nicht Null ist.

<u>2.33. Beispiel</u>: Das nachfolgende Beispiel entsteht durch eine Verallgemeinerung der in 2.13 betrachteten Situation und zeigt, dass die nicht trivialen Beispiele für die

Sätze 2.22 und 2.23 nicht etwa auf den Fall der Charakteristik 2 beschränkt sind. Wir betrachten zu diesem Zweck über einem Grundkörper k der Charakteristik $p > 0$ die dreidimensionale p-Liealgebra $\mathfrak{g}$, deren Basiselemente $\{H,X,Y\}$ die folgenden Relationen erfüllen mögen:

$$H^{[p]} = H \; ; \quad X^{[p]} = 0 = Y^{[p]} \; ; \quad [H,X] = 0 = [H,Y] \; ; \; [X,Y] = H .$$

Im folgenden sei mit $\mathbb{F}_p^*$ die multiplikative Gruppe des Primkörpers $\mathbb{F}_p$ bezeichnet. Dann lassen sich die einfachen Darstellungen von $\mathfrak{g}$ folgendermassen beschreiben: Ausser der trivialen, eindimensionalen Darstellung besitzt $\mathfrak{g}$ noch genau $(p-1)$ p-dimensionale, einfache Darstellungen $\{V_\lambda\}_{\lambda \in \mathbb{F}_p^*}$, die man folgendermassen erhält: Der V_λ zugrundeliegende k-Vektorraum ist jedesmal die Restklassenalgebra $k[T]/(T^p)$, auf dem $\mathfrak{g}$ folgendermassen operiert:

$$\left.\begin{array}{ll} \text{a)} & \rho_\lambda(H)\cdot f = -\lambda\cdot f \\ \text{b)} & \rho_\lambda(X)\cdot f = \overline{T}\cdot f \\ \text{c)} & \rho_\lambda(Y)\cdot f = \lambda\cdot \partial/\partial T\,(f) \end{array}\right\} \quad \forall f \in k[T]/(T^p)$$

Dabei soll $\partial/\partial T$ die Derivation der k Algebra $k[T]/(T^p)$ in sich bezeichnen, die die Restklasse $\overline{T}$ auf 1 abbildet: $\partial/\partial T(\overline{T}) = 1$. Für die einhüllende Algebra $U^{[p]}(\mathfrak{g})$ erhalten wir die Beziehung:

$$U^{[p]}(\mathfrak{g}) \cong k[x,y]/(x^p,y^p) \; \pi \prod_{\lambda \in F_p^*} W_\lambda$$

mit $\qquad W_\lambda \cong \mathbb{M}_p(k) \qquad \forall \lambda \in \mathbb{F}_p^*$

Identifizieren wir die Liealgebra $\mathfrak{h} = \kappa \cdot Y \subset \mathfrak{g}$ mit der Liealgebra von ${}_p\alpha_k$, so können wir unter Benutzung der in III entwickelten Begriffe W_λ auffassen als das zerfallende verschränkte Produkt von ${}_p\alpha_k$ mit der Algebra $k[T]/(T^p)$ bezüglich derjenigen Operation

$$\varphi : {}_p\alpha_k \longrightarrow \mathrm{Autalg}_k(k[T]/(T^p))$$

welche auf $\mathrm{Lie}\,({}_p\alpha_k) = \mathfrak{b}$ den p-Liealgebrenhomomorphismus

$$\rho_\lambda : \mathfrak{b} \longrightarrow \mathrm{Der}_k(k[T]/(T^p))$$

induziert. Der W_λ zugrundeliegende Vektorraum ist also das Tensorprodukt

$$W_\lambda = k[T]/(T^p) \otimes k[Y]/(Y^p)$$

auf dem durch die folgenden Gleichungen eine Multiplikation definiert wird:

a) $(f\otimes 1)(g\otimes 1) = fg\otimes 1$, c) $(f\otimes 1)(1\otimes d) = f\otimes d$

b) $(1\otimes d)(1\otimes e) = 1\otimes de$, d) $(1\otimes \overline{Y})(f\otimes 1) = f\otimes \overline{Y} + \lambda\partial/\partial T(f)\otimes 1$
$\forall f,g \in k[T]/(T^p);\ d,e \in k[Y]/(Y^p)$

Dabei werden die Komponenten der kanonischen Einbettung

$$\vartheta : \mathfrak{g} \rightarrow U^{[p]}(\mathfrak{g})$$

durch die folgenden Gleichungen beschrieben:

a) $\vartheta_0(H) = 0$; $\vartheta_0(X) = \bar{x}$; $\vartheta_0(Y) = \bar{y}$

b) $\vartheta_\lambda(H) = -\lambda$; $\vartheta_\lambda(X) = \overline{T}\otimes 1$; $\vartheta_\lambda(Y) = 1\otimes\overline{Y} \in W_\lambda \quad \forall \lambda \in \mathbb{F}_p^*$.

Sind G_1 und G_2 zwei endliche, algebraische Gruppen über dem Grundkörper k , und ist V ein G_1- und W ein G_2-Modul, so wird der Vektorraum $V \otimes_k W$ zu einem $G_1 \pi G_2$-Modul vermöge der Operation:

$$(g_1,g_2)\cdot(v\otimes w) = g_1v\otimes g_2w \quad \forall g_1 \in G_1, g_2\in G_2,\ v\in V,\ w\in W .$$

Ist nun V ein einfacher G_1-Modul, so muss der Funktor $V\otimes_k ?$ eine Aequivalenz sein von der Kategorie der G_2-Moduln auf die Kategorie der $G_1 \pi G_2$ Moduln, die als G_1-

Moduln halbeinfach, isotypisch vom Typ V sind. Wenden wir diese Bemerkung auf das n-fache cartesische Produkt $\varepsilon(\mathfrak{g})^n$ der Gruppe $\varepsilon(\mathfrak{g})$ an, die der p-Liealgebra $\mathfrak{g}$ unseres Beispiels entspricht, und bezeichnen wir in diesem Beispiel weiterhin mit V_0 die triviale, irreduzible Darstellung von $\varepsilon(\mathfrak{g})$, so erhalten wir für die irreduziblen Darstellungen von $\varepsilon(\mathfrak{g})^n$ die folgende Aufzählung:

Die einfachen Moduln über $\varepsilon(\mathfrak{g})^n$ entsprechen - bis auf Isomorphie - umkehrbar eindeutig den Vektoren $|\lambda| \in \mathbb{F}_p^n$. Dabei wird für den Vektor $|\lambda| = (\lambda_i)_{1 \leqq i \leqq n}$ die ihm eintsprechende Darstellung $V_{|\lambda|}$ durch die folgende Gleichung gegeben:

$$V_{|\lambda|} = \bigotimes_{i=1}^{i=n} V_{\lambda i}$$

Diese Bemerkung zeigt insbesondere, dass es für jeden Exponenten $n \geqq 0$ und jede Charakteristik $p > 0$, algebraische, infinitesimale, nilpotente Gruppen gibt mit irreduziblen Darstellunge der Dimension p^n.

2.34 Bemerkung zu den Sätzen 2.5, 2.10 und 2.29.

Kurz nach Beendigung dieser Arbeit wurde ich von Herrn Professor G.Michler freundlicherweise darüber informiert, dass Morita in [19] eine Charakterisierung derjenigen endlichen, konstanten Gruppen angegeben hat, deren Gruppenalgebren über einem fest gewählten Grundkörper k positiver Charakteristik p Produkte von Matrizenringen über basischen Algebren sind. Der Satz von Morita, für den W.Hamernik in [16] einen einfachen Beweis angegeben hat, lautet folgendermassen:

Satz (Morita): Sei G eine endliche, konstante Gruppe und k ein Zerfällungskörper für G von positiver Charakteristik $p > 0$. Weiterhin sei mit $O_{p'}(G)$ der grösste Normalteiler von G bezeichnet, dessen Ordnung prim zu p ist. Schliesslich sei P eine p-Sylowgruppe von G. Dann sind die folgenden Bedingungen gleichbedeutend:

i) Alle irreduziblen Darstellungen von G, die dem Einsblock angehören, sind eindimensional.

ii) Alle irreduziblen Darstellungen von G, die demselben Block angehören, haben dieselbe Dimension.

iii) Die Untergruppe $P \cdot O_{p'}(G)$ ist ein Normalteiler von G mit abelscher Faktorgruppe.

(vergl. [16], Proposition 3.1.)

Dieser Satz von Morita ist der Spezialfall eines allgemeineren Satzes über endliche, algebraische Gruppen, den wir nachfolgend formulieren und beweisen wollen. Wir schicken jedoch zunächst einige vorbereitende Betrachtungen technischer Natur voraus.

2.35. Sei G eine endliche, algebraische Gruppe über einem

beliebigen Grundkörper k und sei weiterhin V ein endlich-dimensionaler $H(G)$-(Links)Modul. Wir erinnern daran, dass der Raum der Links-Haarschen Masse $L \subset H(G)$ eindimensional ist und bezeichnen mit $\Delta_G : G \to \mu_k$ den Charakter, über den G auf L von rechts operiert (siehe [26]). Mit Hilfe eines festgewählten (Links)Haarschen Masses $\nu \neq 0$ definieren wir nun auf V eine k-lineare Abbildung $N_V: V \to V$ durch die Gleichung

$$\langle \lambda, N_V(v) \rangle = \int_{g \in G} \langle \lambda, g \cdot v \rangle \, d\nu(g) \qquad \forall \lambda \in V^t, \ v \in V .$$

Man prüft sofort nach, dass $N_V(V) \subset {}^G V$ gilt. In der Tat erhält man die Gleichungen:

$$\langle \lambda, g_o \cdot N_V(v) \rangle = \langle g_o^{-1} \lambda, N_V(v) \rangle = \int_{g \in G} \langle g_o^{-1} \lambda, gv \rangle \, d\nu(g)$$

$$= \int_{g \in G} \langle \lambda, g_o g \cdot v \rangle \, d\nu(g) = \int_{g \in G} \langle \lambda, gv \rangle \, d\nu(g) = \langle \lambda, N_V(v) \rangle$$

$$\forall v \in V, \lambda \in V^t, g_o \in G .$$

Andererseits erhält man aus den Gleichungen

$$\langle \lambda, N_V(g_o v) \rangle = \int_{g \in G} \langle \lambda, g \cdot g_o v \rangle \, d\nu(g) = \int_{g \in G} \langle \lambda, gv \rangle \, d(\nu \cdot g_o)(g)$$

$$\langle \lambda, \Delta_G(g_o) \cdot N_V(v) \rangle \qquad \forall \lambda \in V^t, \ v \in V, \ g_o \in G$$

schliesslich die Beziehung: $N_V(g_o \cdot v) = \Delta_G(g_o) \cdot N_V(v)$

$$\forall v \in V, \ g_o \in G .$$

Ist nun $h : V \to W$ ein Homomorphismus zwischen endlich-dimensionalen $H(G)$-Linksmoduln, so ergibt sich aus den Gleichungen

$$\langle \lambda, N_W(h(v)) \rangle = \int_{g \in G} \langle \lambda, g \cdot h(v) \rangle \, d\nu(g) = \int_{g \in G} \langle \lambda, h(gv) \rangle \, d\nu(g)$$

$$\int_{g \in G} \langle \lambda \circ h, gv \rangle \, d\nu(g) = \langle \lambda \circ h, N_V(v) \rangle = \langle \lambda, h(N_V(v)) \rangle$$

$$\forall v \in V, \lambda \in W^t$$

die Beziehung: $h(N_V(v)) = N_W(h(v)) \quad \forall v \in V$.

Wir bemerken noch, dass man aus der letzten Gleichung insbesondere die folgende Aussage erhält: Ist $V = V_1 \pi V_2$ das direkte Produkt zweier endlich-dimensionaler $H(G)$-Moduln, so gilt: $N_V = N_{V_1} \pi N_{V_2}$.

Ist nun insbesondere P ein endlich-dimensionaler, projektiver $H(G)$-Modul, so muss $N_P(P) = {}^G P$ gelten.

In der Tat: Wegen der voraufgegangenen Bemerkungen genügt es, die Behauptung für den Fall $P = H(G)$ zu beweisen. In dieser Situation ergibt sich aber aus den Gleichungen:

$$\langle f, N_{H(G)}(\mu)\rangle = \int_{x\in G} \langle f, x\cdot\mu\rangle \, d\nu(x) = \int_{x\in G} \langle x^{-1}\cdot f, \mu\rangle \, d\nu(x)$$

$$\int_{x\in G}\int_{y\in G} f(xy)d\mu(y)d\nu(x) = \int_{y\in G}\int_{x\in G} f(xy)d\nu(x)d\mu(y)$$

$$= \int f \, d\,(\nu * \mu) \qquad \forall f \in A = \mathcal{O}_k(G),\ \mu \in H(G) \ .$$

schliesslich die Beziehung: $N_{H(G)}(\mu) = \Delta_G(\mu)\cdot\nu \quad \forall \mu \in H(G)$,

wobei wir mit $\Delta_G : H(G) \to k$ den k-Algebrenhomomorphismus bezeichnen, der dem Charakter $\Delta_G : G \to \mu_k$ entspricht. Hieraus erhalten wir wegen $L = k\cdot\nu$ schliesslich die gewünschte Gleichung:

$$N_{H(G)}(H(G)) = {}^G H(G) = L$$

2.36. Sei P ein endlich-dimensionaler, projektiver $H(G)$-Modul. Dann ist auch der $H(G)$-Modul $\mathrm{Hom}_k(P,P) \cong P^t \otimes_k P$ projektiv (vergl. 2.10). In der Tat genügt es offenbar wieder die Behauptung für den Fall $P = H(G)$ zu beweisen. In dieser Situation hat man aber wegen [26,IV] die Isomorphismen in $H(G)$-Linksmoduln:

$$\mathrm{Hom}_k(H(G), H(G)) \cong \mathcal{O}_k(G) \otimes_k H(G) \cong H(G) \otimes_k H(G)$$

Fassen wir andererseits G über die Diagonalabbildung $G \to G \pi G$ als Untergruppe von $G \pi G$ auf, so wird $H(G \pi G)$ wegen des Zerlegungssatzes von Oberst-Schneider in zu einem freien $H(G)$-Linksmodul. Die Behauptung ergibt sich nun aus der Bemerkung, dass die kanonische Identifizierung $H(G) \otimes_k H(G) \xrightarrow{\sim} H(G \pi G)$ ein Isomorphismus in $H(G)$-Linksmoduln ist.

Nach diesen Vorbereitungen sind wir in der Lage ein technisches Resultat zu formulieren und zu beweisen, das im Falle konstanter Gruppen auf D.G.Higman zurückgeht (siehe §51, Lemma 51.2.):

Lemma: Sei P ein endlich-dimensionaler Modul über der endlichen, algebraischen Gruppe G. Dann sind die folgenden Bedingungen gleichbedeutend:

i) Der $H(G)$-Modul P ist projektiv.

ii) Der $H(G)$-Modul P ist injektiv.

iii) Es gilt $N_{\mathrm{Hom}_k(P,P)}(\mathrm{Hom}_k(P,P)) = \mathrm{Hom}_{H(G)}(P,P)$

iv) Es gibt einen k-linearen Endomorphsimus $u \in \mathrm{Hom}_k(P,P)$ mit $N_{\mathrm{Hom}_k(P,P)}(u) = id_P$

Beweis: Wegen des in [26] abgeleiteten Isomorphismus in $H(G)$-Linksmoduln $H(G) \xrightarrow{\sim} \mathcal{O}_k(G)$ sind i) und ii) gleichbedeutend. Um zu zeigen, dass die Bedingungen iii) und iv) gleichwertig sind, genügt es offenbar, die Implikation iv)→ iii) zu verifizieren. In der Tat: Ist $u \in \mathrm{Hom}_k(P,P)$ mit $N_{\mathrm{Hom}_k(P,P)}(u) = id_P$ und ist v ein beliebiger $H(G)$-linearer Endomorphismus von P, so liefert 2.35. die Beziehung:

$$N_{\mathrm{Hom}_k(P,P)}(v \circ u) = v \circ N_{\mathrm{Hom}_k(P,P)}(u) = v \circ id_P = v .$$

Die Implikation i) → iii) ergibt sich schliesslich aus 2.35. zusammen mit der zu Beginn dieses Abschnittes gemachten Bemerkung, dass mit P auch $\mathrm{Hom}_k(P,P)$ projektiv ist.

Um schliesslich die Implikation iii) → i) zu verifizieren, betrachen wir zunächst einen surjektiven Homomorphismus in H(G)-Linksmoduln

$$h : H(G)^n \to P$$

aus dem wir den surjektiven Homomorphismus in H(G)-Linksmoduln

$$\mathrm{Hom}_k(P,h) : \mathrm{Hom}_k(P,H(G)^n) \to \mathrm{Hom}_k(P,P)$$

ableiten. Nun ist aber das nachfolgende Diagramm:

$$\begin{array}{ccc}
\mathrm{Hom}_k(P,H(G)^n) & \xrightarrow{\mathrm{Hom}_k(P,h)} & \mathrm{Hom}_k(P,P) \\
\Big\downarrow {\scriptstyle N_{\mathrm{Hom}_k(P,H(G)^n)}} & & \Big\downarrow {\scriptstyle N_{\mathrm{Hom}_k(P,P)}} \\
\mathrm{Hom}_{H(G)}(P,H(G)^n) & \xrightarrow{\mathrm{Hom}_{H(G)}(P,h)} & \mathrm{Hom}_{H(G)}(P,P)
\end{array}$$

wegen 2.35. kommutativ. Andererseits ist aber wegen der Voraussetzung iii) die k-lineare Abbildung

$$N_{\mathrm{Hom}_k(P,P)} : \mathrm{Hom}_k(P,P) \to \mathrm{Hom}_{H(G)}(P,P)$$

surjektiv. Da nun auch die k-lineare Abbildung $\mathrm{Hom}_k(P,h)$ surjektiv ist, ergibt sich aus der Kommutativität des obigen Diagramms, daß auch die k-lineare Abbildung $\mathrm{Hom}_{H(G)}(P,h)$ surjektiv ist. Mit anderen Worten: der H(G)-Modul P ist ein direkter Summand von $H(G)^n$ und infolgedessen projektiv.

Wir werden das Lemma 2.36 in der folgenden Situation anwenden: Sei P ein projektiver, endlich-dimensionaler und M ein beliebiger, endlich-dimensionaler $H(G)$-Modul. Dann ist der $H(G)$-Modul $P \otimes_k M$ ebenfalls projektiv.

Beweis: Da P projektiv ist, existiert wegen Lemma 2.36 ein $u \in \mathrm{Hom}_k(P,P)$ mit $N_{\mathrm{Hom}_k(P,P)}(u) = id_P$. Aus den Gleichungen:

$$\langle \lambda_1 \otimes_k \lambda_2 ; N_{\mathrm{Hom}(P \otimes_k M,\, P \otimes_k M)}(u \otimes_k id_M) =$$

$$\int_{g \in G} \langle \lambda_1 \otimes_k \lambda_2 \,,\, g\cdot u \otimes_k g \cdot id_M \rangle \, d\nu(g) = \int_{g \in G} \langle \lambda_1 \otimes_k \lambda_2, g\cdot u \otimes_k id_M \rangle d\nu(g)$$

$$= \int_{g \in G} \langle \lambda_1, g\cdot u \rangle \langle \lambda_2, id_M \rangle d\nu(g) = \langle \lambda_1, N_{\mathrm{Hom}_k(P,P)}(u) \rangle \cdot \langle \lambda_2, id_M \rangle$$

$$= \langle \lambda_1, id_P \rangle \cdot \langle \lambda_2, id_M \rangle = \langle \lambda_1 \otimes_k \lambda_2, id_P \otimes_k id_M \rangle \quad \forall \lambda_1 \otimes \lambda_2 \in \mathrm{Hom}_k(P,P)^t \otimes_k \mathrm{Hom}_k(M,M)^t$$

ergibt sich unter Benutzung der Identifizierung:

$$\mathrm{Hom}_k(P,P) \otimes_k \mathrm{Hom}_k(M,M) \xrightarrow{\sim} \mathrm{Hom}_k(P \otimes_k M, P \otimes_k M)$$

die Beziehung:

$$N_{\mathrm{Hom}_k(P \otimes_k M, P \otimes_k M)}(u \otimes_k id_M) = id_P \otimes_k id_M$$

Wegen Lemma 2.36 ist somit auch der $H(G)$-Modul $P \otimes_k M$ projektiv.

2.37. Wir nennen eine endliche, algebraische Gruppe G über einem Grundkörper k positiver Charakteristik $p > 0$ linear-reductiv, wenn alle ihre linearen Darstellungen halbeinfach sind. Die Eigenschaft, linear-reductiv zu sein, überträgt sich trivialerweise auf Restklassengruppen und wegen der in [10], chap.IV, §3, n°3 angegebenen Charakterisierung der linear-reductiven Gruppen vererbt sich diese Eigenschaft auch auf Untergruppen. Umgekehrt folgt mit Hilfe von loc.cit.: Ist $N \subset G$ ein linear-reductiver Normalteiler in der endlichen, algebraischen Gruppe G mit linear-reductiver Restklassengruppe $G/\tilde{N}$, so muss auch G linear-reductiv sein. Hieraus ergibt sich insbesondere: Sind $G_1, G_2 \subset G$ zwei linear-reductive Normalteiler in der endlichen, algebraischen Gruppe G, so ist auch $G_1 \tilde{\cdot} G_2$ ein linear-reductiver Normalteiler von G Mithin gibt es in jeder endlichen, algebraischen Gruppe einen grössten linear-reductiven Normalteiler $G_{lr} \subset G$, der alle anderen linear-reductiven Normalteiler von G umfasst. Es gilt nun der folgende Satz:

Satz: Sei G eine endliche, algebraische Gruppe über dem algebraisch abgeschlossenen Grundkörper k positiver Charakteristik $p > 0$. Dann sind die folgenden Bedingungen gleichbedeutend:

i) Alle irreduziblen Darstellungen des Einsblockes von $H(G)$ sind eindimensional.

ii) Alle irreduziblen Darstellungen desselben Blockes von $H(G)$ haben dieselbe Dimension.

iii) Die Restklassengruppe $G/\tilde{G}_{lr}$ von G nach dem grössten, linear-reductiven Normalteiler G_{lr} ist trigonalisierbar.

Beweis: Die Aequivalenz i)$\leftarrow\rightarrow$ii) folgt wie bei Hamernik (siehe [16]) : Ist P_0 die projektive Hülle der trivialen, irreduziblen Darstellung von G, und ist W ein einfacher $H(G)$-Modul, so ist wegen 2.36 $P_0 \otimes_k W$ ein projektiver $H(G)$-Modul, der W als Restklassenmodul besitzt und dessen Jordan-Hölder-Kompositionsfaktoren sämtlich von der Dimension $\dim_k W$ sind.

Zum Beweis der Aequivalenz i)$\longleftrightarrow$iii) betrachten wir zunächst die Zerlegung:

$$H(G) = B_1 \amalg B_2 \ \ldots \ B_m$$

von $H(G)$ in seine Blöcke. Dabei soll B_1 den Einsblock von $H(G)$ bezeichnen. Sei $\rho : G \to Gl_k(B_1)$ der Homomorphismus in algebraischen k-Gruppen, der die $H(G)$-Linksmodulstruktur auf B_1 definiert. Wir setzen $K_1 = \mathrm{Ker}\rho$. Offenbar genügt es zu zeigen: $K_1 = G_{lr}$.

Wir zeigen zunächst $K_1 \supset G_{lr}$. Zu diesem Zwecke betrachten wir zunächst die Zerlegung:

$$H(G_{lr}) = B_{lr,1} \amalg B_{lr,2} \ \ldots \ B_{lr,n}$$

von $H(G_{lr})$ in seine Blöcke. Dabei soll $B_{lr,1}$ wieder der Einsblock sein. Da G_{lr} linear-reductiv ist, bedeutet dies, dass $B_{lr,1}$ der triviale, eindimensionale $H(G_{lr})$-Modul ist. Wir setzen nun $B_{lr,w} = \coprod_{i \geq 2} B_{lr,i}$. Offenbar ist $B_{lr,1}$ stabil unter G . Aber auch $B_{lr,w}$ ist stabil unter G . Denn in dem Schema der s-dimensionalen Darstellungen von $H(G_{lr})$ mit $s = \dim_k B_{lr,w}$ müssen alle Bahnen unter $Gl_{s,k}$ wegen 3.5. offen sein, weil G_{lr} linear-reductiv ist. Dies liefert $G^0 \subset \mathrm{Stab}_G(B_{lr,w})$. Andererseits enthält $\mathrm{Stab}_G(B_{lr,w})$ offenbar alle rationalen Punkte von G . Zusammenfassend erhalten wir damit $\mathrm{Stab}_G(B_{lr,w}) = G$.

Da $B_{lr,1}$ stabil unter G ist, muss das zweiseitige Ideal $B_{lr,w}$ von $H(G_{lr})$ bei der Operation von G auf $H(G_{lr})$ durch innere Automorphismen in sich abgebildet werden, denn $B_{lr,w}$ ist der Annihilator des $H(G_{lr})$-Linksmoduls $B_{lr,1}$.

Da andererseits auch $B_{lr,w}$ unter G stabil ist, muss auch das zweiseitige Ideal $B_{lr,1}$ bei der Operation von G auf $H(G_{lr})$ durch innere Automorphismen in sich abgebildet werden, denn $B_{lr,1}$ ist der Annihilator des $H(G_{lr})$-Linksmoduls $B_{lr,w}$.

Hieraus ergibt sich nun sofort, dass die Zerlegung

$$H(G) = H(G).B_{lr,1} \amalg H(G) \cdot B_{lr,w}$$

eine Zerlegung von $H(G)$ in zweiseitige $H(G)$-Ideale ist. Weil $B_{rl,1}$ stabil unter G ist, erhalten wir wegen 7.4. einen Isomorphismus in $H(G_{lr})$-Linksmoduln:

$$H(G) \otimes_{H(G_{lr})} B_{lr,1} \cong H(G)\, B_{lr,1} \cong B_{lr,1}^{t}$$

mit $t = \dim_k H(G/G_{lr})$.

Da offenbar der Einsblock B_1 von $H(G)$ ein direkter Summand von $H(G)\, B_{lr,1}$ ist, muss G_{lr} auf B_1 trivial operieren: $G_{lr} \subset K_1$.

Um die Inklusion $K_1 \subset G_{lr}$ zu verifizieren, bemerken wir zunächst, dass der Einsblock B_1 von $H(G)$ als projektiver $H(G)$-Modul wegen des Zerlegungssatzes von Oberst-Schneider in [20] auch projektiv über $H(K_1)$ sein muss. Da K_1 auf B_1 trivial operiert, muss der triviale, eindimensionale $H(K_1)$-Modul projektiv sein. Hieraus ergibt sich sofort, dass der Funktor ${}^{K_1}?$ auf der Kategorie der $H(K_1)$-Moduln exakt ist. Wegen [10], chap.II, §3, 3.7. ist damit die endliche, algebraische k-Gruppe K_1 linear-reductiv: $K_1 \subset G_{lr}$.

2.38. Verbinden wir das Ergebnis 2.37. mit dem Ergebnis 2.5. so erhält man den folgenden Struktursatz für die überauflösbaren, endlichen algebraischen Gruppen:

Satz: Sei G eine endliche, überauflösbare, algebraische Gruppe über dem algebraisch abgeschlossenen Grundkörper k der Charakteristik $p > 0$. Dann ist die Restklassengruppe G/G_{lr} von G nach dem grössten linear-reductiven Normalteiler G_{lr} in G trigonalisierbar.

Da wegen [10], chap.IV, §3, n°3 eine infinitesimale, linear-reductive Gruppe immer multiplikativ ist, und da weiterhin wegen [10], chap. IV., §1, 4.4. jeder multiplikative Normalteiler in einer infinitesimalen Gruppe zentral ist, ergibt sich aus dem obigen Satz die folgende Charakterisierung der überauflösbaren, infinitesimalen algebraischen Gruppen:

Corollar: Sei G eine infinitesimale, algebraische Gruppe über dem algebraisch abgeschlossenen Grundkörper k der Charakteristik $p > 0$. Dann gilt: G ist genau dann überauflösbar, wenn die Restklassengruppe $G/\tilde{G}_{lr}$ von G nach dem grössten multiplikativen Normalteiler G_{lr} in G trigonalisierbar ist.

2.39. Bemerkung: Das Corollar 2.38 lässt sich auch ohne Benutzung von 2.5. direkt ableiten unter Verwendung des folgenden, wohlbekannten Resultates:

Sei G eine endliche, überauflösbare algebraische Gruppe über dem algebraisch abgeschlossenen Grundkörper k der Charakteristik $p > 0$. Dann ist die abgeleitete Gruppe $D(G)$ nilpotent.

Beweis: Ist $G = G_0 \supset G_1 \supset G_2 \dots G_n = e_k$ eine Normalreihe mit einfachen, abelschen Kompositionsfaktoren $G_i \tilde{/} G_{i+1}$, so ist $G \cap D(G) = D(G)_0 \supset G_1 \cap D(G) = D(G)_1 \supset G_2 \cap D(G) = D(G)_2 \dots$ $G_n \cap D(G) = D(G)_n$ eine Normalreihe von $D(G)$ mit zentralen, abelschen Kompositionsfaktoren $D(G)_i \tilde{/} D(G)_{i+1}$, denn die Automorphismenschemata der einfachen, endlichen, kommutativen, algebraischen Gruppen sind sämtlich kommutativ.

Mit Hilfe von [10], chap. IV, § 3, 1.1. sowie § 4, 1.10 folgt hieraus ebenfalls das Corollar 2.38.

2.40. Verbindet man das Corollar 2.38 mit dem Satz 2.37 so ergibt sich die folgende, darstellungstheoretische Charakterisierung der überauflösbaren, infinitesimalen algebraischen Gruppen, welche eine weitgehende Verallgemeinerung von 2.10 ist:

<u>Satz</u>: Sei G eine infinitesimale, algebraische Gruppe über dem algebraisch abgeschlossenen Grundkörper k der Charakteristik $p > 0$. Dann sind die folgenden Bedingungen gleichbedeutend:

i) Die infinitesimale, algebraische Gruppe G ist überauflösbar.

ii) Alle einfachen $H(G)$-Moduln des Einsblockes von $H(G)$ sind eindimensional.

iii) Alle einfachen $H(G)$-Moduln desselben Blockes von $H(G)$ haben dieselbe Dimension.

iv) Die Gruppenalgebra $H(G)$ von G ist ein Produkt von Matrizenringen über basischen Algebren.

<u>2.41</u>. Ein analoges Argument wie in 2.40. liefert die folgende, darstellungstheoretische Charakterisierung der nilpotenten, infinitesimalen, algebraischen Gruppen, die das Ergebnis 2.29 weitgehend verallgemeinert:

<u>Satz</u>: Sei G eine infinitesimale, algebraische Gruppe über dem algebraisch abgeschlossenen Grundkörper k der Charakteristik $p > 0$. Dann sind die folgenden Bedingungen gleichbedeutend:

i) Die infinitesimale, algebraische Gruppe G ist nilpotent.

ii) Der Einsblock von $H(G)$ enthält genau einen einfachen $H(G)$-Modul.

iii) Jeder Block von $H(G)$ enthält genau einen einfachen $H(G)$-Modul.

iv) Die Gruppenalgebra $H(G)$ ist ein Produkt von Matrixringen über lokalen Algebren.

§ 2B. Folgerungen aus dem Kriterium von Blattner.

2.4.2. Wir werden im weiteren Verlauf die folgenden Resultate verwenden, die einfache Konsequenzen des Kriteriums von Blattner sind.

Satz: Seien $G'' \subset G$ zwei endliche, algebraische Gruppen über dem algebraisch abgeschlossen Grundkörper k der Charakteristik $p > 0$ derart, daß G'' ein Normalteiler von G ist. Weiterhin sei M ein einfacher $H(G'')$-Modul. Dann sind gleichbedeutend:

i) Der induzierte $H(G)$-Modul $H(G) \otimes_{H(G'')} M$ ist einfach.

ii) Es gilt $\mathrm{Stab}_G(M) = G''$.

Beweis: Die Implikation ii) $\Rightarrow$ i) ergibt sich unmittelbar aus dem Kriterium von Blattner (Satz 1.4.).

Sei nun umgekehrt $G' = \mathrm{Stab}_G(M) \neq G''$. Wir müssen zeigen, daß der $H(G)$-Modul $H(G) \otimes_{H(G'')} M$ nicht einfach ist. Wegen der kanonischen Identifizierung

$$H(G) \otimes_{H(G'')} M \xrightarrow[H(G)]{\sim} H(G) \otimes_{H(G')} H(G') \otimes_{H(G'')} M$$

wird es genügen zu zeigen, daß der $H(G')$-Modul $H(G') \otimes_{H(G'')} M$ nicht einfach ist, denn $H(G)$ ist ein freier $H(G')$-Rechtsmodul (siehe [20], Folgerung 2.6.). Hierfür genügt es wegen des Lemmas von Schur nachzuweisen, daß es mindestens einen Endomorphismus des $H(G')$-Moduls $H(G') \otimes_{H(G'')} M$ gibt,

der nicht durch Multiplikation mit einem Skalar aus k entsteht. Nun hat man aber einerseits den k-linearen Isomorphismus:

$$\mathrm{Hom}_{H(G')}(H(G') \otimes_{H(G")} M,\ H(G') \otimes_{H(G")} M) \xrightarrow{\sim}$$

$$\mathrm{Hom}_{H(G")}(M,\ H(G') \otimes_{H(G")} M),$$

und andererseits gilt wegen Satz 7.4.:

$$H(G') \otimes_{H(G")} M \xrightarrow[H(G")]{\sim} M^r \quad \text{mit } r = \dim_k H(G'/G").$$

Hieraus ergibt sich nun sofort:

$$\dim_k \mathrm{Hom}_{H(G')}(H(G') \otimes_{H(G")} M,\ H(G') \otimes_{H(G")} M) = r > 1$$

und damit schließlich die zu beweisende Behauptung:

$$k \underset{\neq}{\subset} \mathrm{Hom}_{H(G')}(H(G') \otimes_{H(G")} M,\ H(G') \otimes_{H(G")} M).$$

<u>2.4.3.</u> Ähnlich wie 2.4.2. erhält man auch den folgenden

<u>Satz:</u> Seien $G" \subset G$ zwei endliche, algebraische Gruppen über dem algebraisch abgeschlossenen Grundkörper k der Charakteristik $p > 0$ derart, daß $G"$ ein Normalteiler von G ist. Sei weiterhin $M"$ eine einfacher $H(G")$-Modul. Wir setzen abkürzend $G' = \mathrm{Stab}_G(M")$ sowie $M' = H(G') \otimes_{H(G")} M"$ und $M = H(G) \otimes_{H(G")} M"$. Sei nun

$$M' = M'_0 \supset M'_1 \ . \ . \ M'_i \supset M'_{i+1} \ . \ . \ M'_l = 0$$

eine Jordan-Höldersche Kompositionsreihe des $H(G')$-Moduls M'; so ist:

$$H(G) \underset{H(G')}{\otimes} M' \supset H(G) \underset{H(G')}{\otimes} M'_1 \, . \, . \, H(G) \underset{H(G')}{\otimes} M'_i \supset H(G) \underset{H(G')}{\otimes} M'_{i+1} \, . \, .$$

eine Jordan-Höldersche Kompositionsreihe des $H(G)$-Moduls $H(G) \underset{H(G')}{\otimes} M' \xrightarrow[H(G)]{\sim} H(G) \underset{H(G")}{\otimes} M" = M$.

Beweis: Da wegen [20], Folgerung 2.6. $H(G)$ ein freier $H(G')$-Rechtsmodul ist, genügt es zu zeigen, daß für jeden Kompositionsfaktor $S_i = M'_i/M'_{i+1}$ des $H(G')$-Moduls M' der zugehörige induzierte $H(G)$-Modul $H(G) \underset{H(G')}{\otimes} S_i$ einfach ist. Nun gilt aber wegen Satz 7.4.

$$M' = H(G') \underset{H(G")}{\otimes} M" \xrightarrow[H(G")]{\sim} M"^r \quad \text{mit} \quad r = \dim_k H(G'/G").$$

Nach dem Satz von Jordan-Hölder ist dann insbesondere auch S_i aufgefaßt als $H(G")$-Modul halbeinfach isotypisch vom Typ M:

$$S_i \xrightarrow[H(G")]{\sim} M"^{q_i}$$

Wegen $\mathrm{Stab}_G(M") = \mathrm{Stab}_G(M"^{q_i}) = G'$ (siehe Lemma 2.3.) folgt die Behauptung wieder aus dem Kriterium von Blattner (Satz 1.4.).

2.44. Unter Beibehaltung der Verabredungen und Bezeichnungen von 2.43. setzen wir weiterhin für die k-Algebra der Endomorphismen des $H(G')$-Moduls $M' = H(G') \underset{H(G")}{\otimes} M"$:

$$E' = \mathrm{Hom}_{H(G')}(M', M').$$

Außerdem bezeichnen wir die Länge des E'-Rechtsmoduls E' mit $l(E'_{E'})$ sowie die Länge des $H(G')$-Linksmoduls

M' mit $l(M')$.

Entsprechend sei $l(M)$ die Länge des $H(G)$-Linksmoduls M. Mit diesen Verabredungen und Bezeichnungen gilt nun das folgende

<u>Korollar</u>: In der Situation von Satz 2.43. gilt die Beziehung:

$$l(H(G) \underset{H(G'')}{\otimes} M'') = l(E'_{E'}) \leqslant \dim_k H(G'\tilde{/}G'').$$

Ist darüberhinaus die Gruppe $G'\tilde{/}G''$ konstant und unipotent oder infinitesimal und multiplikativ, so gilt

$$l(H(G) \underset{H(G'')}{\otimes} M'') = \dim_k H(G'\tilde{/}G'').$$

Ist dagegen die Gruppe $G'\tilde{/}G''$ infinitesimal und unipotent, so ist $l(H(G) \underset{H(G'')}{\otimes} M'')$ ein Teiler von $\dim_k H(G'\tilde{/}G'')$.

<u>Beweis</u>: Aus Satz 2.42. ergibt sich zunächst die Beziehung:

$$l(M) = l(M').$$

Andererseits ist die Kategorie der $H(G')$-Moduln, welche als $H(G'')$-Moduln halbeinfach, isotypisch vom Typ M'' sind, eine abelsche Kategorie, für die der induzierte Modul $H(G') \underset{H(G'')}{\otimes} M''$ ein kleiner, projektiver Generator ist. Wegen [22], 4.11. ist daher der Funktor $\mathrm{Hom}_{H(G')}(M', ?)$ eine Äquivalenz dieser Kategorie auf die Kategorie der E'-Rechtsmoduln, welche insbesondere den induzierten $H(G')$-Modul $M' = H(G') \underset{H(G'')}{\otimes} M''$ dem E'-Rechtsmodul E' zuordnet. Hieraus ergibt sich:

$$l(M') = l(E'_{E'}).$$

Aus dem Beweis von Satz 2.42. erhält man die Beziehung:

$$\dim_k E' = \dim_k H(G'\widetilde{/}G").$$

Wegen der Ungleichung

$$l(E'_{E'}) \leq \dim_k E'$$

erhalten wir schließlich zusammenfassend die Beziehung:

$$l(M) = l(E'_{E'}) \leq \dim_k H(G'\widetilde{/}G").$$

Nun ist aber wegen Satz 12.6. E' isomorph zu dem verschränkten Produkt der Endomorphismenalgebra des $H(G")$-Moduls $M"$ mit der Gruppe $(G'\widetilde{/}G")^{op}$ bezüglich des "Faktorensystems" $L = L(G", G', M")$. Wegen des Lemmas von Schur fällt die Endomorphismenalgebra des einfachen $H(G")$-Moduls $M"$ mit dem algebraisch abgeschlossenen Grundkörper k zusammen, und wir erhalten somit die Isomorphiebeziehung:

$$(G'\widetilde{/}G")^{op} \otimes_{k,L} k \xrightarrow{\sim} E'.$$

Wir betrachten nun die exakte Sequenz in algebraischen Gruppen:

$$e_k \longrightarrow \mu_k \longrightarrow L(G", G', M") \longrightarrow (G'\widetilde{/}G")^{op} \longrightarrow e_k$$

(siehe § 12). Ist nun $G'\widetilde{/}G" \xrightarrow{\sim} (G'\widetilde{/}G")^{op}$ unipotent und konstant, so ergibt sich aus dem Beweis von Satz 12.7., ii), daß die obige Sequenz zerfällt. Ist dagegen $G'\widetilde{/}G" \xrightarrow{\sim} (G\widetilde{/}G")^{op}$ multiplikativ und infinitesimal, so ergibt sich aus [10], chap IV, § 1, No 4, 4.5., daß die obige Sequenz zerfällt. In jedem dieser beiden Fälle erhalten wir somit die Isomorphiebeziehung

$$(G'\tilde{/}G'')^{op} \otimes_{k,L} k \xrightarrow{\sim} H(G'\tilde{/}G'')^{op} \xrightarrow{\sim} H(G'\tilde{/}G'') \xrightarrow{\sim} E' .$$

Da in jedem der beiden betrachteten Fälle $G'\tilde{/}G''$ trigonalisierbar ist, ergibt sich hieraus schließlich die Gleichung:

$$\dim_k E' = l(E'_{E'}) .$$

Zusammen mit den voraufgegangenen Bemerkungen liefert dies die zweite Behauptung.

Sei nun $G'\tilde{/}G'' \xrightarrow{\sim} (G'\tilde{/}G'')^{op}$ unipotent und infinitesimal von der Höhe $\leq n$, dann ist wegen 11.9. das verschränkte Produkt $(G'\tilde{/}G'')^{op} \otimes_{k,L} k$ eine Restklassenalgebra der Gruppenalgebra der infinitesimalen, nilpotenten Gruppe ${}_{F^n}L$:

$$H({}_{F^n}L)/K_n \xrightarrow{\sim} (G'\tilde{/}G'')^{op} \otimes_{k,L} k .$$

Da der größte multiplikative Normalteiler ${}_{F^n}\mu_k \subset {}_{F^n}L$ auf $E' \xrightarrow{\sim} (G'/G'')^{op} \otimes_{k,L} k$ über einen einzigen Charakter operiert, welcher durch die kanonische Inklusion ${}_{F^n}\mu_k \hookrightarrow \mu_k$ gegeben wird, muß wegen Lemma 2.31. $E' \xrightarrow{\sim} (G'\tilde{/}G'')^{op} \otimes_{k,L} k$ die Restklassenalgebra eines Blockes von $H({}_{F^n}L)$ sein. Wegen Satz 2.41. besitzt dann E' bis auf Isomorphie genau einen einfachen Rechtsmodul. Infolgedessen ist $l(E'_{E'})$ ein Teiler von $\dim_k E'$, womit auch die letzte Behauptung bewiesen ist.

(Anmerkung: Natürlich hätte man zum Beweis der letzten Behauptung auch den Satz 12.7. heranziehen können).

§ 2 C. Monomiale Gruppen

2.45. Sei G eine endliche, algebraische Gruppe über dem algebraisch abgeschlossenen Grundkörper k der Charakteristik $p > 0$. Wir nennen einen endlichdimensionalen $H(G)$-Modul M monomial, wenn es eine Untergruppe $G' \subset G$ und einen eindimensionalen $H(G')$-Modul M' gibt derart, daß

$$M = H(G) \underset{H(G')}{\otimes} M'$$

gilt. Eine endliche, algebraische Gruppe G heiße monomial, wenn alle ihre irreduziblen Darstellungen monomial sind. Weiterhin nennen wir eine endliche, algebraische Gruppe stark monomial, wenn alle ihre Untergruppen monomial sind. Die in 2.4. bewiesene Verallgemeinerung des Satzes von Blichfeldt besagt, daß alle überauflösbaren, endlichen, algebraischen Gruppen stark monomial sind. Wir werden dieses Ergebnis einer Idee von Huppert folgend in dem vorliegenden Abschnitt noch verallgemeinern. Im Falle infinitesimaler Gruppen legt der Satz 2.22. die Vermutung nahe, jede auflösbare, endliche, algebraische, infinitesimale Gruppe über einem algebraisch abgeschlossenen Grundkörper k der Charakteristik $p > 0$ sei monomial. Diese Vermutung ist jedoch falsch, wie das folgende Beispiel lehrt:

2.46. Beispiel: Wir betrachten über einem algebraisch abgeschlossenen Grundkörper k der Charakteristik 2 den zweiten Frobeniuskern der speziellen linearen Gruppe SL_2 (siehe 2.13.), den wir wie üblich mit ${}_{F^2}SL_2$ bezeichnen.

Als Funktor wird diese Gruppe beschrieben durch die Gleichung:

$${}_{F^2}SL_2(R) = \left\{ \left(\begin{matrix} \xi & \alpha \\ \beta, & \xi^{-1}(1+\alpha\beta) \end{matrix} \right) \middle| \; \alpha, \beta, \xi \in R; \;\; \alpha^4 = 0 = \beta^4, \; \xi^4 = 1 \right\} \quad \forall R \in M_k$$

Wir betrachten nun die treue, irreduzible, 2-dimensionale Darstellung von ${}_{F^2}SL_2$, welche durch die kanonische Inklusion

$$\rho : {}_{F^2}SL_2 \hookrightarrow SL_2 \hookrightarrow GL_2$$

gegeben wird. Diese Darstellung ist nicht monomial, denn es gilt die folgende Bemerkung:

Jede 2-dimensionale, monomiale Darstellung von ${}_{F^2}SL_2$ enthält in ihrem Kern den multiplikativen Normalteiler von ${}_F SL_2$ (siehe 2.13.) und ist infolgedessen nicht treu.

Beweis: Wir setzen zunächst $G = {}_{F^2}SL_2$ und bezeichnen mit M einen 2-dimensionalen, monomialen $H(G)$-Modul. Sei nun $G' \subset G$ eine Untergruppe von G und M' ein 1-dimensionaler $H(G')$-Modul derart, daß

$$M \xrightarrow[H(G)]{\sim} H(G) \underset{H(G')}{\otimes} M'$$

gilt. Wegen $\dim_k M = 2$ und $\dim_k M' = 1$ folgt

$\dim_k \quad (G/\widetilde{G'}) = 2.$

Nun ist aber $\dim_k H(G) = 2^6$ und somit muß $\dim_k H(G') = 2^5$ gelten. Da G von der Höhe ≤ 2 ist, muß auch G' von der Höhe ≤ 2 sein. Mithin erhält man aus der Inklusion

$$G' \widetilde{/}_F G' \subset G'^{(2)}$$

die Inklusion

$$G' \widetilde{/}_F G' \subset {}_F(G'^{(2)}) = ({}_F G')^{(2)}$$

(siehe [10], Chap II, § 7, No 1, 1.1.). Insbesondere ergibt sich aus der letzten Inklusion die Ungleichung:

$$\dim_k H(G' \,\tilde{/}_F G') \leq \dim_k H({}_F G').$$

Da ${}_F G' \subset {}_F G$ gilt, muß andererseits $\dim_k H({}_F G') \leq \dim_k H({}_F G) = 2^3$ sein. Wegen der Beziehung

$$\dim_k H(G') = \dim_k H({}_F G') \cdot \dim_k H(G' \,\tilde{/}_F G')$$

erhalten wir schließlich zusammenfassend:

$$\dim_k H({}_F G') = 2^3 \quad \text{und} \quad \dim_k H(G' \tilde{/}_F G') = 2^2.$$

Insbesondere muß also ${}_F G' = {}_F G$ gelten.

Hieraus ergibt sich insbesondere, daß G' ein Normalteiler von G sein muß. Offenbar genügt es zu zeigen, daß $G' \tilde{/}_F G \subset G \tilde{/}_F G$ ein Normalteiler von $G \tilde{/}_F G$ ist.
Nun ist aber

$$G \tilde{/}_F G \xrightarrow{\sim} {}_F SL_2 .$$

Wegen $\dim_k H(G' \tilde{/}_F G) = 2^2$ muß $G' \tilde{/}_F G$ den multiplikativen Normalteiler von ${}_F SL_2$ enthalten. Anderenfalls wäre nämlich $G' \tilde{/}_F G$ ein Komplement für den multiplikativen Normalteiler von ${}_F SL_2$ und ${}_F SL_2$ wäre mithin kommutativ (siehe 2.13.). Da aber die Restklassengruppe von ${}_F SL_2$ nach seinem multiplikativen Normalteiler kommutativ ist, muß $G' \tilde{/}_F G$ ein Normalteiler von ${}_F SL_2$ sein und infolgedessen ist G' ein Normalteiler von G.

Wegen Satz 9.6. besitzt deswegen der $H(G')$-Modul $M \xrightarrow{\sim} H(G) \underset{H(G')}{\otimes} M'$ eine Kompositionsreihe deren Faktoren sämtlich zu M' isomorph sein müssen. Da M' ein 1-dimensionaler ${}_F G' = {}_F G$ -Modul ist, muß der multiplikative Normalteiler von ${}_F G = {}_F SL_2$ auf M' trivial operieren (siehe 2.13.). Da multiplikative Gruppen linear-reduktiv sind (vergl. [10], chap II, § 2, No 2, 2.5.), muß der multiplikative Normalteiler von ${}_FG$ auf ganz M trivial operieren.

2.47. Wir beweisen zunächst die folgende Verallgemeinerung von Satz 2.4.:

Satz: Sei G eine endliche, algebraische Gruppe über einem algebraisch abgeschlossenen Grundkörper k der Charakteristik $p > 0$ mit der folgenden Eigenschaft:

Es gibt in G einen trigonalisierbaren Normalteiler $T \subset G$ mit überauflösbarer Restklassengruppe $G\tilde{/}T$.

Dann ist G monomial.

Beweis: Wir bemerken zunächst, daß die im obigen Satz erwähnte Eigenschaft sich auf Untergruppen und Restklassengruppen von G vererbt. Wir beweisen den Satz durch Induktion nach $\dim_k H(G)$. Sei also M ein einfacher $H(G)$-Modul. Wegen der voraufgegangenen Bemerkung können wir ohne Beschränkung der Allgemeinheit annehmen, daß G auf M treu operiert. Sei nun $T \subset G$ ein trigonalisierbarer Normalteiler mit überauflösbarer Restklassengruppe $G\tilde{/}T$. Sei $N \subset M$ eine isotypische Komponente des $H(T)$-Sockels von M. Jetzt sind zwei Fälle möglich:

a) $N = M$. Sei N isotypisch vom Typ S. Da T trigonalisierbar ist, gilt $\dim_k S = 1$ und T operiert auf S und damit auf $N = M$ über einen festen Charakter $\chi: T \to \mu_k$. Da G auf M treu operiert, muß T im Zentrum von G liegen. Dann ist aber mit $G\tilde{/}T$ auch G überauf lösbar und die Behauptung folgt aus Satz 2.4.

b) $N \neq M$. Wir setzen $G' = \mathrm{Norm}_G(N \subset M)$. Da M ein einfacher $H(G)$-Modul ist, muß $G' \neq G$ sein. Wie im Beweis von Satz 2.4. erhalten wir

$$H(G) \underset{H(G')}{\otimes} N \xrightarrow[H(G)]{\sim} M .$$

Wegen der eingangs gemachten Bemerkung ist G' monomial.

Da M ein einfacher $H(G)$-Modul ist, muß auch N ein einfacher $H(G')$-Modul sein. Hieraus folgt die Behauptung des Satzes unmittelbar.

Bemerkung: Ist insbesondere die Kommutatorgruppe $[G, G]$ einer endlichen, algebraischen Gruppe G (siehe hierzu auch 8.9.) über einem algebraisch abgeschlossenen Grundkörper k der Charakteristik $p > 0$ trigonalisierbar, so ist G monomial.

2.48. Beispiel. Das folgende Beispiel zeigt, daß der Satz 2.47. eine echte Verallgemeinerung des Satzes 2.4. darstellt. Wir betrachten wie im Beispiel 2.46. die Gruppe ${}_{F^2}SL_2$. Den multiplikativen Normalteiler von ${}_{F}SL_2$ bezeichnen wir wie in 2.13. mit ${}_2\mu_k$. Dies liefert die Inklusionen:

$$ {}_2\mu_k \subset {}_F SL_2 \subset {}_{F^2}SL_2 . $$

Die Gruppe ${}_2\mu_k$ liegt im Zentrum von ${}_{F^2}SL_2$. Die Restklassengruppe ${}_{F^2}SL_2 \widetilde{/} {}_2\mu_k$ ist sicher nicht überauflösbar, denn anderenfalls wäre auch ${}_{F^2}SL_2$ überauflösbar im Widerspruch zu Satz 2.4. und Beispiel 2.46. Gleichwohl ist die Restklassengruppe ${}_{F^2}SL_2 \widetilde{/} {}_2\mu_k$ monomial, denn ihre Kommutatorgruppe ist trigonalisierbar.

2.49. Wir nennen eine endliche, algebraische Gruppe G über einem Grundkörper k niltrigonalisierbar, wenn alle ihre nilpotenten Untergruppen trigonalisierbar sind. Wir nennen eine endliche, algebraische Gruppe G über einem Grundkörper k stark niltrigonalisierbar, wenn alle nilpotenten Restklassengruppen von Untergruppen von G trigonalisierbar sind. Die erste Eigenschaft vererbt sich auf

Untergruppen, die zweite auf Untergruppen und Restklassengruppen von G.

Mit diesen Verabredungen gilt nun die folgende Verallgemeinerung von 2.47.

<u>Satz:</u> Sei G eine endliche, algebraische Gruppe über dem algebraisch abgeschlossenen Grundkörper k der Charakteristik $p > 0$ mit der folgenden Eigenschaft:

Es gibt in G einen auflösbaren, stark niltrigonalisierbaren Normalteiler N mit überauflösbarer Restklassengruppe $G/\tilde{N}$.

Dann ist G monomial.

<u>Beweis</u>: Wir bemerken zunächst wieder, daß die im obigen Satz angegebene Eigenschaft sich auf Untergruppen und Restklassengruppen von G vererbt. Wir führen nun den Beweis durch Induktion nach $\dim_k H(G)$. Sei also M ein einfacher $H(G)$-Modul. Wegen der voraufgegangenen Bemerkung können wir ohne Beschränkung der Allgemeinheit annehmen, daß G auf M treu operiert. Ist nun der stark niltrigonalisierbare Normalteiler $N \subset G$ bereits trigonalisierbar, so folgt die Behauptung aus Satz 2.47. Anderenfalls wählen wir einen in N enthaltenen, trigonalisierbaren Normalteiler T von G, der maximal ist mit dieser Eigenschaft: $T \subset N \subset G$.

Dieser Normalteiler T liegt sicher nicht im Zentrum $\mathrm{Cent}\,(G)$ von G. Wäre nämlich $T \subset \mathrm{Cent}\,(G)$, so wählen wir einen Normalteiler $T \subset P \subset N$ von G derart, daß $P/\tilde{T} \subset N/\tilde{T}$ ein minimaler Normalteiler von $G/\tilde{T}$ ist. Da mit G auch $G/\tilde{T}$ auflösbar ist, muß $P/\tilde{T}$ kommutativ sein. Da wegen $T \subset \mathrm{Cent}\,(G)$ auch $T \subset \mathrm{Cent}\,(P)$ gilt, ist P nilpotent und nach Voraussetzung über N sogar trigonalisierbar im Widerspruch zur Auswahl von T. Also muß $T \not\subset \mathrm{Cent}\,(G)$ gelten.

Sei nun $L \subset M$ eine isotypische Komponente des $H(T)$-Sockels von M. Sicher ist $L \neq M$, denn anderenfalls wäre $T \subset \mathrm{Cent}\,(G)$, da G treu auf M operiert.

Wir setzen wieder $G' = \mathrm{Norm}_G(L \subset M)$. Da M ein einfacher $H(G)$-Modul ist, gilt $G' \neq G$. Wieder erhalten wir wie im Beweise von 2.4. die Isomorphiebeziehung:

$$H(G) \underset{H(G')}{\otimes} L \xrightarrow[H(G)]{\sim} M$$

Da M einfach ist, muß auch der $H(G')$-Modul L einfach sein. Wegen der eingangs gemachten Bemerkung ist G' wieder eine Gruppe mit der im Satz geforderten Eigenschaft. Daher kann die Induktionsvoraussetzung auf den $H(G')$-Modul L angewendet werden, womit der Beweis von 2.49. beendet ist.

2.50. Anmerkung zu 2.49. Ist $p > 0$ die Charakteristik des Grundkörpers k und ist N eine konstante Gruppe, so ist N offenbar genau dann niltrigonalisierbar, wenn die q-Sylowgruppen von N für $q \neq p$ sämtlich kommutativ sind, denn eine konstante, endliche, nilpotente Gruppe ist das Produkt ihrer Sylowgruppen und jede q-Untergruppe von N ist in einer q-Sylowgruppe von N gelegen. Aus dieser Bemerkung folgt insbesondere, daß niltrigonalisierbare, konstante, endliche Gruppen stets auch stark niltrigonalisierbar sind. Damit erhalten wir für den Fall, daß G konstant ist, eine leichte Verallgemeinerung eines auf Huppert zurückgehenden Resultates (vergl. [18], V, § 18, 18.4.).

Im Falle, daß N infinitesimal ist, wird die in Satz 2.49. an N gestellte Bedingung schwerer durchschaubar. Immerhin gilt der folgende

Satz: Eine niltrigonalisierbare, infinitesimale, algebraische Gruppe G der Höhe ≤ 1 über einem algebraisch abgeschlossenen Grundkörper k der Charakteristik $p > 0$ ist stets auch stark niltrigonalisierbar.

Beweis: Sei $U \subset G$ eine Untergruppe von G und $N \subset U$ ein Normalteiler von U mit nilpotenter Restklassengruppe $U\tilde{/}N$.

Wir zeigen durch Induktion nach $\dim_k H(U)$, daß $U\tilde{/}N$ trigonalisierbar ist. Nun sind zwei Fälle möglich:

Entweder ist N in $\Phi(U)$ (= Durchschnitt aller maximalen Untergruppen U) gelegen. Dann folgt aber aus dem Frattiniargument, das weiter unten in § 2 G bewiesen werden wird, daß U nilpotent und damit nach Voraussetzung über G trigonalisierbar sein muß. Damit ist in diesem Falle aber auch $U/\widetilde{N}$ trigonalisierbar.

Oder aber N ist nicht in der Frattinigruppe $\Phi(U)$ gelegen. Dann gibt es eine maximale Untergruppe $P \subset U$, die N nicht enthält. Dann muß aber $U = \widetilde{P.N}$ gelten. Hieraus folgt aber mit dem Noetherschen Isomorphiesatz sofort die Beziehung:

$$U/\widetilde{N} \xrightarrow{\ \sim\ } P/\widetilde{P} \cap N$$

Wegen $\dim_k H(P) < \dim_k H(U)$ ist aber $P/\widetilde{P} \cap N$ trigonalisierbar.

<u>2.51. Beispiel:</u> In dem nachfolgenden Beispiel soll eine infinitesimale, niltrigonalisierbare Gruppe der Höhe ≤ 1 konstruiert werden, die nicht trigonalisierbar ist.

Wir betrachten zu diesem Zweck das Produkt $G = {}_p\alpha \Pi\, {}_p\mu$ über einem algebraisch abgeschlossenen Grundkörper k der Charakteristik $p > 0$. Sei $\mathrm{Aut}\,(G)$ die algebraische Gruppe über k, welche als Funktor durch die Gleichung:

$$\mathrm{Aut}\,(G)(R) = \text{Automorphismengruppe von } G_R \qquad \forall R \in M_k$$

beschrieben wird. Auf G definieren wir nun über einen Homomorphismus

$$\rho : {}_p\mu \longrightarrow \mathrm{Aut}(G)$$

eine Operation von ${}_p\mu$ auf G durch Gruppenautomorphismen derart, daß die Untergruppe ${}_p\mu \subset G$ unter dieser Operation "elementweise" festbleibt und die auf der Restklassengruppe $G/\widetilde{{}_p\mu} \longrightarrow {}_p\alpha$ induzierte Operation

$$\bar{\varphi} : {}_p\mu \longrightarrow \mathrm{Aut}({}_p\alpha) \xrightarrow{\sim} \mu$$

die kanonische ist, das heißt durch die Gleichung:

$$\bar{\varphi}(x)(y) = x.y \qquad \forall x \in {}_p\mu(R), \quad y \in {}_p\alpha(S), \ S \in M_R, \ R \in M_k$$

beschrieben wird. Außerdem wollen wir die Operation so einrichten, daß die Untergruppe ${}_p\alpha \subset G$ unter dieser Operation nicht in sich überführt wird.

Wir bezeichnen nun mit $\mathrm{Gr}({}_p\alpha, {}_p\mu)$ die algebraische Gruppe, welche als Funktor durch die Gleichung

$$\mathrm{Gr}({}_p\alpha, {}_p\mu)(R) = \text{"Gruppe der Homomorphismen von } {}_p\alpha_R \text{ nach } {}_p\mu_R\text{"} \qquad \forall R \in M_k$$

beschrieben wird, wobei die Verknüpfung wie üblich nach der Regel

$$(\chi_1 + \chi_2)(x) = \chi_1(x) \cdot \chi_2(x) \qquad \forall \chi_{1,2} \in \mathrm{Gr}({}_p\alpha, {}_p\mu)(R),$$

$$x \in {}_p\alpha(S) \qquad S \in M_R, \ R \in M_k$$

erfolgen soll. Mit Hilfe der Charaktergruppe $\mathrm{Gr}({}_p\alpha, {}_p\mu)$ läßt sich die obige Operation von ${}_p\mu$ auf G offenbar durch die folgende Gleichung beschreiben:

$$\varphi(x)(y_1, y_2) = (\bar{\varphi}(x) \cdot y_1, \ f(x)(y_1) \cdot y_2)$$

$$\forall x \in {}_p\mu(R), \ (y_1, y_2) \in G(S) \qquad S \in M_R, \ R \in M_k.$$

Dabei ist

$$f : {}_p\mu \longrightarrow \mathrm{Gr}({}_p\alpha, {}_p\mu)$$

ein Morphismus in Schemata, der die folgende Bedingung erfüllt:

$$f(x_1 \cdot x_2)(y) = f(x_1(\bar{\varphi}(x_2)(y)) \cdot f(x_2)(y)$$

$$\forall\, x_1,\, x_2 \in {}_p\mu(R),\ y \in {}_p\alpha(S),\ S \in M_R,\ R \in M_k.$$

Setzen wir noch

$$* \quad {}^{x_2}f(x_1)(y) = f(x_1)(\bar{\varphi}(x_2)(y)) = f(x_1)(x_2 \cdot y)$$

$$\forall\, x_1,\, x_2 \in {}_p\mu(R),\ y \in {}_p\alpha(S),\ S \in M_R,\ R \in M_k,\ \sqrt[1]{}$$

Mit anderen Worten: f ist ein verschränkter Homomorphismus.

Nun ist aber der Morphismus:

$$\exp:\ {}_p\alpha \longrightarrow Gr({}_p\alpha, {}_p\mu)$$

welcher durch die Gleichung:

$$\exp(r)(x) = 1 + rx + \frac{r^2x^2}{2!} + \frac{r^3x^3}{3!} + \ldots \quad \frac{r^{p-1}x^{p-1}}{(p-1)!}$$

$$\forall\, r \in {}_p\alpha(R),\ x \in {}_p\alpha(S),\ S \in M_R,\ R \in M_k$$

gegeben wird, ein Monomorphismus in endlichen, algebraischen Gruppen, der aus Ranggründen sogar ein Isomorphismus ist.

Außerdem überführt exp die kanonische Operation $\bar{\varphi}$ von ${}_p\mu$ auf ${}_p\alpha$ in die durch die Gleichung $*$ beschriebene Operation von ${}_p\mu$ auf $Gr({}_p\alpha, {}_p\mu)$. Wegen dieser Identifizierung genügt es, einen nicht-trivialen, verschränkten Homomorphismus $h \in Z^1({}_p\mu, {}_p\alpha)$ anzugeben. Wir definieren h durch die Gleichung:

$$h(x) = 1 - x \quad \forall\, x \in {}_p\mu(R),\ R \in M_k.$$

Ihm entspricht unter der Identifizierung exp ein Morphismus

$$f:\ {}_p\mu \longrightarrow Gr({}_p\alpha, {}_p\mu)$$

$\sqrt[1]{}$ so geht die obige Bedingung an f über in die Beziehung:

$$f(x_1 . x_2) = f(x_1) + {}^{x_1}f(x_2) \quad \forall\, x_1, x_2 \in {}_p\mu(R), R \in M_k.$$

der durch die Gleichung

$$f(x)(y) = 1 + (1-x)\cdot y + \frac{(1-x)^2\cdot y^2}{2!} + \frac{(1-x)^3\cdot y^3}{3!} \dots$$

$$\frac{(1-x)^{p-1}\cdot y^{p-1}}{(p-1)!}$$

$$\forall\, x \in {}_p\mu(R),\ y \in {}_p\alpha(S).\ S \in M_R,\ R \in M_k$$

beschrieben wird. Für dieses f nimmt die Operation φ von ${}_p\mu$ auf G die Gestalt an:

$$\varphi(x)(y_1,y_2) = (x\cdot y_1,\ (1 + (1-x)\cdot y_1 + \frac{(1-x)^2\cdot y_1^2}{2!} \dots$$

$$\frac{(1-x)^{p-1}\cdot y_1^{p-1}}{(p-1)!}\ )\cdot y_2)$$

$$\forall\, x \in {}_p\mu(R),\ (y_1,y_2) \in G(S),\ S \in M_R,\ R \in M_k\ .$$

Bezüglich dieser Operation φ bilden wir nun das semidirekte Produkt $Q = [G] \prod_{\varphi} {}_p\mu$. Die Multiplikation in Q wird beschrieben durch die Formel:

$$(x_1,\ x_2,\ x_3)\cdot(y_1,\ y_2,\ y_3) =$$

$$(x_1 + x_3\cdot y_1,\ x_2\cdot(1 + (1-x_3)y_1 + \frac{(1-x_3)^2\cdot y_1^2}{2!} + \dots$$

$$\frac{(1-x_3)^{p-1}\cdot y_1^{p-1}}{(p-1)!}\ \cdot y_2,\ x_3\cdot y_3)$$

$\forall (x_1,\ x_2,\ x_3);\ (y_1,\ y_2,\ y_3) \in Q(R),\ R \in M_k$.

Hieraus ergibt sich für die p-Liealgebra $\mathfrak{g}$ = Lie Q:

$$\mathfrak{g} = kX_1 \oplus kX_2 \oplus kX_3\ ,$$

wobei die Basiselemente $X_1,\ X_2,\ X_3$ die folgenden Bedingungen erfüllen müssen:

$$x_1^{[p]} = 0,\ x_2^{[p]} = x_2,\ x_3^{[p]} = x_3;\ [x_1, x_2] = 0,\ [x_3, x_1] = x_1 - x_2$$

$$[x_2, x_3] = 0.$$

Die Gruppe Q ist nicht trigonalisierbar, denn die Untergruppe $p^{\alpha} \subset Q$ ist offenbar nicht invariant in Q. Andererseits ist Q überauflösbar mit einer Hauptreihe, die den Kompositionsfaktor p^{μ} zweimal, den Kompositionsfaktor p^{α} dagegen nur einmal aufweist. Entsprechend können die nilpotenten Untergruppen von Q in ihrem Hauptreihen den Kompositionsfaktor p^{α} höchstens einmal enthalten und sind daher trigonalisierbar (vergl. [10], chap III, § 6, No 8, 8.6.).

§ 2 D. Die Sätze von Shoda in der Situation endlicher, algebraischer Gruppen

2.52. Seien $G', G'' \subset G$ drei endliche, algebraische Gruppen über dem Grundkörper k. Wir setzen voraus, daß G'' ein Normalteiler von G ist. Wir setzen nun: $P = G' \widetilde{\cdot} G''$, $D = G' \subset G''$, $A = \mathcal{O}(G)$, $B' = {}^{G'}A$, $B'' = {}^{G''}A$, $C = {}^{P}_{P}A$, $B = {}^{D}A$ (vergl. 6.1.). Sei nun M ein endlich-dimensionaler $H(G')$-Modul. Dann gibt es wegen des Korollars 8.9. zum Zerlegungssatz von Mackey einen in M funktoriellen Isomorphismus in $A \otimes_k H(G'')$-Moduln:

$$A \otimes_C \mathrm{Hom}_{H(G')}(H(G), M) \xrightarrow{\sim} F_j(A \otimes_k \mathrm{Hom}_{H(D)}(H(G''), M)).$$

Wir wollen zunächst zeigen, daß sich dieses Ergebnis statt aus dem allgemeinen Mackeyschen Zerlegungssatz auch uaus dem einfacheren Satz 7.3. zgewinnen läßt.

Dazu betrachten wir das Cartesische Diagramm in M_kE:

$$\begin{array}{ccc} G\tilde{/}(G' \cap G'') & \longrightarrow & G\tilde{/}G'' \\ \downarrow & & \downarrow \\ G\tilde{/}G' & \longrightarrow & G\tilde{/}G' \tilde{\cdot} G'' \end{array}$$

dem das kocartesische Diagramm in M_k entspricht:

$$\begin{array}{ccc} B & \longleftarrow & B'' \\ \uparrow & & \uparrow \\ B' & \longleftarrow & C \end{array}$$

Wir betrachten nun den k-Vektorraum $\mathrm{Hom}_k(H(G), M)$, auf dem wir eine A-Modulstruktur durch die Gleichung:

$$(f \cdot u)(h) = u(f \cdot h)$$
$$\forall u \in \mathrm{Hom}_k(H(G), M),\ f \in A,\ h \in H(G)$$

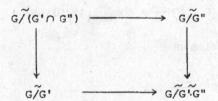

festlegen. (Wegen der A-Modulstruktur auf H(G) siehe [26]).
Außerdem lassen wir $G\Pi G'$ auf $\mathrm{Hom}_k(H(G), M)$ operieren vermöge der Vorschrift:

$$((g, g')\cdot\mu)(h) = g'\cdot\mu(g'^{-1}\cdot h\cdot g)$$

$$\forall (g, g') \in G\Pi G', \mu \in \mathrm{Hom}_k(H(G), M).$$

Auf diese Weise wird $\mathrm{Hom}_k(H(G), M)$ zu einem A-Modul mit verschränkter $G\Pi G'$-Operation. Wegen der Beziehungen:

$${}^{G'}\mathrm{Hom}_k(H(G), M) = \mathrm{Hom}_{H(G')}(H(G), M)$$

$${}^{D}\mathrm{Hom}_k(H(G), M) = \mathrm{Hom}_{H(D)}(H(G), M)$$

erhalten wir hieraus nun mit dem verallgemeinerten Taylorlemma 5.4. den Isomorphismus in B-Moduln mit verschränkter G-Operation:

$$B \underset{B'}{\otimes} \mathrm{Hom}_{H(G')}(H(G), M) \xrightarrow{\sim} \mathrm{Hom}_{H(D)}(H(G), M).$$

Wegen der Isomorphiebeziehung

$$B'' \underset{C}{\otimes} B' \xrightarrow{\sim} B$$

ergibt sich hieraus schließlich ein Isomorphismus in B"-Moduln mit verschränkter G-Operation:

$$B'' \underset{C}{\otimes} \mathrm{Hom}_{H(G')}(H(G), M) \xrightarrow{\sim} \mathrm{Hom}_{H(D)}(H(G), M).$$

Wir betrachten nun andererseits die k-lineare Abbildung

$$\rho: \mathrm{Hom}_{H(D)}(H(G), M) \longrightarrow \mathrm{Hom}_{H(G'')}(H(G), \mathrm{Hom}_{H(D)}(H(G''), M))$$

welche durch die Gleichung:

$$\varphi(u)(l)(l'') = u(l''\cdot l) \qquad \forall l \in H(G),\ l'' \in H(G''),$$

$$u \in \mathrm{Hom}_{H(D)}(H(G), M)$$

beschrieben wird. Nun liefert die $H(G)$-Rechtsmodulstruktur auf $H(G)$ eine $H(G)$-Linksmodulstruktur sowohl auf $\mathrm{Hom}_{H(D)}(H(G), M)$ als auch auf $\mathrm{Hom}_{H(G'')}(H(G), \mathrm{Hom}_{H(D)}(H(G''), M))$.

Man prüft sofort nach daß φ bezüglich dieser $H(G)$-Linksmodulstrukturen linear ist. Andererseits liefert die B''-Modulstruktur auf $H(G)$ eine B''-Modulstruktur sowohl auf $\mathrm{Hom}_{H(D)}(H(G), M)$ als auch auf $\mathrm{Hom}_{H(G'')}(H(G), \mathrm{Hom}_{H(D)}(H(G''),M))$.

Wiederum prüft man sofort nach, daß φ bezüglich dieser B''-Modulstrukturen linear ist. In der Tat hat man zunächst die Gleichungen:

$$\varphi(f\cdot u)(l)(l'') = (f\cdot u)(l''\cdot l) = u(f\cdot(l''\cdot l))$$

und

$$(f\cdot\varphi(u))(l)(l'') = \varphi(u)(f\cdot l)(l'') = u(l''(f\cdot l))$$

$$\forall f \in B'',\ u \in \mathrm{Hom}_{H(D)}(H(G),M),$$

$$l \in H(G),\ l'' \in H(G'').$$

Infolgedessen genügt es zu zeigen:

$$f\cdot(l''l) = l''(f\cdot l) \quad \forall l \in H(G),\ l'' \in H(G''),\ f \in B''.$$

Nun bilden aber bei festem f und l diejenigen $l'' \in H(G'')$, welche die obige Gleichung erfüllen einen Untervektorraum von $H(G'')$, der wegen $f \in B'' = {}^{G''}A$ ganz G'' enthält und infolgedessen mit $H(G'')$ zusammenfallen muß (vergl. [26] III, sowie 10.3.).

Schließlich ist φ sicher bijektiv, denn die k-lineare Abbildung

$$\psi\colon \mathrm{Hom}_{H(G")}(H(G),\ \mathrm{Hom}_{H(D)}(H(G"),\ M)) \longrightarrow \mathrm{Hom}_{H(D)}(H(G),\ M)$$

welche durch die Gleichung

$$\psi(v)(l) = v(l)(1_{H(G")}) \quad \forall v \in \mathrm{Hom}_{H(G")}(H(G);$$

$$\mathrm{Hom}_{H(D)}(H(G"),M)); \quad l \in H(G)$$

beschrieben wird, ist die Umkehrabbildung von φ. Hieraus ergibt sich nun mit Hilfe von 7.3. der in M funktorielle Isomorphismus in $A \otimes_k H(G")$-Moduln:

$$A \otimes_{B"} B" \otimes_C \mathrm{Hom}_{H(G')}(H(G),\ M) \xrightarrow{\sim} A \otimes_{B"} \mathrm{Hom}_{H(D)}(H(G),\ M) \xrightarrow{\sim}$$

$$A \otimes_{B"} \mathrm{Hom}_{H(G")}(H(G),\ \mathrm{Hom}_{H(D)}(H(G"),M)) \xrightarrow{\sim} F_j(A \otimes_k \mathrm{Hom}_{H(D)}(H(G"),M)).$$

Zusammenfassend erhalten wir also:

$$A \otimes_C \mathrm{Hom}_{H(G')}(H(G),\ M) \xrightarrow[A \otimes_k H(G")]{\sim} F_j(A \otimes_k \mathrm{Hom}_{H(D)}(H(G"),\ M)).$$

Wir betrachten nun den Spezialfall, daß $G = G'\tilde{\cdot}G"$ ist. In dieser Situation gilt $C = k$. Sei nun $\varepsilon_A : A \longrightarrow k$ der Homomorphismus, der das Einzelelement von $G(k)$ repräsentiert, so erhalten wir aus der obigen Isomorphiebeziehung durch Tensorieren längs ε_A unter Berücksichtigung der Gleichung $C = k$ schließlich den in M funktoriellen Isomorphismus in $H(G")$-Moduln:

$$\mathrm{Hom}_{H(G')}(H(G),\ M) \xrightarrow[H(G")]{\sim} \mathrm{Hom}_{H(D)}(H(G"),\ M).$$

Durch dualisieren (vergl. auch § 6) erhalten wir hieraus schließlich das folgende

<u>2.53. Lemma:</u> Seien $G', G" \subset G$ drei endliche, algebraische Gruppen über dem Grundkörper k derart, daß $G"$ ein Normalteiler von G ist und daß $G'\tilde{\cdot}G" = G$ gilt. Weiterhin sei M ein endlich-dimensionaler $H(G')$-Modul. Dann gibt es

einen in M funktoriellen, $H(G")$-linearen Isomorphismus:

$$H(G) \underset{H(G')}{\otimes} M \xrightarrow{\sim} H(G") \underset{H(G'\cap G")}{\otimes} M$$

<u>2.54. Lemma</u>: Seien $G' \subset G$ zwei endliche, algebraische Gruppen über dem algebraisch abgeschlossenen Grundkörper k der Charakteristik $p > 0$ derart, daß G' ein Normalteiler von G ist. Weiterhin sei M ein $H(G')$-Modul mit einer Jordan-Hölderschen Kompositionsreihe, deren Kompositionsfaktoren sämtlich eindimensional sind. Dann besitzt auch der $H(G')$-Modul $H(G) \underset{H(G')}{\otimes} M$ eine Jordan-Höldersche Kompositionsreihe, deren Kompositionsfaktoren sämtlich eindimensional sind.

<u>Beweis</u>: Sei $G^o \subset G$ die Zusammenhangskomponente der Eins in G. Wir betrachten den Normalteiler $G^* = G' \tilde{\cdot} G^o$ von G. Offenbar ist die Restklassengruppe $G \tilde{/} G^*$ konstant und infolgedessen besitzt die kanonische Projektion $\pi : G \longrightarrow G\tilde{/}G^*$ einen Schnitt in Schemata $\sigma : G\tilde{/}G^* \longrightarrow G$. Diese Bemerkung liefert für den induzierten Modul $H(G) \underset{H(G')}{\otimes} M$ eine Zerlegung in eine direkte Summe von $H(G')$-Moduln:

$$H(G) \underset{H(G')}{\otimes} M \xrightarrow{\sim} H(G) \underset{H(G^*)}{\otimes} H(G^*) \underset{H(G')}{\otimes} M \xrightarrow{\sim} \coprod_{\bar{g} \in G\tilde{/}G^*(k)} \sigma(\bar{g}) \underset{H(G^*)}{\otimes} H(G^*) \underset{H(G')}{\otimes} M.$$

Nun ist aber andererseits die Restklassengruppe $G^*\tilde{/}G'$ infinitesimal. Daher gibt es wegen Satz 9.7. eine Jordan-Höldersche Kompositionsreihe des $H(G')$-Moduls $H(G^*) \underset{H(G')}{\otimes} M$, deren Kompositionsfaktoren sämtlich eindimensional sind:

$$H(G^*) \underset{H(G')}{\otimes} M = N_o \supset N_1 \ldots N_i \supset N_{i+1} \ldots N_r = 0$$

Dann ist aber:

$$\sigma(\bar{g}) \underset{H(G)}{\otimes} H(G^*) \underset{H(G')}{\otimes} M = \sigma(\bar{g})\cdot N_o \supset \sigma(\bar{g})\cdot N_1 \ldots \sigma(\bar{g})N_i \supset \sigma(\bar{g})N_{i+1} \ldots$$

eine Jordan-Höldersche Kompositionsrehie des $H(G')$-Moduls $\sigma(\bar{g}) \underset{H(G^*)}{\otimes} H(G^*) \underset{H(G')}{\otimes} M$, deren Kompositionsfaktoren ebenfalls sämtlich eindimensional sind. Diese Bemerkung beendet den Beweis des Lemmas.

2.55. Lemma: Seien $G' \subset G$ zwei endliche, algebraische Gruppen über dem algebraisch abgeschlossenen Grundkörper k der Charakteristik $p > 0$ derart, daß G' ein Normalteiler von G mit einfacher, abelscher Restklassengruppe $G\tilde{/}G'$ ist. Weiterin sei M ein einfacher $H(G')$-Modul, der unter G stabil ist. Dann besitzt der $H(G)$-Modul $H(G) \underset{H(G')}{\otimes} M$ eine Jordan-Höldersche Kompositionsreihe, deren Kompositionsfaktoren aufgefaßt als $H(G')$-Moduln sämtlich zu M isomorph sind.

Beweis: Da M unter G stabil ist, gilt zunächst wegen Satz 7.4.

$$H(G) \underset{H(G')}{\otimes} M \xrightarrow[H(G')]{\sim} M^q \quad \text{mit} \quad q = \dim_k H(G\tilde{/}G').$$

Daher wird es genügen zu zeigen, daß die $H(G)$-Länge des $H(G)$-Moduls $H(G) \underset{H(G')}{\otimes} M$ gerade gleich q ist.

Sei nun $E = \mathrm{Hom}_{H(G)}(H(G) \underset{H(G')}{\otimes} M, H(G) \underset{H(G')}{\otimes} M)$ die Endomorphismenalgebra des $H(G)$-Moduls $H(G) \underset{H(G')}{\otimes} M$. Wegen Korollar 2.44. reduziert sich die Behauptung des Lemmas auf die Gleichung:

$$q = l(E_E)$$

Wegen Satz 12.6. ist E ein verschränktes Produkt von k mit $G\tilde{/}G'$. Nun gibt es aber für den Isomorphietyp von $G\tilde{/}G'$ nur drei Möglichkeiten:

a) $G/\widetilde{G'} \xrightarrow{\sim} {}_p\alpha$; b) $G/\widetilde{G'} \xrightarrow{\sim} {}_p\mu$; c) $G/\widetilde{G'} \xrightarrow{\sim} (\mathbb{Z}/q\mathbb{Z})_k$

wo q eine beliebige Primzahl ist.

Wie im Beweis von Korollar 2.44. zeigen wir nun, daß die Erweiterung in algebraischen Gruppen

$$e_k \longrightarrow \mu_k \longrightarrow L(G', G, M) \longrightarrow G/\widetilde{G'} \longrightarrow e_k$$

zerfällt. In den Fällen a) und b) folgt dies aus [10], § 6, 8.6. und 8.7. Im Falle c) genügt es wegen [10], § 6, 4.4. zu zeigen, daß die Erweiterung in abstrakten Gruppen:

$$1 \longrightarrow \mu_k(k) \longrightarrow L(G', G, M)(k) \longrightarrow G/\widetilde{G'}(k) \longrightarrow 1$$

zerfällt. Sei nun $x \in L(G', G, M)(k)$ ein Element, das nicht in $\mu_k(k)$ gelegen ist. Wegen $G/\widetilde{G'}(k) \xrightarrow{\sim} \mathbb{Z}/q\mathbb{Z}$ gilt, dann $x^q = y \in \mu_k(k)$.

Da aber k algebraisch abgeschlossen ist, gibt es ein $\xi \in \mu_k(k)$ mit $\xi^q = y$. Dann erfüllt aber $z = \xi^{-1} \cdot x$ die Gleichung $z^q = 1$. Die von z in $L(G', G, M)(k)$ erzeugte Untergruppe ist offenbar ein Komplement zu $\mu_k(k)$ in $L(G', G, M)(k)$.

Wir erhalten somit in jedem der drei Fälle die Isomorphiebeziehung:

$$E \xrightarrow{\sim} H(G/\widetilde{G'}).$$

Insbesondere ist also E kommutativ von der k-Dimension q. Dann ist aber auch die E-Länge von E gleich q, womit der Beweis des Lemmas beendet ist.

2.56. Satz: Sei G eine endliche, algebraische Gruppe über dem algebraisch abgeschlossenen Grundkörper k der Charakteristik $p > 0$. und M ein einfacher, monomialer $H(G)$-Modul. Weiterhin sei $G'' \subset G$ ein trigonalisierbarer Normalteiler von G. Dann gibt es eine Untergruppe $G'' \subset U \subset G$ und einen eindimensionalen $H(U)$-Modul N derart, daß $M \xrightarrow[H(G)]{\sim} H(G) \underset{U}{\otimes} N$ gilt.

Beweis: Da M monomial ist, gibt es eine Untergruppe $G' \subset G$ und einen eindimensionalen $H(G')$-Modul M' derart, daß $M \xrightarrow[H(G)]{\sim} H(G) \underset{H(G')}{\otimes} M'$ gilt.

Wir betrachten nun zunächst die Untergruppe $P = \widetilde{G'' \cdot G'}$. Aus der Beziehung

$$H(G) \underset{H(P)}{\otimes} H(P) \underset{H(G')}{\otimes} M' \xrightarrow[H(G)]{\sim} H(G) \underset{H(G')}{\otimes} M' \xrightarrow[H(G)]{\sim} M$$

folgt zunächst unmittelbar, daß wir ohne Beschränkung der Allgemeinheit $G = P = \widetilde{G' \cdot G''}$ annehmen können. In dieser Situation erhalten wir aber aus Lemma 2.53, die Isomorphiebeziehung:

$$M \xrightarrow[H(G'')]{\sim} H(G) \underset{H(G')}{\otimes} M' \xrightarrow[H(G'')]{\sim} H(G'') \underset{H(G' \cap G'')}{\otimes} M' .$$

Nun ist aber der $H(G' \cap G'')$-Modul M' sicher im $H(G' \cap G'')$-Linksmodul $H(G' \cap G'')$ als Teilmodul erhalten.

In der Tat: Der duale $H(G' \cap G'')$-Modul M'^t (siehe § 6) ist ein Restklassenmodul von $H(G' \cap G'')$. Infolgedessen ist M' ein Teilmodul von $H(G' \cap G'')^t \xrightarrow[H(G' \cap G'')]{\sim} H(G' \cap G'')$ (siehe [26]). Damit erhalten wir die Inklusion in $H(G'')$-Moduln:

$$M \xrightarrow[H(G'')]{\sim} H(G'') \underset{H(G' \cap G'')}{\otimes} M' \subset H(G'') \underset{H(G' \cap G'')}{\otimes} H(G' \cap G'') \xrightarrow[H(G'')]{\sim} H(G'') .$$

Aus dem $H(G'')$-linearen Isomorphismus $H(G'') \xrightarrow{\sim} H(G'')^t$ (siehe [26]) ergibt sich nun sofort, daß ein eindimensionaler $H(G'')$-Modul im Sockel von $H(G'')$ nur mit der Vielfachheit 1 auftreten kann. Da G'' trigonalisierbar ist, erhalten wir hieraus zusammen mit der obigen Inklusion sofort, daß die isotypischen Komponenten des $H(G'')$-Sockels von M sämtlich eindimensional sein müssen. Sei nun $N \subset M$ eine derartige isotypische Komponente. Setzen wir nun $U = \mathrm{NOrm}_G(N \subset M)$, so liefert das Korollar 9.14. die gesuchte Beziehung:

$$H(G) \underset{H(U)}{\otimes} N \xrightarrow[H(G)]{\sim} M.$$

<u>2.57. Korollar:</u> Die Dimension einer irreduziblen, monomialen Darstellung einer endlichen, algebraischen Gruppe G über einem algebraisch abgeschlossenen Grundkörper k der Charakteristik $p > 0$ teilt den Index eines jeden trigonalisierbaren Normalteilers von G.

<u>2.58. Satz:</u> Sei G eine endliche algebraische Gruppe über dem algebraisch abgeschlossenen Grundkörper k der Charakteristik $p > 0$ mit trigonalisierbarer Kommutatorgruppe $[G, G]$ (siehe 8.9.). Sei $[G, G] \subset G'' \subset G$ ein $[G, G]$ umfassender, trigonalisierbarer Normalteiler von G, der maximal ist mit dieser Eigenschaft. Ist nun M ein einfacher $H(G)$-Modul, auf dem G treu operiert, so gibt es einen eindimensionalen $H(G'')$-Modul M'' derart, daß

$$M \xrightarrow[H(G)]{\sim} H(G) \underset{H(G'')}{\otimes} M''$$

gilt.

<u>Beweis:</u> Wegen Satz 2.47. ist G eine monomiale Gruppe und mithin ist insbesondere der einfache $H(G)$-Modul M monomial. Nach dem voraufgegangenen Satz 2.56. existiert daher eine Untergruppe $G'' \subset U \subset G$ und ein eindimensionaler $H(U)$-Modul N derart, daß

$$M \xrightarrow[H(U)]{\sim} H(G) \underset{H(U)}{\otimes} N$$

gilt. Da die Restklassengruppe $G/\widetilde{G''}$ kommutativ ist, muß U

ein Normalteiler von G sein. Nach dem Lemma 2.54. besitzt der $H(U)$-Modul M eine Jordan-Höldersche Kompositionsreihe, deren Kompositionsfaktoren sämtlich eindimensional sind. Da G auf M treu operiert, ist der Normalteiler U trigonalisierbar und aus der Wahl von G'' folgt: $U = G''$.

<u>2.59. Satz:</u> Sei G eine endliche, algebraische Gruppe über dem algebraisch abgeschlossenen Grundkörper k der Charakteristik $p > 0$ mit trigonalisierbarer Kommutatorgruppe $[G, G]$ (siehe 8.9.). Wieder sei $[G, G] \subset G'' \subset G$ ein $[G, G]$ umfassender, trigonalisierbarer Normalteiler, der maximal ist mit dieser Eigenschaft. Weiter sei M'' ein eindimensionaler $H(G'')$-Modul. Wenn in dieser Situation G treu auf $H(G) \underset{H(G'')}{\otimes} M''$ operiert, so ist $H(G) \underset{H(G'')}{\otimes} M''$ ein einfacher $H(G)$-Modul.

<u>Beweis</u>: Sei $G' = \mathrm{Stab}_G(M'')$. Wegen des Kriteriums von Blattner (siehe 1.4.) genügt es zu zeigen, daß unter den Bedingungen des obigen Satzes $G' = G''$ gelten muß. Wäre nun $G' \neq G''$, so gäbe es wegen der Kommutativität der Restklassengruppe $G \widetilde{/} G''$ eine Untergruppe $G'' \subset U \subset G'$ derart, daß $U \widetilde{/} G''$ eine einfache, abelsche Untergruppe von $G \widetilde{/} G''$ ist. Wegen Lemma 2.55. besitzt der $H(U)$-Modul $H(U) \underset{H(G'')}{\otimes} M''$ eine Jordan-Höldersche Kompositionsreihe, deren Kompositionsfaktoren sämtlich eindimensional sind. Da $G \widetilde{/} G''$ kommutativ ist, muß U ein Normalteiler von G sein. Wegen Lemma 2.54. besitzt daher der $H(U)$-Modul

$$H(G) \underset{H(U)}{\otimes} H(U) \underset{H(G'')}{\otimes} M'' \xrightarrow{\sim} H(G) \underset{H(G'')}{\otimes} M''$$

ebenfalls eine Jordan-Höldersche Kompositionsreihe, deren Kompositionsfaktoren sämtlich eindimensional sind. Da G treu auf $H(G) \underset{H(G'')}{\otimes} M''$ operiert, bedeutet dies, daß der Normalteiler U trigonalisierbar sein muß im Widerspruch zur Wahl von G''.

2.60. Bemerkung: Im Falle konstanter Gruppen, deren Ordnung prim zur Charakteristik des Grundkörpers k ist, erhält man aus den Sätzen 2.56., 2.58., 2.59. Resultate, die auf Shoda zurückgehen, wenn man noch zusätzlich fordert, daß die in diesen Sätzen auftretenden trigonalisierbaren Normalteiler kommutativ sind (Vergl. [23]). Die drei voraufgegangenen Sätze nun liefern ein Verfahren zur Aufstellung der irreduziblen Darstellungen einer endlichen, algebraischen Gruppe G, deren Kommutatorgruppe $[G, G]$ trigonalisierbar ist, das trotz einer gewissen Schwerfälligkeit, die ihm anhaftet, bei der praktischen Berechnung nützliche Dienste leistet. Dies soll an dem folgenden Beispiel vorgeführt werden.

2.61. Beispiel: Wir betrachten die überauflösbare, infinitesimale Gruppe Q der Höhe ≤ 1 aus dem Beispiel 2.51. und stellen uns die Aufgabe, die irreduziblen Darstellungen von Q sämtlich zu bestimmen. Mit den Bezeichnungen von 2.51. gilt zunächst:

$$\mathrm{Lie}\, Q = kX_1 \oplus kX_2 \oplus kX_3 .$$

Dabei sind die Untervektorräume kX_1, kX_2, kX_3 Unter-p-Liealgebren der p-Liealgebra $\mathrm{Lie}\, Q$. Die ihnen entsprechenden Untergruppen von Q bezeichnen wir der Reihe nach folgendermaßen:

$$\varepsilon(kX_1) = {}_p\alpha^{(1)}, \quad \varepsilon(kX_2) = {}_p\mu^{(2)}, \quad \varepsilon(kX_3) = {}_p\mu^{(3)}$$

wobei wir mit den Bezeichnungen zugleich den Isomorphietyp der entsprechenden Gruppen beschreiben. Offenbar ist nun ${}_p\mu^{(2)}$ ein (zentraler) Normalteiler von Q, für dessen Restklassengruppe die Isomorphiebeziehung

$$Q/{}_p\mu^{(2)} \xrightarrow{\sim} [{}_p\alpha] \, \pi \, {}_p\mu$$

gilt. Dabei ist das semidirekte Produkt $[{}_p\alpha] \, \pi \, {}_p\mu$ bezüglich der kanonischen Operation von ${}_p\mu$ auf ${}_p\alpha$ zu bilden. Hieraus ergibt sich nun leicht, daß ${}_p\mu^{(2)}$ der einzige minimale

Normalteiler von Q ist. Wäre nämlich N ein weiterer, von ${}_p\mu^{(2)}$ verschiedener, minimaler Normalteiler von Q, so erhielte man aus der obigen Isomorphiebeziehung sofort:

$$N \xrightarrow{\sim} {}_p\alpha \quad \text{und} \quad N \subset {}_p\mu^{(2)} \tilde{\cdot}\, {}_p\alpha^{(1)} \xrightarrow{\sim} {}_p\mu^{(2)} \,\Pi\, {}_p\alpha^{(1)} .$$

Hieraus ergäbe sich schließlich:

$$N = {}_p\alpha^{(1)}$$

im Widerspruch zur Tatsache, daß ${}_p\alpha^{(1)}$ kein Normalteiler von Q ist. Insbesondere ist also eine lineare Darstellung von Q genau dann treu, wenn ihre Einschränkung auf ${}_p\mu^{(2)}$ treu ist. Schließlich verifiziert man noch die Gleichung:

$$[Q, Q] = {}_p\alpha^{(1)} \tilde{\cdot}\, {}_p\mu^{(2)} \xrightarrow{\sim} {}_p\alpha^{(1)} \,\Pi\, {}_p\mu^{(2)} .$$

Die irreduziblen Darstellungen von Q, in deren Kern ${}_p\mu^{(2)}$ gelegen ist, identifizieren sich mit den irreduziblen Darstellungen von

$$Q \tilde{/}\, {}_p\mu^{(2)} \xrightarrow{\sim} [{}_p\alpha] \,\Pi\, {}_p\mu .$$

Andererseits entsprechen die irreduziblen Darstellungen der trigonalisierbaren Gruppe $[{}_p\alpha] \,\Pi\, {}_p\mu$ umkehrbar eindeutig den Charakteren der multiplikativen Gruppe ${}_p\mu$. Für das folgende identifizieren wir die Charaktergruppe $\mathbb{Z}/p\mathbb{Z}$ der multiplikativen Gruppe ${}_p\mu$ mit der additiven Gruppe des Primkörpers $\mathbb{F}_p$. Dann sind die treuen, irreduziblen Darstellungen der endlichen, algebraischen Gruppe Q nach Satz 2.58. von der Gestalt:

$$H(Q) \underset{H([Q,Q])}{\otimes} D_\lambda = V_\lambda \quad \text{mit } \lambda \in \mathbb{F}_p^* = \mathbb{F}_p - \{0\}.$$

Dabei soll D_λ die eindimensionale Darstellung von $[Q, Q] \xrightarrow{\sim} {}_p\alpha \,\Pi\, {}_p\mu^{(2)}$ bezeichnen, die dem Charakter $\lambda \in \mathbb{F}_p^*$ entspricht. Mit anderen Wörten: Ist $l \in \mathbb{Z}$ ein Repräsentant der Restklasse $\lambda \in \mathbb{F}_p^*$, so wird die durch " $\bullet$ " bezeichnete Operation von $[Q, Q]^{p'} \xrightarrow{\sim} {}_p\alpha \,\pi\, {}_p\mu^{(2)}$ auf dem Vektorraum D_λ durch die folgende Gleichung beschrieben:

$$(x,y) \bullet v = y^1 \cdot v \qquad \forall (x,y) \in {}_p\alpha(R)\,\pi\,{}_p\mu^{(2)}(R),\ v \in R \otimes_k D_\lambda$$

$$R \in M_k .$$

Nun sind aber die Darstellung V_λ sämtlich treu. In der Tat: Wegen Satz 9.6. besitzt der $[Q, Q]$-Modul $H(Q) \underset{H([Q,Q])}{\otimes} D_\lambda$ eine Kompositionsreihe, deren Kompositionsfaktoren sämtlich zu D_λ isomorph sind. Da die Gruppe ${}_p\mu^{(2)}$ linear-reduktiv ist (siehe 2.37.), folgt hieraus die Isomorphiebeziehung in ${}_p\mu^{(2)}$-Moduln:

$$V_\lambda \xrightarrow[H({}_p\mu^{(2)})]{\sim} D_\lambda^p .$$

Insbesondere operiert also ${}_p\mu^{(2)}$ und damit auch Q treu auf V_λ. Wegen Satz 2.59. sind daher alle $H(Q)$-Moduln V_λ für $\lambda \in \mathbb{F}_p^*$ einfach und wir erhalten zusammenfassend das folgende Ergebnis:

Die infinitesimale, algebraische Gruppe Q der Höhe $\leqslant 1$ besitzt insgesamt $2p - 1$ irreduzible Darstellungen. Davon sind genau p Darstellungen eindimensional und entsprechen umkehrbar eindeutig den irreduziblen Darstellungen der trigonalisierbaren Restklassengruppe $Q/{}_p\tilde{\mu}^{(2)} \longrightarrow [{}_p\alpha]\,\pi\,{}_p\mu$, während die restlichen $p - 1$ einfachen Darstellungen von Q treue, monomiale Darstellungen sind.

Um die Darstellung V_λ genauer untersuchen zu können, schicken wir zunächst die folgende Bemerkung voraus: Die einhüllende Algebra der p-Liealgebra $\mathfrak{g}$ = Lie Q ist als k-Vektorraum isomorph zu dem Tensorprodukt

$$U^{[p]}(\mathfrak{g}) \xrightarrow{\sim} U^{[p]}(kX_3) \otimes_k U^{[p]}(kX_1 \oplus kX_2) .$$

Bei dieser Identifizierung wird die k-Algebrenstruktur auf $\mathbb{U}^{[p]}(\mathfrak{g})$ durch die folgenden Gleichungen beschrieben (vergl. 10.3.):

1) $(v \otimes 1)(1 \otimes u) = v \otimes u \quad \forall v \in \mathbb{U}^{[p]}(kX_3),\ u \in \mathbb{U}^{[p]}(kX_1 \oplus kX_2)$

2) $(v \otimes 1)(w \otimes 1) = vw \otimes 1 \quad \forall v, w \in \mathbb{U}^{[p]}(kX_3)$

3) $(1 \otimes u)(1 \otimes q) = 1 \otimes u \cdot q \quad \forall u, q \in \mathbb{U}^{[p]}(kX_1 \oplus kX_2)$

4) $(1 \otimes u)(X_3 \otimes 1) = X_3 \otimes u + 1 \otimes \mathrm{ad}(-X_3)(u)$

$$\forall u \in \mathbb{U}^{[p]}(kX_1 \oplus kX_2).$$

Dabei bezeichnet

$$\mathrm{ad}(-X_3) : \mathbb{U}^{[p]}(\mathfrak{g}) \longrightarrow \mathbb{U}^{[p]}(\mathfrak{g})$$

wie üblich die durch die Gleichung

$$\mathrm{ad}(-X_3)(u) = uX_3 - X_3u \quad \forall u \in \mathbb{U}^{[p]}(\mathfrak{g})$$

definierte k-lineare Abbildung. Offenbar bildet $\mathrm{ad}(-X_3)$ die Unteralgebra

$$\mathbb{U}^{[p]}(kX_1 \oplus kX_2) \subset \mathbb{U}^{[p]}(\mathfrak{g})$$

in sich ab. Aus den obigen Gleichungen ergibt sich nun insbesondere:

4*) $(1 \otimes u)(X_3^n \otimes 1) = \sum_{0 \leq i \leq n} \binom{n}{i} X_3^{n-i} \otimes \mathrm{ad}(-X_3)^i(u)$

$$\forall u \in \mathbb{U}^{[p]}(kX_1 \oplus kX_2)$$

Für $u = X_1$ erhält man aus 4*):

5) $(1 \otimes X_1)(X_3 \otimes 1) = X_3^n \otimes X_1 + \sum_{1 \leq i \leq n} (-1)^i \binom{n}{i} X_3^{n-i} \otimes (X_1 - X_2)$

Mit Hilfe dieser Identifizierungen ergibt sich für den k-Vektorraum V_λ:

$$V_\lambda = H(Q) \underset{H([Q,Q])}{\otimes} D_\lambda \longrightarrow U^{[p]}(kX_3) \underset{k}{\otimes} D_\lambda .$$

Ist nun $e \in D_\lambda$ ein von Null verschiedener Vektor, so bilden die Elemente

$$1 \otimes e,\quad X_3 \otimes e,\quad X_3^2 \otimes e, \ldots X_3^n \otimes e, \ldots X_3^{p-1} \otimes e$$

eine Basis für V_λ, und unter Benutzung der obigen Identifizierungen werden die von X_1, X_2, X_3 induzierten linearen Selbstabbildungen von V_λ durch die folgenden Gleichungen beschrieben:

a) $X_3 \cdot (1 \otimes e) = X_3 \otimes e, \quad X_3 \cdot (X_3 \otimes e) = X_3^2 \otimes e, \ldots$

$X_3 \cdot (X_3^n \otimes e) = X_3^{n+1} \otimes e, \ldots X_3 \cdot (X_3^{p-1} \otimes e) = X_3 \otimes e.$

b) $X_2(1 \otimes e) = \lambda(1 \otimes e), \; X_2 \cdot (X_3 \otimes e) = \lambda(X_3 \otimes e), \ldots$

$X_2 \cdot (X_3^n \otimes e) = \lambda \cdot (X_3^n \otimes e), \; X_2 \cdot (X_3^{p-1} \otimes e) = \lambda(X_3^{p-1} \otimes e).$

c) $X_1(1 \otimes e) = 0, \; X_1 \cdot (X_3 \otimes e) = \lambda(1 \otimes e), \ldots$

$X_1 \cdot (X_3^n \otimes e) = \lambda \sum_{1 \leq i \leq n} (-1)^{i+1} \binom{n}{i} X_3^{n-i} \otimes e \ldots$

$X_1(X_3^{p-1} \otimes e) = \lambda \sum_{1 \leq i \leq p-1} (-1)^{i+1} \binom{p-1}{i} X_3^{n-i} \otimes e .$

Will man aus der Darstellung von $\mathfrak{g} = \text{Lie}(Q)$, die durch die obigen Gleichungen festgelegt wird, die zugehörige Darstellung von Q gewinnen, so muß man die kanonische Einbettung:

$$\delta : Q \longrightarrow H(Q) \xrightarrow{\sim} \mathbb{U}^{[p]}(\mathrm{Lie}\,(Q))$$

explizit angeben. Zunächst folgt aus [10], chap II, § 2, 2.6. für die kanonische Einbettung von ${}_p\alpha$ in die zugehörige Gruppenalgebra $H({}_p\alpha)$:

$$\delta_1 : {}_p\alpha \longrightarrow H({}_p\alpha) \xrightarrow{\sim} k[T]/(T^p)$$

daß δ_1 durch die folgende Gleichung beschrieben werden kann:

$$\delta_1(x) = 1 + x\bar{T} + \frac{x^2 \cdot \bar{T}^2}{2!} + \ldots \frac{x^i \cdot \bar{T}^i}{i!} + \ldots \frac{x^{p-1} \cdot \bar{T}^{p-1}}{(p-1)!}$$

$$\forall x \in {}_p\alpha(R),\ R \in M_k .$$

Dabei möge $\bar{T}$ die Restklasse von T in $k[T]/(T^p)$ bezeichnen.

Um auch die kanonische Einbettung

$$\delta_2 : {}_p\mu \longrightarrow H({}_p\mu) \xrightarrow{\sim} k[T]/(T^p - T)$$

zu berechnen, betrachten wir zunächst den kanonischen Isomorphismus

$$\varphi : k[T]/(T^p - T) \xrightarrow{\sim} k^{\mathbb{F}_p} .$$

Dabei soll $k^{\mathbb{F}_p}$ die k-Algebra der Abbildungen von $\mathbb{F}_p$ nach k bezeichnen. Der Isomorphismus φ ist gekennzeichnet durch die Bedingung, daß er die Restklasse $\bar{T}$ von T in $k[T]/(T^p - T)$ auf die kanonische Inklusion von $\mathbb{F}_p$ nach k abbildet:

$$\varphi(\bar{T}) : \mathbb{F}_p \hookrightarrow k$$

Definieren wir nun für $\lambda \in \mathbb{F}_p$ das Element $f_\lambda \in k[T]/(T^p - T)$, indem wir setzen:

$$f_o = 1 - \bar{T}^{p-1}, \quad f_\lambda = - \sum_{1 \leq j \leq p-1} (\lambda^{-1} \cdot \bar{T})^j \quad \text{für } \lambda \in \mathbb{F}_p^*,$$

so prüft man sofort die folgenden Beziehungen nach:

$$\varphi(f_\lambda)(\lambda) = 1, \quad \varphi(f_\lambda)(\lambda') = 0 \quad \text{für} \quad \lambda' \neq \lambda .$$

Sei nun $l \in \mathbb{Z}$ ein Repräsentant für $\lambda \in \mathbb{F}_p$ und $x \in {}_p\mu(R)$ für $R \in M_k$. Wir setzen

$$x^\lambda = x^l \quad ,$$

und bemerken noch, daß die Definition von x^λ unabhängig ist von der Wahl des Repräsentanten l. Mit diesen Verabredungen und Bezeichnungen läßt sich nun wegen [10], chap. II, § 2, 2.5. die Einbettung δ_2 von der Gruppe ${}_p\mu$ in ihre Gruppenalgebra $H({}_p\mu)$ durch die folgende Gleichung beschreiben:

$$\delta_2(x) = \sum_{\lambda \in \mathbb{F}_p} x^\lambda \cdot f_\lambda \quad \forall x \in {}_p\mu(R),\ R \in M_k .$$

Damit erhalten wir schließlich für die gesuchte Einbettung

$$\delta : Q \longrightarrow H(Q) \xrightarrow{\sim} \mathbb{U}^{[p]}(kX_1 \oplus kX_2 \oplus kX_3)$$

die Beziehung:

$$\delta(\eta_1, \eta_2, \eta_3) =$$

$$\Big(\sum_{0 \leq n \leq p-1} (\eta_1 X_1)^n / n! \Big) \cdot \Big(1 - X_2^{p-1} - \sum_{\lambda \in \mathbb{F}_p^*} (\eta_2^\lambda \cdot \sum_{1 \leq j \leq p-1} (\lambda^{-1} \cdot X_2)^j)\Big)$$

$$\cdot \Big(1 - X_3^{p-1} - \sum_{\lambda \in \mathbb{F}_p^*} (\eta_3^\lambda \cdot \sum_{1 \leq j \leq p-1} (\lambda^{-1} X_3)^j)\Big).$$

$$\forall (\eta_1, \eta_2, \eta_3) \in Q(R) = [{}_p\alpha \,\Pi\, {}_p\mu] \,\Pi\, {}_p\mu(R)$$

$$R \in M_k .$$

Wenden wir diese Formel auf die Gleichungen a), b), c) im Falle $p = 2$ an, so erhalten wir die dem Darstellungsmodul V_1 entsprechende Matrixdarstellung

$$\varrho_1 : Q \longrightarrow Gl_2$$

in der folgenden Gestalt:

$$\varrho_1(\eta_1, \eta_2, \eta_3) = \eta_2 \cdot \begin{bmatrix} 1 + \eta_1 + \eta_1\eta_3, & \eta_1\eta_3 \\ 1 + \eta_3 & , \ \eta_3 \end{bmatrix}$$

$$\forall(\eta_1, \eta_2, \eta_3) \in Q(R) = [{}_2\alpha \Pi_2 \mu] \, \Pi_2 \mu(R), \ R \in M_k .$$

Im Falle der Charakteristik $p = 3$ sind die den Darstellungsmoduln V_1 bzw. V_{-1} entsprechenden Matrixdarstellungen

$$\varrho_1 : Q \longrightarrow Gl_3 \qquad \text{bzw.} \quad \varrho_{-1} : Q \longrightarrow Gl_3$$

schon von etwas komplizierterer Bauart:
(Die Symmetrie in den folgenden Formeln erklärt sich aus der Tatsache, daß der Morphismus in endlichen Schemata

$$\sigma : Q \longrightarrow Q$$

mit $$\sigma(\eta_1, \eta_2, \eta_3) = (-\eta_1, \eta_2^2, \eta_3)$$

ein (involutorischer) Gruppenautomorphismus ist).

$$S_1(\eta_1, \eta_2, \eta_3) =$$

$$\eta_2 \cdot \begin{bmatrix} 1-\eta_1^2\eta_3^2-\eta_1^2\eta_3 -\eta_1\eta_3^2-\eta_1^2+\eta_1 & \eta_1^2\eta_3^2-\eta_1^2\eta_3 +\eta_1\eta_3^2 & -\eta_1^2\eta_3^2-\eta_1^2\eta_3 -\eta_1\eta_3^2 \\ \eta_1\eta_3^2+\eta_1\eta_3+\eta_1 +\eta_3^2-\eta_3 & -\eta_1\eta_3^2+\eta_1\eta_3 -\eta_3^2-\eta_3 & \eta_1\eta_3^2+\eta_1\eta_3 +\eta_3^2-\eta_3 \\ -1-\eta_3-\eta_3^2 & -\eta_3+\eta_3^2 & -\eta_3-\eta_3^2 \end{bmatrix}$$

$$\forall (\eta_1, \eta_2, \eta_3) \in Q(R),\ R \in M_K$$

$$S_{-1}(\eta_1, \eta_2, \eta_3) =$$

$$\eta_2^2 \cdot \begin{bmatrix} 1 - \eta_1^2\eta_3^2 - \eta_1^2\eta_3 + \eta_1\eta_3^2 - \eta_1^2 - \eta_1 & \eta_1^2\eta_3^2 - \eta_1^2\eta_3 - \eta_1\eta_3^2 & -\eta_1^2\eta_3^2 - \eta_1^2\eta_3 + \eta_1\eta_3^2 \\ -\eta_1\eta_3^2 - \eta_1\eta_3 - \eta_1 + \eta_3^2 - \eta_3 & \eta_1\eta_3^2 - \eta_1\eta_3 - \eta_3^2 - \eta_3 & -\eta_1\eta_3^2 - \eta_1\eta_3 + \eta_3^2 - \eta_3 \\ -1 - \eta_3 - \eta_3^2 & -\eta_3 + \eta_3^2 & -\eta_3 - \eta_3^2 \end{bmatrix}$$

$\forall (\eta_1, \eta_2, \eta_3) \in Q(R),$
$R \in M_K$

§ 2 E. Der Satz von Taketa in der Situation endlicher, algebraischer Gruppen

2.62. Wir benötigen zunächst das folgende Resultat aus der Strukturtheorie der endlichen, algebraischen Gruppen: V

Satz: Eine endliche, algebraische Gruppe G über einem algebraisch abgeschlossenen Grundkörper k der Charakteristik $p > 0$ ist genau dann unipotent, wenn sie außer der Einsgruppe keine linear-reduktiven Untergruppen enthält.

(Eine algebraische Gruppe G über dem Grundkörper k heißt linear-reduktiv, wenn alle G-Moduln halbeinfach sind.)

Beweis: Sei zunächst G unipotent und $G' \subset G$ eine linear-reduktive Untergruppe von G. Wegen [10], chap. IV, § 2, No. 2, 2.3. muß mit G auch die Untergruppe $G' \subset G$ unipotent sein. Da andererseits G' linear-reduktiv ist, muß G' auf allen H(G')-Moduln trivial operieren. Insbesondere muß G' auf H(G') trivial operieren. Betrachtet man nun die kanonische Einbettung:

$$\delta : G' \hookrightarrow H(G')$$

so erkennt man, daß G' auf G' durch Translationen (von links) trivial operiert. Dies ist aber nur möglich, wenn G' die Einsgruppe e_k ist.

Sei nun umgekehrt G eine endliche, algebraische Gruppe, die außer der Einsgruppe e_k keine weiteren linear-reduktiven Untergruppen enthält.

Wir bemerken nun zunächst, daß eine endliche, algebraische Gruppe genau dann unipotent (bzw. linear-reduktiv) ist, wenn dies auf den konstanten und infinitesimalen Anteil von G zugleich zutrifft (siehe hierzu [10], chap. IV, § 2,

V s.a.: 2.71 a.

No. 2, 2.3. sowie § 3, No. 3, 3.6.). Aus dieser Bemerkung ergibt sich sofort, daß es genügt zwei Fälle zu betrachten:

a) G ist konstant und b) G ist infinitesimal.

Wir wenden uns zunächst dem Fall a) zu. Offenbar genügt es zu zeigen, daß die Ordnung von G eine Potenz von p ist, wobei p die Charakteristik des Grundkörpers bezeichnet. Wäre $q \neq p$ ein weiterer Primteiler der Ordnung von G, so enthielte G eine q-Sylowgruppe, die nach dem Satz von Maschke linear-reduktiv wäre. Da aber G nach Voraussetzung keine linear-reduktiven Untergruppen außer der Einsgruppe enthält, ist p der einzige Primteiler der Ordnung von G und damit ist G unipotent.

Wir betrachten nun den Fall b). Wir bemerken zunächst, daß eine infinitesimale, algebraische Gruppe G genau dann unipotent ist, wenn der zugehörige Frobeniuskern ${}_FG$ unipotent ist. Wir beweisen diese Behauptung durch Induktion nach der Höhe von G. Mit ${}_FG$ ist zunächst auch $({}_FG)^{(p)}$ unipotent (siehe [10], chap. IV, § 2, No. 2, 2.6.). Wegen der Inklusion

$$G/\widetilde{{}_FG} \subset G^{(p)}$$

ist

$${}_F(G/\widetilde{{}_FG}) \hookrightarrow {}_F(G^{(p)}) \xrightarrow{\sim} ({}_FG)^{(p)}$$

ebenfalls unipotent. Nach Induktionsvoraussetzung ist dann auch $G/\widetilde{{}_FG}$ unipotent. Wegen [10], chap IV, § 2, No. 2, 2.3. muß aber mit ${}_FG$ und $G/\widetilde{{}_FG}$ auch G unipotent sein. Daher wird es genügen den folgenden Fall zu betrachten:

b') G ist infinitesimal von der Höhe ≤ 1.

In dieser Situation sind nun zwei Argumente möglich, von denen das erste bereits in [25] benutzt worden ist (siehe loc. cit., § 4, No. 2, 2.4.). s.a.: 2.71 a.

Wir schicken zunächst den beiden nun folgenden Beweisen die Bemerkung voraus, daß wegen [10], Chap. IV, § 3, No. 3, 3.6. die linear-reduktiven, infinitesimalen algebraischen Gruppen genau die multiplikativen, infinitesimalen Gruppen sind.

1) Sei $x \in \mathfrak{g}$ = Lie G ein beliebiges Element der zu G gehörenden p-Liealgebra $\mathfrak{g}$. Wir betrachten nun die p-Lieunteralgebra:

$$\mathfrak{h} = \sum_{i \in \mathbb{N}} kx^{[p^i]}$$

Offenbar ist $\mathfrak{h}$ kommutativ. Da die $\mathfrak{h} \subset \mathfrak{g}$ entsprechende Untergruppe $\varepsilon(\mathfrak{h}) \subset \varepsilon(\mathfrak{g}) \xrightarrow{\sim} G$ kommutativ ist und nach Voraussetzung keine multiplikative Untergruppe enthält, muß sie wegen [10], chap. IV, § 3, No. 1, 1.1. unipotent sein. Mit Hilfe von [10], chap. IV, § 2, No. 2, 2.13. ergibt sich hieraus:

$$x^{[p^n]} = 0 \quad \text{für ein geeignetes } n \in \mathbb{N}.$$

Wegen der Gleichung

$$\operatorname{ad}(x^{[p^n]}) = \operatorname{ad}(x)^{p^n}$$

haben wir damit gezeigt, daß für jedes $x \in \mathfrak{g}$ die lineare Abbildung ad(x) nilpotent ist. Mit Hilfe des Satzes von Engel (siehe [8], chap I, § 4, No. 2, Corollaire 1) folgt hieraus, daß die Liealgebra $\mathfrak{g}$ nilpotent ist. Weil nun aber die aufsteigende Zentralreihe der Liealgebra $\mathfrak{g}$ aus p-Lieidealen besteht, muß auch die p-Lielagbera $\mathfrak{g}$ und damit die Gruppe G nilpotent sein. Aber wegen [10], chap. IV., § 4, No. 1, 1.11 muß eine nilpotente, infinitesimale Gruppe G, die keine multiplikative Untergruppe außer der Einsgruppe e_k enthält, unipotent sein.

2) Ist $G \neq e_k$, so enthält G sicher eine Untergruppe

vom Typ $_p\alpha$, denn anderenfalls müßte G wegen [10], chap. IV, § 3, No. 3, 3.7. multiplikativ sein.

Sei $U \subset G$ eine unipotente Untergruppe von G, die maximal ist mit dieser Eigenschaft. Wir zeigen durch Induktion nach $\dim_k H(G)$, daß stets $U = G$ gelten muß.

Isß nun $G \neq e_k$, so folgt aus der eingangs gemachten Bemerkung zunächst $U \neq e_k$. Wäre nun $U \neq G$, setzen wir $G' = \mathrm{Norm}_G(U)$. Nun gilt aber wegen [10], chap. II, § 5, No. 5, 5.7. die Beziehung:

$$\mathrm{Lie\ Norm}_G(U)/\ \mathrm{Lie}\ U = {}^{U}(\mathrm{Lie}\ G/\mathrm{Lie}\ U)$$

Hieraus ergibt sich aber zusammen mit der Unipotenz von U sofort die Ungleichung:

$$\mathrm{Norm}_G(U) = G' \neq U.$$

Wäre nun $U \subset G'' \subset G'$ eine Untergruppe von G' derart, daß $G''\widetilde{/}U \subset G'\widetilde{/}U$ eine von der Einsgruppe verschiedene, multiplikative Untergruppe von $G'\widetilde{/}U$ wäre, so enthielte G" wegen [10], chap. IV, § 2 No. 3, 3.5. eine nicht-triviale multiplikative Untergruppe im Gegensatz zur Voraussetzung über G. Infolgedessen kann $G'\widetilde{/}U$ keine von der Einsgruppe verschiedenen, multiplikativen Untergruppen enthalten und muß aufgrund der Induktionsvoraussetzung daher unipotent sein. Damit ist dann aber auch G' unipotent im Gegensatz zur Wahl von U.

<u>2.63.</u> Sei G eine endliche, algebraische Gruppe. Sei weiterhin

$$G = G_o \supset G_1 \,.\,.\, G_i \supset G_{i+1} \,.\,.\, G_n = e_k$$

eine Hauptreihe von G. Dann operiert G durch innere Automorphismen auf den Hauptfaktoren $G_i\widetilde{/}G_{i+1}$. Sei K_i der Kern der Operation:

$$\mathrm{int} : G \longrightarrow \mathrm{Aut}\ (G_i\widetilde{/}G_{i+1}).$$

Dabei soll wieder $\mathrm{Aut}\ (G_i\widetilde{/}G_{i+1})$ das Automorphismenschema der endlichen algebraischen Gruppe $G_i\widetilde{/}G_{i+1}$ bezeichnen, während der Homomorphismus int durch die Gleichung

$$\mathrm{int}\,(g)(\bar{h}) = \overline{g\cdot h\cdot g^{-1}} \qquad \forall\cdot g \in G,\ h \in G_i$$

festgelegt wird. (Wie üblich bezeichnen $\bar{h}$ bzw. $\overline{g\cdot h\cdot g^{-1}}$ die Restklassen von h. bzw. ghg^{-1} in $G_i\widetilde{/}G_{i+1}$). Wegen des Satzes von Jordan-Hölder ist nun der Durchschnitt:

$$F(G) = \bigcap_{0\leq i\leq n-1} K_i$$

ein von der Wahl der obigen Hauptreihe unabhängiger Normalteiler von G. Wie im Falle endlicher, konstanter Gruppen zeigt man nun, daß F(G) der größte nilpotente Normalteiler von G ist. In der Tat:

Betrachtet man einerseits die induzierte Kette von Normalteilern in G:

$$F(G) \supset F(G) \cap G_1 \ldots F(G) \cap G_i \supset F(G) \cap G_{i+1} \ldots e_k$$

so erkennt man sofort, daß F(G) auf den Faktoren $F(G) \cap G_i\widetilde{/}F(G) \cap G_{i+1}$ dieser Kette trivial operiert und somit nilpotent sein muß.

Ist andererseits $N \subset G$ ein nilpotenter Normalteiler von G und ist

$$e_k \subset C_1(N) \subset C_2(N) \ \ldots \ C_r(N) = N$$

seine aufsteigende Zentralreihe, so ist ersichtlich

$$e_k \subset C_1(N) \subset C_2(N) \ldots C_r(N) = N \subset G$$

eine Normalteilerkette von G, auf deren Faktoren N trivial operiert. Hieraus ergibt sich aber sofort: $N \subset F(G)$.

Wie im Falle der endlichen, konstanten Gruppen bezeichnen wir F(G) als die Fittinggruppe von G.

Seien nun $U_1, U_2 \subset G$ zwei unipotente Normalteiler der endlichen, algebraischen Gruppe G. Wegen der Isomorphiebeziehung:

$$U_1 \tilde{\cdot} U_2 / \tilde{U}_1 \longrightarrow U_2 \tilde{/} (U_2 \cap U_1)$$

erhalten wir zusammen mit [10], chap. IV, § 2, No. 2, 2.3., daß auch der Normalteiler $U_1 \tilde{\ } U_2 \subset G$ unipotent sein muß. Hieraus ergibt sich insbesondere, daß es in G einen größten unipotenten Normalteiler geben muß, der alle anderen unipotenten Normalteiler von G umfaßt. Diesen größten unipotenten Normalteiler von G wollen wir im folgenden mit U(G) bezeichnen. Offenbar hat man die Inklusion: $U(G) \subset F(G)$.

Sei V ein endlich-dimensionaler Modul über der endlichen algebraischen Gruppe G und sei weiterhin:

$$V = V_o \supset V_1 \ . \ . \ . \ V_i \supset V_{i+1} \ . \ . \ . \ V_m = 0$$

eine Jordan-Höldersche Kompositionsreihe des H(G)-Moduls V. Sei wiederum L_i der Kern der linearen Darstellung

$$\rho_i : G \longrightarrow Gl(V_i/V_{i+1}) \ .$$

Dann ist der Durchschnitt

$$G_V = \bigcap_{0 \leq i \leq m-1} L_i$$

wegen des Satzes von Jordan-Hölder ein von der Wahl der obigen Kompositionsreihe unabhängiger Normalteiler von G, den wir im folgenden als den Kern der Jordan-Hölderschen Kompositionsfaktoren des H(G)-Moduls V bzeeichnen wollen.

<u>2.64. Korollar</u>: Sei G eine endliche, algebraische Gruppe über dem algebraisch abgeschlossenen Grundkörper k der Charakteristik $p > 0$. Sei weiterhin V ein endlich-dimensionaler H(G)-Modul, auf dem G treu operiert. Dann gilt mit den Bezeichnungen von 2.63.:

$$G_V = U(G).$$

Beweis: Ist $U \subset G$ ein unipotenter Normalteiler von G und ist S ein einfacher $H(G)$-Modul, so operiert U trivial auf S, denn der Vektorraum ${}^U S$ der unter U invarianten Elemente von S ist ein von Null verschiedener G-Teilmodul von S und fällt daher mit S zusammen:

$${}^U S = S.$$

Hieraus liest man sofort die Inklusion

$$U(G) \subset G_V$$

ab.

Es bleibt zu zeigen, daß G_V unipotent ist: Sei $G' \subset G_V$ eine linear-reduktive Untergruppe von G_V. Die Gruppe G' operiert trivial auf allen Kompositionsfaktoren einer Jordan-Hölderschen Kompositionsreihe des $H(G)$-Moduls V. Da G' linear-reduktiv ist, muß G' auch auf V selbst trivial operieren. Da G auf V treu operiert, folgt hieraus: $G' = e_k$. Mit Hilfe von Satz 2.62. ergibt sich damit: G_V ist unipotent.

<u>2.65. Korollar</u>: Sei G eine infinitesimale, algebraische Gruppe über dem algebraisch abgeschlossenen Grundkörper k der Charakteristik $p > 0$. Dann gilt für den k-Vektorraum Lie G versehen mit der adjungierten G-Operation die Beziehung:

$$G_{\mathrm{Lie}\, G} = F(G).$$

Beweis: Sei $C = \mathrm{Cent}_G(G)$ das Zentrum von G und sei $C^m \subset C$ die größte multiplikative Untergruppe von C. Mit $K \subset G$ sei der Kern der adjungierten Darstellung bezeichnet. Dann gelten zunächst die folgenden Inklusionen:

$$C^m \subset C \subset K \subset G_{\mathrm{Lie}\, G}.$$

Wegen [10], chap. IV, § 3, No. 1, 1.1. ist zunächst $C/\widetilde{C}^m$ unipotent. Andererseits ist wegen [10], chap. IV, §2, No. 2, 2.12. auch $K/\widetilde{C}$ unipotent. Dann muß schließlich auch $K/\widetilde{C}^m$ unipotent sein (siehe [10], chap. IV, § 2, No. 2, 2.3.).

Nun ist aber wegen Korollar 2.64. $G_{Lie\ G}/\widetilde{K}$ der größte unipotente Normalteiler von $G/\widetilde{K}$.

Hieraus folgt schließlich, daß $G_{Lie\ G}/\widetilde{C}^m$ der größte unipotente Normalteiler von $G/\widetilde{C}^m$ ist.

Andererseits ergibt sich aus [10], chap. IV, § 1, No. 4, 4.4. sofort, daß C^m der größte multiplikative Normalteiler von G ist.

Zusammenfassend erhalten wir aus diesen Bemerkungen mit Hilfe von [10], chap, IV, § 4, No. 1, 1.10, daß $G_{Lie\ G}$ der größte nilpotente Normalteiler von G ist.

2.66. Bemerkung: Das Korollar 2.65. ist der Spezialfall eines wesentlich allgemeineren Resultates über formale, infinitesimale, noethersche Gruppen, das sich [25], § 4, No. 2, 2.9. findet. Wie hier benötigt man auch dort zum Beweis die infinitesimale Version von Satz 2.62. (vergl. [25], § 4, No. 2, 2.4.).

2.67. Korollar: Sei G eine infinitesimale, algebraische Gruppe über dem algebraisch abgeschlossenen Grundkörper k der Charakteristik $p > 0$. Wir betrachten die Zerlegung von $H(G)$ in seine Blöcke:

$$H(G) = B_1 \oplus B_2 \ldots \oplus B_r .$$

Dabei sei der Einsblock von $H(G)$ mit B_1 bezeichnet. Dann gilt:

$$G_{B_1} = F(G).$$

<u>Beweis</u>: Sei wieder $C \subset G$ das Zentrum von G und $C^m \subset C$ die größte multiplikative Untergruppe von C. Aus dem Beweis von Satz 2.37. ergibt sich, daß $G/\widetilde{C}^m$ treu auf B_1 operiert. Dann liefert aber das Korollar 2.64. die Beziehung:

$$U(G/\widetilde{C}^m) = G_{B_1}/\widetilde{C}^m .$$

Wie im Beweis von Korollar 2.65. ergibt sich hieraus:

$$F(G) = G_{B_1}$$

<u>2.68. Korollar</u>: Eine infinitesimale, algebraische Gruppe G über dem algebraisch abgeschlossenen Grundkörper k der Charakteristik $p > 0$ ist genau dann nilpotent, wenn jede multiplikative Untergruppe von G invariant ist.

<u>Beweis/</u>: Daß in einer infinitesimalen, algebraischen nilpotenten Gruppe G alle multiplikativen Untergruppen invariant sind, folgt sofort aus [10], chap. IV, § 4, No. 1, 1.11.

Sei nun umgekehrt G eine infinitesimale, algebraische Gruppe mit der im Korollar geforderten Eigenschaft. Sei wiederum $C \subset G$ das Zentrum von G und $C^m \subset C$ die größte multiplikative Untergruppe von C. Es genügt zu zeigen, daß $G/\widetilde{C}^m$ unipotent ist. Wir betrachten hierfür eine C^m enthaltende Untergruppe $C^m \subset G' \subset G$ derart, daß $G'/\widetilde{C}^m \subset G/\widetilde{C}^m$ eine multiplikative Untergruppe von $G/\widetilde{C}^m$ ist. Wegen [10], chap. IV, § 1, No. 4, 4.5. ist jedenfalls G' selber eine multiplikative Untergruppe von G und mithin nach Voraussetzung sogar invariant. Wegen [10], chap. IV, § 1, No. 4, 4.4. ergibt sich hieraus:

$$G' \subset C^m$$

Wegen Satz 2.62. folgt hieraus, daß $G/\widetilde{C}^m$ unipotent sein muß.

2.69. Wir betrachten nun zwei endliche, algebraische Gruppen $G' \subset G$ über dem Grundkörper k. Seien $A = \mathcal{O}(G)$ bzw. $A' = \mathcal{O}(G')$ ihre Funktionenalgebren und sei weiterhin $B_r = A^{G'}$ die Algebra der unter den Rechtstranslationen von G' auf G invarianten Funktionen (vergl. 6.1.). Nach dem Zerlegungssatz von Oberst-Schneider gibt es einen Isomorphismus in $B_r \otimes_k H(G')$-Rechtsmoduln:

$$A \xrightarrow[B_r \otimes_k H(G')]{\sim} B_r \otimes_k A'$$

Dabei operiert B_r auf A bzw. $B_r \otimes_k A'$ vermöge seiner kanonischen Einbettungen in diese k-Algebren. Die Rechtsoperation von G' auf A wird von der Operation von G' auf G durch Rechtstranslationen induziert. Entsprechend erhält man die G'-Rechtsmodulstruktur auf A' und damit schließlich auf $B_r \otimes_k A'$ aus der Operation von G' auf G' durch Rechtstranslationen (siehe hierzu [20]).

Durch dualisieren erhalten wir aus der obigen Beziehung einen Isomorphismus in $B_r \otimes H(G')$-Rechtsmoduln:

$$H(G) \xrightarrow[B_r \otimes_k H(G')]{\sim} B_r^t \otimes_k H(G')$$

(siehe auch 6.1. sowie [20]). Berücksichtigen wir noch, daß es wegen [10], chap III, § 3, No. 6, 6.1. einen B_r-Isomorphismus gibt:

$$B_r \xrightarrow[B_r]{\sim} B_r^t = \operatorname{Hom}_k(B_r, k)$$

so erhalten wir schließlich eine Isomorphiebeziehung in $B_r \otimes_k H(G')$-Rechtsmoduln:

$$H(G) \xrightarrow[B_r \otimes_k H(G')]{\sim} B_r \otimes_k H(G') .$$

Sei nun M ein $H(G')$-Linksmodul, so trägt der induzierte

H(G)-Modul $H(G) \underset{H(G')}{\otimes} M$ eine kanonische B_r-Modulstruktur (siehe 7.1.), für welche sich aus den voraufgegangenen Bemerkungen nun die folgende Isomorphiebeziehung ergibt:

$$H(G) \underset{H(G')}{\otimes} M \xrightarrow[B_r]{\sim} B_r \underset{k}{\otimes} H(G') \underset{H(G')}{\otimes} M \xrightarrow[B_r]{\sim} B_r \underset{k}{\otimes} M .$$

Zusammenfassend erhalten wir das folgende

<u>Lemma</u>: Seien mit den voraufgegangenen Verabredungen und Bezeichnungen $G' \subset G$ zwei endliche algebraische Gruppen über dem Grundkörper k und sei weiterhin M ein endlichdimensionaler $H(G')$-Modul der k-Dimension d. Dann ist der induzierte $H(G)$-Modul $H(G) \underset{H(G')}{\otimes} M$ ein freier B_r-Modul vom Rang d.

<u>2.70. Satz:</u> Jede endliche algebraische, monomiale Gruppe G über einem algebraisch abgeschlossenen Grundkörper k der Charakteristik $p > 0$ ist auflösbar.

<u>Beweis:</u> Wir führen den Beweis durch Induktion nach $\dim_k H(G)$. Da sich die Eigenschaft monomiale Gruppe zu sein, auf die Restklassengruppen von G überträgt, können wir annehmen, daß für jeden Normalteiler $e_k \neq N \subset G$ die zugehörige Restklassengruppe $G/\!\widetilde{N}$ auflösbar ist.

Hieraus ergibt sich weiter, daß wir ohne Beschränkung der Allgemeinheit voraussetzen dürfen, daß der größte unipotente Normalteiler von G die Einsgruppe ist:

$$U(G) = e_k .$$

Seien nun bis auf Isomorphie

$$S_1, S_2, S_3 \ldots S_n$$

die einfachen $H(G)$-Moduln. Wir bezeichnen mit K_i den Kern der linearen Darstellung

$$\rho_i : G \longrightarrow Gl_k(S_i) \quad \text{für } 1 \leq i \leq n.$$

Da jeder einfache $H(G)$-Modul S_i als Kompositionsfaktor einer Jordan-Hölderschen Kompositionsreihe von $H(G)$ auftreten muß, erhalten wir aus Korollar 2.64. die Beziehung:

$$\bigcap_{1 \leq i \leq n} K_i = G_{H(G)} = U(G) = e_k .$$

Hieraus erhält man sofort die kanonische Inklusion:

$$G \hookrightarrow \prod_{1 \leq i \leq n} G/\widetilde{K}_i .$$

Jetzt sind zwei Fälle möglich:

1) $K_i \neq e_k \quad \forall 1 \leq i \leq n$; 2) $K_i = e_k$ für mindestens ein i.

Im ersten Falle sind wegen der Induktionsvoraussetzung alle Restklassengruppen $G/\widetilde{K}_i$ auflösbar und mithin muß auch $\prod_{1 \leq i \leq n} G/\widetilde{K}_i$ auflösbar sein. Dann ist aber wegen der obigen Inklusion die Gruppe G selber auflösbar.

Wir wenden uns nun dem Fall 2 zu, den wir wiederum unterteilen:

2a) Alle treuen, irreduziblen Darstellungen von G haben eine Dimension > 1.

2b) Es gibt eine treue 1-dimensionale Darstellung von G.

Im Falle 2b) ist G multiplikativ und mithin auflösbar. Es bleibt der Fall 2a) zu untersuchen. Sei M eine treue, irreduzible Darstellung von G, deren Dimension minimal ist. Nach Voraussetzung ist M monomial, d.h. es gibt eine Untergruppe $G' \subset G$ und eine 1-dimensionale Darstellung D von G' derart, daß

$$M \xrightarrow{\sim} H(G) \underset{H(G')}{\otimes} D$$
$$H(G)$$

gilt. Wir setzen wieder $A = \mathcal{O}(G)$ und $B_r = A^{G'}$. Wir betrachten nun die Operation von G auf B_r, die durch die Operation von G auf $G\tilde{/}G' = Sp_k(B_r)$ durch Linkstranslationen induziert wird. Sei

$$\varphi: G \longrightarrow \mathrm{Aut}\ (B_r)$$

der Homomorphismus von G in das Schema der k-Algebrenautomorphismen von B_r, der diese Operation beschreibt und sei $N \subset G$ der Kern von φ.

Wir bemerken nun zunächst, daß $H(G) \underset{H(G')}{\otimes} D$ ein B_r-Modul mit verschränkter G-Linksoperation ist. In der Tat gilt:

$$g\cdot(b\cdot(h \otimes m)) = g\cdot(bh \otimes m) = (g\cdot(bh)) \otimes m$$

$$= ((gb)\cdot(gh)) \otimes m = (gb)\cdot(gh \otimes m) = (gb)\cdot(g\cdot(h \otimes m))$$

$$\forall\ g \in G,\ h \in H(G),\ m \in D,\ b \in B_r$$

(vergl. [26]).

Hieraus ergibt sich, daß N durch B_r-Automorphismen auf $M = H(G) \underset{H(G')}{\otimes} D$ operiert. Da nun aber wegen des voraufgegangenen Lemmas M ein freier B_r-Modul vom Rang 1 ist, identifiziert sich das Schema der B_r-Automorphismen von M mit dem Schema der Einheiten der k-Algebra B_r. Da G auf M treu operiert, erhalten wir eine Inklusion in algebraischen Gruppen:

$$N \longrightarrow \mu^{B_r} .$$

Dabei bezeichnet μ^{B_r} das Einheitenschema der k-Algebra B_r. Insbesondere ist also N kommutativ. Nun sind wieder zwei

Fälle möglich:

2aα) $N \neq e_k$; 2aβ) $N = e_k$.

Im Falle 2aα) muß mit $\widetilde{G/N}$ auch G auflösbar sein, und es bleibt somit der Fall 2aβ) zu betrachten:

Jetzt operiert G treu durch k-lineare Automorphismen auf dem Vektorraum B_r. Der H(G)-Modul B_r ist sicher nicht einfach, denn die konstanten Funktionen $k \hookrightarrow B_r$ bilden einen H(G)-Teilmodul, der von Null verschieden ist. Andererseits ist wegen $\dim_k M > 1$ sicher $G' \neq G$ und damit $k \neq B_r$. Wir betrachten nun eine Jordan-Höldersche Kompositionsreihe des H(G)-Moduls B_r:

$$B_r = V_o \supset V_1 \dots V_i \supset V_{i+1} \dots V_m = O .$$

Sei wieder L_i der Kern der linearen Darstellung:

$$\rho_i : G \longrightarrow Gl_k(V_i/V_{i+1}) \quad \text{für } O \leq i \leq m-1 .$$

Da G treu auf B_r operiert, erhalten wir mit Hilfe von Korollar 2.64. die Beziehung:

$$\bigcap_{O \leq i \leq m-1} L_i = U(G) = e_k .$$

Nun folgt aber aus der Reduzibilität des H(G)-Moduls B_r, daß für alle Kompositionsfaktoren der Jordan-Hölder-Reihe von B_r die Ungleichung:

$$\dim_k (V_i/V_{i+1}) < \dim_k B_r = \dim_k M \quad \forall\, O \leq i \leq m-1$$

gilt. Wegen der Wahl von M ergibt sich hieraus:

$$L_i \neq e_k \quad \forall\, O \leq i \leq m-1 .$$

Infolgedessen ergibt sich aus der Inklusion:

$$G \hookrightarrow \coprod_{0 \leq i \leq m-1} G/\tilde{L}_i$$

schließlich wiederum die Auflösbarkeit von G, womit der Beweis von Satz 2.70. beendet ist.

2.71. Bemerkung: Im Falle konstanter Gruppen, deren Ordnung zu p prim ist, geht der Satz 2.70. in einen Satz von Taketa über (siehe [18], V, § 18, 18.6.).

2.71 a. Bemerkung: Das Resultat 2.62 geht auf M. Raynaud zurück: Séminaire de Géométrie Algébrique du Bois Marie 1962/64 (SGA 3). Exposé XVII, prop. 4.3.1.

§ 2 F. Satz und Lemma von Dade in der Situation endlicher, algebraischer Gruppen

2.72. Wir benötigen für das folgende drei Hilfssätze rein technischer Natur, die wir zunächst ableiten wollen. Zuvor treffen wir noch die folgende Verabredung: Sei N eine endliche, algebraische Gruppe über dem Grundkörper k, dann bezeichne Aut (N) das Automorphismenschema von N (siehe [10], chap II, § 1, No. 2, 2.6.).

Lemma: Sei N eine monomiale und G eine stark monomiale, endliche, algebraische Gruppe über dem algebraisch abgeschlossenen Grundkörper k der Charakteristik $p > 0$. Die Gruppe G operiere (von links) auf der Gruppe N durch Gruppenautomorphismen vermöge des Homomorphismus

$$\varphi: G \longrightarrow \mathrm{Aut}\,(N)$$

in algebraischen Gruppen derart, daß die folgende Bedingung erfüllt ist:

Zu jedem einfachen $H(N)$-Modul M gibt es eine Untergruppe $N' \subset N$ sowie einen 1-dimensionalen $H(N')$-Modul M' mit den folgenden Eigenschaften:

1) $H(N) \underset{H(N')}{\otimes} M' \xrightarrow[H(N)]{\sim} M$

2) Mit $G' = \mathrm{Norm}_G(N')$ gilt $\mathrm{Stab}_G(M) \subset \mathrm{Stab}_{G'}(M')$.

Dann ist auch das bezüglich der Operation φ zu bildende semidirekte Produkt $P = [N] \underset{\varphi}{\Pi} G$ eine monomiale Gruppe.

Anmerkung: Man überzeugt sich sofort davon, daß die Eigenschaft 2) gleichbedeutend ist mit der Eigenschaft:

2') Mit $G' = \mathrm{Norm}_G(N')$ gilt $\mathrm{Stab}_G(M) \subset G'$ und $\mathrm{Stab}_{G'}(M) = \mathrm{Stab}_{G'}(M')$.

<u>Beweis</u>: Wir bemerken zunächst, daß die Voraussetzungen des Lemmas richtig bleiben, wenn wir G durch eine Untergruppe $G_o \subset G$ und φ durch seine Einschränkung auf G_o ersetzen.

Sei nun S ein einfacher $H(P)$-Modul. Sei weiterhin $S_o \subset S$ eine isotypische Komponente des $H(N)$-Sockels von S. Der halbeinfache $H(N)$-Modul S_o sei isotypisch vom Typ M:

$$S_o \xrightarrow[H(N)]{\sim} M^r .$$

Setzen wir nun $P_o = \mathrm{Norm}_P(S_o \subset S)$, so folgt mit Hilfe von 2.2. und 9.14. die Isomorphiebeziehung:

$$H(P) \underset{H(P_o)}{\otimes} S_o \xrightarrow[H(P)]{\sim} S.$$

Aus der Einfachheit von S folgt, daß auch S_o ein einfacher $H(P_o)$-Modul sein muß. Setzen wir nun $G_o = G \cap P_o$, so folgt wegen $N \subset P_o$ die beziehung:

$$P_o = [N] \underset{\varphi}{\pi} G_o \subset [N] \underset{\varphi}{\pi} G .$$

Wegen der Gleichungen:

$$P_o = \mathrm{Norm}_P(S_o \subset S) = \mathrm{Stab}_P(S_o) = \mathrm{Stab}_P(M)$$

(siehe 2.2.) erhalten wir schließlich:

$$G_o = \mathrm{Stab}_G(S_o) = \mathrm{Stab}_G(M).$$

Zusammenfassend erhalten wir aus den voraufgegangenen Bemerkungen, daß wir ohne Beschränkung der Allgemeinheit annehmen können:

Der einfache $H(P)$-Modul S ist als $H(N)$-Modul halbeinfach, isotypisch vom Typ M und der einfache H(N)-Modul M ist stabil unter G.

In dieser Situation existiert nach Voraussetzung eine Untergruppe $N' \subset N$ und ein 1-dimensionaler H(N')-Modul M' mit den Eigenschaften:

1) $H(N) \underset{H(N')}{\otimes} M' \xrightarrow[H(N)]{\sim} M$

2) $G = \mathrm{Norm}_G(N')$

3) $G = \mathrm{Stab}_G(M')$.

Wegen 2) wird bei der Operation von G auf N die Untergruppe $N' \subset N$ in sich abgebildet. Dies führt zu einer der Einfachheit halber wieder mit φ bezeichneten Operation von G auf N':

$$\varphi : G \longrightarrow \mathrm{Aut}\,(N').$$

Wir setzen nun

$$P' = [N'] \underset{\varphi}{\pi} G \hookrightarrow [N] \underset{\varphi}{\pi} G = P.$$

Wir betrachten nun die Endomorphismenalgebren der induzierten Moduln:

$$E' = \mathrm{Hom}_{H(P')}\,(H(P') \underset{H(N')}{\otimes} M',\ H(P') \underset{H(N')}{\otimes} M')$$

sowie

$$E = \mathrm{Hom}_{H(P)}\,(H(P) \underset{H(N)}{\otimes} M,\ H(P) \underset{H(N)}{\otimes} M).$$

Wegen der kanonischen Identifizierung:

$$H(P) \underset{H(P')}{\otimes} H(P') \underset{H(N')}{\otimes} M' \xrightarrow{\sim} H(P) \underset{H(N')}{\otimes} M' \xrightarrow{\sim}$$

$$H(P) \underset{H(N)}{\otimes} H(N) \underset{H(N')}{\otimes} M' \xrightarrow{\sim} H(P) \underset{H(N)}{\otimes} M$$

gibt es einen k-Algebrenhomomorphismus

$$\Psi : E' \xrightarrow{\sim} E,$$

welcher durch die Gleichung

$$\psi(u) = H(P) \underset{H(P')}{\otimes} u \qquad \forall u \in E'$$

definiert wird. Wie zeigen zunächst, daß Ψ ein Isomorphismus ist. Da nun sowohl der $H(N')$-Modul M' unter P' als auch der $H(N)$-Modul M unter P stabil ist, können wir zum Beweis dieser Behauptung den Struktursatz 12.6. heranziehen. Nun identifiziert sich sowohl der Endomorphismenring des $H(N')$-Moduls M' als auch der Endomorphismenring des $H(N)$-Moduls M mit dem Grundkörper k (Lemma von Schur). Mit den Bezeichnungen aus § 12 wird es daher genügen zu zeigen, daß der k-Algebrenhomomorphismus ψ die algebraische Gruppe $L(N', P', M') \subset E'^{*}$ auf die algebraische Gruppe $L(N, P, M) \subset E^{*}$ isomorph abbildet. Um diese Behauptung einzusehen, betrachten wir den Homomorphismus in algebraischen Gruppen:

$$\rho : F(N', P', M') \longrightarrow F(N, P, M)$$

welcher durch die Gleichung:

$$\rho((g, u)) = (g, v) \qquad \forall (g, u) \in F(N', P', M')(R),\ R \in M_k$$

beschrieben wird. Dabei wird der Isomorphismus

$$v : H(N_R) \underset{H(N'_R)}{\otimes} M'_R \xrightarrow{\sim} F_{g^{-1}}(H(N_R) \underset{H(N'_R)}{\otimes} M'_R)$$

durch die Gleichung:

$$v(h \otimes m') = g^{-1}hg \otimes u(m') \qquad \forall h \in H(N_R),\ m' \in M'_R = R \underset{k}{\otimes} M'$$

festgelegt. Man prüft nun sofort nach, daß das Diagramm I):

$$\text{I)} \qquad \begin{array}{ccc} F(N', P', M') & \xrightarrow{\ r'\ } & E' \\ \Big\downarrow \varrho & & \Big\downarrow \Psi \\ F(N, P, M) & \xrightarrow[\ r\ ]{} & E \end{array}$$

kommutativ sein muß. Dabei sind r' bzw. r durch die Gleichungen

$$r'((p',u))(m') = p'\cdot u(m') \qquad \forall (p',u) \in F(N', P', M'),$$

$$m' \in M' \subset H(P') \underset{H(N')}{\otimes} M'$$

$$r((p,v))(m) = p\cdot v(m) \qquad \forall (p,v) \in F(N, P, M)$$

$$m \in M \subset H(P) \underset{H(N)}{\otimes} M$$

definiert (vergleiche § 12, 12.2.). Aus der Kommutativität des Diagramms I ergibt sich nun sofort, daß Ψ die Untergruppe $L(N', P', M') \subset E'^{*}$ in die Untergruppe $L(N, P, M) \subset E^{*}$ abbildet und somit einen Homomorphismus

$$\psi^{*} : L(N', P', M') \longrightarrow L(N, P, M)$$

in algebraischen Gruppen induziert. Um nachzuweisen, daß ψ^* ein Isomorphismus ist, betrachten wir das nachfolgende kommutative Diagramm II) in algebraischen Gruppen:

$$\text{II)}\quad \begin{array}{ccccc} \mu_k & \longrightarrow & F(N', P', M') & \longrightarrow & P'^{op} \\ \downarrow \text{id.} & & \downarrow \varrho & & \downarrow \text{incl.} \\ \mu_k & \longrightarrow & F(N, P, M) & \longrightarrow & P^{op} \end{array}$$

(Wegen der Definition der horizontalen Pfeile siehe § 12, 12.1.).

Aus der Kommutativität von II) ergibt sich aber sofort, daß auch das nachfolgende Diagramm III) kommutativ sein muß:

$$\text{III)}\quad \begin{array}{ccccccccc} e_k & \longrightarrow & \mu_k & \longrightarrow & L(N', P', M') & \longrightarrow & G^{op} & \longrightarrow & e_k \\ & & \downarrow \text{id} & & \downarrow \psi^* & & \downarrow \text{id} & & \\ e_k & \longrightarrow & \mu_k & \longrightarrow & L(N, P, M) & \longrightarrow & G^{op} & \longrightarrow & e_k \end{array}$$

Da beide Zeilen in III) exakt sind, muß ψ^* ein Isomorphismus sein (siehe § 12, 12.2.).

(<u>Anmerkung</u>: Man hätte auch - weniger "kanonisch" - mit einem Dimensionsargument zeigen können, daß der k-Algebrenhomomorphismus ψ ein Isomorphismus ist. Einerseits ist nämlich ψ injektiv, andererseits gilt wegen 12.6. und 11.1. die Gleichung: $\dim_k E = \dim_k E'$).

Da nun der k-Algebrenhomomorphismus

$$\psi : E' \longrightarrow E$$

als Isomorphismus nachgewiesen ist, erhalten wir mit Hilfe von

Korollar 2.44. die Beziehung:

1) Länge des $H(P')$-Moduls $H(P') \underset{H(N')}{\otimes} M'$ = Länge des $H(P)$-Moduls

Moduls $H(P) \underset{H(N)}{\otimes} M$.

Ist nun

$$H(P') \underset{H(N')}{\otimes} M' = V_o \supset V_1 \,.\,.\, V_i \supset V_{i+1} \,.\,.\, V_n = 0$$

eine Jordan-Höldersche Kompositionsreihe des $H(P')$-Moduls $H(P') \underset{H(N')}{\otimes} M'$, so ist unter Berücksichtigung der Identifizierung

$$H(P) \underset{H(P')}{\otimes} H(P') \underset{H(N')}{\otimes} M' \xrightarrow{\sim} H(P) \underset{H(N)}{\otimes} M$$

wegen der Gleichung 1) auch

$$H(P) \underset{H(P')}{\otimes} V_o \supset H(P) \underset{H(P')}{\otimes} V_1 \,.\,.\, H(P) \underset{H(P')}{\otimes} V_i \supset H(P) \underset{H(P')}{\otimes} V_{i+1} \,.\,.$$

eine Jordan-Höldersche Kompositionsreihe des $H(P)$-Moduls $H(P) \underset{H(N)}{\otimes} M$.

Da nun der von uns betrachtete einfache $H(P)$-Modul S den $H(N)$-Modul M als Teilmodul enthält, ergibt sich eine Surjektion in $H(P)$-Moduln:

$$H(P) \underset{H(N)}{\otimes} M \longrightarrow S \longrightarrow 0 .$$

Nach dem Satz von Jordan-Hölder erhalten wir hieraus für einen geeigneten Index i die Isomorphiebeziehung in $H(P)$-Moduln:

2) $H(P) \underset{H(P')}{\otimes} (V_i/V_{i+1}) \xrightarrow[H(P)]{\sim} S.$

Zur genaueren Beschreibung der Jordan-Hölderschen Kompositionsfaktoren V_i/V_{i+1} des induzierten $H(P')$-Moduls $H(P') \underset{H(N')}{\otimes} M'$ ist eine kurze Vorbemerkung erforderlich:

Zunächst ergibt sich aus der Tatsache, daß der $H(N')$-Modul M' eindimensional und unter G stabil ist, die Gleichung

3) $$(gn'g^{-1})\cdot m' = n'\cdot m' \quad \forall g \in G(R),\ n' \in N'(R),\ m' \in M' \underset{k}{\otimes} R$$
$$R \in M_k .$$

Ist nun Q ein beliebiger, endlich-dimensionaler $H(G)$-Modul, so verifiziert man mit Hilfe von 3) sofort, daß auf dem Tensorprodukt $M' \underset{k}{\otimes} Q$ vermöge der Vorschrift:

4) $$(n',g)\cdot(m' \otimes q) = n'm' \otimes g\cdot q \quad \forall (n',g) \in [N'] \Pi G = P'$$
$$m' \in M',\ q \in Q$$

eine $H(P')$-Modulstruktur definiert wird. Ist nun insbesondere $Q = H(G)$, so liefert die kanonische $H(N')$-lineare Inklusion

$$\vartheta : M' \hookrightarrow M' \underset{k}{\otimes} H(G)$$

mit

$$\vartheta(m') = m' \otimes 1_{H(G)} \qquad \forall m' \in M'$$

einen Isomorphismus in $H(P')$-Moduln:

5) $$\vartheta' : H(P') \underset{H(N')}{\otimes} M' \xrightarrow[H(P')]{\sim} M' \underset{k}{\otimes} H(G) .$$

In der Tat ist ϑ' zunächst surjektiv, da $\vartheta(M') = M' \otimes 1_{H(G)}$ sicher den $H(P')$-Modul $M' \underset{k}{\otimes} H(G)$ erzeugt, und damit aus Dimensionsgründen schließlich sogar bijektiv. Ist nun

$$H(G) = W_o \supset W_1 \, . \, . \, W_i \supset W_{i+1} \, . \, . \, W_m = 0$$

eine Jordan-Höldersche Kompositionsreihe des $H(G)$-(Links) Moduls $H(G)$, so folgt aus der Isomorphiebeziehung (5) unter Berücksichtigung der Tatsache, daß M' eindimensional ist, daß

$$M' \underset{k}{\otimes} H(G) = M' \underset{k}{\otimes} W_o \supset M' \underset{k}{\otimes} W_1 \, . \, . \, M' \underset{k}{\otimes} W_i \supset M' \underset{k}{\otimes} W_{i+1} \, . \, .$$

eine Jordan-Höldersche Kompositionsreihe des $H(P')$-Moduls

$$H(P') \underset{H(N')}{\otimes} M' \xrightarrow{\sim} M' \underset{k}{\otimes} H(G)$$

ist. Damit nimmt aber der Jordan-Höldersche Kompositionsfaktor V_i/V_{i+1} des induzierten $H(P')$-Moduls $H(P') \underset{H(N')}{\otimes} M'$ in der Beziehung 2) die folgende Gestalt an:

6) $$V_i/V_{i+1} \xrightarrow[H(P')]{\sim} M' \underset{k}{\otimes} (W_i/W_{i+1}) \, .$$

Außerdem gilt: $m = n$. Bezeichnen wir nun den einfachen $H(G)$-Modul W_i/W_{i+1} mit T, so gibt es, da G monomial ist, eine Untergruppe $G_1 \subset G$ sowie einen eindimensionalen $H(G_1)$-Modul T_1 derart, daß

7) $$H(G) \underset{H(G_1)}{\otimes} T_1 \xrightarrow[H(G)]{\sim} T$$

gilt. Wir setzen nun $P_1 = [N'] \pi \, G_1$. Dann erhält man die Inklusionen:

$$P_1 = [N'] \pi \, G_1 \subset P' = [N'] \pi \, G \subset P = [N] \pi \, G.$$

Offenbar wird wieder der eindimensionale k-Vektorraum:

$$D = M' \underset{k}{\otimes} T_1$$

zu einem $H(P_1)$-Modul vermöge der Festsetzung:

$$(n',g_1)\cdot(m' \otimes t_1) = n'm' \otimes g_1 t_1 \quad \forall (n',g_1) \in [N'] \,\pi\, G_1 = P_1$$

$$m' \in M',\ t_1 \in T_1.$$

Nun induziert die kanonische, $H(P_1)$-lineare Abbildung

$$\tau : M' \underset{k}{\otimes} T_1 \longrightarrow M' \underset{k}{\otimes} T$$

einen Isomorphismus in $H(P')$-Moduln:

8) $$\tau' : H(P') \underset{H(P_1)}{\otimes} D \xrightarrow[H(P')]{\sim} M' \underset{k}{\otimes} T .$$

In der Tat ist τ' zunächst surjektiv, da $\tau(M' \underset{k}{\otimes} T_1)$ sicher den $H(P')$-Modul $M' \underset{k}{\otimes} T$ erzeugt, und damit schließlich aus Ranggründen sogar bijektiv. Aus den Isomorphiebeziehungen 2), 6) und 8) erhalten wir schließlich:

9) $$H(P) \underset{H(P_1)}{\otimes} D \xrightarrow[H(P)]{\sim} S .$$

Da der $H(P_1)$-Modul $D = M' \underset{k}{\otimes} T_1$ eindimensional ist, ergibt sich hieraus, daß die Gruppe $P = [N] \,\pi\, G$ monomial sein muß.

<u>2.73.</u> Für das nachfolgende Lemma 2.74. benötigen wir eine kurze Vorbemerkung. Wir betrachten die folgende Situation:

Sei G eine endliche, algebraische Gruppe über dem Grundkörper k der Charakteristik $p > 0$. Weiterhin sei eine Familie $\{P_i\}_{i \in I}$ endlicher, algebraischer Gruppen über k gegeben.

Dabei sei I eine endliche Indexmange, auf der die abstrakte Gruppe $G(k)$ von links durch Permutationen operiert:

$$G(k) \prod I \longrightarrow I .$$

Wir setzen aus technischen Gründen im folgenden:

$$ig = g^{-1} \cdot i \qquad \forall g \in G(k),\ i \in I .$$

Weiterhin sei für jedes Paar $(i,g) \in I \prod G(K)$ ein Gruppenisomorphismus

$$s(i,g) : P_{ig} \xrightarrow{\sim} P_i$$

gegeben derart, daß die folgende Bedingung erfüllt ist:

$$s(i,g) \circ s(ig,h) = s(i,gh) \qquad \forall i \in I,\ g \in G(k)$$

Außerdem sei für jeden Index $i \in I$ eine (Links)-Operation von G^o auf P_i durch Gruppenautomorphismen gegeben:

$$\phi_i : G^o \longrightarrow \mathrm{Aut}(P_i) \qquad \forall i \in I .$$

Dabei soll wie üblich G^o die Zusammenhangskomponente der Eins in G bezeichnen. Schließlich fordern wir noch, daß die Operationen ϕ_i die folgende Bedingung erfüllen:

$$s(i,g) \circ \phi_{ig}(x) = \phi_i(gxg^{-1}) \circ s(i,g)$$

$$\forall i \in I,\ g \in G(k),\ x \in G^o .$$

Dann gibt es genau eine (Links)-Operation von G auf $\prod_{i \in I} P_i$ durch Gruppenautomorphismen:

$$\phi : G \longrightarrow \mathrm{Aut} \prod_{i \in I} P_i$$

derart, daß die beiden folgenden Diagramme kommutativ sind:

$$\text{I)} \quad \begin{array}{ccc} \prod_{i \in I} P_i & \xrightarrow{\phi(g)} & \prod_{i \in I} P_i \\ \downarrow p_{ig} & & \downarrow p_i \\ P_{ig} & \xrightarrow{s(i,g)} & P_i \end{array} \qquad \forall g \in G(k)$$

$$\text{II)} \quad \begin{array}{ccc} \prod_{i \in I} P_i & \xrightarrow{\phi(x)} & \prod_{i \in I} P_i \\ \downarrow p_i & & \downarrow p_i \\ P_i & \xrightarrow{\phi_i(x)} & P_i \end{array} \qquad \forall x \in G^o \, .$$

Dabei sollen die vertikalen Pfeile p_i bzw. p_{ig} die kanonischen Projektionen auf die Faktoren P_i bzw. P_{ig} bezeichnen.

2.74. Lemma: Unter Benutzung der Verabredungen und Bezeichnungen aus der voraufgegangenen Bemerkung 2.73. betrachten wir das semi-direkte Produkt

$$Q = \left[\prod_{i \in I} P_i\right] \underset{\phi}{\pi} G \, .$$

Wir setzen weiterhin voraus:

1) Für jedes $i \in I$ ist die Gruppe P_i das semidirekte

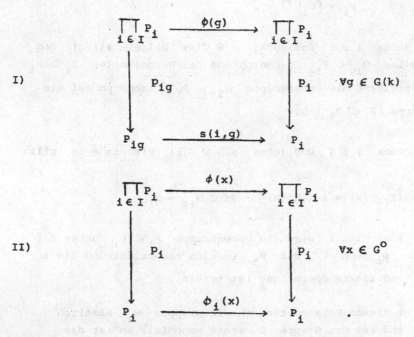

Produkt eines unipotenten Normalteilers $U_i \subset P_i$ mit einer Untergruppe $N_i \subset P_i$:

$$P_i = [U_i] \Pi N_i .$$

2) Für jedes $i \in I$ und jedes $g \in G(k)$ bildet $s(i,g)$ den Normalteiler $U_{ig} \subset P_{ig}$ isomorph auf den Normalteiler $U_i \subset P_i$ und entsprechend die Untergruppe $N_{ig} \subset P_{ig}$ isomorph auf die Untergruppe $N_i \subset P_i$ ab.

3) Für jedes $i \in I$ und jedes $g,h \in G(k)$ mit $ig = ih$ gilt:

$$s(i,g)(x) = s(i,h)(x) \quad \forall x \in N_{ig} = N_{ih} .$$

4) Für jedes $i \in I$ wird die Untergruppe $N_i \in P_i$ unter der Operation ϕ_i von G^o auf P_i in sich abgebildet und die so auf N_i induzierte Operation ist trivial.

Sind unter diesen Voraussetzungen die Gruppen N_i sämtlich monomial und ist die Gruppe G stark monomial, so ist das semi-direkte Produkt

$$Q = \Big[\prod_{i \in I} ([U_i] \Pi N_i) \Big] \underset{\phi}{\Pi} G$$

ebenfalls monomial, falls der Grundkörper k algebraisch abgeschlossen ist.

<u>Beweis</u>: Wir bemerken zunächst, daß man offenbar die Bedingung 3) ohne Beschränkung der Allgemeinheit durch die folgende, schärfere Bedingung ersetzen kann:

3') Für alle $i \in I$ und $g \in G(k)$ gilt $N_i = N_{ig}$ und der von $s(i,g)$ induzierte Isomorphismus

$$s(i,g) : N_{ig} \xrightarrow{\sim} N_i$$

ist der identische Automorphismus von $N_i = N_{ig}$.

Wir werden zeigen, daß das semidirekte Produkt $Q = \left[\prod_{i \in I} P_i\right] \prod_{\Phi} G$

den Voraussetzungen von Lemma 2.72. genügt.

Sei also M ein einfacher $H(\prod_{i \in I} P_i)$-Modul. Dann ist M von der Gestalt:

$$M \xrightarrow{\sim} \bigotimes_{i \in I} M_i .$$

Dabei ist für jedes $i \in I$ M_i ein einfacher $H(P_i)$-Modul und das Produkt ein endlichen, algebraischen Gruppen

$$P = \prod_{i \in I} P_i$$

operiert auf dem Tensorprodukt in Vektorräumen $\bigotimes_{i \in I} M_i$

diagonal (vergleiche 2.33.).

Da nun M_i ein einfacher $H(P_i)$-Modul ist, muß der unipotente Normalteiler $U_i \subset P_i$ auf M_i trivial operieren. Bezeichnen wir mit $K_i \subset N_i$ den Kern der linearen Operation von $N_i \subset P_i$ auf M_i, so ist

$$[U_i] \prod K_i \subset [U_i] \prod N_i = P_i$$

der Kern der linearen Operation von P_i auf M_i. Außerdem ergibt sich aus der Einfachheit des $H(P_i)$-Moduls M_i, daß auch M_i aufgefaßt als $H(N_i)$-Modul einfach sein muß.

Wir benötigen nun für alles weitere die beiden folgenden Sublemmata:

1. Sublemma: Unter Benutzung der eingangsgemachten Bezeichnungen gelten die folgenden Gleichungen:

a) $\mathrm{Stab}_G(M)(k) = \{ g \in G(k) \mid M_{ig} \xrightarrow[H(N_{ig})=H(N_i)]{\sim} M_i \ \forall\, i \in I \}$

b) $\mathrm{Stab}_G(M)^o = \bigcap_{i \in I} \mathrm{Norm}_{Go} ([U_i] \prod K_i).$

Beweis von Sublemma 1: Wir zeigen zunächst a). Sei $g \in G(k)$ und sei weiterhin für jedes $i \in I$ ein Isomorphismus in $H(N_{ig}) = H(N_i)$-Moduln

$$u_i : M_{ig} \xrightarrow[H(N_{ig})=H(N_i)]{\sim} M_i$$

gegeben. Wegen der Bedingungen 2) und 3') des obigen Lemmas ist u_i offenbar semilinear bezüglich des Isomorphismus

$$s(i,g) : P_{ig} \xrightarrow{\sim} P_i$$

in endlichen, algebraischen Gruppen. Dann ist aber der k-lineare Isomorphismus

$$u : \bigotimes_{i \in I} M_i \xrightarrow{\sim} \bigotimes_{i \in I} M_i ,$$

welcher durch die Gleichung:

$$u(\bigotimes_{i \in I} v_i) = \bigotimes_{i \in I} w_i \quad \text{mit} \quad w_i = u_i(v_{ig}) \quad \forall i \in I$$

definiert wird, semilinear bezüglich des Gruppenautomorphismus

$$\phi(g) : \prod_{i \in I} P_i \xrightarrow{\sim} \prod_{i \in I} P_i .$$

Ist nun andererseits

$$u : \bigotimes_{i \in I} M_i \xrightarrow{\sim} \bigotimes_{i \in I} M_i$$

ein k-linear Automorphismus, der semilinear ist bezüglich $\phi(g)$, so liefert das kommutative Diagramm:

$$\begin{array}{ccc}
\prod_{i \in I} P_i & \xrightarrow[\phi(g)]{\sim} & \prod_{i \in I} P_i \\
\uparrow & & \uparrow \\
P_{jg} & \xrightarrow[s(j,g)]{\sim} & P_j \\
\uparrow & & \uparrow \\
N_{jg} & \xrightarrow{id} & N_j
\end{array}$$

einen der Einfachheit halber wieder mit u bezeichneten Isomorphismus in $H(N_{jg}) = H(N_j)$-Moduln:

$$u : (\bigotimes_{i \in I} M_i)_{jg} \xrightarrow{\sim} (\bigotimes_{i \in I} M_i)_j \; .$$

Dabei entsteht die $H(N_{jg})$-Modulstruktur auf $(\bigotimes_{i \in I} M_i)_{jg}$ durch die kanonische Einbettung von N_{jg} in den Faktor P_{jg} und entsprechend die $H(N_j)$-Modulstruktur auf $(\bigotimes_{i \in I} M_i)_j$ durch die kanonische Einbettung von N_j in den Faktor P_j des direkten Produkts $\prod_{i \in I} P_i$. Setzen wir nun

$$r_1 = \dim_k (\bigotimes_{i \neq jg} M_i) \quad \text{sowie} \quad r_2 = \dim_k (\bigotimes_{i \neq j} M_i),$$

so geht die obige Isomorphiebeziehung über in:

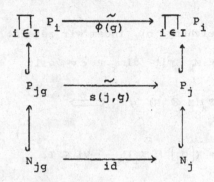

$$M_{jg}^{r_1} \xrightarrow[H(N_{jg})=H(N_j)]{\sim} M_j^{r_2} .$$

Mit Hilfe des Satzes von Jordan-Hölder ergibt sich hieraus:

$$M_{jg} \xrightarrow[H(N_{jg})=H(N_j)]{\sim} M_j \quad \text{und} \quad r_1 = r_2 .$$

Wir beweisen nun die Gleichung b), indem wir zeigen:

Für alle $x \in G^{o}(R)$, $R \in M_k$ mit $\dim_k R < \infty$ gilt

$$M \underset{k}{\otimes} R \xrightarrow[H(P) \underset{k}{\otimes} R]{\sim} F_x(M \underset{k}{\otimes} R) \iff$$

$$\phi_i(x)(([U_i] \,\Pi\, K_i)_R) = ([U_i] \,\Pi\, K_i)_R \qquad \forall i \in I.$$

Dabei ist abkürzend

$$P = \prod_{i \in I} P_i$$

gesetzt worden. In der Tat folgt aus

$$\phi_i(x)(([U_i] \,\Pi\, K_i)_R) = ([U_i] \,\Pi\, K_i)_R \quad \forall i \in I$$

wegen der Bedingung 4) des obigen Lemmas zunächst:

$$M_i \underset{k}{\otimes} R \xrightarrow[H(P_i) \underset{k}{\otimes} R]{\sim} F_x(M_i \underset{k}{\otimes} R) \qquad \forall i \in I.$$

Hieraus ergibt sich nun aber sofort:

$$\bigotimes_{i \in I} (M_i \underset{k}{\otimes} R) \xrightarrow[H(P) \underset{k}{\otimes} R]{\sim} \bigotimes_{i \in I} F_x(M_i \underset{k}{\otimes} R)$$

$$\xrightarrow[H(P) \underset{k}{\otimes} R]{\sim} F_x\Big(\bigotimes_{i \in I} (M_i \underset{k}{\otimes} R)\Big).$$

Ist nun aber umgekehrt eine derartige Isomorphiebeziehung gegeben, so erhalten wir hieraus einen Isomorphismus in $H(P_j) \otimes_k R$-Moduln für jedes $j \in I$:

$$\bigotimes_{i \in I} (M_i \otimes_k R) \xrightarrow[H(P_j) \otimes_k R]{\sim} \bigotimes_{i \in I} F_x(M_i \otimes_k R).$$

Setzen wir nun

$$r = \dim_k \bigotimes_{i \neq j} M_i,$$

so geht diese Isomorphiebeziehung über in:

$$(M_j \otimes_k R)^r \xrightarrow[H(P_j) \otimes_k R]{\sim} (F_x(M_j \otimes_k R))^r .$$

Der Satz von Remak-Krull-Schmidt liefert hieraus schließlich:

$$M_j \otimes_k R \xrightarrow[H(P_j) \otimes_k R]{\sim} F_x(M_j \otimes_k R).$$

Nun ist aber einerseits $([U_j] \,\Pi\, K_j)_R$ der Kern der linearen Darstellung von P_{jR} auf $M_j \otimes_k R$. Entsprechend ist andererseits $\phi_j(x)(([U_j] \,\Pi\, K_j)_R)$ der Kern der linearen Darstellung von P_{jR} auf $F_x(M_j \otimes_k R)$. Damit ergibt sich aus der letzten Isomorphiebeziehung die Gleichung:

$$\phi_j(x)(([U_j] \,\Pi\, K_j)_R) = ([U_j] \,\Pi\, K_j)_R,$$

und somit ist der Beweis von Sublemma 1 beendet.

<u>2. Sublemma:</u> Seien $N' \subset N$ zwei endliche, algebraische Gruppen über dem Grundkörper k und sei weiterhin M' ein endlich-dimensionaler $H(N')$-Modul. Ist dann $K \subset N$ der

Kern der linearen Darstellung von N auf $M = H(N) \underset{H(N')}{\otimes} M'$,

so gilt $K \subset N'$.

<u>Beweis von Sublemma 2:</u> Wir setzen zunächst abkürzend:

$H = H(N)$, $H' = H(N')$, $\bar{H} = H(N/\widetilde{K})$, $\overline{H'} = H(N'/\widetilde{(N' \cap K)})$.

Aus der Beziehung $M = H \underset{H'}{\otimes} M'$ erhalten wir die Gleichung:

$\dim_k M = \dim_k M' \cdot \dim_k \ (N/\widetilde{N'})$.

Aus der Beziehung

$$\bar{H} \underset{H}{\otimes} M \xrightarrow{\sim} \bar{H} \underset{\overline{H'}}{\otimes} \overline{H'} \underset{H'}{\otimes} M'$$

ergibt sich die Gleichung:

$$\dim_k \bar{H} \underset{H}{\otimes} M = \dim_k \overline{H'} \underset{H'}{\otimes} M' \cdot \dim_k \ (N/\widetilde{N' \cdot K}) .$$

Nun ist aber andererseits

$$\dim_k \bar{H} \underset{H}{\otimes} M = \dim_k M \quad \text{und} \quad \dim_k \overline{H'} \underset{H'}{\otimes} M' = \dim_k M',$$

denn K operiert trivial auf M und damit operiert $K \cap N'$ trivial auf $M' \subset M$. Zusammenfassend erhalten wir aus diesen Gleichungen die Beziehung:

$$\dim_k \mathcal{O}(N/\widetilde{N'}) = \dim_k \mathcal{O}(N/\widetilde{N' \cdot K}).$$

Hieraus ergibt sich sofort die gesuchte Inklusion

$$K \subset N'$$

und der Beweis von Sublemma 2 ist somit beendet.

Wir wenden uns nun wieder dem Beweis von 2.74. zu. Da die Gruppen N_i nach Voraussetzung sämtlich monomial sind, gibt es zu jedem $i \in I$ eine Untergruppe $N_i' \subset N_i$ sowie einen eindimensionalen $H(N_i')$-Modul M_i' derart, daß gilt:

$$H(N_i) \underset{H(N_i')}{\otimes} M_i' \xrightarrow[H(N_i)]{\sim} M_i .$$

Offenbar kann man nun die Familien $\{N_i'\}_{i \in I}$ und $\{M_i'\}_{i \in I}$ so auswählen, daß aus

$$M_i \xrightarrow[H(N_i)=H(N_{ig})]{\sim} M_{ig}$$

stets die Beziehungen

$$N_i' = N_{ig}' \quad \text{sowie} \quad M_i' \xrightarrow[H(N_i')=H(N_{ig}')]{\sim} M_{ig}'$$

folgen. Wir setzen nun

$$P_i' = [U_i] \,\Pi\, N_i' \subset [U_i] \,\Pi\, N_i = P_i$$

und machen M_i' zu einem $H(P_i')$-Modul, indem wir U_i trivial auf M_i' operieren lassen. Dann gilt offenbar auch

$$H(P_i) \underset{H(P_i')}{\otimes} M_i' \xrightarrow[H(P_i)]{\sim} M_i \qquad \forall i \in I.$$

Mit $P' = \prod_{i \in I} P_i'$ und $P = \prod_{i \in I} P_i$ erhalten wir hieraus für den eindimensionalen $H(P')$-Modul

$$M' = \bigotimes_{i \in I} M'_i$$

die Isomorphiebeziehung in H(P)-Moduln:

$$H(P) \underset{H(P')}{\otimes} M' \xrightarrow[H(P)]{\sim} M.$$

Ummdas Lemma 2.72. anwenden zu können, müssen wir nun die beiden folgenden Inklusionen verifizieren:

1) $\mathrm{Stab}_G(M) \subset \mathrm{Norm}_G(P')$

2) $\mathrm{Stab}_G(M) \subset \mathrm{Stab}_{G'}(M')$ mit $G' = \mathrm{Norm}_G(P')$.

Nun hat man aber offenbar die Gleichungen:

c) $\mathrm{Norm}_G(P')(k) = \{g \in G(k) \mid N_i' = N_{ig}' \quad \forall i \in I\}$

d) $\mathrm{Norm}_G(P')^{\circ} = \bigcap_{i \in I} \mathrm{Norm}_{G^{\circ}}([U_i] \,\Pi\, N_i')$.

Aus den Gleichungen a) und c) ergibt sich nun aber sofort:

1') $\mathrm{Stab}_G(M)(k) \subset \mathrm{Norm}_G(P')(k)$

Wegen Sublemma 2) hat man die Inklusionen

$$K_i \subset N_i' \qquad \forall i \in I .$$

Hieraus erhält man zusammen mit den Gleichungen b) und d):

1") $\mathrm{Stab}_G(M)^{\circ} \subset \mathrm{Norm}_G(P')^{\circ}$.

Aus 1') und 1") ergibt sich 1). Um die Inklusion 2) zu verifizieren wenden wir das Sublemma 1 auf den H(P')-Modul M' an, und erhalten so die Gleichungen

e) $\mathrm{Stab}_{G'}(M')(k) = \{g \in G'(k) \mid M_i' \xrightarrow[H(N_i')=H(N_{ig}')]{\sim} M_{ig}' \quad \forall i \in I\}$

f) $\mathrm{Stab}_{G'}(M')^{\circ} = \bigcap_{i \in I} \mathrm{Norm}_{G'^{\circ}}([U_i] \,\Pi\, K_i')$.

Dabei sei $K_i' \subset N_i'$ der Kern der linearen Darstellung von N_i' auf M_i'. Aus den Gleichungen a) und e) ergibt sich unter Berücksichtigung von 1') die Inklusion

2') $\mathrm{Stab}_G(M)(k) \subset \mathrm{Stab}_{G'}(M')(k)$.

Aus dem Sublemma 2 ergeben sich die Inklusionen:

$$K_i \subset K_i' \subset N_i' \qquad \forall i \in I .$$

Zusammen mit den Gleichungen b) und f) erhalten wir hieraus unter Berücksichtigung von 1):

2") $\mathrm{Stab}_G(M)^o \subset \mathrm{Stab}_{G'}(M')^o$.

Aus 2') und 2") ergibt sich schließlich 2), womit der Beweis des Lemmas 2.74. beendet ist.

2.75. Anmerkung zum Beweis von 2.74.: Wie aus der Bemerkung zum Lemma 2.72. hervorgeht, folgt aus den Inklusionen 1) und 2) die Gleichung

3) $\mathrm{Stab}_G(M) = \mathrm{Stab}_{G'}(M')$.

In der Tat läßt sich zunächst die Gleichung

3') $\mathrm{Stab}_G(M)(k) = \mathrm{Stab}_{G'}(M')(k)$

ohne Schwierigkeit aus den Gleichungen a) und e) ablesen. Die Inklusion

3") $\mathrm{Stab}_{G'}(M')^o \subset \mathrm{Stab}_G(M)^o$

ist wegen der Gleichungen b) und f) offenbar gleichbedeutend mit der folgenden Aussage:

$$\phi_i(x)(U_i) \subset K_i' \Longrightarrow \phi_i(x)(U_i) \subset K_i \qquad \forall x \in G'^o, \quad i \in I.$$

Um diese Implikation zu verifizieren, betrachten wir das abgeschlossene Bild $L_i^{\cdot}$ des Morphismus in endlichen algebraischen k-Schemata

$$h_i : \mathrm{Stab}_{G'}(M')^{\circ} \prod U_i \longrightarrow P_i,$$

welcher durch die Gleichung:

$$h_i((x,u)) = \phi_i(x)(u) \qquad \forall x \in \mathrm{Stab}_{G'}(M')^{\circ},\ u \in U_i$$

definiert wird. Man prüft nun sofort nach, daß L_i ein abgeschlossenes Unterschema von P_i ist, welches unter den inneren Automorphismen von P_i in sich abgebildet wird. Wegen 8.9. gibt es eine natürliche Zahl $n \in \mathbb{N}$ derart, daß das abgeschlossene Bild des Morphismus in endlichen, algebraischen k-Schemata

$$m_i : L_i^n \longrightarrow P_i,$$

welcher durch die Gleichung

$$m_i((l_1, l_2, l_3 \ldots l_n)) = l_1 \cdot l_2 \cdot l_3 \ldots l_n \quad \forall l_1, l_2, l_3, \ldots l_n \in L_i,$$

festgelegt wird, eine abgeschlossene Untergruppe $Q_i \subset P_i$ ist.

Offenbar ist nun Q_i ein in K_i' enthaltener Normalteiler von P_i. Infolgedessen ist der Vektorraum der unter Q_i invarianten Elemente von M_i ein P_i-Teilmodul von M_i, der den Untervektorraum $M_i' \subset M_i$ umfaßt. Hieraus erhalten wir aber die Inklusion $Q_i \subset K_i$.

2.76. Wie in 2.73. betrachten wir wieder eine endliche, algebraische Gruppe G sowie eine endliche Familie $\{P_i\}_{i \in I}$ von algebraischen Gruppen über dem Grundkörper k der Charakteristik $p > 0$. Im Gegensatz zu 2.73. müssen jedoch die algebraischen Gruppen P_i nicht notwendig endlich sein. Wie in 2.73. betrachten wir auf

$$P = \prod_{i \in I} P_i$$

eine Operation von G durch Gruppenautomorphismen:

$$\phi : G \longrightarrow \mathrm{Aut}(P).$$

Wie in 2.74. fordern wir zusätzlich, daß jede algebraische Gruppe P_i das semidirekte Produkt eines unipotenten Normalteilers $U_i \subset P_i$ mit einer endlichen algebraischen Untergruppe $N_i \subset P_i$ ist:

$$P_i = [U_i] \pi N_i .$$

Im Gegensatz zu 2.73. ist die algebraische Gruppe U_i nicht notwendigerweise endlich. Wie in Lemma 2.74. sollen wiederum die Bedingungen 2), 3) und 4) erfüllt sein. Bezüglich der Operation ϕ betrachten wir nun das semidirekte Produkt

$$Q = [P] \underset{\phi}{\pi} G.$$

Setzen wir noch voraus, daß der Grundkörper k algebraisch abgeschlossen ist, so gilt das folgende

2.77. Lemma: Sei mit den Bezeichnungen und Verabredungen von 2.76. $x \in Q(R)$, $R \in M_k$ und $\dim_k R < \infty$. Dann gibt es eine Familie von endlichen, algebraischen Untergruppen $\{U_i' \subset U_i\}_{i \in I}$ derart, daß die folgenden Bedingungen erfüllt sind:

1) $\mathrm{Norm}_{N_i}(U_i') = N_i \quad \forall i \in I$.

2) Bilden wir das semidirekte Produkt

$$P_i' = [U_i'] \pi N_i \subset [U_i] \pi N_i = P_i$$

bezüglich der induzierten Operation von N_i auf U_i', so gilt für die Untergruppe

$$P' = \prod_{i \in I} P_i' \subset \prod_{i \in I} P_i = P$$

die Beziehung:

$$\mathrm{Norm}_G(P') = G .$$

Bilden wir bezüglich der induzierten Operation von G auf P' das semidirekte Produkt:

$$Q' = [P'] \pi G \subset [P] \pi G = Q,$$

so gilt die Beziehung:

$$x \in Q'(R) \subset Q(R).$$

Beweis: Wir benötigen für den Beweis eine Reihe einfacher Bemerkungen, die wir als Sublemmata dem eigentlichen Beweis von Lemma 2.77. voranstellen.

1. Sublemma: Sei L eine algebraische Gruppe über dem algebraisch abgeschlossenen Grundkörper k der Charakteristik $p > 0$. In L gebe es eine Kette von Untergruppen:

$$L = L_o \supset L_1 \ldots L_i \supset L_{i+1} \ldots L_n = e_k,$$

derart, daß für $i < n$ L_{i+1} ein Normalteiler von L_i ist und darüberhinaus die Restklassengruppen $L_i \tilde{/} L_{i+1}$ endlich oder unipotent sind. Dann ist jede endlich erzeugte, abstrakte Untergruppe von $L(k)$ sogar endlich.

<u>Beweis von Sublemma 1</u>: Nach einer geeigneten Verfeinerung der obigen Untergruppenkette können wir ohne Beschränkung der Allgemeinheit annehmen, daß die unipotenten Restklassengruppen $L_i\widetilde{/}L_{i+1}$ sämtlich Untergruppen der additiven Gruppe α_k sind (siehe [10], chap. IV, § 2, No. 2, 2.5.).

Wir führen nun den Beweis durch Induktion nach der Länge einer derartig verfeinerten Untergruppenkette. Sei also $\Gamma \subset L(k)$ eine endlich erzeugte Untergruppe von $L(k)$. Wir setzen $\Gamma_1 = \Gamma \cap L_1(k)$. Dann ist Γ_1 ein Normalteiler von Γ und es gilt:

$$\Gamma/\Gamma_1 \subset L(k)/L_1(k) \longrightarrow L\widetilde{/}L_1(k).$$

Ist nun $L\widetilde{/}L_1$ endlich, so muß auch $L\widetilde{/}L_1(k)$ und damit Γ/Γ_1 endlich sein. Ist dagegen $L\widetilde{/}L_1$ unipotent, so ergibt sich die Inklusion

$$\Gamma/\Gamma_1 \subset \alpha_k(k) = k^+ .$$

Da mit Γ auch Γ/Γ_1 endlich erzeugt ist, muß auch in diesem Falle Γ/Γ_1 als endlich erzeugte, abelsche Gruppe mit p-Torsion endlich sein. In jedem Falle ist also wegen [18], I, § 19, 19.10. Γ_1 als Untergruppe von endlichem Index in der endlich erzeugten Gruppe Γ selber endlich erzeugt. Nach Induktionsvoraussetzung ist dann aber Γ_1 sogar endlich. Mit Γ_1 und Γ/Γ_1 ist schließlich auch Γ endlich.

<u>2. Sublemma</u>: Sei L eine algebraische Gruppe über einem algebraisch abgeschlossenen Grundkörper k der Charakteristik $p > 0$ mit der in Sublemma 1 dieses Abschnittes geforderten Eigenschaft. Sei weiterhin $X \subset L$ ein endliches, abgeschlossenes Unterschema von L. Dann gibt es eine endliche, abgeschlossene Untergruppe $M \subset L$, welche X umfaßt:

$$X \subset M \subset L.$$

<u>Beweis von Sublemma 2</u>: Der dem endlichen Schema X zugrundeliegende topologische Raum ist die diskret topologisierte, endliche Menge $X(k)$ der rationalen Punkte von X. Für $g \in X(k)$ bezeichnen wir mit $X_g \subset X$ das offene Teilschema von X, das der offenen Untermenge $\{g\} \subset X(k)$ entspricht. Nun gibt es offenbar eine natürliche Zahl $n \in \mathbb{N}$ derart, daß die folgende Inklusionsbeziehung gilt:

$$g^{-1} \cdot X_g \subset {}_{F^n}L \qquad \forall g \in X(k).$$

Sei weiterhin $\Gamma \subset L(k)$ die von $X(k)$ erzeugte Untergruppe von $L(k)$. Wegen Sublemma 1 ist Γ endlich. Setzen wir nun:

$$M = \widetilde{{}_{F^n}L \cdot \Gamma_k} \subset L,$$

so gilt offenbar:

$$X \subset M \subset L.$$

Da M eine endliche, algebraische Untergruppe von L sein muß, ist damit der Beweis von Sublemma 2 beendet.

<u>3. Sublemma:</u> Sei L eine algebraische Gruppe über dem algebraisch abgeschlossenen Grundkörper k der Charakteristik $p > 0$ mti der in Sublemma 1 dieses Abschnittes geforderten Eigenschaft. Sei weiterhin $X \subset L$ ein endliches, abgeschlossenes Teilschema von L. Dann gibt es eine natürliche Zahl $n \in \mathbb{N}$ derart, daß das abgeschlossene Bild des Morphismus

$$h_n \; : \; X^n \longrightarrow L$$

mit

$$h_n((g_1, g_2, \ldots g_n)) = g_1 \cdot g_2 \ldots g_n \quad \forall g_1, g_2, \ldots g_n \in X \subset L$$

eine (endliche) algebraische Untergruppe von L ist. Bezeichnen wir diese Untergruppe mit J, so ist J der Durchschnitt aller abgeschlossenen Untergruppen von L, welche X umfassen. Für $R \in M_k$ ist dann J_R der Durchschnitt aller abgeschlossenen Untergruppen von L_R, welche X_R umfassen.

<u>Beweis von Sublemma 3:</u> Wegen Sublemma 2 aus diesem Abschnitt gibt es zunächst eine endliche, algebraische Untergruppe $M \subset L$, welche X umfaßt:

$$X \subset M \subset L .$$

Da alle algebraischen Untergruppen von L abgeschlossene Untergruppen von L sind, können wir zum Beweis der ersten Behauptung L durch M ersetzen und daher ohne Beschränkung der Allgemeinheit annehmen, daß L selber endlich ist. In dieser Situation können wir aber wie in § 8, 8.9. argumentieren und erhalten so den Beweis für die erste Behauptung. Offenbar ist für jedes $n \in \mathbb{N}$ das abgeschlossene Bild des Morphismus h_n in jeder abgeschlossenen Untergruppe von L gelegen, welche X enthält. Damit ergibt sich die zweite Behauptung aus der ersten. Der Beweis der letzten Behauptung schließlich beruht auf der Bemerkung, daß die Konstruktion abgeschlossener Bilder in der Kategorie der affinen Schemata über einem Grundkörper k mit beliebigen Basiswechseln vertauscht.

Wir wenden uns nun dem Beweis von Lemma 2.77. zu, der sich jetzt unmittelbar aus den voraufgegangenen Bemerkungen ergibt. Zunächst seien die folgenden abkürzenden Redeweisen eingeführt: Ein abgeschlossenes Teilschema $Z \subset P$, das unter der Operation von G auf P in sich abgebildet wird, heiße stabil unter G oder kürzer stabil. Den Durchschnitt aller abgeschlossenen Untergruppen von P, die ein gegebenes abgeschlossenes Unterschema $Z \subset P$ enthalten, bezeichnen wir als die von Z in P erzeugte Untergruppe oder noch kürzer als das Erzeugnis von Z in P.

Sei nun

$$x = (x_1, x_2) \in Q(R) = [P(R)] \,\Pi\, G(R)$$

mit $x_1 \in P(R)$, $x_2 \in G(R)$, $R \in M_k$ und $\dim_k R < \infty$. Wir betrachten zunächst den Morphismus in algebraischen k-Schemata:

$$f : G \,\Pi\, \mathrm{Sp}\, R \longrightarrow P,$$

welcher durch die Gleichung

$$f((g,y)) = \Phi(g)(x_1^{\#}(y)) \quad \forall g \in G,\ y \in \mathrm{Sp}R$$

festgelegt ist. Dabei sei

$$x_1^{\#} : \mathrm{Sp}\, R \longrightarrow P$$

der dem Element $x_1 \in P(R)$ aufgrund des Yonedalemmas entsprechende Morphismus in Funktoren. Sei $X \subset P$ das abgeschlossene Bild des Morphismus f in algebraischen k-Schemata. Offenbar ist X unter G stabil.

Wegen Sublemma 3 ist dann aber auch das Erzeugnis von X in P, das wir mit $M^{(1)}$ bezeichnen wollen, unter G stabil. Wegen Sublemma 2 muß $M^{(1)}$ eine endliche, algebraische Untergruppe von P sein. Außerdem hat man die Beziehung:

$$x_1 \in X(R) \subset M^{(1)}(R) \subset P(R).$$

Sei nun

$$M_i^{(1)} = \widetilde{p_i(M^{(1)})}$$

das garbentheoretische Bild unter der kanonischen Projektion:

$$p_i : P = \prod_{i \in I} P_i \longrightarrow P_i .$$

Aus der Stabilität von $M^{(1)}$ unter G folgt sofort, daß auch die endliche algebraische Untergruppe

$$M^{(2)} = \prod_{i \in I} M_i^{(1)} \subset \prod_{i \in I} P_i = P$$

stabil sein muß. Andererseits prüft man leicht nach, daß auch die endliche, algebraische Untergruppe

$$N = \prod_{i \in I} N_i \subset \prod_{i \in I} P_i = P$$

unter G stabil ist. Dann muß aber auch das abgeschlossene Bild $Y \subset P$ des Morphismus in algebraischen k-Schemata

$$m : M^{(2)} \pi N \longrightarrow P,$$

welcher durch die Gleichung

$$m((g_1, g_2)) = g_1 \cdot g_2 \quad \forall g_1 \in M^{(2)} \subset P, \quad g_2 \in N \subset P$$

festgelegt wird, ebenfalls stabil unter G sein. Erneute Anwendung von Sublemma 3 und Sublemma 2 liefert, daß das Erzeugnis von Y in P eine endliche, algebraische, stabile Untergruppe von P ist. Wir bezeichnen diese Untergruppe mit $M^{(3)}$. Setzen wir wieder

$$M_i^{(3)} = \widetilde{p_i}(M^{(3)})$$

so wird schließlich auch die endliche, algebraische Untergruppe

$$M^{(4)} = \prod_{i \in I} M_i^{(3)} \subset \prod_{i \in I} P_i = P$$

unter G stabil sein. Um Anschluß an die in Lemma 2.77. benutzten Bezeichnungen zu gewinnen setzen wir noch

$$M^{(4)} = P' \quad \text{und} \quad M_i^{(3)} = P_i' \quad \forall i \in I.$$

Damit geht die obige Inklusion über in die Beziehung:

$$P' = \prod_{i \in I} P'_i \subset \prod_{i \in I} P_i = P.$$

Setzen wir nun

$$U'_i = U_i \cap P'_i \qquad \forall i \in I,$$

so erhalten wir wegen der Inklusionen

$$N_i \subset P'_i \qquad \forall i \in I$$

schließlich die Beziehung

$$P'_i = [U'_i]\,\Pi\, N_i \subset [U_i]\,\Pi\, N_i = P_i \qquad \forall i \in I.$$

Aus den Inklusionen

$$M^{(1)} \subset M^{(2)} \subset M^{(3)} \subset M^{(4)} = P'$$

ergibt sich nun sofort:

$$x_1 \in P'(R).$$

Setzen wir

$$Q' = [P']\,\Pi\, G \subset [P]\,\Pi\, G = Q,$$

so ergibt sich schließlich

$$x = (x_1, x_2) \in Q'(R).$$

und hiermit ist der Beweis von 2.77. beendet.

2.78. In diesem Abschnitt sollen Kranzprodukte endlicher, algebraischer Gruppen eingeführt und etwas näher untersucht werden. Seien über einem algebraisch abgeschlossenen Grundkörper k der Charakteristik $p > 0$ G und N zwei endliche, algebraische Gruppen sowie X ein endliches, algebraisches Schema, auf dem G von links operieren möge:

$$m \;:\; G \prod X \longrightarrow X.$$

Wir setzen, um Anschluß an die voraufgegangenen Abschnitte zu gewinnen,

$$I = X(k) \quad \text{sowie} \quad g^{-1} \cdot i = i \cdot g \quad \forall i \in I,\ g \in G(k).$$

Wir betrachten nun den Funktor

$$F = \underline{\text{Hom}}(X, N),$$

welcher durch die Gleichung

$$F(R) = M_R E(X_R, N_R) \qquad \forall R \in M_k$$

beschrieben wird. Wir definieren auf $\underline{\text{Hom}}(X, N)$ eine Gruppenstruktur durch die Gleichung:

$$(f_1 \cdot f_2)(x) = f_1(x) \cdot f_2(x) \quad \forall f_1, f_2 \in M_R E(X_R, N_R), \quad x \in X_R(S)$$

$$S \in M_R, \quad R \in M_k.$$

Auf dem Gruppenfunktor F operiert G von links durch Gruppenautomorphismen

$$\phi \;:\; G \longrightarrow \text{Aut}\ (F)$$

vermöge der Vorschrift

$$\phi(g)(f)(x) = f(g^{-1}\cdot x) \qquad \forall g \in G(R),\ f \in F(S),\ x \in X(T)$$

$$T \in M_S,\ S \in M_R,\ R \in M_k.$$

Dabei soll Aut (F) den Automorphismenfunktor des Gruppenfunktors F bezeichnen. Bezüglich dieser Operation ϕ bilden wir nun das semidirekte Produkt

$$K = [F] \underset{\phi}{\pi} G = [\underline{\mathrm{Hom}}(X, N)] \underset{\phi}{\pi} G.$$

Zunächst ist klar, daß K eine algebraische Gruppe ist. Mit $A = \mathcal{O}(X)$ gilt nämlich

$$\underline{\mathrm{Hom}}\,(X, N) \longrightarrow \prod_{A/k} N_A$$

(siehe [10], chap. I, § 3, No. 7, 7.3.). Wegen [10], chap. I, § 1, No. 6, 6.6. ist dieser Funktor ein affines Schema, das wegen [15], chap. IV, § 8, 8.14.2.2 sicher algebraisch ist.

Bezeichnen wir wieder mit $X_i \subset X$ das offene Teilschema von X, das der offenen Untermenge $\{i\} \subset I = X(k)$ entspricht (mit $i \in I = X(k)$), so ist X die direkte Summe der infinitesimalen, offenen Unterschemata X_i, wenn i die Menge $I = X(k)$ der rationalen Punkte von X durchläuft:

$$X = \coprod_{i \in I} X_i \ .$$

Diese Bemerkung liefert einen kanonischen Isomorphismus in affinen, algebraischen Gruppen

$$\psi : \underline{\mathrm{Hom}}\,(X, N) \xrightarrow{\sim} \prod_{i \in I} \underline{\mathrm{Hom}}\,(X_i, N).$$

Wir setzen nun im folgenden abkürzend

$$P_i = \underline{\mathrm{Hom}}\,(X_i, N) \quad \forall i \in I.$$

Für $g \in G(k)$ liefert die Multiplikation mit g^{-1} auf X einen Automorphismus, der das offene Unterschema X_i isomorph auf das offene Unterschema X_{ig} abbildet. Hieraus erhalten wir einen Isomorphismus in algebraischen Gruppen:

$$s(i, g) \; : \; P_{ig} \xrightarrow{\sim} P_i$$

derart, daß unter Benutzung der kanonischen Identifizierung ψ das nachfolgende Diagramm kommutativ wird:

$$\begin{array}{ccc} \prod_{i \in I} P_i & \xrightarrow[\phi(g)]{\sim} & \prod_{i \in I} P_i \\ \downarrow p_{ig} & & \downarrow p_i \\ P_{ig} & \xrightarrow[s(i,g)]{\sim} & P_i \end{array} .$$

Andererseits wird bei der Operation von G^o auf X das offene Teilschema X_i in sich abgebildet. Dies liefert eine Operation

$$\phi_i \; : \; G^o \longrightarrow \mathrm{Aut}\,(N_i)$$

derart, daß unter Benutzung der kanonischen Identifizierung ψ für jedes $x \in G^o$ das nachfolgende Diagramm kommutativ wird:

$$\begin{array}{ccc} \prod_{i \in I} P_i & \xrightarrow[\phi(x)]{\sim} & \prod_{i \in I} P_i \\ \downarrow p_i & & \downarrow p_i \\ P_i & \xrightarrow[\phi_i(x)]{\sim} & P_i \end{array}$$

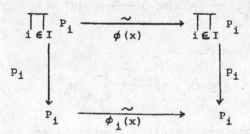

Wir betrachten nun weiter die Homomorphismen in algebraischen Gruppen über k:

$$c_i : N \longrightarrow P_i \quad \text{bzw.} \quad e_i : P_i \longrightarrow N,$$

welche durch die Gleichungen

$$c_i(n)(x) = n \quad \forall n \in N,\ x \in X_i \quad \text{bzw.} \quad e_i(f) = f(i) \quad \forall f \in P_i$$

festgelegt werden. Dabei soll wieder $i \in I = X(k)$ den rationalen Punkt des infinitesimalen, offenen Teilschemas $X_i \subset X$ bezeichnen. Aus der Gleichung

$$e_i \circ c_1 = id_N \qquad \forall i \in I.$$

ergibt sich nun mit $\operatorname{Ker} e_i = U_i$ sofort die kanonische Identifizierung

$$[U_i] \,\pi\, N \xrightarrow{\sim} P_i \qquad \forall i \in I.$$

Dabei ist das semidirekte Produkt der linken Seite bezüglich der kanonischen Operation von $N \overset{}{\underset{c_i}{\hookrightarrow}} P_i$ durch innere Automorphismen auf dem Normalteiler $U_i \subset P_i$ von P_i zu bilden.

Wir zeigen nun, daß U_i unipotent ist. Zu diesem Zweck erinnern wir zunächst daran, daß die kanonische Einbettung

$$\delta_{A_i} : N_{A_i} \longrightarrow H(N_{A_i}) \xrightarrow{\sim} H(N) \underset{k}{\otimes} A_i$$

eine kanonische Einbettung von

$$P_i = \underline{\operatorname{Hom}}(X_i, N) \xrightarrow{\sim} \prod_{A_i/k} N_{A_i}$$

in die Einheitengruppe der endlich-dimensionalen k-Algebra

$H(N) \otimes_k A_i$ induziert $(\mathcal{O}(X_i) = A_i)$. Sei nun

$$\varepsilon_i : A_i \longrightarrow k$$

der k-Algebrenhomomorphismus, der dem rationalen Punkt von $\mathrm{Sp}\, A_i \xrightarrow{\sim} X_i$ entspricht. Wir betrachten nun den k-Algebrenhomomorphismus:

$$q_i \; : \; H(N) \otimes_k A_i \xrightarrow[H(N)\otimes \varepsilon]{} H(N) \otimes_k k \xrightarrow{\sim} H(N).$$

Bezeichnen wir nun die Einheitengruppen (genauer: Einheitenschemata) der endlich-dimensionalen k-Algebren $H(N) \otimes_k A_i$ bzw. $H(N)$ mit $(H(N) \otimes_k A_i)^*$ bzw. $(H(N))^*$ und bezeichnen wir wieter den von q_i auf den Einheitengruppen induzierten Homomorphismus mit q_i^*, so erhalten wir ein kommutatives Diagramm, dessen vertikale Pfeile die jeweiligen kanonischen Einbettungen sind:

$$\begin{array}{ccc} H(N) \otimes_k A_i)^* & \xrightarrow[q_i^*]{} & H(N))^* \\ \uparrow & & \uparrow \\ P_i & \xrightarrow[e_i]{} & N \; . \end{array}$$

Hieraus ergibt sich aber sofort, daß $U_i = \mathrm{Ker}\, e_i = P_i \cap \mathrm{Ker}\, q_i^*$ unipotent sein muß. In der Tat ist nämlich sogar $\mathrm{Ker}\, q_i^*$ unipotent, denn der Kern des k-Algebrenhomomorphismus q_i ist ein nilpotentes Ideal von $H(N) \otimes_k A_i$ (siehe [10], chap. IV, § 3, No. 1, 1.5.). Aus dem voraufgegangenen Bemerkungen dieses Abschnittes ergibt sich, daß das semidirekte Produkt in algebraischen Gruppen

$$K = [\underline{\mathrm{Hom}}\ (X, N)] \; \underset{\phi}{\Pi} \; G$$

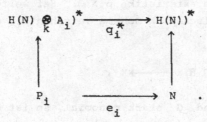

von der in 2.76. beschriebenen Gestalt ist. Bezeichnen wir nun die aus der algebraischen Gruppe K durch Einschränkung (des Funktors) auf die Kategorie der endlich-dimensionalen kommutativen k-Algebren entstehende formale Gruppe mit $\hat{K}$, so liefert das Lemma 2.77., daß die formale Gruppe $\hat{K}$ filtrierender, induktiver Limes ihrer endlichen, formalen (d.h. endlichen algebraischen) Untergruppen ist.

Bezeichnen wir eine formale Gruppe über dem Grundkörper k als indmonomial, wenn sie filtrierender, induktiver Limes ihrer endlichen, algebraischen, monomialen Untergruppen ist, so erhalten wir aus den voraufgegangenen Bemerkungen dieses Abschnittes unter Verwendung von Lemma 2.77. und Lemma 2.74. (das ja seinerseits eine direkte Folge von Lemma 2.72. ist) das folgende Resultat:

<u>2.79. Satz:</u> Seien unter Benutzung der in 2.78. eingeführten Verabredungen und Bezeichnungen N und G zwei endliche, algebraische Gruppen über dem algebraisch abgeschlossenen Grundkörper k der Charakteristik p > 0. Sei weiterhin X ein endliches, algebraisches k-Schema versehen mit einer G-Linksoperation:

$$m \ : \ G \,\Pi\, X \longrightarrow X \, .$$

Ist nun N monomial und G stark monomial, so ist das "formale Kranzprodukt"

$$\hat{K} = \widehat{[\underline{\mathrm{Hom}}\,(X, N)] \underset{\phi}{\Pi} G}$$

ind-monomial.

<u>Anmerkung:</u> Der Satz 2.79. verallgemeinert ein auf Dade zurückgehendes Resultat über Kranzprodukte konstanter Gruppen (siehe [18], V, § 18, 18.10).

<u>2.80. Lemma:</u> Sei

$$e_k \longrightarrow N \xrightarrow{i} E \xrightarrow{p} G \longrightarrow e_k$$

eine Hochschilderweiterung in endlichen, algebraischen Gruppen über dem Grundkörper k. Dann gibt es einen Monomorphismus in algebraischen Gruppen:

$$\varrho : E \hookrightarrow [\underline{\mathrm{Hom}}\ (G,\ N)] \underset{\phi}{\Pi} G.$$

Dabei ist das semidirekte Produkt auf der linken Seite bezüglich der Operation von G auf Hom (G, N) zu bilden, die von der kanonischen Operation von G auf G durch Linkstranslationen induziert wird (siehe [18], I, § 15, 15.9.).

(Wegen der Definition von Hom (G, N) siehe 2.78.)

Beweis: Sei

$$s : G \longrightarrow E$$

ein Schnitt in Funktoren für den Funktormorphismus p. Wir definieren einen Morphismus

$$h : G \Pi E \longrightarrow N$$

durch die Gleichung

$$x^{-1}\cdot s(g) = s(p(x)^{-1}\cdot g)\cdot h(x,\ g) \qquad \forall x \in E(R),\ g \in G(R),\ R \in M_k$$

Mit Hilfe von h definieren wir ϱ durch die Gleichung:

$$\varrho(x) = (\psi(x),\ p(x)) \qquad \forall x \in E(R),\ R \in M_k\ .$$

Dabei ist

$$\psi : E \longrightarrow \underline{\mathrm{Hom}}\ (G,\ N)$$

durch die Vorschrift

$$\psi(x)(g) = h(x, g)^{-1} \quad \forall x \in E(R),\ g \in G_R(S),\ S \in M_R$$

$$R \in M_k$$

festgelegt.

Aus der Definition von h ergeben sich nun sofort die Beziehungen:

1) $y^{-1}\cdot x^{-1}\cdot s(g) = y^{-1}\cdot s(p(x)^{-1}\cdot g)\cdot h(x, g)$

$$= s(p(y)^{-1}\cdot p(x)^{-1}\cdot g)\cdot h(y, p(x)^{-1}\cdot g)\cdot h(x, g)$$

$$\forall x, y \in E(R),\ g \in G(R),\ R \in M_k$$

2) $y^{-1}\cdot x^{-1}\cdot s(g) = (x\cdot y)^{-1}\cdot s(g) = s(p(x\cdot y)^{-1}\cdot g)\cdot h(xy, g)$

$$= s(p(y)^{-1}\cdot p(x)^{-1}\cdot g)\cdot h(xy, g)$$

$$\forall x, y \in E(R),\ g \in G(R),\ R \in M_k .$$

Hieraus ergibt sich schließlich

3) $h(xy, g) = h(y, p(x)^{-1}\cdot g)\cdot h(x, g)$

$$\forall x, y \in E(R),\ g \in G(R),\ R \in M_k .$$

Der Nachweis, daß ϱ ein Homomorphismus ist, reduziert sich auf die Verifikation der folgenden Gleichung

4) $\psi(x\cdot y) = \psi(x)\cdot {}^{p(x)}\psi(y) \qquad \forall x, y \in E(R),\ R \in M_k .$

Dabei wird ${}^{p(x)}\psi(y)$ durch die Gleichung

5) $^{p(x)}\psi(y)(g) = \psi(y)(p(x)^{-1}.g) \quad \forall x, y \in E(R),\ g \in G_R(S),$

$s \in M_R,\ R \in M_k.$

bestimmt. Geht man auf die Definition von ψ zurück, so erhält man die Beziehung 4) mit Hilfe von 5) unmittelbar aus 3). Man überzeugt sich außerdem unmittelbar davon, daß ρ ein Monomorphismus ist.

<u>2.81.</u> Wir nennen eine endliche, algebraische Gruppe schwach monomial, wenn sie als Untergruppe in eine endliche, algebraische monomiale Gruppe eingebettet werden kann.

<u>Satz</u>: Sei

$$e_k \longrightarrow N \longrightarrow E \longrightarrow G \longrightarrow e_k$$

eine Hochschilderweiterung in endlichen, algebraischen Gruppen über dem algebraisch abgeschlossenen Grundkörper k der Charakteristik $p > 0$. Ist dann N schwach monomial und G stark monomial, so ist E schwach monomial.

<u>Beweis:</u> Sei

$$j : N \hookrightarrow M$$

eine Einbettung von N in eine endliche, algebraische, monomiale Gruppe M. Dann ist aber

$$\text{Hom}\,(G, j) : \underline{\text{Hom}}\,(G, N) \hookrightarrow \underline{\text{Hom}}\,(G, M)$$

ein Monomorphismus in algebraischen Gruppen, der zudem verträglich ist mit den Operationen von G auf <u>Hom</u> (G, N) und <u>Hom</u> (G, M) die von der Operation von G auf G durch Linkstranslationen induziert werden (siehe 2.78.). Damit erhalten wir schließlich den Gruppenmonomorphismus:

$$\mathrm{Hom}\,(G, j)\,\Pi\, G : [\underline{\mathrm{Hom}}\,(G, N)]\,\Pi\, G \hookrightarrow [\underline{\mathrm{Hom}}\,(G, M)]\,\Pi\, G .$$

Andererseits gilt wegen Lemma 2.80:

$$\rho : E \hookrightarrow [\underline{\mathrm{Hom}}\,(G, N)]\,\Pi\, G .$$

Zusammenfassend erhalten wir schließlich die Einbettung:

$$E \hookrightarrow [\underline{\mathrm{Hom}}\,(G, M)]\,\Pi G.$$

Da wegen Satz 2.79. die Komplettierung der rechten Seite eine formale, ind-monomiale Gruppe ist, faktorisiert der obige Monomorphismus über eine endliche, algebraische, monomiale Untergruppe des "Kranzproduktes" $[\underline{\mathrm{Hom}}\,(G, N)]\,\Pi G$, und damit ist der Beweis von 2.81. beendet.

<u>2.82. Korollar</u>: Jede auflösbare, endliche, algebraische Gruppe G über einem algebraisch abgeschlossenen Grundkörper k der Charakteristik $p > 0$ mit $ht(G^o) \leq 1$ ist schwach monomial. Insbesondere kann jede auflösbare p-Liealgebra in eine monomiale p-Liealgebra eingebettet werden (htG^o = Höhe von G^o).

<u>Beweis</u>: Der Beweis folgt unmittelbar aus Satz 2.81. durch Induktion nach $\dim_k H(G)$ unter Benutzung der folgenden Bemerkung:

Jeder Garbenepimorphismus in endlichen, algebraischen Gruppen $G \longrightarrow \bar{G}$ über dem algebraisch abgeschlossenen Grundkörper k der Charakteristik $p > 0$ besitzt einen Schnitt in Funktoren, wenn die Höhe von $G^o \leq 1$ ist.

<u>Anmerkung zu Korollar 2.82.</u>: Im Falle endlicher, konstanter Gruppen, deren Ordnung prim ist zur Charakteristik des Grundkörpers, geht das obige Korollar in einen Satz von Dade über (vergl. [18], V, § 18, 18.11.)

§ 2 G. Exkurs über die Frattinialgebra einer p-Liealgebra

2.83. Seien G und M zwei endliche, algebraische Gruppen über dem Grundkörper k. Wir nehmen an, daß M auf G von links vermöge des Homomorphismus in algebraischen Gruppen

$$\phi : M \longrightarrow \mathrm{Aut}\ (G)$$

durch Gruppenautomorphismen operiert. Dabei bezeichne wieder Aut (G) das Automorphismenschema der endlichen, algebraischen Gruppe G. Wie in [10], chap. II. § 1, No. 3, 3.4. bezeichnen wir mit

$$^{M}G \subset G$$

die Gruppe der unter M invarianten Elemente von G. Die Operation von M auf G induziert eine lineare Operation von M auf Lie G. Wegen [10], Chap. II, § 4, No. 2, 2.5. gilt die Beziehung:

$$\mathrm{Lie}\ {}^{M}G = {}^{M}\mathrm{Lie}\ G .$$

Ist nun $M \subset G$ eine Untergruppe von G, so handelt es sich, falls nicht ausdrücklich etwas anders vermerkt wird, bei der Operation ϕ stets um die kanonische Operation von M auf G durch innere Automorphismen.

Mit diesen Verabredungen und Bezeichnungen gilt nun das folgende

2.84. Lemma: Sei

$$h : G \longrightarrow \bar{G}$$

ein Garbenepimorphismus zwischen infinitesimalen, algebraischen Gruppen der Höhe $\leqslant 1$ über dem Grundkörper k der Charakteristik $p > 0$. Sei $M \subset G$ eine multiplikative Untergruppe von G und $\bar{M} \subset \bar{G}$ das (garbentheoretische) Bild von M unter h in $\bar{G}$. Dann ist auch die von h induzierte Abbildung

$$h' : {}^{M}G \longrightarrow {}^{\bar{M}}\bar{G}$$

ein Garbenepimorphismus in infinitesimalen, algebraischen Gruppen. (siehe hierzu auch [3], theorem 2.1.)

Bemerkung: Aus [10], chap. II, § 7, No. 4, 4.2. und chap. III, § 3, No. 6, 6.8. ergibt sich sofort, daß ein Garbenepimorphismus zwischen infinitesimalen, algebraischen Gruppen der Höhe ≤ 1 stets schon ein Epimorphismus in Funktoren ist.

Beweis: Wir machen $\bar{G}$ zu einer Gruppe mit M-Operation vermöge des von h induzierten Homomorphismus $M \longrightarrow \bar{M}$. Mit dieser Verabredung gilt offenbar die Gleichung:

$${}^{M}\bar{G} = {}^{\bar{M}}\bar{G} .$$

Der mit den Operationen von M auf G bzw. $\bar{G}$ verträgliche Garbenepimorphismus h induziert wegen [10], chap. II, § 7, No. 4, 4.1. eine Surjektion in H(M)-Moduln:

$$\text{Lie } h : \text{Lie } G \longrightarrow \text{Lie } \bar{G}.$$

Da die k-Algebra H(M) halbeinfach ist, muß auch die induzierte Abbildung

$${}^{M}\text{Lie } G \longrightarrow {}^{M}\text{Lie } \bar{G}$$

surjektiv sein. Dieser Morphismus identifiziert sich aber wegen der vorangegangenen Bemerkungen in 2.84. mit dem p-Liealgebren homomorphismus

$$\text{Lie } h' : \text{Lie } {}^{M}G \longrightarrow \text{Lie } {}^{M}\bar{G}$$

Nochmalige Anwendung von [10], Chap. II, § 7, No. 4, 4.1. liefert nun die Behauptung des Lemmas.

Folgerung: Seien $N \subset G$ zwei infinitesimale, algebraische Gruppen der Höhe ≤ 1 derart, daß N ein Normalteiler von G ist. Sei $M \subset G$ eine multiplikative Untergruppe von G derart, daß $\widetilde{M/M \cap N} \subset \widetilde{G/N}$ ein Normalteiler der Restklassengruppe $\widetilde{G/N}$ ist. Dann gilt die Beziehung:

$$G = {}^{M}\widetilde{G \cdot N} = \widetilde{\mathrm{Cent}_G(M) \cdot N}.$$

2.85. Lemma: Sei G eine infinitesimale, algebraische Gruppe über dem Grundkörper k der Charakteristik $p > 0$. Sei weiterhin $N \subset G$ ein Normalteiler von G und $M \subset N$ ein multiplikativer Normalteiler von N. Dann ist $M \subset G$ ein zentraler Normalteiler von G.

Beweis: Wegen [10], chap IV, § 1, No. 4, 4.4. liegt M zunächst im Zentrum von N:

$$M \subset \mathrm{Cent}\ (N).$$

Nun ist Cent (N) als charakteristische Untergruppe von N ein Normalteiler von G. Der multiplikative Anteil $\mathrm{Cent}\ (N)^m$ von Cent (N) ist wegen [10], chap. IV, § 3, No. 1, 1.1. seinerseits eine charakteristische Untergruppe von Cent (N) und somit ebenfalls ein Normalteiler von G.

Hieraus folgt nun aber wieder mit Hilfe von [10], chap. IV, § 1, No. 4, 4.4. die Inklusion

$$\mathrm{Cent}\ (N)^m \subset \mathrm{Cent}\ (G),$$

wobei Cent (G) das Zentrum von G bezeichnen möge. Wegen der Inklusion

$$M \subset \mathrm{Cent}\ (N)^m$$

ergibt sich hieraus die Behauptung des Lemmas. •

2.86. Sei G eine endliche, algebraische Gruppe über dem Grundkörper k. Den Durchschnitt aller maximalen Untergruppen von G bezeichnen wir mit $\Phi(G)$ und nennen diese Bildung die Frattinigruppe von G.

Satz: Sei G eine infinitesimale algebraische Gurppe der Höhe ≤ 1 über dem algebraisch abgeschlossenen Grundkörper k der Charakteristik $p > 0$. Sei weiterhin $N \subset \Phi(G) \subset G$ ein in der Frattinigruppe enthaltener Normalteiler von G. Ist nun $L \subset G$ ein weiterer Normalteiler von G, so gilt:

Die Gruppe L ist genau dann nilpotent, wenn ihre Restklassengruppe $L\widetilde{/}(L \cap N)$ nilpotent ist (vgl. [2], theorem 5).

Beweis: Ist L nilpotent, so sind alle Restklassengruppen von L ebenfalls nilpotent. Sei nun $L\widetilde{/}(L \cap N)$ nilpotent. Wegen Korollar 2.68. genügt es zu zeigen:

Ist $M \subset L$ eine multiplikative Untergruppe von L, so ist M ein Normalteiler von L.

Da nun $L\widetilde{/}(L \cap N)$ nilpotent ist, muß die multiplikative Untergruppe $M\widetilde{/}(M \cap N) \subset L\widetilde{/}(L \cap N)$ ein Normalteiler von $L\widetilde{/}(L \cap N)$ sein (siehe 2.68.). Da andererseits $L\widetilde{/}(L \cap N) \subset G\widetilde{/}N$ ein Normalteiler von $G\widetilde{/}N$ ist, muß wegen Lemma 2.85. die Untergruppe $M\widetilde{/}(M \cap N) \subset G\widetilde{/}N$ ein (zentraler) Normalteiler von $G\widetilde{/}N$ sein. Mit Hilfe von Lemma 2.84. ergibt sich hieraus die Gleichung:

$$G = N \widetilde{\cdot} \mathrm{Cent}_G(M).$$

Wegen $N \subset \Phi(G)$ ergibt sich schließlich:

$$G = \mathrm{Cent}_G(M).$$

Insbesondere ist also M ein Normalteiler von L.
•

(Ist $N \subset G$ ein Normalteiler der algebraischen Gruppe G und ist $G' \subset G$ eine weitere Untergruppe von G, so induziert die Inklusion $G' \hookrightarrow G$ einen Monomorphismus in algebraischen Gruppen $G'\widetilde{/}(G' \cap N) \hookrightarrow G\widetilde{/}N$, über welchen wir $G'\widetilde{/}(G' \cap N)$ als Untergruppe von $G\widetilde{/}N$ auffassen.)

2.87. Korollar: Sei G ieine infinitesimale, algebraische Gruppe der Höhe ≤ 1 über dem algebraisch abgeschlossenen Grundkörper k der Charakteristik $p > 0$. Sei $N \subset \Phi(G) \subset G$ ein in der Frattinigruppe enthaltener Normalteiler von G. Dann gilt:

1) Die Gruppe N ist nilpotent.

2) Die Gruppe G ist ganau dann nilpotent, wenn die Restklassengruppe $G\widetilde{/}N$ nilpotent ist.

3) Ist die Frattinigruppe $\Phi(G) \subset G$ ein Normalteiler von G, so ist $\Phi(G)$ nilpotent.

Beweis: Zunächst folgt 1) aus Satz 2.86. indem wir $L = N$ setzen. Andererseits folgt 3) aus 1). Schließlich folgt 2) aus Satz 2.86. indem wir $L = G$ setzen.

2.88. Satz: Sei G eine infinitesimale, algebraische, auflösbare Gruppe der Höhe ≤ 1 über dem Grundkörper k der Charakteristik $p > 0$. Dann ist die Frattinigruppe $\Phi(G) \subset G$ ein Normalteiler von G.

Beweis: Wir führen den Beweis durch vollständige Induktion nach $\dim_k H(G)$. Sei $N \subset G$ ein minimaler Normalteiler von G.

Wir bezeichnen mit $\Phi_1(G)$ den Durchschnitt aller maximalen Untergruppen von G die den Normalteiler N umfassen. Entsprechend bezeichnen wir mit $\Phi_2(G)$ den Durchschnitt aller maximalen Untergruppen von G, die den Normalteiler N nicht umfassen. Dann gilt offenbar:

$$\Phi(G) = \Phi_1(G) \cap \Phi_2(G) .$$

Nun ist aber $N \subset \Phi_1(G)$ und es gilt

$$\Phi(G/\tilde{N}) = \Phi_1(G)/\tilde{N} \subset G/\tilde{N}.$$

Nach Induktionsvoraussetzung ist $\Phi(G/\tilde{N})$ ein Normalteiler von $G/\tilde{N}$. Somit erhalten wir, daß auch $\Phi_1(G)$ ein Normalteiler von G sein muß. Es wird daher genügen zu zeigen, daß auch $\Phi_2(G)$ ein Normalteiler von G ist. Falls jede maximale Untergruppe von G den Normalteiler N umfaßt, ist $\Phi_2(G) = G$ und $\Phi(G) = \Phi_1(G)$ ist ein Normalteiler von G. Wir können also ohne Beschränkung der Allgemeinheit annehmen, daß es eine maximale Untergruppe $U \subset G$ gibt, die den minimalen Normalteiler $N \subset G$ nicht enthält. Dann folgt zunächst:

$$G = U \tilde{\cdot} N.$$

Wir setzen nun

$$D = U \cap N.$$

Offenbar ist D ein Normalteiler von U. Da G auflösbar, ist, muß der minimale Normalteiler N kommutativ sein. Also ist D auch ein Normalteiler von N. Somit erhalten wir schließlich:

$$G = U \tilde{\cdot} N \subset \mathrm{Norm}_G(D).$$

Mit anderen Worten: D ist ein Normalteiler von G. Wegen der Minimalität von N ergibt sich hieraus die Gleichung:

$$D = e_k.$$

Damit haben wir gezeigt, daß jede maximale Untergruppe $U \subset G$, welche den minimalen Normalteiler $N \subset G$ nicht enthält, ein Komplement zu N in G sein muß.

Nun sind zwei Fälle möglich:

1) Der minimale Normalteiler N ist multiplikativ.

2) Der minimale Normalteiler N ist unipotent.

Im ersten Falle liegt N im Zentrum von G (siehe [10], chap. IV, § 1, No. 4, 4.4.). Damit ist jedes Komplement zu N in G ein Normalteiler von G und mithin ist $\Phi_2(G)$ in diesem Falle als Durchschnitt von Normalteilern selbst ein Normalteiler von G.

Sei nun N unipotent. Dann muß die kommutative Gruppe N von der Verschiebung annulliert werden, denn das (garbentheoretische) Bild unter der Verschiebung ist eine echte, charakteristische Untergruppe von N (siehe [10], chap IV, § 3, No. 4, 4.11.). Dann ist aber wegen [10], chap. IV, § 3, No. 6, 6.7. die infinitesimale, algebraische Gruppe N von der Gestalt:

$$N \xrightarrow{\sim} ({}_p\alpha)^n .$$

Sei nun $U \subset G$ eine beliebige, maximale Untergruppe von G, welche den Normalteiler $N \subset G$ nicht enthält. Aus den voraufgegangenen Bemerkungen folgt nun zunächst die kanonische Identifizierung:

$$[N] \underset{\psi}{\Pi} U \xrightarrow{\sim} G .$$

Dabei ist

$$\psi : U \longrightarrow \mathrm{Aut}\,(N)$$

die kanonische Operation von U durch innere Automorphismen auf dem Normalteiler $N \subset G$. Wegen 2.9. gibt es nun auf dem n-dimensionalen k-Vektorraum $V = k^n$ eine lineare Operation

$$\phi : U \longrightarrow Gl_k(V)$$

derart, daß die charakteristische Untergruppe ${}_F V_a \subset V_a$ versehen mit der induzierten U-Operation U-isomorph wird zur kommutativen Gruppe N versehen mit der U-Operation ψ:

$$ {}_F V_a \xrightarrow[U]{\sim} N \, . $$

Bilden wir nun das semidirekte Produkt

$$ P = [V_a] \underset{\phi}{\pi} U, $$

so ergibt sich aus diesen Bemerkungen eine Einbettung

$$ G \xrightarrow{\sim} [N] \underset{\psi}{\pi} U \hookrightarrow [V_a] \underset{\phi}{\pi} U = P, $$

welche G mit ${}_F P$ identifiziert. Sei nun $K \subset U$ der Kern der linearen Operation

$$ \phi : U \longrightarrow Gl_k(V). $$

Offenbar ist K ein Normalteiler von P, denn $Norm_P(K)$ enthält neben U auch V_a, da die Elemente von V_a mit den Elementen von K vertauschen. Für $g \in V_a(k)$ ist gUg^{-1} eine maximale Untergruppe von G, denn $G = {}_F P$ ist ein Normalteiler von P. Andererseits kann auch gUg^{-1} den Normalteiler N von G nicht enthalten, denn N ist auch ein Normalteiler von P. Wir betrachten nun die Untergruppe

$$ D = \bigcap_{g \in V_a(k)} (gUg^{-1}) \subset G $$

und beweisen die Beziehung:

$$ D = K. $$

In der Tat: Da K ein Normalteiler von P ist, folgt:

$$ K \subset D. $$

Andererseits ist $Norm_{V_a}(D) = V_a$, denn die algebraische

Gruppe V_a ist glatt und die abgeschlossene Untergruppe $\mathrm{Norm}_{V_a}(D) \subset V_a$ enthält alle rationalen Punkte von V_a. Wegen $V_a \cap D = e_k$ ergibt sich hieraus:

$$D \subset K.$$

Wir haben damit gezeigt: Die Gruppe $V_a(k)$ operiert durch innere Automorphismen auf der Gruppe $G = {}_F P$ und diese Operation induziert eine Operation von $V_a(k)$ auf der Menge der maximalen Untergruppen von G, welche den minimalen Normalteiler $N \subset G$ nicht enthalten. Dabei ist stets der Durchschnitt über alle Gruppen, welche zu einer Bahn unter $V_a(k)$ gehören, ein Normalteiler von G. Damit ist aber $\Phi_2(G)$ als Durchschnitt von Normalteilern selbst wieder ein Normalteiler von G und somit ist Satz 2.88. vollständig bewiesen.

<u>2.89. Bemerkung</u>: Der Beweis von Satz 2.88. benutzt eine Idee, die von F. Schwarck in [24] verwendet wurde, um ein analoges Resultat für auflösbare Liealgebren über einem Grundkörper der Charakteristik 0 abzuleiten. Für einen algebraisch abgeschlossenen Grundkörper der Charakteristik 0 wird in [24] der folgende, weit allgemeinere Satz bewiesen (siehe loc. cit. Satz 5.2.):

<u>Satz (Freya Schwarck)</u>: Sei $\mathfrak{g}$ eine endlich-dimensionale Liealgebra über dem algebraisch abgeschlossenen Grundkörper k der Charakteristik 0. Dann ist die Frattinialgebra $\Phi(\mathfrak{g}) \subset \mathfrak{g}$ ein Ideal von $\mathfrak{g}$.

Der in [24] angegebene Beweis benutzt nur Hilfsmittel aus der Theorie der Liealgebren. Läßt man diese Forderung nach "Reinheit des Stiles" fallen, so bietet sich das folgende Argument an (siehe [25], § 4, No. 3, 3.9.):

Sei $\mathrm{Aut}(\mathfrak{g})$ das Automorphismenschema der Liealgebra (siehe [10], chap. II, § 1, No. 2, 2.6.). Die Unteralgebra

$\Phi(\mathfrak{g}) \subset \mathfrak{g}$ wird bei der Operation von Aut $(\mathfrak{g})$ auf $\mathfrak{g}$ in sich abgebildet, denn einerseits ist der Normalisator von $\Phi(\mathfrak{g})$ in Aut $(\mathfrak{g})$ (siehe 2.2.) eine abgeschlossene Untergruppe von Aut $(\mathfrak{g})$, die offenbar alle rationalen Punkte von Aut $(\mathfrak{g})$ enthält, und andererseits ist Aut $(\mathfrak{g})$ wegen des Satzes von Cartier glatt (siehe [10], chap. II § 6, No. 1, 1.1.). Dann wird aber $\Phi(\mathfrak{g})$ erst recht unter der induzierten Operation von Lie (Aut $(\mathfrak{g})) \xrightarrow{\sim}$ Der $(\mathfrak{g})$ in sich abgebildet und ist infolgedessen ein dcharakteristisches Ideal von $\mathfrak{g}$.

Dieses Argument läßt sich im Falle von p-Liealgebren nicht einsetzen, da eine Klassifikation der p-Liealgebren mit glattem Automorphismenschema zur Zeit noch aussteht.

Wir bemerken noch, daß sich das Resultat 6.5. aus [24], das dort für Liealgebren über einem Grundkörper der Charakteristik 0 abgeleitet wurde, ohne Schwierigkeiten auf p-Liealgebren übertragen läßt:

2.90. Satz: Sei G eine nicht nilpotente, infinitesimale, algebraische Gruppe der Höhe ≤ 1 über dem algebraisch abgeschlossenen Grundkörper k der Charakteristik $p > 0$. Sei weiterhin $N \subset G$ ein Normalteiler von G mit nilpotenter Restklassengruppe $G \tilde{/} N$. Dann besitzt N ein Supplement in G, d.h. es gibt eine echte Untergruppe $U \subsetneq G$, mit

$$G = N \tilde{\cdot} U.$$

Beweis: Gäbe es kein Supplement von N in G, so müßte die Inklusion

$$N \subset \Phi(G)$$

gelten. Wegen Korollar 2.87. müßte dann aber mit $G \tilde{/} N$ auch G selbst nilpotent sein.

2.91. Satz: Sei G eine infinitesimale, algebraische Gruppe über dem algebraisch abgeschlossenen Grundkörper k der

Charakteristik $p > 0$. Dann sind gleichbedeutend

a) Die Gruppe G ist nilpotent.

b) Für jede echte Untergruppe $U \subsetneqq G$ gilt $U \subsetneqq \mathrm{Norm}_G(U)$.

Beweis: Die Implikation a) $\Rightarrow$ b) wird wie im Falle endlicher, konstanter Gruppen bewiesen durch Induktion nach $\dim_k H(G)$:

Sei $U \subsetneqq G$ eine echte Untergruppe von G und $e_k \neq C \subset G$ des Zentrum von G. Ist $C \subset U$, so liefert die Gleichung

$$\mathrm{Norm}_G(U)\widetilde{/C} = \mathrm{Norm}_{G\widetilde{/C}}(U\widetilde{/C})$$

zusammen mit der Induktionsvoraussetzung die Behauptung. Ist dagegen $C \not\subset U$, so erhalten wir mit

$$U \neq U\widetilde{\cdot C} \subset \mathrm{Norm}_G(U)$$

wiederum die zu beweisende Behauptung.

Um die Implikation b) $\Rightarrow$ a) zu beweisen, genügt es wegen Korollar 2.68. zu zeigen, daß jede multiplikative Untergruppe $M \subset G$ ein Normalteiler von G ist. Wenn $M = G$ gilt, ist nichts zu beweisen. Ist dagegen $M \subsetneqq G$ eine echte multiplikative Untergruppe von G, so liefert wiederholte Anwendung von b) eine Untergruppenkette:

$$M = U_0 \subsetneqq U_1 \subsetneqq U_2 \cdot \cdot U_i \subsetneqq U_{i+1} \cdot \cdot \cdot U_n = G$$

derart, daß U_i ein Normalteiler ist in U_{i+1} $\forall\, 0 \leq i \leq n-1$. Wiederholte Anwendung von Lemma 2.85. zeigt nun: M ist ein Normalteiler von G.

2.92. Korollar: Sei G eine infinitesimale, algebraische Gruppe der Höhe ≤ 1 über dem algebraisch abgeschlossenen Grundkörper k der Charakteristik $p > 0$. Dann ist G genau dann nilpotent, wenn alle maximalen Untergruppen von G Normalteiler in G sind.

Beweis: Daß in einer infinitesimalen, algebraischen, nilpotenten Gruppe G sämtliche maximalen Untergruppen Normalteiler sind, folgt unmittelbar aus dem voraufgegangenen Satz 2.91.

Sei nun umgekehrt G eine infinitesimale, algebraische Gruppe der Höhe ≤ 1 derart, daß alle maximalen Untergruppen von G Normalteiler in G sind. Dann ist zunächst $\Phi(G)$ ein Normalteiler in G. Sei nun $U \subset G$ eine maximale und daher invariante Untergruppe von G und $\bar{G} = G\tilde{/}U$ die zugehörige Restklassengruppe. Dann ist $\bar{G}$ kommutativ: Enthält nämlich $\bar{G}$ keine Untergruppe vom Typ $_p\alpha$, so ist $\bar{G}$ sogar multiplikativ wegen [10], chap. IV, § 3, No. 3, 3.7. Enthält dagegen $\bar{G}$ eine Untergruppe vom Typ $_p\alpha$, so muß sogar $\bar{G} \xrightarrow{\sim} {}_p\alpha$ gelten, denn $\bar{G}$ besitzt keine echten Untergruppen. Hieraus ergibt sich nun sofort: Die Restklassengruppe $G\tilde{/}\Phi(G)$ ist kommutativ, denn $G\tilde{/}\Phi(G)$ kann in das Produkt aller Restklassengruppennach maximalen Untergruppen eingebettet werden. Anwendung von Korollar 2.87. beendet den Beweis.

Anmerkung zu 2.91. und 2.92.: In der Theorie der endlichen, konstanten Gruppen sind die den beiden voraufgegangenen Ergebnissen entsprechenden Resultate wohlbekannt (siehe [18], III, § 2, 2.3.). In [1] hat Barnes ein dem Korollar 2.92. entsprechendes Resultat für Liealgebren abgeleitet.

2.93. Satz: Sei G eine infinitesimale, algebraische Gruppe der Höhe ≤ 1 über dem algebraisch abgeschlossenen Grundkörper k der Charakteristik $p > 0$. Dann sind die beiden folgenden Bedingungen gleichbedeutend:

1) Die Gruppe G ist überauflösbar.

2) Alle maximalen Untergruppen von G haben den Index p und jede irreduzible, lineare Darstellung von G mit einer

Dimension $< p$ ist eindimensional.

Beweis: Die Implikation 1) $\Rightarrow$ 2) folgt aus 2.22. und 2.17. Wir zeigen 2) $\Rightarrow$ 1):

Aus Ranggründen gibt es zunächst eine endliche Familie maximaler Untergruppen $\{U_i\}_{1 \leq i \leq n}$ derart, daß

$$\Phi(G) = \bigcap_{1 \leq i \leq n} U_i$$

gilt. Aus der kanonischen Linksoperation von G auf dem Schema der Rechtsrestklassen $G/\tilde{U}_i$ erhalten wir wegen der Isomorphiebeziehung

$$\mathcal{O}(G/\tilde{U}_i) \xrightarrow{\sim} k[T]/(T^p) \qquad \forall\ 1 \leq i \leq n$$

für jeden Index $1 \leq i \leq n$ einen Homomorphismus in algebraischen Gruppen:

$$\phi_i \ : \ G \longrightarrow \mathrm{Aut}(k[T]/(T^p)),$$

wobei wieder $\mathrm{Aut}(k[T]/(T^p))$ das Automorphismenschema der endlich-dimensionalen k-Algebra $k[T]/(T^p)$ bezeichnen möge (siehe [10], chap II, § 1, No. 2, 2.6.).

Sei nun K_i der Kern von ϕ_i und $K = \bigcap_{1 \leq i \leq n} K_i$. Wegen der Inklusionen

$$K_i \subset U_i \qquad \forall\ 1 \leq i \leq n$$

erhält man nun sofort

$$K \subset \Phi(G).$$

Wegen Korollar 2.87. ist somit K nilpotent. Wir betrachten nun die durch die Operation ϕ_i auf dem Vektorraum $k[T]/(T^p)$

induzierte lineare Darstellung. Diese Darstellung ist offenbar nicht irreduzibel, weil die konstanten Funktionen einen unter G stabilen echten Teilraum von $\mathcal{O}(G/\tilde{U}_i)$ bilden. Infolgedessen besitzt wegen der oben gemachten Voraussetzung der $H(G)$-Modul $\mathcal{O}(G/\tilde{U}_i) \xrightarrow{\sim} k[T]/T^p)$ eine Jordan-Höldersche Kompositionsreihe mit lauter eindimensionalen Kompositionsfaktoren. Dies bedeutet aber, daß die Restklassengruppen $G/\tilde{K}_i$ sämtlich trigonalisierbar sind. Dann muß aber auch

$$G/\tilde{K} \hookrightarrow \prod_{1 \leq i \leq n} G/\tilde{K}_i$$

trigonalisierbar sein. Da K nilpotent ist, muß G auflösbar sein. Wegen 2.17. ist G sogar überauflösbar.

<u>2.94. Korollar</u>: Über einem algebraisch abgeschlossenen Grundkörper k der Charakteristik $p = 2$ ist eine p-Liealgebra genau dann überauflösbar, wenn alle maximalen p-Unteralgebren 1-kodimensional sind.

§ 3. Das Schema der Darstellungen einer Algebra.

3.1. Sei A eine endlich-dimensionale Algebra über einem algebraisch abgeschlossenen Grundkörper k und V ein endlich-dimensionaler k-Vektorraum. Wir betrachten nun das affine, algebraische k-Schema $M_{A,V}$, das als Funktor durch die Gleichung:

$$M_{A,V}(R) = \mathrm{Alg}_R(A \otimes_k R \; ; \; \mathrm{Hom}_k(V,V) \otimes_k R) \qquad \forall R \in M_k$$

gegeben wird. Dabei soll der zweite Term die Menge der R-Algebrenhomomorphismen von der R-Algebra $A \otimes_k R$ in die R-Algebra $\mathrm{Hom}_k(V,V) \otimes_k R$ bezeichnen. Wegen der Identifizierung:

$$\mathrm{Hom}_k(V,V) \otimes_k R \xrightarrow{\sim} \mathrm{Hom}_R(V \otimes_k R \; ; \; V \otimes_k R)$$

kann $M_{A,V}(R)$ als die Menge der $A \otimes_k R$ - Modulstrukturen auf dem R-Modul $V \otimes_k R$ interpretiert werden. Ist $y \in M_{A,V}(R)$, so wollen wir mit $(V \otimes_k R)_y$ den R-Modul $V \otimes_k R$ mit der durch den R-Algebrenhomomorphismus

$$y : A \otimes_k R \longrightarrow \mathrm{Hom}_R(V \otimes_k R \, , \, V \otimes_k R)$$

festgelegten $A \otimes_k R$-Modulstruktur bezeichnen.

Wenn Missverständnisse nicht zu befürchten sind, werden wir im folgenden häufig abkürzend $M = M_{A,V}$ setzen.

3.2. Sei nun $x \in M(k)$ ein rationaler Punkt des Schemas $M = M_{A,V}$. Wir wollen den Zariskitangentialraum $T_{M,x}$ von M im Punkte x bestimmen. Hierfür setzen wir zunächst:

$$\mathrm{Der}_x(A, \mathrm{Hom}_k(V,V)) = \{D \in \mathrm{Hom}_k(A, \mathrm{Hom}_k(V,V)) \,|\, D(ab) = D(a) \circ x(b) + x(a) \circ D(b) \quad \forall a,b \in A\}$$

Bezeichnen wir noch wie üblich mit $k[\varepsilon]$ die Algebra der dualen Zahlen über k, so erhalten wir einen kanonischen Isomorphismus:

$$\tau_x : \mathrm{Der}_x(A, \mathrm{Hom}_k(V,V)) \xrightarrow{\sim} T_{M,x} \subset M(k[\varepsilon])$$

welrher durch die Gleichung

$$\tau_x(D)(a) = x(a) + \varepsilon D(a) \qquad \forall a \in A$$

beschrieben wird.

3.3. Nun operiert offenbar die algebraische, affine k-Gruppe $Gl_k(V)$ von links auf dem Schema $M_{A,V}$ durch die Vorschrift:

$$g \cdot y = \mathrm{int}(g) \circ y \qquad \forall y \in M_{A,V};\ g \in Gl_k(V)$$

wobei $\mathrm{int}(g)$ den durch $g \in Gl_k(V)$ auf $\mathrm{Hom}_k(V,V)$ induzierten inneren Automorphismus bezeichnen möge:

$$\mathrm{int}(g)\,(v) = g \circ v \circ g^{-1} \qquad \forall v \in \mathrm{Hom}_k(V,V)$$

Offenbar ist der Zentralisator eines rationalen Punktes $x \in M_{A,V}(k)$ in der Gruppe $Gl_k(V)$ das Automorphismenschema des A-Moduls V_x, das wir im folgenden mit $\mathrm{Aut}_{kA}(V_x)$ bezeichnen wollen. Da die algebraische k-Gruppe $\mathrm{Aut}_{kA}(V_x)$ als Einheitengruppe der k-Algebra $\mathrm{Hom}_A(V_x,V_x)$ aufgefasst werden kann, muss sie glatt sein. Damit wird auch der kanonische Morphismus

$$\pi_x : Gl_k(V) \longrightarrow \widetilde{Gl_k(V)\cdot x}$$

ein glatter Morphismus zwischen algebraischen k-Schemata, wenn wir mit $\widetilde{Gl_k(V)\cdot x}$ die Bahn von $x \in M_{A,V}(k)$ unter $Gl_k(V)$ bezeichnen.

Sei nun $R \in M_k$ und $y \in M_{A,V}(R)$. Dann ist $y \in \widetilde{Gl_k(V)\cdot x}(R)$ gleichbedeutend damit, dass der $A \otimes_k R$-Modul $(V \otimes_k R)_y$ nach einer treuflachen Grundringerweiterung $(R \to R') \in M_k$ von endlicher Präsentation zu dem $A \underset{k}{\otimes} R$-Modul $(V \underset{k}{\otimes} R)_{x \otimes R}$ isomorph wird. Ist die k-Algebra R endlich-dimensional, so gilt $y \in Gl_k\widetilde{(V)\cdot x}(R)$ genau dann, wenn der $A \underset{k}{\otimes} R$-Modul $(V \underset{k}{\otimes} R)_y$ zu dem $A \underset{k}{\otimes} R$-Modul $(V \underset{k}{\otimes} R)_{x \otimes R}$ isomorph ist. Dies folgt aus der Tatsache, dass der glatte Morphismus π_x auf den endlich-dimensionalen k-Algebren $R \in M_k$ surjektiv ist (siehe [10], chap I, §4, 4.5 und chap III, §1, 1.15), oder auch mit Hilfe von [10], chap III, §5, 1.4 aus dem Satz von Remak-Krull-Schmidt.

3.4. Bezeichnen wir den Zariskitangentialraum von x in $Gl_k\widetilde{(V)}x$ mit $T_{GL_k\widetilde{(V)}\cdot x, x}$, so induziert der glatte Morphismus:

$$\pi_x : Gl_k(V) \longrightarrow Gl_k\widetilde{(V)}x$$

eine Surjektion des Tangentialraumes von $e \in Gl_k(V)$ auf den Tangentialraum von $x \in Gl_k\widetilde{(V)}x$:

$$Lie(Gl_k(V)) \longrightarrow T_{Gl_k\widetilde{(V)}x, x}$$

(siehe [10], chap I, §4, 4.14.). Dies liefert das folgende Resultat: Bei der Identifizierung

$$\tau_x^{-1} : T_{M,x} \xrightarrow{\sim} Der_x(A, Hom_k(V,V))$$

geht der Unterraum

$T_{Gl_k\widetilde{(V)}\cdot x, x} \subset T_{M,x}$ über in den Unterraum

$Derint_x(A, Hom_k(V,V)) \subset Der_x(A, Hom_k(V,V))$, der durch die Gleichung:

$$Derint_x(A, Hom_k(V,V)) = \{D \in Der_x(A, Hom_k(V,V)) \mid \exists\, u \in Hom_k(V,V)\ \forall a \in A : D(a) = u \circ x(a) - x(a) \circ u\}$$

beschrieben wird. Aus dem in dem A-Modul V_x funktoriellen Isomorphismus

$$\mathrm{Der}_x(A, \mathrm{Hom}_k(V,V))/\mathrm{Derint}_x(A, \mathrm{Hom}_k(V,V)) \cong \mathrm{Ext}^1_A(V_x,V_x)$$

erhalten wir schliesslich die Beziehung:

$$\dim_k T_{M,x} = \dim_k \mathrm{Hom}_k(V,V) - \dim_k \mathrm{Hom}_A(V_x,V_x) + \dim_k \mathrm{Ext}^1_A(V_x,V_x).$$

3.5. Aus 3.4. erhalten wir mit Hilfe von [15], chap. IV, 17.9.1 und 17.11.2 insbesondere die folgende Bemerkung:

Die Bahn $\widetilde{Gl_k(V)}\cdot x \subset M_{A,V}$ ist genau dann offen in $M_{A,V}$, wenn $\mathrm{Ext}^1_A(V_x,V_x) = 0$ gilt.

Sei nun andrerseits $R \subset A$ das Radikal von A. Dann ist offenbar $M_{A/R;V} \subset M_{A,V}$ ein abgeschlossenes, unter der Operation von $Gl_k(V)$ stabiles Unterschema von $M_{A,V}$, dessen rationale Punkte genau die halbeinfachen A-Modulstrukturen auf V sind. Da nach der voraufgegangenen Bemerkung jede Bahn in dem Schema $M_{A/R,V}$ offen ist, muss die Bahn eines jeden rationalen, "halbeinfachen" Punktes von $M_{A,V}$ ein abgeschlossenens Unterschema von $M_{A,V}$ sein. Nun kann man aber zeigen, dass die Bahn eines Punktes $x \in M_{A,V}(k)$, der nicht "halbeinfach" ist, mindestens einen Häufungspunkt in $M_{A/R,V}$ besitzt. Das ergibt die Bemerkung:

Die Bahn $\widetilde{Gl_k(V)}\cdot x \subset M_{A,V}$ ist genau dann abgeschlossen in $M_{A,V}$, wenn der A-Modul V_x halbeinfach ist.

3.6. Sei nun G eine algebraische Gruppe über k und $\rho : G \longrightarrow \mathrm{Autalg}_k(A)$ ein Homomorphismus von G in das Automorphismenschema $\mathrm{Autalg}_k(A)$ der k-Algebra A. Wir erhalten eine Rechtsoperation von G auf $M_{A,V}$ durch die Vorschrift:

$$y\cdot g = y \circ \rho(g) \qquad \forall\ y \in M_{A,V},\ g \in G$$

welche offenbar mit der $Gl_k(V)$-Linksoperation auf $M_{A,V}$ verträglich ist. Für einen rationalen Punkt $x \in M_{A,V}(k)$ definieren wir den Morphismus $\nu_x : G \to M_{A,V}$ durch die Gleichung $\nu_x(g) = x \cdot g \quad \forall g \in G$. Das Unterschema $\nu_x^{-1}(\widetilde{Gl_k(V) \cdot x}) \subset G$ werden wir im folgenden als den Stabilisator des A-Moduls V_x in G-Notation : $\mathrm{Stab}_G(V_x)$ - bezeichnen. Für $g \in G(R)$; $R \in M_k$ ist $g \in \mathrm{Stab}_G(V_x)(R)$ offenbar gleichbedeutend mit der folgenden Aussage:

" g bildet die Untergarbe $(\widetilde{Gl_k(V) \cdot x})_R \subset M_R$ in sich ab und induziert auf ihr einen Automorphismus."

Hieraus erhalten wir sofort: Ist $y \in \widetilde{Gl_k(V) \cdot x}(k)$, so gilt $\mathrm{Stab}_G(V_x) = \mathrm{Stab}_G(V_y)$. Mit anderen Worten : $\mathrm{Stab}_G(V_x)$ hängt nur vom Isomorphietyp des A-Moduls V_x ab.

Andrerseits liefert die obige Beschreibung des Funktors $\mathrm{Stab}_G(V_x)$, dass der Stabilisator des A-Moduls V_x in G eine algebraische, und mithin abgeschlossenen Untergruppe von G ist (siehe [10] ; chap II, §5, 5.1).

Ist $R \in Alf/k$ eine endlich-dimensionale, kommutative k-Algebra, so folgt aus 3.3, dass für ein $g \in G(R)$ die Beziehung $g \in \mathrm{Stab}_G(V_x)(R)$ genau dann gilt, wenn es einen Isomorphismus in $A \otimes_k R$-Moduln gibt: $(V \otimes R)_{x \otimes R} \xrightarrow{\sim} (V \otimes R)_{(x \otimes R) \cdot g}$

Zum Abschluss wollen wir noch die Liealgebra von $\mathrm{Stab}_G(V_x) \subset G$ beschreiben. Hierfür setzen wir

$$\mathrm{Der}_k(A,A) = \{D \in \mathrm{Hom}_k(A,A) \mid D(ab) = D(a)b + a \cdot D(b) \quad \forall a,b \in A\}$$

und erinnern an die kanonische Identifizierung:

$$\mathrm{Der}_k(A,A) \xrightarrow{\sim} \mathrm{Lie}\ \mathrm{Autalg}_k(A)\ .$$

Wir bezeichnen nun abkürzend $\mathrm{Der}_x(A, \mathrm{Hom}_k(V,V))$ mit Der_x sowie $\mathrm{Derint}_x(A, \mathrm{Hom}_k(V,V))$ mit Derint_x und betrachten die zusammengesetzte Abbildung:

$$l_x : \text{Lie } G \xrightarrow{\text{Lie}(\rho)} \text{Der}_k(A,A) \xrightarrow{h_x} \text{Der}_x \xrightarrow{\text{can}} \text{Der}_x/\text{Derint}_x$$

$$\xrightarrow{\sim} \text{Ext}^1_A(V_x,V_x) ,$$

wobei h_x durch die Gleichung $h_x(D) = x \circ D$ $\forall\ D \in \text{Der}_k(A,A)$ gegeben wird.

Weil die Bildung des Tangentialbündels mit Faserprodukten vertauscht, ist die nachfolgende Sequenz in k-Vektorräumen exakt:

$$0 \longrightarrow \text{Lie Stab}_G(V_x) \xrightarrow{\text{incl.}} \text{Lie } G \xrightarrow{l_x} \text{Ext}^1_A(V_x,V_x) .$$

3.7. Wir nennen einen A-Modul V_x stabil unter G- oder, wenn keine Verwechslung möglich ist, wohl auch kürzer: stabil- wenn $G = \text{Stab}_G(V_x)$ gilt. Ist etwa G zusammenhängend, so müssen zu Beispiel alle A-Moduln V_x mit $\text{Ext}^1_A(V_x,V_x) = 0$ unter G stabil sein, denn in dieser Situation ist die abgeschlossene Untergruppe $\text{Stab}_G(V_x) \subset G$ wegen 3.5. zugleich offen in G . Ist die algebraische k-Gruppe G zusammenhängend und glatt, so müssen alle Untermoduln der aufsteigenden (bzw. absteigenden) Louwyreihe eines stabilen A-Moduls V_x stabil sein, denn ihre Stabilsatorgruppen enthalten alle rationalen Punkte von G . Setzen wir in dieser Situation noch zusätzlich voraus, dass die k-Algebra A von endlichem Darstellungstyp ist, so sind alle A-Moduln V_x unter G stabil, denn wegen 3.6. entsprechen die rationalen Punkte des glatten, zusammenhängenden Restklassenschemas $G/\text{Stab}_G(V_x)$ umkehrbar eindeutig den verschiedenen Isomorphieklassen, in die die Menge der A-Moduln

$\{V_{x \cdot g} \mid g \in G(k)\}$ zerfällt $(x \in M_{A,V}(k))$.

Das Verschwinden der k-linearen Abbildung $l_x : \mathrm{Lie}_G \to$ $\to \mathrm{Ext}^1_A(V_x,V_x)$ ist wegen der in 3.6. gegebenen Beschreibung von $\mathrm{Lie}\ \mathrm{Stab}_G(V_x)$ eine notwendige Bedingung für die Stabilität des A-Moduls V_x unter G.

Ist die Charakteristik von k positiv und G infinitesimal von der Höhe ≤ 1 (bzw. : Ist die Charakteristik von k Null und G zusammenhängend), so ist die obige Bedingung auch hinreichend für die Stabilität des A-Moduls V_x unter G.

3.8. Wir werden die voraufgegangenen Betrachtungen in der folgenden, spezielleren Situation anwenden: A ist die Gruppenalgebra $H(G')$ einer endlichen, algebraischen Gruppe G'. die als Normalteiler in der endlichen algebraischen Gruppe G enthalten ist: $G' \subset G$. Die algebraische Gruppe G operiert dann durch innere Automorphismen auf G' und damit auf $H(G')$.

3.9. Beispiel. Das folgende einfache Beispiel mag zur Illustration der in diesem Paragraphen aufgetretenen Begriffe und Bemerkungen dienen:

Wir betrachten über einem algebraisch abgeschlossenen Grundkörper k der Charakteristik $p = 2$ die endliche, algebraische Gruppe ${}_F\mathrm{Sl}_2$ aus 2.13. und bilden für den zweidimensionalen k-Vektorraum k^2 das Schema $M = M_{H({}_F\mathrm{Sl}_2),k^2}$. Um M etwas genauer untersuchen zu können, sei an den k-Algebrenisomorphismus

$$H({}_F\mathrm{Sl}_2) \xrightarrow{\sim} k[x,y]/(x^2,y^2) \ \pi\ M_2(k)$$

aus 2.13. erinnert. Wir setzen nun in $H({}_F\mathrm{Sl}_2)$ unter Berücksichtigung dieser Identifizierung $e_1 = (1,0)$ bzw. $e_2 = (0,1)$ und erhalten eine Zerlegung von M in zwei offene, disjunkte, unter $Gl_{2,k}$ stabile Teilschemata:

$$M \xrightarrow{\sim} M_1 \amalg M_2$$

indem wir für $i = 1, 2$ $M_i \subset M$ durch die Gleichung:

$$M_i(R) = \{\varphi \in M(R) \mid \varphi(e_i) = 1 \in \mathbb{M}_2(R)\} \qquad \forall R \in M_k$$

definieren. In der Tat: Einerseits ist $M_i \subset M$ ein offener Unterfunktor, denn für $\varphi \in M(R)$; $R \in M_k$ erfüllt das R-Ideal:

$$\mathfrak{J}_i(R,\varphi) = \mathrm{Ann}_R(\mathbb{M}_2(R)/\varphi(e_i)\mathbb{M}_2(R)) = \{\nu \in R \mid \nu \cdot \mathbb{M}_2(R) \subset \varphi(e_i) \cdot \mathbb{M}_2(R)\}$$

die in [10], chap. I, §1, 3.6 formulierte Bedingung, während andrerseits wegen der Implikationen:

$\varphi \in M_1(k) \Rightarrow \varphi(e_2) = 0$ bzw. $\varphi \in M_2(k) \Rightarrow \varphi(e_1) = 0$

$M_1(k) \cap M_2(k) = \phi$ gilt. (Die Gleichung $M(k) = M_1(k) \cup M_2(k)$ ist ohnehin klar).

Nun hat man aber die kanonischen Isomorphismen in algebraischen Schemata mit $Gl_{2,k}$-Operation:

$$M_1 \xrightarrow{\sim} M_{k[x,y]/(x^2,y^2),\, k^2} \quad \text{und} \quad M_2 \xrightarrow{\sim} M_{\mathbb{M}_2(k),\, k^2}$$

Wir betrachten zunächst das Schema M_2 :

Da über der einfachen Algebra $\mathbb{M}_2(k)$ alle Moduln projektiv sind, muss wegen 3.5. jedes Schema der Form $M_{\mathbb{M}_2(k),V}$ die disjunkte Summe seiner $Gl_k(V)$-Bahnen sein. Nun gibt es aber bis auf Isomorphie nur einen zweidimensionalen Modul über $\mathbb{M}_2(k)$ und dieser ist überdies einfach. Mithin operiert $Gl_{2,k}$ auf $M_{\mathbb{M}_2(k),k^2}$ transitiv, und da sich das Automorphismenschema eines einfachen Moduls mit μ_k identifizieren lässt, erhalten wir wegen 3.3. den Isomorphismus in algebraischen Schemata:

$$M_2 \xrightarrow{\sim} M_{\mathbb{M}_2(k),k^2} \xrightarrow{\sim} Gl_{2,k}/\tilde{\mu}_k \xrightarrow{\sim} PGl_{2,k}$$

Etwas komplizierter ist die Struktur des Schemas $M_1 \xrightarrow{\sim} M_{k[x,y]/(x^2,y^2),k^2}$. Offenbar entspricht ein Element $\varphi \in M_1(R)$ für $R \in M_k$ umkehrbar eindeutig einem Paar von 2×2 Matrizen über R:

$$X = (x_{i,j})_{1 \leq i,\, j \leq 2} \quad ; \quad Y = (y_{i,j})_{1 \leq i,\, j \leq 2}$$

welche die folgenden drei Bedingungen erfüllen:

1) $X^2 = 0$; 2) $Y^2 = 0$; 3) $[X,Y] = 0$.

Damit können wir M_1 auffassen als das affine Spektrum der k-Algebra

$$A = k[X_{i,j};y_{i,j}]_{1 \leq i,\, j \leq 2}/J$$

wobei J das von den nachfolgenden 12 Polynomen erzeugte Ideal bedeuten möge:

$$J = \langle x_{11}^2 + x_{12}x_{21};\ x_{11}x_{12} + x_{12}x_{22};\ x_{21}x_{11} + x_{22}x_{21};$$
$$x_{21}x_{12} + x_{22}^2;$$
$$y_{11}^2 + y_{12}y_{21};\ y_{11}y_{12} + y_{12}y_{22};\ y_{21}y_{11} + y_{22}y_{21};$$
$$y_{21}y_{12} + y_{22}^2;$$
$$x_{12}y_{21} + y_{12}x_{21};\ y_{12}(x_{11} + x_{22}) + x_{12}(y_{11} + y_{22});$$
$$x_{21}(y_{11} + y_{22}) + y_{21}(x_{11} + x_{22});\ x_{21}y_{12} + y_{21}x_{12} \rangle$$

Wir wollen zunächst $\dim(M_1)$ abschätzen und betrachten zu diesem Zweck das affine, algebraische Schema

$M_{k[t]/(t^2);k^2}$. Da jeder zweidimensionale $k[t]/(t^2)$-Modul, auf dem t nicht trivial operiert, zu dem regulären Modul $k[t]/(t^2)$ isomorph sein muss, gibt es in $M_{k[t]/(t^2);k^2}$ wegen 3.5. eine offene $Gl_{2,k}$-Bahn, die alle rationalen Punkte bis auf den Punkt

$$\rho_o \in M_{k[t]/(t^2);k^2} \quad \text{mit} \quad \rho(\bar{t}) = 0 \in M_2(k)$$

enthalten muss. Nun ist aber ρ_o ersichtlich ein Häufungspunkt dieser Bahn, und damit ist $M_{k[t]/(t^2);k^2}$ irreduzibel. Mit den Verabredungen von 3.1. und 3.3. erhalten wir für einen rationalen Punkt $\rho \in M_{k[t]/(t^2);k^2}$ mit $\rho \neq \rho_o$ die Beziehung:

$$Aut_{k[t]/(t^2)}((k^2)_\rho) \xrightarrow{\sim} \mu_k^{k[t]/(t^2)} \xrightarrow{\sim} \alpha_k \pi \mu_k$$

wobei $\mu_k^{k[t]/(t^2)}$ die Einheitengruppe der k-Algebra $k[t]/(t^2)$ bezeichnen möge. Dies liefert schliesslich:

$$\dim M_{k[t]/(t^2);k^2} = \dim \widetilde{Gl_{2,k} \cdot \rho} = \dim Gk_{2,k} \tilde{/} Aut_{k[t]/(t2)}((k^2)_\rho) = 2$$

Nun ergeben aber die beiden Inklusionen:

$j_{1/2} : k[t]/(t^2) \to k[x,y]/(x^2,y^2)$ mit $j_1(\bar{t}) = \bar{x}$ und $j_2(\bar{t}) = \bar{y}$ eine abgeschlossene Immersion:

$$i : M_1 \neq M_{k[x,y]/(x^2,y^2)} \to M_{k[t]/(t^2)} \pi M_{k[t]/(t^2)}$$

welche durch

$$i(\varphi) = (\varphi \circ j_1, \varphi \circ j_2) \quad \forall \varphi \in M_{k[x,y]/(x^2,y^2)}$$

beschrieben wird. Da der rechte Term der obigen Inklusionsbeziehung ein irreduzibles, algebraisches Schema der Dimension 4 ist, und da weiterhin i auf den rationalen Punkten sicher nicht surjektiv ist, erhalten wir schliesslich die Abschätzung:

$$\dim M_{k[x,y]/(x^2,y^2);k^2} \leqq 3 .$$

Wir wollen nun die Dimensionen der Zariskitangentialräume in den rationalen Punkten von $M_1 \stackrel{\sim}{\to} M_{k[x,y]/(x^2,y^2),k^2}$ bestimmen.

Zu diesem Zwecke geben wir zunächst ein vollständiges Repräsentantensystem für die Zerlegung von M_1 in $Gl_{2,k}$-Bahnen an:

a) $\varphi_o \in M_1(k)$ mit $\varphi_o(\overline{x}) = 0 = \varphi_o(\overline{y})$

b) $\varphi_{(1,\lambda)} \in M_1(k)$ für $\lambda \in k$ mit :

$$\varphi_{(1,\lambda)}(\overline{x}) = \begin{bmatrix} 0 & 0 \\ 1 & 0 \end{bmatrix} \quad \text{und} \quad \varphi_{(1,\lambda)}(\overline{y}) = \begin{bmatrix} 0 & 0 \\ \lambda & 0 \end{bmatrix}$$

c) $\varphi_{(\lambda,1)} \in M_1(k)$ für $\lambda \in k$ mit:

$$\varphi_{(\lambda,1)}(\overline{x}) = \begin{bmatrix} 0 & 0 \\ \lambda & 0 \end{bmatrix} \quad \text{und} \quad \varphi_{(\lambda,1)}(\overline{y}) = \begin{bmatrix} 0 & 0 \\ 1 & 0 \end{bmatrix}$$

Offenbar ist φ_o Häufungspunkt für jede Bahn $\widetilde{Gl_{2,k}\varphi}_{(1,\lambda)}$ (bzw. $\widetilde{Gl_{2,k}\varphi}_{(\lambda,1)}$) und mithin muss M_1 zusammenhängend sein.

Wir setzen nun abkürzend $V_\lambda = (k^2)_{\varphi(1,\lambda)}$ und $W_\lambda = (k^2)_{\varphi(\lambda,1)}$ sowie $H = k[x,y]/(x^2,y^2)$.

Die kurze exakte Sequenz in H-Moduln

$$0 \longrightarrow V_\lambda \xrightarrow{i\lambda} H \xrightarrow{p_\lambda} V_\lambda \longrightarrow 0$$

mit $i_\lambda(e_1) = \lambda\overline{x} + \overline{y}$, $i_\lambda(e_2) = \overline{x}\overline{y}$ und $p_\lambda(1_H) = e_1$ liefert nun zwei H-Modulisomorphismen:

$$V_\lambda \xrightarrow[H]{\sim} \operatorname{Hom}_H(V_\lambda,V_\lambda) \quad \text{und} \quad \operatorname{Hom}_H(V_\lambda,V_\lambda) \xrightarrow[H]{\sim} \operatorname{Ext}^1_H(V_\lambda,V_\lambda).$$

Entsprechend erhält man natürlich:

$$W_\lambda \xrightarrow[H]{\sim} \operatorname{Hom}_H(W_\lambda,W_\lambda) \quad \text{und} \quad \operatorname{Hom}_H(W_\lambda,W_\lambda) \xrightarrow[H]{\sim} \operatorname{Ext}^1_H(W_\lambda,W_\lambda)$$

Ist nun $\varphi \in M_1(k)$ mit $\varphi(\overline{x}) \neq 0$, dann ist $V_\lambda \cong (k^2)_\varphi$ für ein geeignetes $\lambda \in k$, und wir erhalten aus 3.4 die Beziehung:

$$\dim_k T_{M_1,\varphi} = \dim_k M_2(k) - \dim_k \operatorname{Hom}_H(V_\lambda,V_\lambda) + \dim_k \operatorname{Ext}^1_H(V_\lambda,V_\lambda)$$

$$= \quad 4 \quad - \quad 2 \quad + \quad 2 \quad = 4$$

Entsprechend erhalten wir für $\varphi \in M_1(k)$ mit $\varphi(\overline{y}) \neq 0$:

$$\dim_k T_{M_1,\varphi} = \dim_k \mathbb{M}_2(k) - \dim_k \operatorname{Hom}_H(W_\lambda,W_\lambda) + \dim_k \operatorname{Ext}^1_H(W_\lambda,W_\lambda)$$

$$= \quad 4 \quad - \quad 2 \quad + \quad 2 \quad = 4$$

Es bleibt $\dim_k T_{M_1,\varphi}$ zu bestimmen. Zu diesem Zwecke bezeichnen wir mit $m \subset H$ das maximale Ideal von H und mit E den einfachen H-Modul. Aus der exakten Sequenz in H-Moduln:

$$0 \longrightarrow m \longrightarrow H \longrightarrow E \longrightarrow 0$$

erhalten wir den Isomorphismus in H-Moduln:

$$(m/m^2)^t \xrightarrow{\sim} \operatorname{Ext}^1_H(E,E)$$

mit $(m/m^2)^t = \operatorname{Hom}_k(m/m^2,k) \cong \operatorname{Hom}_H(m/m^2,E)$.

Dies liefert schliesslich die Gleichung $\dim_k \operatorname{Ext}^1_H(E,E)=2$

Nun ist aber $(k^2)_{\varphi_0} \xrightarrow[H]{\sim} E \oplus E$, und damit muss $\dim_k \operatorname{Ext}^1_H((k^2)_{\varphi_0};(k^2)_{\varphi_0}) = 8$ gelten. Andrerseits ist offenbar $\operatorname{Hom}_H((k^2)_{\varphi_0},(k^2)_{\varphi_0}) \cong \mathbb{M}_2(k)$. Damit erhalten wir schliesslich aus 3.4. die Beziehung:

$$\dim_k T_{M_1,\varphi_o} = \dim_k \mathbb{M}_2(k) - \dim_k \mathrm{Hom}_H((k^2)_{\varphi_o},(k^2)_{\varphi_o}) + \dim_k \mathrm{Ext}^1_H((k^2)_{\varphi_o},(k^2)_{\varphi_o})$$

$$= \quad 4 \quad - \quad 4 \quad + \quad 8 \quad = \quad 8 .$$

Wir wollen nun das Schema $M_{1,red}$ etwas genauer untersuchen. Wir werden zeigen, dass $M_{1,red}$ ein irreduzibles, normale, affines, algebraisches Schema der Dimension 3 über k ist, das eine einzige Singularität im Punkte φ_o besitzt. Dabei wird sich $\dim_k T_{M_1,red;\varphi_o} = 6$ ergeben.

Hierfür betrachten wir die projektive Gerade $\mathbb{P}_1$ über k zusammen mit dem kanonischen Quotienten

$$\tau : \mathcal{O}_{\mathbb{P}_1} \oplus \mathcal{O}_{\mathbb{P}_1} \longrightarrow \mathcal{O}_{\mathbb{P}_1}(1)$$

Sei W das Vektorraumbündel $\mathbb{V}(\mathcal{O}_{\mathbb{P}_1}(-2) \oplus \mathcal{O}_{\mathbb{P}_1}(-2))$ V über $\mathbb{P}_1$ und $U \subset W$ das offene Teilschema, das vom Komplement des Nullschnittes

$$\varepsilon_W : \mathbb{P}_1 \longrightarrow W = \mathbb{V}(\mathcal{O}_{\mathbb{P}_1}(-2) \oplus \mathcal{O}_{\mathbb{P}_1}(-2))$$

in W gebildet wird. Wir werden zunächst einen Isomorphismus in algebraischen Schemata konstruieren:

$$h : M_{1,red} - \{\varphi_o\} \xrightarrow{\sim} U$$

Da beide Schemata reduziert sind, genügt es für jede reduzierte Algebra $R \in M_k$ einen in R funktoriellen Isomorphismus

$$h(R) : (M_{1,red} - \{\varphi_o\})(R) \xrightarrow{\sim} U(R)$$

anzugeben. Sei also $\varphi \in (M_{1,red} - \{\varphi_o\})(R)$ und $R \in M_k$ reduziert. Wir bezeichnen der Kürze halber den φ entsprechenden $R[x,y]/(x^2,y^2)$-Modul $(R^2)_\varphi$ mit N und

V Im Sinne von [26].

bemerken zunächst, dass $\bar{x}N + \bar{y}N \subset N$ ein direkter R-Summand von N ist und mithin als R-Modul lokal-frei vom Rang 1 sein muss. Offenbar können wir zum Beweis dieser Behauptung annehmen, dass R ein lokaler Ring mit maximalen Ideal $m \subset R$ und Restklassenkörper $k(m)$ ist. Wegen $\varphi \in (M_{1,red} - \{\varphi_o\})(R)$ kann nicht

$\varphi \otimes_R k(m)(\bar{x}) = 0 = \varphi \otimes_R k(m)(\bar{y})$ gelten. Sei etwa

$\varphi \otimes_R k(m)(\bar{x}) \neq 0$. Indem wir in dieser Situation N als Modul über der Unteralgebra $R[x]/(x^2) \subset R[x,y]/(x^2,y^2)$ auffassen, erhalten wir zunächst einen Isomorphismus in $R[x]/(x^2)$ - Moduln:

$$s : R[x]/(x^2) \otimes_R k(m) \xrightarrow{\sim} N \otimes_R k(m)$$

und hieraus schliesslich einen $R[x]/(x^2)$-linearen Morphismus

$$t : R[x]/(x^2) \xrightarrow{\sim} N$$

für welchen $t \otimes_R k(m) = s$ gilt. Wegen des Lemmas von Nakayama muss t surjektiv sein. Da beide $R[x]/(x^2)$-Moduln in der letzten Isomorphiebeziehung als R-Moduln frei vom Rang 2 sind, muss t aus Ranggründen sogar bijektiv sein. Dies bedeutet aber, dass $\bar{x} \cdot N \subset N$ ein direkter R-Summand vom Rang 1 in N sein muss. Da nun $\bar{y}$ den Teilmodul $\bar{x}N$ in sich abbildet muss $\bar{y}$ auf dem Restklassenmodul $N/\bar{x}N$ einen nilpotenten Endomorphismus induzieren. Nun ist aber $N/\bar{x}N$ frei vom Rang 1, und R ist reduziert. Mithin muss $\bar{y}.N \subset \bar{x} \cdot N$ und damit schliesslich $\bar{x}N = \bar{x}N + \bar{y}N$ ein direkter R-Summand von N sein. Entsprechend argumentiert man im Falle, dass $\varphi \otimes_R k(m)(\bar{y}) \neq 0$ ist.

Wir bezeichnen nun den lokal-freien R-Restklassenmodul $N/(\bar{x}N + \bar{y}N)$ vom Range 1 mit $L(\varphi)$ und mit

$$p(\varphi) : N \longrightarrow N/(\bar{x}N + \bar{y}N) = L(\varphi)$$

die kanonische Projektion. Sei weiterhin (e_1, e_2) die kanonische Basis von R^2 und (e_1^*, e_2^*) die zugehörige duale Basis in $(R^2)^t = \operatorname{Hom}_R(R^2,R)$. Mit $v : (R^2)^t \tilde{\to} R^2$ sei der R-lineare Isomorphismus bezeichnet, welcher durch $v(e_1^*) = e_2$ und $v(e_2^*) = e_1$ gegeben wird. Indem man nun die Sequenz in R-Moduln:

$$0 \to L(\varphi)^t \xrightarrow{v o p(\varphi)^t} R^2 \xrightarrow{p(\varphi)} L(\varphi) \to 0$$

mit $p(\varphi)^t = \operatorname{Hom}_R(p(\varphi),R)$ und $L(\varphi)^t = \operatorname{Hom}_R(L(\varphi),R)$ über den Restklassenkörpern des Primidealspektrums von R testet, erkennt man ihre Exaktheit.

Die beiden R-linearen Endomorphismen $\varphi(\bar{x}), \varphi(\bar{y})$ des R-Moduls R^2 induzieren nun zwei R-lineare Abbildungen:

$$\bar{x}(\varphi);\ \bar{y}(\varphi) \in \operatorname{Hom}_R(L(\varphi), L(\varphi)^t) \xrightarrow[R]{\sim} L(\varphi)^t \otimes_R L(\varphi)^t$$

Indem wir nun

$$h(R)(\varphi) = (d(L(\varphi),p(\varphi)),\ \bar{x}(\varphi),\ \bar{y}(\varphi)) \in U(R)$$

setzen, erhalten wir schliesslich den gesuchten Isomorphismus:

$$h : M_{1,red} - \{\varphi_o\} \tilde{\to} U .$$

Nun ist $W = V(\mathcal{O}_{\mathbb{P}_1}(-2) \oplus \mathcal{O}_{\mathbb{P}_1}(-2))$ zusammenhängend, denn die kanonische Projektion $W \to \mathbb{P}_1$ ist surjektiv, offen und besitzt zusammenhängende Fasern in allen Punkten. Da W auch glatt ist, muss W sogar irreduzibel sein. Damit ist aber auch $U \subset W$ und schliesslich sogar $M_{1,red} - \{\varphi_o\}$ irreduzibel. Weil φ_o ein Häufungspunkt von $M_1 - \{\varphi_o\}$ ist, muss endlich auch M_1 irreduzibel sein. Hieraus ergibt sich insbesondere:

$$\dim M_1 = \dim M_{1,\mathrm{red}} = \dim(M_{1,\mathrm{red}} - \{\varphi_o\}) = \dim \mathsf{U} = \dim W = 3$$

Da U glatt ist, muss $M_{1,\mathrm{red}}$ in allen Punkten $\varphi \neq \varphi_o$ glatt sein. Um die noch ausstehenden Behauptungen über $M_{1,\mathrm{red}}$ beweisen zu können, müssen wir zunächst die Funktionenalgebra von U bestimmen. Dazu bemerken wir, dass die Restriktionsabbildung:

$$\rho^W_{\mathsf{U}} : \mathcal{O}_W(W) \longrightarrow \mathcal{O}_W(\mathsf{U})$$

ein Isomorphismus ist. In der Tat, da W irreduzibel ist, gilt für jeden Punkt $x \in W$ die Gleichung:

$$\dim W = \operatorname{trd}_k k(x) + \dim \mathcal{O}_{W,x} = 3$$

(siehe [10], chap.I, §3, 6,1.). Da nun die Transzendenzgrade der Restklassenkörper $k(\varepsilon_W(x))$ in den Punkten des abgeschlossenen Unterschemas $\varepsilon_W : \mathbb{P}_1 \hookrightarrow W$ nur 0 oder 1 sind, können die Dimensionen der zugehörigen lokalen Ringe $\mathcal{O}_{W,\varepsilon_W(x)}$ nur 3 oder 2 sein. $(x \in \mathbb{P}_1)$.
Da W in allen Punkten glatt ist, bedeutet dies:
$\operatorname{prof}_{\varepsilon_W(\mathbb{P}_1)}(\mathcal{O}_W) = 2$. Die Behauptung folgt nun aus [15], chap. IV, 5.10.5.

Um die Funktionenalgebra $\mathcal{O}_W(W)$ des algebraischen k-Schemas W zu bestimmen, schicken wir zunächst die folgende Bemerkung voraus: Sei $\mathcal{M}$ ein quasikohärenter $\mathcal{O}_{\mathbb{P}_1}$-Modul und

$$S_{\mathcal{O}_{\mathbb{P}_1}}(\mathcal{M}) = \bigoplus_{i \geq 0} S_i(\mathcal{M}) = S(\mathcal{M})$$

seine symmetrische Algebra mit ihrer kanonischen Graduierung. Da in $\mathbb{P}_1$ jede offene Menge quasikompakt ist, gibt es einen kanonischen Isomorphismus:

$$\bigoplus_{i\geq 0}[S_i(\mathcal{M})(\mathbb{P}_1)] \xrightarrow{\sim} [\bigoplus_{i\geq 0} S_i(\mathcal{M})](\mathbb{P}_1) = [S(\mathcal{M})](\mathbb{P}_1) .$$

Mit anderen Worten: $[S(\mathcal{M})](\mathbb{P}_1)$ ist eine graduierte Algebra über $\mathcal{O}_{\mathbb{P}_1}(\mathbb{P}_1) \xrightarrow{\sim} k$

Ist nun zusätzlich $\mathcal{M}$ lokal-frei von endlichem Rang, so muss die kanonische Abbildung $\mathcal{M} \to S(\mathcal{M})$ ein Monomorphismus sein, und damit können wir den k-Vektorraum der globalen Schnitte von $\mathcal{M}$ über die injektive Abbildung $\mathcal{M}(\mathbb{P}_1) \to [S(\mathcal{M})](\mathbb{P}_1)$ mit dem k-Vektorraum der homogenen Elemente vom Grade 1 in der graduierten k-Algebra $[S(\mathcal{M})](\mathbb{P}_1)$ identifizieren.

Bezeichnen wir nun die kanonische Basis des k-Vektorraumes $k \oplus k \xrightarrow{\sim} [\mathcal{O}_{\mathbb{P}_1} \oplus \mathcal{O}_{\mathbb{P}_1}](\mathbb{P}_1)$ mit (e_1, e_2), und setzen wir

$$x = r(\mathbb{P}_1)(e_1) \in \mathcal{O}_{\mathbb{P}_1}(1)(\mathbb{P}_1) \ ; \ y = r(\mathbb{P}_1)(e_2) \in \mathcal{O}_{\mathbb{P}_1}(1)(\mathbb{P}_1)$$

wo

$$r : \mathcal{O}_{\mathbb{P}_1} \oplus \mathcal{O}_{\mathbb{P}_1} \longrightarrow \mathcal{O}_{\mathbb{P}_1}(1)$$

den kanonischen Quotienten repräsentieren möge, so erhalten wir mit Hilfe von [15], chap.III, 2.1.12 einen kanonischen Isomorphismus in graduierten k-Algebren

$$j : k[X,Y] \xrightarrow{\sim} \bigoplus_{i\geq 0}[\mathcal{O}_{\mathbb{P}_1}(i)(\mathbb{P}_1)] \xrightarrow{\sim} [\bigoplus_{i\geq 0} \mathcal{O}_{\mathbb{P}_1}(i)](\mathbb{P}_1)$$

welcher durch $j(X) = x$ und $j(Y) = y$ festgelegt wird.

Hieraus ergibt sich insbesondere: Ist $\mathcal{M} = \bigoplus_{i=1}^{i=r} \mathcal{O}_{\mathbb{P}_1}(n_i)$ mit $n_i \geq 0 \ \forall \ 1 \leq i \leq r$, so ist der kanonische Homomorphismus in graduierten k-Algebren:

$$S_k(\mathcal{M}(\mathbb{P}_1)) \longrightarrow [S_{\mathcal{O}_{\mathbb{P}_1}}(\mathcal{M})](\mathbb{P}_1)$$

surjektiv. Mit anderen Worten: In dieser Situation wird

die graduierte k-Algebra $[S_{\mathcal{O}_{\mathbb{P}_1}}(\mathcal{M})](\mathbb{P}_1)$ von ihren homogenen Elementen des Grades 1 erzeugt.

Für $M = \mathcal{O}_{\mathbb{P}_1}(1) \oplus \mathcal{O}_{\mathbb{P}_1}(1)$ erhalten wir hieraus einen surjektiven Homomorphismus in graduierten k-Algebren:

$$\pi : k[X_1, Y_1, X_2, Y_2] \longrightarrow [S(\mathcal{O}_{\mathbb{P}_1}(1) \oplus \mathcal{O}_{\mathbb{P}_1}(1))](\mathbb{P}_1) .$$

dessen Kern offenbar das irreduzible, homogene Polynom $X_1Y_2 + X_2Y_1$ enthält. Der Kern von π wird sogar von $X_1Y_2 + X_2Y_1$ erzeugt, denn der induzierte Homomorphismus in graduierten k-Algebren

$$\overline{\pi} : k[X_1, Y_1, X_2, Y_2]/(X_1Y_2 + X_2Y_1) \to [S(\mathcal{O}_{\mathbb{P}_1}(1) \oplus \mathcal{O}_{\mathbb{P}_1}(1))](\mathbb{P}_1)$$

ist sogar ein Isomorphismus, wie ein Vergleich der Dimensionen der homogenen Komponenten beider Seiten ergibt. Dabei werden die Dimensionen der homogenen Komponenten der rechten Seite wieder mit Hilfe von [15] , chap.III; 2.1.12. bestimmt.

Nun ist $S(\mathcal{O}_{\mathbb{P}_1}(2)) \hookrightarrow S(\mathcal{O}_{\mathbb{P}_1}(1))$ ein direkter Summand des $\mathcal{O}_{\mathbb{P}_1}$-Moduls $S(\mathcal{O}_{\mathbb{P}_1}(1))$, und mithin ist die kanonische Abbildung

$$S(\mathcal{O}_{\mathbb{P}_1}(2) \oplus \mathcal{O}_{\mathbb{P}_1}(2)) \longrightarrow S(\mathcal{O}_{\mathbb{P}_1}(1) \oplus \mathcal{O}_{\mathbb{P}_1}(1))$$

ein Monomorphismus. Wegen der voraufgegangenen Bemerkungen können wir nun die graduierte k-Algebra $\mathcal{O}_W(W) \cong [S(\mathcal{O}_{\mathbb{P}_1}(2) \oplus \mathcal{O}_{\mathbb{P}_1}(2))](\mathbb{P}_1)$ mit derjenigen (graduierten) Unteralgebra von $k[X_1, Y_1, X_2, Y_2]/(X_1Y_2 + X_2Y_1)$ identifizieren, die von den homogenen Elementen des Grades 2 : $\overline{X}_1^2, \overline{X}_1\overline{Y}_1, \overline{Y}_1^2, \overline{X}_2^2, \overline{X}_2\overline{Y}_2, \overline{Y}_2^2$ erzeugt wird.

Der Isomorphismus $h^{-1} : U \cong (M_{1,red} - \{\varphi_o\})$ liefert den Homomorphismus in k-Algebren:

$$\eta : \mathcal{O}(M_{1,red}) \longrightarrow \mathcal{O}(M_{1,red} - \{\varphi_o\}) \cong \mathcal{O}_W(U) \cong \mathcal{O}_W(W)$$

der durch die folgenden Gleichungen festgelegt wird:

$$\eta(\overline{x}_{11}) = \overline{X}_1\overline{Y}_1,\ \eta(\overline{x}_{12}) = \overline{Y}_1^2\ ;\ \eta(\overline{x}_{21}) = \overline{X}_1^2\ ;\ \eta(\overline{x}_{22}) = \overline{X}_1\overline{Y}_1$$

$$\eta(\overline{y}_{11}) = \overline{X}_2\overline{Y}_2,\ \eta(\overline{y}_{12}) = \overline{Y}_2^2\ ;\ \eta(\overline{y}_{21}) = \overline{X}_2^2\ ;\ \eta(\overline{y}_{22}) = \overline{X}_2\overline{Y}_2$$

Da η ersichtlich surjektiv ist, muss der injektive Morphismus in k-Algebren $\mathcal{O}(M_{1,red}) \to \mathcal{O}(M_{1,red}-\{\varphi_o\})$ ein Isomorphismus sein. Da die Funktionenalgebra $\mathcal{O}_W(U)$ des normalen, irreduziblen Schemas U ein normaler Integritätsbereich sein muss, erhalten wir aus $\mathcal{O}(M_{1,red}) \tilde{\to} \mathcal{O}(U)$, dass das affine Schema $M_{1,red}$ normal ist.

Schliesslich ergibt sich die Gleichung $\dim_k T_{M_{1,red};\varphi_o} = 6$ mit Hilfe der obigen Beschreibung von $\mathcal{O}(M_{1,red})$ aus der folgenden Bemerkung: Sei $S = \underset{i\geq 0}{\oplus} S_i$ eine graduierte k-Algebra mit $S_o = k$. Wir setzen voraus, dass S von seinen homogenen Elementen des Grades 1 erzeugt wird. Dann ist für $m = \underset{i>0}{\oplus} S_i$ die kanonische k-lineare Abbildung $S_1 \to m/m^2$ bijektiv.

§ 4. Das Schema der Zerlegungen eines Moduls.

4.1. Sei wieder A eine endlich-dimensionale Algebra über dem algebraisch abgeschlossenen Grundkörper k und M ein endlich-dimensionaler A-Links-(bzw.Rechts) Modul. Mit $Z_A(M)$ bezeichnen wir das affine, algebraische k-Schema, das durch die Gleichung:

$$Z_A(M)(R) = \{1 \in \operatorname{Hom}_A(M,M) \underset{k}{\otimes} R \tilde{\to} \operatorname{Hom}_{A\underset{k}{\otimes}R}(M \underset{k}{\otimes} R,\ M \underset{k}{\otimes} R) \mid 1\cdot 1 = 1\}$$

$$\forall R \in M_k$$

definiert wird. Bezeichnen wir weiterhin mit $\operatorname{Aut}_{k-A}(M)$ das durch die Gleichung:

$$\underset{k-A}{\mathrm{Aut}}(M)(R) = \{g \in \underset{A}{\mathrm{Hom}}(M,M) \otimes_k R \xrightarrow{\sim} \mathrm{Hom}_{A \otimes_k R}(M \otimes_k R,\ M \otimes_k R) \mid$$
$$g \text{ bijektiv}\} \quad \forall\, R \in M_k$$

definierte Automorphismenschema des A-Moduls, so erhalten wir eine Links-Operation von $\underset{k-A}{\mathrm{Aut}}(M)$ auf $Z_A(M)$ durch die Vorschrift:

$$g \cdot l = g \circ l \circ g^{-1} \quad \forall\, g \in \underset{k-A}{\mathrm{Aut}}(M),\ l \in Z_A(M)$$

Offenbar kann man $Z_A(M)(R)$ als die Menge der Paare von Teilmoduln (M_1, M_2) des $A \otimes_k R$ - Moduls $M \otimes_k R$ interpretieren, für welche

$$M = M_1 \oplus M_2$$

gilt. Bei dieser Identifizierung geht die Linksoperation von $\underset{k-A}{\mathrm{Aut}}(M)$ auf $Z_A(M)$ über in:

$$g \cdot (M_1, M_2) = (g(M_1);\ g(M_2)) \quad \forall\, (M_1, M_2) \in Z_A(M),\ g \in \underset{k-A}{\mathrm{Aut}}(M)$$

Sei nun $l \in Z_A(M)(k)$ ein rationaler Punkt und $\underset{k-A}{\mathrm{Aut}}\widetilde{(M)} \cdot l$ seine Bahn unter $\underset{k-A}{\mathrm{Aut}}(M)$. Dann bezeichnen wir mit $\pi_l : \underset{k-A}{\mathrm{Aut}}(M) \to \underset{k-A}{\mathrm{Aut}}\widetilde{(M)} \cdot l$ die kanonische Projektion von $\underset{k-A}{\mathrm{Aut}}(M)$ auf die Bahn $\underset{k-A}{\mathrm{Aut}}\widetilde{(M)} \cdot l$ und mit $\nu_l : \underset{k-A}{\mathrm{Aut}}(M) \to Z_A(M)$ den durch die Gleichung

$\nu_l(g) = g \cdot l \quad \forall\, g \in \underset{k-A}{\mathrm{Aut}}(M)$ definierten Morphismus. Es gilt nun der folgende

<u>4.2. Satz:</u> Für jeden rationalen Punkt $l \in Z_A(M)(k)$ ist die zugehörige Bahn $\underset{k-A}{\mathrm{Aut}}\widetilde{(M)} \cdot l$ unter $\underset{k-A}{\mathrm{Aut}}(M)$ ein offenes Unterschema von $Z_A(M)$.

<u>4.3. Bemerkung:</u> Da $\mathrm{Aut}_{k-A}(M)$ als Einheitengruppe der endlich-dimensionalen k-Algebra $\mathrm{Hom}_A(M,M)$ zusammenhängend ist, müssen auch alle Bahnen unter $\mathrm{Aut}_{k-A}(M)$ zusammenhängend sein. Wegen 4.2. sind somit die Bahnen von $\mathrm{Aut}_{k-A}(M)$ in $Z_A(M)$ gerade die Zusammenhangskomponenten des Schemas $Z_A(M)$. Da $\mathrm{Aut}_{k-A}(M)$ über dies glatt ist, müssen auch alle Bahnen unter $\mathrm{Aut}_{k-A}(M)$ glatt sein (siehe [10], chap.III, §3, 2.7.). Mithin ist auch $Z_A(M)$ als direkte Summe seiner Bahnen unter $\mathrm{Aut}_{k-A}(M)$ glatt.

<u>4.4. Beweis von Satz 4.2:</u> Es genügt offenbar zu zeigen, dass für jeden rationalen Punkt $1 \in Z_A(M)(k)$ der Morphismus $\nu_1 : \mathrm{Aut}_{k-A}(M) \to Z_A(M)$ glatt und mithin flach ist.

Wir bemerken nun zunächst, dass sich der Endomorphismenring $\mathrm{Hom}_A(M,M)$ des A-(Links)-Moduls M mit dem Endomorphismenring des $\mathrm{Hom}_A(M,M)$-(Rechts)-Moduls $\mathrm{Hom}_A(M,M)$ identifizieren lässt, so dass wir im folgenden ohne Beschränkung der Allgemeinheit annehmen können, dass M ein projektiver A-(Rechts)-Modul ist.

Die Glattheit der Abbildung $\nu_1 : \mathrm{Aut}_{k-A}(M) \to Z_A(M)$ ist nun wegen [10], chap. I, § 4, 4.2. und 5.11. gleichbedeutend mit der folgenden Behauptung:

Sei $R \in \mathrm{Alf}/k$ eine lokale, endlich-dimensionale k-Algebra und $J \subset R$ ein nilpotentes Ideal von R. Sei weiterhin $f \in Z_A(M)(R)$, $h \in \mathrm{Aut}_{k-A}(M)(R/J)$ derart, dass $f_{R/J} = h \cdot 1_{R/J}$ gilt. Dann gibt es stets ein $g \in \mathrm{Aut}_{k-A}(M)(R)$ mit $g_{R/J} = h$ und $f = g \cdot 1_R$.

Wir bezeichnen nun mit $M = M_1 \oplus M_2$ die dem Element $1 \in Z_A(M)(k)$ entsprechende Zerlegung des A-Moduls M sowie mit $M \otimes_k R = N_1 \oplus N_2$ die dem Element $f \in Z_A(M)(R)$ entsprechende Zerlegung des $A \otimes R$-Moduls $M \otimes_k R$.

Dann lässt sich die an den Automorphismus $h \in \mathrm{Aut}_{k-A}(M)(R/J)$ gestellte Bedingung $f_{R/J} = h \cdot 1_{R/J}$ offenbar folgendermassen ausdrücken:

$$h(M_1 \otimes_k R/J) = N_1/JN_1 \quad \text{und} \quad h(M_2 \otimes_k R/J) = N_2/JN_2 \ .$$

Wir bezeichnen jetzt mit

$$h_1 : M_1 \otimes_k R/J \xrightarrow{\sim} N_1/JN_1 \quad \text{bzw.} \quad h_2 : M_2 \otimes_k R/J \xrightarrow{\sim} N_2/JN_2$$

die von h induzierten Isomorphismen in $A \otimes_k (R/J)$-Moduln. Gesucht wird jetzt ein Automorphismus $g \in \mathrm{Aut}_A(M)(R)$, der auf $M \otimes_k R/J$ den Automorphismus h induziert und darüberhinaus die Bedingungen

$$g(M_1 \otimes_k R) = N_1 \qquad \text{und} \qquad g(M_2 \otimes_k R) = N_2$$

erfüllt. Wir bemerken hierfür zunächst, dass der $A \otimes_k R$-Modul $M_i \otimes_k R$ (bzw. N_i) eine projektive Hülle des $A \otimes_k R$-Moduls $M_i \otimes_k R/J$ (bzw. N_i/JN_i) für $i = 1, 2$ ist. Infolgedessen gibt es Isomorphismen in $A \otimes_k R$-Moduln

$$g_1 : M_1 \otimes_k R \xrightarrow{\sim} N_1 \quad \text{und} \quad g_2 : M_2 \otimes_k R \xrightarrow{\sim} N_2$$

mit $\quad g_1 \otimes_R R/J = h_1 \quad$ und $\quad g_2 \otimes_R R/J = h_2$

Der Automorphismus

$$g = g_1 \oplus g_2 : M \otimes_k R = (M_1 \otimes_k R) \oplus (M_2 \otimes_k R) \xrightarrow{\sim} N_1 \oplus N_2 = M \otimes_k R$$

erfüllt dann offenbar die geforderten Bedingungen.

<u>4.5. Corollar:</u> Seien $G' \subset G$ zwei algebraische Gruppen über dem algebraisch abgeschlossenen Grundkörper k, und sei G' ein endlicher Normalteiler von G derart, dass $G\tilde{/}G'$ eine zusammenhängende Gruppe ist. Sei weiter-

hin M ein endlich-dimensionaler G-Modul und $N \subset M$ ein direkter G'-Summand von M. Dann gilt $\mathrm{Stab}_G(N) = G$.

<u>Beweis:</u> G operiert auf dem Schema $Z_{H(G')}(M)$ vermöge der Vorschrift:

$$g(M_1, M_2) = (gM_1, gM_2) \quad \forall (M_1, M_2) \in Z_{H(G')}(M);\ g \in G.$$

Da offenbar G' auf $Z_{H(G')}(M)$ trivial operiert, erhalten wir schliesslich eine Operation der zusammenhängenden Gruppe $\widetilde{G/G'}$ auf $Z_{H(G')}(M)$. Wegen Satz 4.2. müssen nun alle $\mathrm{Aut}_{k-H(G')}(M)$-Bahnen in $Z_{H(G')}(M)$ unter der Operation von G/G' und damit unter G stabil sein.

Sei nun $R \in \mathrm{Alf}/k$ eine endlich-dimensionale k-Algebra und $g \in G(R)$. Weiterhin sei $M = N \oplus N'$ eine G'-Zerlegung von M. Da der glatte Morphismus

$$\nu_{(N,N')} : \mathrm{Aut}_{k-H(G')}(M) \to Z_{H(G')}(M)$$

auf den endlich-dimensionalen k-Algebren surjektiv sein muss, gibt es wegen der Stabilität der $\mathrm{Aut}_{k-H(G')}(M)$-Bahn von $(N,N') \in Z_{H(G')}(M)(k)$ unter G einen Automorphismus $u \in \mathrm{Aut}_{k-H(G')}(M)(R)$ derart, dass die Gleichungen

$$u(N \otimes_k R) = g\cdot(N \otimes R) \text{ und } u(N' \otimes_k R) = g(N' \otimes_k R)$$

gelten. Hieraus folgt aber sofort:

$$F_g(N \otimes_k R) \xrightarrow[H(G') \otimes_k R]{\sim} N \otimes_k R \text{ bzw. } F_g(N' \otimes_k R) \xrightarrow[H(G') \otimes_k R]{\sim} N \otimes_k R$$

(siehe I, 1.3.). Aus der linken Isomorphiebeziehung ergibt sich schliesslich :

$$\mathrm{Stab}_G(M)(R) = G(R)$$

Da die letzte Gleichung für alle $R \in \mathrm{Alf}/k$ gilt, erhalten wir $\widehat{\mathrm{Stab}_G(M)} = \widehat{G}$ und hieraus endlich: $\mathrm{Stab}_G(M) = G$.

§ 5. Das verallgemeinerte Taylorlemma.

5.1. Wir betrachten die folgende Situation: Sei k ein kommutativer Grundring und $p : X = \mathrm{Sp}_k(A) \to \mathrm{Sp}_k(B) = Y$ ein Morphismus zwischen affinen k-Schemata. Weiterhin sei ein affines k-Gruppenschema G zusammen mit einer G-Linksoperation $u : G \times X \to X$ von G auf X gegeben derart, dass (X,p,u) zu einem G-Torseur über Y wird.

Die Linksoperation von G auf X induziert eine Linksoperation von G auf $A \xrightarrow{\sim} \mathcal{O}(X)$, welche durch die Gleichung

$$(g\cdot f)(x) = f(g^{-1}x) \qquad \forall\, x \in X,\ g \in G,\ f \in A \xrightarrow{\sim} \mathcal{O}(X)$$

gegeben wird. Bezeichnen wir mit ${}^G A$ die Unteralgebra der G-invarianten Elemente von A :

$$G_A = \{f \in A \xrightarrow{\sim} \mathcal{O}(X) \mid g\cdot f = f \quad \forall\, g \in G\}$$

so erhalten wir einen kanonischen - von $p : X \longrightarrow Y$ induzierten - Isomorphismus in k-Algebren : $B \xrightarrow{\sim} {}^G A$.

Wir nennen nun eine k-lineare Operation von G auf einen A-Modul M verschränkt (bezüglich der Linksoperation von G auf A) , wenn die folgende Bedingung erfüllt ist:

$$g(f\cdot m) = (g\cdot f)\cdot(g\cdot m) \qquad \forall\, g \in G,\ f \in A,\ m \in M .$$

Ist nun M ein derartiger A-Modul mit verschränkter G-Linksoperation, so ist offenbar der k-Modul

$$^{G}M = \{m \in M \mid g\cdot m = m \quad \forall\, g \in G\}$$

der unter G invarianten Elemente von M ein B-Modul. Ist andrerseits N ein B-Modul, so wird $A \otimes_B N$ zu einem A-Modul mit verschränkter G-Operation durch die Vorschrift:

$$g\cdot(f \otimes_B n) = g\cdot f \otimes_B n \qquad \forall\, g \in G,\ f \in A,\ n \in N$$

Wir wollen den A-Modul $A \otimes_B N$ mit dieser verschränkten G-Operation im folgenden mit $A \dot{\otimes}_B N$ bezeichnen. Es gilt nun das folgende

<u>5.2. Taylorlemma:</u> Ist mit den Bezeichnungen von 5.1 $(X = \mathrm{Sp}_k A, p, u)$ ein G-Torseur über $Y = \mathrm{Sp}_k(B)$, so ist der Funktor "Basiswechsel" : $A \dot{\otimes}_B ?$ zu dem Funktor $^{G}?$ quasiinvers und induziert infolgedessen eine Aequivalenz zwischen der Kategorie der B-Moduln einerseits und der Kategorie der A-Moduln mit verschränkter G-Operation andererseits.

<u>Beweis:</u> Sei N ein B-Modul bzw. M ein A-Modul mit verschränkter G-Linksoperation. Dann gibt es in N bzw. M funktorielle Morphismen:

$$\sigma(M) : A \dot{\otimes}_B {}^{G}M \longrightarrow M \quad \text{bzw.} \quad \tau(N) : N \longrightarrow {}^{G}(A \dot{\otimes}_B N)$$

Wir müssen nachweisen, dass $\sigma(M)$ bzw. $\tau(N)$ Isomorphismen sind. Bezeichnen wir nun mit $\mathrm{Aut}_{k\text{-}B}(M)$ den durch die Gleichung

$$\mathrm{Aut}_{k\text{-}B}(M)(R) = \{\varphi \in \mathrm{Gl}_k(M)(R) \mid \varphi \circ b = b \circ \varphi \quad \forall\, b \in B\} \quad \forall\, R \in M_k$$

definierten k-Gruppenfunktor der Automorphismen des B-Moduls M , so gilt offenbar:

$$\operatorname{Aut}_{k-B}(M) \xrightarrow{\sim} \prod_{B/k} \operatorname{Gl}_B(M)$$

Wir erhalten damit den Isomorphismus in Bifunktoren:

$$\operatorname{Gr}[G_B, \operatorname{Gl}_B(M)] \xrightarrow{\sim} \operatorname{Gr}[G, \operatorname{Aut}_{k-B}(M)]$$

(siehe [10], chap. I, §1, 6.6). Mit anderen Worten: Die linearen Operationen des B-Gruppenschemas G_B auf dem B-Modul M entsprechen umkehrbar eindeutig den linearen Operationen des k-Gruppenschemas G auf dem k-Modul M , welche mit der B-Modulstruktur auf M verträglich sind. Da bei dieser Identifizierung offenbar $^GM = {}^{G_B}M$ gilt, können wir ohne Beschränkung der Allgemeinheit k = B voraussetzen.

Nun ist $(X = \operatorname{Sp}_k A, p, u)$ ein G-Torseur über k . Da die Bildung des Moduls der G-invarianten Elemente mit treuflachen Basiswechseln $k \to k'$ vertauscht, können wir weiterhin ohne Beschränkung der Allgemeinheit sogar voraussetzen, dass der G-Torseur X trivial ist. Jetzt sind wir aber in der vom engeren Taylorlemma beherrschten Situation (siehe [26], II) . Anwendung von Corollar 1 aus II in [26] liefert nun die Behauptung des Satzes.

<u>5.3. Bemerkung.</u> Sei unter den Verabredungen und Voraussetzungen von 5.1. und 5.2. $k' \in M_k$ eine kommutative Algebra, dann liefert der kanonische Isomorphismus in $A \otimes_k k'$-Moduln mit verschränkter $G_{k'}$-Operation

$$({}^GM \otimes_k k') \mathop{\dot{\otimes}}_{B \otimes_k k'} (A \otimes_X k') \xrightarrow{\sim} ({}^GM \mathop{\dot{\otimes}}_B A) \otimes_k k' \xrightarrow{\sim} M \otimes_k k'$$

wegen 5.2. den kanonischen Isomorphismus in $B \otimes_k k'$-Moduln:

$$^{G}M \underset{k}{\otimes} k' \xrightarrow[\displaystyle B \underset{k}{\otimes} k']{\sim} {}^{G}k'(M \underset{k}{\otimes} k')$$

Mit anderen Worten: In der Situation des Satzes 5.2. vertauscht die Bildung des k-Moduls der unter G invarianten Elemente mit beliebigem Basiswechseln $k \to k'$.

Sei nun G' eine zweite, affine k-Gruppe, die ebenfalls von links durch k-Algebrenautomorphismen so auf $A \xrightarrow{\sim} \mathcal{O}_k(X)$ operieren möge, dass die folgende Gleichung gilt:

$$g\cdot(g'\cdot f) = g'\cdot(g\cdot f) \qquad \forall\, g\in G,\ g'\in G',\ f\in A$$

Dies liefert eine Operation von $G \pi G'$ auf A durch k-Algebrenautomorphismen. Insbesondere ist $B = {}^{G}A$ unter G' stabil, und deswegen erhalten wir eine G'-Operation auf B durch k-Algebrenautomorphismen.

Ist nun M ein A-Modul mit verschränkter $G \pi G'$-Operation, so ist wegen der zu Anfang von 5.3. gemachten Bemerkung ${}^{G}M$ ein B-Modul mit verschränkter G'-Operation. Ist umgekehrt N ein B-Modul mit verschränkter G'-Operation, so wird $A \underset{B}{\otimes} N$ zu einem A-Modul mit verschränkter $G \pi G'$-Operation vermöge der Vorschrift:

$$(g,g')\cdot(f \underset{B}{\otimes} n) = g\cdot(g'f) \underset{B}{\otimes} g'n \qquad \forall\, g\in G,\ g'\in G',\ n\in N,\ f\in A\,.$$

Wir werden den A-Modul $A \underset{B}{\otimes} N$ mit dieser verschränkten $G \pi G'$-Operation im folgenden mit $A \underset{B}{\ddot{\otimes}} N$ bezeichnen.

Die Isomorphismen $\sigma(M)$ bzw. $\tau(N)$ aus 5.2. sind in der jetzigen Situation offenbar G'-linear, so dass wir das folgende Ergebnis erhalten:

5.4. Corollar. Unter den Voraussetzungen und Verabredungen von 5.3. ist der Funktor "Basiswechsel": $A \otimes_k ?$ zu dem Funktor : $^G?$ quasiinvers und induziert infolgedessen eine Aequivalenz zwischen der Kategorie der B-Moduln mit verschränkter G'-Operation einerseits und der Kategorie der A-Moduln mit verschränkter $G \pi G'$-Operation andrerseits.

§ 6. Induzierte und Koinduzierte Darstellungen.

6.1. Wir betrachten nun zu der in der Einleitung geschilderten Situation zurückkehrend über einem Grundkörper k der Charakteristik $p > 0$ zwei endliche algebraische Gruppen $G' \subset G$, deren assoziierte Gruppenalgebren wir mit $H' = H(G') \subset H(G) = H$ bezeichnen wollen. Ist nun M ein H-Modul, so bezeichnen $_{[H']}M$ den aus M durch Einschränkung von H auf H' hervorgehenden H'-Modul. Für einen weiteren H'-Modul N erhält man die in M und N funktoriellen Isomorphismen:

$$\tau_1 : \mathrm{Hom}_{H'}(N, {}_{[H']}M) \xrightarrow{\sim} \mathrm{Hom}_H({}_H H_{H'} \otimes_{H'} N, M) \quad \text{sowie}$$

$$\tau_2 : \mathrm{Hom}_{H'}({}_{[H']}M, N) \xrightarrow{\sim} \mathrm{Hom}_H(M, \mathrm{Hom}_{H'}({}_{H'}H_H, N)),$$

die durch die Gleichungen

$$\tau_1(u)(h \otimes_{H'} n) = h \cdot u(n) \qquad \forall u \in \mathrm{Hom}_{H'}(N, {}_{[H']}M),\ n \in N,\ h \in H$$

$$\tau_2(v)(m)(h) = v(h \cdot m) \qquad \forall v \in \mathrm{Hom}_{H'}({}_{[H']}M, N),\ m \in M,\ h \in H$$

gegeben werden. Ist M ein G-(Links)-Modul, so bezeichnen wir mit M^t den k-Vektorraum $M^t = \mathrm{Hom}_k(M,k)$, auf dem G von links durch die Vorschrift:

$$(gf)(m) = f(g^{-1}m) \qquad \forall f \in \mathrm{Hom}_k(M,k),\ m \in M,\ g \in G$$

operieren möge. Sei weiterhin $A = \mathcal{O}(G)$ die Funktionenalgebra von G, so induziert die Operation von G auf G durch Links- bzw. Rechtstranlationen eine Links- bzw. Rechtsoperation von G auf A:

$$(g\cdot f)(x) = f(g^{-1}x) \qquad \forall f \in A = \mathcal{O}(G);\ x,\ g \in G$$

$$(f\cdot g)(x) = f(x\, g^{-1}) \qquad \forall f \in A = \mathcal{O}(G),\ x,\ g \in G$$

Wir bezeichnen nun mit $B_l = {}^{G'}A$ die Algebra der unter G' linksinvarianten Elemente von A und entsprechend mit $B_r = A^{G'}$ die Algebra der unter G' rechtsinvarianten Elemente von A. Man erhält mit diesen Bezeichnungen bekanntlich die kanonischen Isomorphismen:

$$Sp_k(B_r) \xrightarrow{\sim} G/\!\tilde{}\,G' \quad \text{bzw.} \quad Sp_k(B_l) \xrightarrow{\sim} G'/\tilde{G}$$

Nun induziert aber die kanonische B_l Operation auf H (siehe hinzu [26], III) die Struktur eines B_l Moduls auf dem k-Vektorraum $Hom_{H'}(H,N)$. Entsprechend induziert die kanonische B_r-Operation auf H die Struktur eines B_r-Moduls auf dem k-Vektorraum $H \otimes_{H'} N$. Wir bezeichnen mit $s_A: A \to A$ die Kosymmetrie auf der Funktionenalgebra $A = \mathcal{O}(G)$ und mit $s_H: H \to H$ den Antipodismus auf der Gruppenalgebra $H = H(G)$. Dann ist offenbar $s_A(B_l) = B_r$. Schliesslich trägt mit $H \otimes_{H'} N$ auch $(H \otimes_{H'} N)^t$ eine B_r-Modulstruktur. Mit diesen Bezeichnungen und Verabredungen gilt nun das folgende

6.2. <u>Lemma</u>: Der kanonische Homomorphismus in k-Vektorräumen

$$\tau_3 : ({}_H H_{H'} \otimes_{H'} N)^t \longrightarrow Hom_{H'}({}_{H'} H_H ,\ N^t)$$

welcher durch $\tau_3(l)(h)(n) = l(s_H(h) \otimes n) \quad \forall l \in (H \otimes_{H'} N)^t,$
$h \in H,\ n \in N$

gegeben wird, ist bijektiv und in H linear sowie semilinear bezüglich des k-Algebrenisomorphismus:

$$S_A : B_r \xrightarrow{\sim} B_l$$

Beweis: Zunächst ist τ_3 bijektiv, denn die k-lineare Abbildung

$$\delta : \mathrm{Hom}_{H'}({}_{H'}H_H, N^t) \longrightarrow ({}_H H_{H'} \otimes_{H'} N)^t$$

welche durch $\delta(u)(h \otimes n) = u(s_H(h))(n) \quad \forall u \in \mathrm{Hom}_{H'}({}_{H'}H_H, N^t)$, $h \in H$, $n \in N$

gegeben wird[1], ist offenbar zu τ_3 invers. Die Gleichung

$$\tau_3 = (h_1 \cdot l)(h)(n) = (h_1 l)(s(h) \otimes n) = l(s_H(h_1) \cdot s_H(h) \otimes n) =$$

$$l(s(hh_1) \otimes n) = \tau_3(l)(hh_1)(n) = (h_1 \cdot \tau_3(l))(h)(n) .$$

$\forall h, h_1 \in H$; $n \in N$, $l \in (H \otimes_{H'} N)^t$

liefert schliesslich $\tau_3(h_1 \cdot l) = h_1 \cdot \tau_3(l) \quad \forall h_1 \in H$,

$l \in (H \otimes_{H'} N)^t$.

Mit anderen Worten: Die Abbildung τ_3 ist linear bezüglich H . Um die letzte Behauptung zu beweisen, zeigen wir zunächst:

$$s_H(f \cdot h) = s_A(f) \cdot s_H(h) \quad \forall f \in A = \mathcal{O}(G), \; h \in H = H(G)$$

In der Tat: Mit den Bezeichnungen von [26], III erhält man nämlich:

$$\int f_1 d(s_H(f \cdot h)) = \int s_A(f_1) d(f \cdot h) = \int f \cdot s_A(f_1) dh = \int s_A(s_A(f) f_1) dh$$

$$= \int s_A(f) \cdot f_1 \; d(s_H h) = \int f_1 d(s_A(f) \cdot s_H(h)) \quad \forall f, f_1 \in A = \mathcal{O}(G),$$
$$h \in H = H(G) .$$

Hieraus erhalten wir schliesslich:

$$\tau_3(b \cdot l)(h)(n) = (bl)(s_H(h) \otimes n) = l(b \cdot s_H(h) \otimes n) =$$

$$l(s_H(s_A(b) \cdot h) \otimes n) = \tau_3(l)(s_A(b) \cdot h)(n) = (s_A(b) \cdot \tau_3(l))(h)(n)$$

$\forall b \in B_r$, $n \in N$, $h \in H$, $l \in (H \otimes_{H'} N)^t$.

---

[1] und die aus der kan. Abb. $H \otimes_{H'} N \longrightarrow \mathrm{Hom}(H, N^t)^t$ durch Dualisieren entsteht.

Das bedeutet aber gerade $\tau_3(bl) = s_A(b)\cdot\tau_3(l)$

$$\forall l \in (H \underset{H'}{\otimes} N)^t,\ b \in B_r$$

§ 7. Induzierte Moduln, die von stabilen Moduln herrühren.

7.1. Wir erweitern nun die im voraufgegangenen Paragraphen untersuchte Situation, indem wir drei endliche, algebraische Gruppen $G'' \subset G' \subset G$ über dem Grundkörper k betrachten. Dabei fordern wir, dass G'' ein Normalteiler von G ist. Wir setzen $\mathcal{O}(G) = A, \mathcal{O}(G') = A'$ und $\mathcal{O}(G'') = A''$ sowie $H(G) = H$, $H(G') = H'$ und $H(G'') = H''$. Bezeichnen wir noch mit ${}^{G''}A$ (bzw. $A^{G''}$) die Algebra der unter den Linkstranslationen (bzw. Rechtstranslationen) von G'' invarianten Funktionen auf G, so gilt:

$$B_l = {}^{G'}A \subset {}^{G''}A = A^{G''} \supset A^{G'} = B_r$$

Daher vertauscht die Operation von B_l auf H mit der Rechtsoperation von G'' auf H und wir erhalten damit auf H die Struktur eines H'-$B_l \underset{k}{\otimes} H''$ - Bimoduls und somit schliesslich auf $\mathrm{Hom}_{H'}(H,N)$ die Struktur eines $B_l \underset{k}{\otimes} H''$ - Linksmoduls. Entsprechend ergibt sich auf $H \underset{H'}{\otimes} N$ die Struktur eines $B_r \underset{k}{\otimes} H''$ - Linksmoduls. Wir stellen uns die Aufgabe, diese Modulstrukturen etwas genauer zu untersuchen. Dazu werden wir eine Reihe von Bemerkungen benötigen, die im nachfolgenden Abschnitt zusammengestellt sind.

7.2. Sei k ein kommutativer Grundring und $A \in M_k$ eine kommutative k-Algebra. Für einen A-Modul M bezeichnen wir mit $V_X(M)$ (oder auch kürzer mit $V(M)$) das zu M gehörende Quasivektorraumbündel über der Basis $X = Sp_k(A)$ (siehe [26]). Wir werden im folgenden ständig von der in

[26] erläuterten umkehrbar eindeutigen Beziehung Gebrauch machen, die zwischen den A-Moduln einerseits und den Quasivektorraumbündeln über der Basis $X = Sp_k(A)$ andrerseits besteht. Ebenso werden wir wie in loc. cit. die verschränkten Operationen einer affinen k-Gruppe D auf einem Quasivektorraumbündel $\mathbb{V}_X(M)$ über X identifizieren, mit den ihnen entsprechenden verschränkten Operationen von D auf dem $A \xrightarrow{\sim} \mathcal{O}(X)$-Modul der Schnitte $M \xrightarrow{\sim} \Gamma(X, V_X(M))$. Insbesondere wollen wir eine verschränkte Operation von D auf $\mathbb{V}_X(M)$ eine lineare Bündeloperation nennen, wenn die zugehörige Operation von D auf X trivial ist.

Man erkennt nun leicht, dass die linearen Operationen der A-Gruppe D_A auf dem A-Modul M umkehrbar eindeutig den linearen Bündeloperationen der k-Gruppe D auf dem Quasivektorraumbündel $\mathbb{V}_X(M)$ über X entsprechen. In der Tat: Ist „o" eine lineare Operation von D_A auf M, so erhalten wir eine lineare Bündeloperation „*" von D auf $\mathbb{V}_X(M)$, indem wir setzen:

$$g * m = g_s \circ m \quad \forall g \in D(R),\ y \in X_R(S),\ m \in \mathbb{V}(M)_R(S,y) \xrightarrow{\sim} M \underset{A,y}{\otimes} S,\ S \in M_R,\ R \in M_k .$$

Umgekehrt erhalten wir aus einer linearen Bündeloperation „*" von D auf $\mathbb{V}_X(M)$ eine lineare Operation „o" von D_A auf M, indem wir setzen :

$$g \circ m = g * m \quad \forall g \in D_A(R,y) = D(R),\ y \in X(R),\ m \in M \underset{A,y}{\otimes} R \xrightarrow{\sim} \mathbb{V}(M)(R,y),\ R \in M_k$$

Wir wenden diese Bemerkungen auf die in 7.1. geschilderte Situation an. Sei also X = G und $D = G' \subset G$ sowie M ein A-Modul mit einer linearen $G"_A$-Operation „o" und der zugeordneten linearen Bündeloperation „*" von G" auf $\mathbb{V}_G(M)$. Für $j = id_A \in Sp_k(A)(A) \xrightarrow{\sim} G(A)$ bilden wir nun den $G"_A$-Modul $F_j(M)$ (siehe I, 1.2), dem M als A-Modul zugrunde liegt und auf dem $G"_A$ vermöge der Vorschrift:

$$g'' \underset{j}{\circ} m = j_R \cdot g'' \, j_R^{-1} \circ m \qquad \forall g'' \in G''_A(R),\ m \in M \underset{A}{\otimes} R,\ R \in M_A \quad .$$

linear operiert. Bezeichnen wir nun die der linearen Operation „$\underset{j}{\circ}$" von G''_A auf M entsprechende lineare Bündeloperation von G'' auf $\mathbb{V}_G(M)$ mit „$\underset{j}{*}$", so erhalten wir die Gleichung:

$$g'' \underset{j}{*} m = g \cdot g''_s \cdot g^{-1} * m \qquad \forall g'' \in G''(R),\ g \in G_R(S),\ m \in \mathbb{V}(M)_R(S,g) \cong M \underset{A,g}{\otimes} S,\ S \in M_R,\ R \in M_k \, .$$

Bezeichnen wir andrerseits die den Operationen „$\circ$" bzw. „$\underset{j}{\circ}$" von G''_A entsprechenden Operationen von $H(G''_A)$ auf M der Einfachheit halber ebenfalls mit „$\circ$" bzw. „$\underset{j}{\circ}$", so erhalten wir die Beziehung:

$$h'' \underset{j}{\circ} m = j \cdot h'' \, j^{-1} \circ m \qquad \forall h'' \in H(G''_A)\ ,\ m \in M \, .$$

wobei wir $j \in G_A(A)$ mit seinem Bilde unter der kanonischen Einbettung $\delta : G \hookrightarrow H(G)$ identifiziert haben. (Da G''_A ein Normalteiler von G_A ist, gilt $H(G''_A) \subset H(G_A)$ sowie $j \cdot H(G''_A) \cdot j^{-1} = H(G''_A)$).

Im folgenden wird M stets von der Gestalt $M = W \underset{k}{\otimes} N$ sein, wo W ein A-Modul und N ein $H(G'')$-Modul ist und wo die Operation „$\circ$" von $H(G''_A) \xrightarrow{\sim} A \underset{k}{\otimes} H(G'')$ auf M durch die folgende Gleichung beschrieben wird:

$$(f \underset{k}{\otimes} h'') \circ (w \underset{k}{\otimes} n) = f \cdot w \underset{k}{\otimes} h'' \cdot n \qquad \forall f \in A,\ h'' \in H(G''),\ w \in W,\ n \in N \, .$$

Für die linearen Bündeloperationen „$*$" bzw. „$\underset{j}{*}$" erhält man dann die Gleichungen:

$$g'' * (w \underset{S}{\otimes} n) = w \underset{S}{\otimes} (g''_S \cdot n) \quad \forall g'' \in G''(R),\ g \in G_R(S)\ ,$$

$$w \underset{S}{\otimes} n \in \mathbb{V}(W \underset{k}{\otimes} N)_R(S,g) \xrightarrow{\sim} S \underset{A,g}{\otimes} (W \underset{k}{\otimes} N) \xrightarrow{\sim} (W \underset{A,g}{\otimes} S) \underset{S}{\otimes} (N \underset{k}{\otimes} S),$$

$$S \in M_R,\ R \in M_k\ .$$

bzw.

$$g'' \underset{j}{*} (w \underset{S}{\otimes} n) = w \underset{S}{\otimes} (g \cdot g''_S \cdot g^{-1} \cdot n) \quad \forall g'' \in G''(R),\ g \in G_R(S),$$

$$w \underset{S}{\otimes} n \in \mathbb{V}(W \otimes N)_R(S,g) \xrightarrow{\sim} S \underset{A,g}{\otimes} (W \underset{k}{\otimes} N) \xrightarrow{\sim} (W \underset{A,g}{\otimes} S) \underset{S}{\otimes} (N \underset{k}{\otimes} S),$$

$$S \in M_R,\ R \in M_k\ .$$

Ist insbesondere $W = A$, so gibt es einen kanonischen Isomorphismus in Quasivektorraumbündeln $\mathbb{V}(A \underset{k}{\otimes} N) \xrightarrow{\sim} G\pi\mathbb{V}_{e_\kappa}(N)$, und bei dieser Identifizierung erhalten wir die linearen Bündeloperationen „$*$" bzw. „$\underset{j}{*}$" in der folgenden Gestalt:

$$g'' * (g,n) = (g, g''_S \cdot n) \quad \forall g'' \in G''(R),\ g \in G_R(S),\ n \in \mathbb{V}_{e_\kappa}(N)(S)$$

$$\xrightarrow{\sim} N \underset{k}{\otimes} S,\ S \in M_R,\ R \in M_k$$

bzw.

$$g'' \underset{j}{*} (g,n) = (g, g \cdot g''_S \cdot g^{-1} \cdot n) \quad \forall g'' \in G''(R),\ g \in G_R(S),\ n \in \mathbb{V}_{e_\kappa}(N)(S)$$

$$\xrightarrow{\sim} N \underset{k}{\otimes} S,\ S \in M_R,\ R \in M_k\ .$$

Mit diesen Verabredungen und Bemerkungen gilt nun der folgende

7.3. Satz: Sei mit den Bezeichnungen von 7.1. und 7.2. N ein endlich-dimensionaler G'-Modul. Dann gibt es in N funktorielle Isomorphismen in $A \otimes_k H''$-Moduln:

1) $$A \otimes_{B_1} \mathrm{Hom}_{H'}({}_{H'}H_{H''}, N) \xrightarrow[A \otimes_k H'']{\sim} F_j(A \otimes_k N)$$

2) $$A \otimes_{B_r} ({}_{H''}H \otimes_{H'} N) \xrightarrow[A \otimes_k H'']{\sim} F_{j^{-1}}(A \otimes_k N)$$

Beweis: Wir zeigen zuerst, dass 2) aus 1) gewonnen werden kann. Zu diesem Zwecke definieren wir zunächst einmal in Uebereinstimmung mit den in 6.1. getroffenen Verabredungen für einen $A \otimes_k H''$-(Links)Modul M auf dem k-Vektorraum $M^t = \mathrm{Hom}_k(M,k)$ die Struktur eines $A \otimes_k H''$-(Links)-Moduls, indem wir setzen:

$$((a \otimes_k h'')\cdot f)(m) = f((a \otimes_k s_{H''}(h'')).m) \quad \forall a \in A,\ h'' \in H'',\ f \in M^t,\ m \in M$$

Dabei soll $s_{H''}: H'' \to H''$ den Antipodismus der Gruppenalgebra $H(G'')$ bezeichnen. Hiermit erhalten wir zunächst aus 1) den Isomorphismus in $A \otimes_k H''$-Moduln:

3) $$(A \otimes_{B_1} \mathrm{Hom}_{H'}({}_{H'}H_{H''}, N))^t \xrightarrow[A \otimes_k H'']{\sim} (F_j(A \otimes_k N))^t$$

Nun gilt aber wegen der Beziehung:

$$s_{H''_A}(j\cdot h''\cdot j^{-1}) = j\cdot s_{H''_A}(h'')\cdot j^{-1} \quad \forall h'' \in H(G''_A) \simeq H''_A$$

für einen beliebigen $A \otimes_k H''$-Modul M die Gleichung:

4) $$(F_j(M))^t = F_j(M^t)$$

Andrerseits gibt es Isomorphsmen in A-(bzw. B_1)Moduln:

5) $A \xrightarrow[A]{\sim} A^t$ bzw. 6) $B_1 \xrightarrow[B_1]{\sim} B_1^t$

welche sich entweder aus dem Taylorlemma (5.2) oder mit Hilfe von ([10], chap III, §3, 6.1) ableiten lassen. Für einen H"-Modul N ergibt sich aus 5) ein in N funktorieller Isomorphismus in $A \otimes_k H''$-Moduln:

$$7)\quad (A \otimes_k N)^t \xrightarrow[A \otimes_k H'']{\sim} A^t \otimes_k N^t \xrightarrow[A \otimes_k H'']{\sim} A \otimes_k N^t$$

Für einen $B_l \otimes_k H''$-Modul M erhalten wir dagegen aus 5) und 6) einen in M funktoriellen Isomorphismus in $A \otimes_k H''$-Moduln:

$$8)\quad (A \otimes_{B_l} M)^t = \mathrm{Hom}(A \underset{k\ B_l}{\otimes} M, k) \cong \mathrm{Hom}_{B_l}(A, \mathrm{Hom}_k(M,k)) = \mathrm{Hom}_{B_l}(A, M^t)$$

$$\cong \mathrm{Hom}_{B_l}(A \otimes_{B_l} B_l, M^t) \cong \mathrm{Hom}_{B_l}(B_l, \mathrm{Hom}_{B_l}(A, B_l) \otimes_{B_l} M^t) \cong \mathrm{Hom}_{B_l}(A, B_l) \otimes_{B_l} M^t$$

$$\cong \mathrm{Hom}_{B_l}(A, B_l^t) \otimes_{B_l} M^t = \mathrm{Hom}_{B_l}(A, \mathrm{Hom}_k(B_l, k)) \otimes_{B_l} M^t \cong \mathrm{Hom}_k(A \otimes_{B_l} B_l, k) \otimes_{B_l} M^t$$

$$\cong \mathrm{Hom}_k(A,k) \otimes_{B_l} M^t = A^t \otimes_{B_l} M^t \cong A \otimes_{B_l} M^t .$$

Mit Hilfe von 4), 7) und 8) geht nun 3) über in die Beziehung:

$$9)\quad A \otimes_{B_l} \mathrm{Hom}_{H'}({}_{H'}H_{H''}, N)^t \xrightarrow[A \otimes_k H'']{\sim} F_j(A \otimes_k N^t)$$

Für einen endlich-dimensionalen H'-Modul N erhalten wir wegen $N \cong N^{tt}$ aus 6.2 durch Dualisieren den in H" linearen und bezüglich $s_A : B_r \to B_l$ semilinearen bijektiven Morphismus:

$$10)\quad {}_{H''}H_{H'} \otimes_{H'} N^t \xrightarrow{\sim} \mathrm{Hom}_{H'}({}_{H'}H_{H''}, N)^t$$

Aus 10) ergibt sich der in H" lineare und bezüglich

$s_A : A \longrightarrow A$ semilineare bijektive Morphismus

11) $A \otimes_{B_r} ({}_{H''}H_{H'} \otimes_{H'} N^t) \xrightarrow{\sim} A \otimes_{B_l} \mathrm{Hom}\,({}_{H'}H_{H'\,H''}, N)^t$

Schliesslich bemerken wir noch, dass die Abbildung
$s_A \otimes_k N^t : A \otimes_k N^t \longrightarrow A \otimes_k N^t$ eine bezüglich
$s_A \otimes_k H'' : A \otimes_k H'' \longrightarrow A \otimes_k H''$ semilineare bijektive Abbildung

12) $F_j(A \otimes_k N^t) \xrightarrow{\sim} F_{j^{-1}}(A \otimes_k N^t)$

zwischen $A \otimes_k H''$-Moduln induziert. Durch Hintereinanderschaltung der Abbildungen 12), 9) und 11) erhalten wir schliesslich den Isomorphismus in $A \otimes_k H''$-Moduln:

13) $A \otimes_{B_r} ({}_{H''}H_{H'} \otimes_{H'} N^t) \xrightarrow[A \otimes_k H'']{\sim} F_{j^{-1}}(A \otimes_k N^t)$

Da N ein endlich-dimensionaler H'-Modul sein sollte, können wir wegen $N \xrightarrow[H']{\sim} N^{tt}$ in 13) N^t durch N ersetzen und erhalten damit schliesslich den gesuchten Isomorphismus zwischen $A \otimes_k H''$-Moduln

14) $A \otimes_{B_r} ({}_{H''}H_{H'} \otimes_{H'} N) \xrightarrow[A \otimes_k H'']{\sim} F_{j^{-1}}(A \otimes_k N)$

Es bleibt mithin die erste Behauptung zu beweisen. Wir betrachten hierfür das Quasivektorraumbündel
$\mathbb{V}_G(A \otimes_k N) \stackrel{\sim}{\to} G \times \mathbb{V}_{e_k}(N)$ zusammen mit der linearen Bündeloperation von G'', welche durch die Gleichung:

$$g''\cdot(g,n) = (g, g\cdot g''\cdot g^{-1}\cdot n) \quad \forall g'' \in G'',\ g \in G,\ n \in \mathbb{V}_{e_k}(N)$$

gegeben wird. Diese lineare Bündeloperation von G'' auf $\mathbb{V}_G(A \otimes_k N)$ induziert auf dem A-Modul der Schnitte

$A \underset{k}{\otimes} N \cong \Gamma(G,\mathbb{V}_G(A \underset{k}{\otimes} N))$ eine Operation von G'' durch A-Automorphismen, welche den k-Vektorraum $A \underset{k}{\otimes} N$ mit der $A \underset{k}{\otimes} H''$-Modulstruktur von $F_j(A \underset{k}{\otimes} N)$ ausstattet (siehe hierzu 7.2). Neben dieser linearen Bündeloperation von G'' betrachten wir noch die folgende verschränkte Operation von G' auf $\mathbb{V}_G(A \underset{k}{\otimes} N)$:

$$g'(g,n) = (g'g,g'n) \qquad \forall g' \in G',\ g \in G,\ n \in V_{e_k}(N)$$

sowie die von ihr auf dem A-Modul der Schnitte $A \underset{k}{\otimes} N \cong \Gamma(G,\mathbb{V}_G(A \otimes N))$ induzierte verschränkte Operation. Zunächst ist klar, dass die G''-Operation mit der G'-Operation vertauschbar ist. Daher wird es genügen, einen in N funktoriellen Isomorphismus in $B_1 \underset{k}{\otimes} H''$-Moduln anzugeben:

$$\operatorname{Hom}_{H'}(H_{H'}{}_{H''},N) \xrightarrow[B_1 \underset{k}{\otimes} H'']{\sim} {}^{G'}(F_j(A \underset{k}{\otimes} N))$$

Hieraus folgt nämlich mit Hilfe des verallgemeinerten Taylorlemmas sofort:

$$A \underset{B_1}{\otimes} \operatorname{Hom}_{H'}(H_{H'}{}_{H''},N) \xrightarrow[A \underset{k}{\otimes} H'']{\sim} F_j(A \underset{k}{\otimes} N)$$

Zu diesem Zweck erinnern wir zunächst an die kanonische Bijektion:

$$\varphi : A \otimes N \cong \Gamma(G,\mathbb{V}_G(A \otimes N)) \cong \Gamma(G,G \times \mathbb{V}_{e_k}(N)) \cong M_k E(G,\mathbb{V}_{e_k}(N)).$$

Die Abbildung φ wird offenbar zu einem Isomorphismus in $A \cong \mathcal{O}(G)$-Moduln, wenn wir auf $M_k E(G,\mathbb{V}_{e_k}(N))$ eine $A \cong \mathcal{O}(G)$-Modulstruktur durch die folgenden Gleichungen festlegen:

$$\left.\begin{aligned} (\nu_1 + \nu_2)(g) &= \nu_1(g) + \nu_2(g) \\ (f\cdot\nu)(g) &= f(g)\cdot\nu(g) \end{aligned}\right\} \quad \begin{aligned} &\forall g \in G,\ \nu \in M_k E(G,\mathbb{V}_{e_k}(N)),\\ &f \in A \cong \mathcal{O}(G)\ . \end{aligned}$$

Bei der Identifizierung φ erhält man die Operationen von G' bzw. G'' auf $A \otimes_k N \xrightarrow{\sim} \Gamma(G, \mathbb{V}_G(A \otimes_k N))$ in der folgenden Gestalt:

$$\left.\begin{array}{l}(g'\cdot\nu)(g) = g'\cdot\nu(g'^{-1}g)\\[2ex](g''\cdot\nu)(g) = g\cdot g''\cdot g^{-1}\cdot\nu(g)\end{array}\right\}\quad \begin{array}{l}\forall g' \in G',\ g'' \in G'',\ g \in G,\\ \nu \in M_kE(G, \mathbb{V}_{e_k}(N))\ .\end{array}$$

Nun gibt es aber einen kanonischen Isomorphismus in A-Moduln:

$$\Psi : \mathrm{Hom}_k(H(G),N) \xrightarrow{\sim} M_kE(G, \mathbb{V}_{e_k}(N))$$

der durch die Gleichung $\Psi(u)(g) = u(\delta(g))$ $\forall u \in \mathrm{Hom}_k(H(G),N)$, $g \in G$ beschrieben wird, wobei $\delta : G \hookrightarrow H(G)$ die kanonische Einbettung bezeichnen möge (siehe: [12], exposée VII_B, Beweis von 2.3.2.). Die Abbildung Ψ ist sogar ein Isomorphismus in $A \mathbin{\tilde{\times}} \mathcal{O}(G)$-Moduln mit verschränkter G'-Operation, wenn wir G' auf $\mathrm{Hom}_k(H(G,N)$ durch

$$g'(u)(h) = g'\cdot u(g'^{-1}h) \qquad \forall g' \in G',\ h \in H(G),\ u \in \mathrm{Hom}_k(H(G),N)$$

operieren lassen. Damit induziert Ψ einen Isomorphismus Ψ' in B_1-Moduln:

$$\Psi' : {}^{G'}\mathrm{Hom}_k(H(G),N) = \mathrm{Hom}_{H(G')}(H(G),N) \xrightarrow{\Psi} {}^{G'}(A \otimes_k N)$$

Andrerseits geht bei der Identifizierung Ψ die verschränkte Operation von G'' auf dem A-Modul $\mathrm{Hom}_k(H(G),N)$ welche durch die Gleichung

$$(g''\cdot u)(h) = u(h\cdot g'') \qquad \forall g'' \in G'',\ h \in H(G),\ u \in \mathrm{Hom}_k(H(G),N)$$

beschrieben wird, über in eine mit $\times''$ bezeichnete verschränkte Operation von G'' auf dem A-Modul $A \otimes N$, die durch die folgende Gleichung festgelegt ist:

$$(g'' \times \nu)(g) = \nu(g\cdot g'') \quad \forall g'' \in G'',\ g \in G, \nu \in M_kE(G, \mathbb{V}_{e_k}(N)) \mathbin{\tilde{=}} A \otimes_k N$$

Um zu zeigen, dass Ψ' ein Isomorphismus in $B_l \otimes H''$-Moduln ist, genügt es offenbar nachzuweisen, dass die lineare Operation „·" von G" und die verschränkte Operation „×" von G" auf dem A-Modul $A \otimes N$ dieselbe Operation auf dem B_l-Untermodul ${}^{G'}(A \otimes N)$ induzieren. In der Tat: Zunächst ist:

$$\begin{aligned}
\nu \in {}^{G'}A \otimes N &\leftrightarrow & g' \cdot \nu = \nu & \quad \forall g' \in G', \nu \in A \otimes_k N \\
&\leftrightarrow & (g'\nu)(g) = \nu(g) & \quad \forall g' \in G', g \in G, \nu \in A \otimes_k N \\
&\leftrightarrow & g'\nu(g'^{-1} \cdot g) = \nu(g) & \quad \forall g' \in G', g \in G, \nu \in A \otimes_k N \\
&\leftrightarrow & g'\nu(g) = \nu(g'g) & \quad \forall g' \in G', g \in G, \nu \in A \otimes_k N
\end{aligned}$$

Hieraus ergibt sich aber sofort:

$$(g'' \times \nu)(g) = \nu(g \cdot g'') = \nu(g \cdot g'' \cdot g^{-1} g) = g \cdot g'' \cdot g^{-1} \cdot \nu(g) = (g'' \cdot \nu)(g)$$
$$\forall g \in G, g'' \in G'', \nu \in {}^{G'}A \otimes_k N .$$

7.4. Satz: Seien $G' \subset G$ zwei endliche algebraische Gruppen über dem algebraisch abgeschlossenen Grundkörper k, und sein weiterhin G' ein Normalteiler in G. Dann sind für einen endlich-dimensionalen G'-Modul N die folgenden Bedingungen gleichbedeutend:

i) Der G'-Modul N ist stabil unter G, d.h. also $\operatorname{Stab}_G(N) = G$.

ii) Es gibt einen Isomorphismus in $B \otimes_k H'$-Moduln:
$$H \otimes_{H'} N \xrightarrow[B \otimes_k H']{\sim} B \otimes_k N \quad \text{mit } B_r = B = B_l \quad \text{(siehe 7.1)}$$

iii) Es gibt einen Isomorphismus in H'-Moduln:
$$H \otimes_{H'} N \xrightarrow[H']{\sim} N^r \quad \text{mit } r = \dim_k H(G\tilde{/}G') .$$

Ist die Charakteristik von k positiv und $G\tilde{/}G'$ infinitesimal, so sind die obigen Bedingungen auch noch gleichbedeutend mit:

iv) Zu der kanonischen Inklusion in H'-Moduln

$i : N \longrightarrow H \otimes_{H'} N$ gibt es eine H'-lineare Retraktion

$\rho : H \otimes_{H'} N \to N$.

<u>Beweis</u>: Sei $\mathrm{Stab}(N) = G$. Dann gibt es einen Isomorphismus in $A \otimes_k H'$-Moduln

$$F_{j-1}(A \otimes_k N) \xrightarrow[A \otimes_k H']{\sim} A \otimes_k N$$

Zusammen mit Satz 7.2. liefert dies einen Isomorphismus in $A \otimes_k H'$-Moduln

$$A \otimes_B (H \otimes_{H'} N) \xrightarrow[A \otimes_k H']{\sim} A \otimes_B (B \otimes_k N)$$

Nun ist aber A ein freier B-Modul - A ist nämlich lokal-frei, von endlichem konstantem Rang über allen Punkten des Primidealsprektrums von B - sodass schliesslich aus der letzten Isomorphiebeziehung wegen des Satzes von Remak-Krull-Schmidt ein Isomorphismus in $B \otimes_k H'$-Moduln folgt:

$$H \otimes_{H'} N \xrightarrow[B \otimes_k H']{\sim} B \otimes_k N$$

Die Implikation ii) ⇒ iii) ist klar. Wir beweisen iii) → i). Zu diesem Zwecke bezeichnen wir zunächst abkürzend den H-Modul $H \otimes_{H'} N$ mit M . Für $R \in \mathrm{Alf}/k$ erhalten wir nun aus iii) einen Isomorphismus in $R \otimes_k H'$-Moduln

$$R \otimes_k M \xrightarrow[R \otimes_k H']{\sim} (R \otimes_k N)^r$$

Andrerseits induziert für $g \in G(R)$ die Multiplikation mit g^{-1} einen Isomorphismus in $R \underset{k}{\otimes} H'$-Moduln

$$R \underset{k}{\otimes} M \xrightarrow[R \underset{k}{\otimes} H']{\sim} F_g(R \underset{k}{\otimes} M)$$

Wegen der Beziehung

$$F_g(R \underset{k}{\otimes} M) \xrightarrow[R \underset{k}{\otimes} H']{\sim} (F_g(R \underset{k}{\otimes} N))^r$$

erhalten wir schliesslich einen Isomorphismus in $R \underset{k}{\otimes} H'$-Moduln:

$$(R \underset{k}{\otimes} N)^r \xrightarrow[R \underset{k}{\otimes} H']{\sim} (F_g(R \underset{k}{\otimes} N))^r$$

Hieraus ergibt sich wieder mit Hilfe des Satzes von Remak-Krull-Schmidt:

$$R \underset{k}{\otimes} N \xrightarrow[R \underset{k}{\otimes} H']{\sim} F_g(R \underset{k}{\otimes} N) .$$

Wir erhalten also $g \in \underset{G}{\mathrm{Stab}}(N)$. Da $R \in Alf/k$ und $g \in G(R)$ beliebig gewählt waren, bedeutet dies aber gerade $G = \underset{G}{\mathrm{Stab}}(N)$.

Unter der zusätzlichen Voraussetzung, dass die Charakteristik von k positiv und die Restklassengruppe $G\tilde{/}G'$ infinitesimal ist, ergibt sich die Implikation ii) $\to$ iv) aus dem Resultat 9.6 des übernächsten Paragraphen, zu dessen Herleitung der vorliegende Satz 7.4. nicht benutzt wird. Die Implikation iv) $\to$ i) ist unter der obigen Zusatzvoraussetzung eine Folge von Corollar 4.5..

<u>7.5. Corollar</u>: Sei unter den Voraussetzungen von 7.4. k ein algebraisch abgeschlossener Grundkörper positiver Charakteristik und $G\tilde{/}G'$ eine infinitesimale Gruppe.

Dann gilt: Ist M ein unter G stabiler, endlich-dimensionaler G'-Modul, so ist jeder G'-direkte Summand $N \subset M$ ebenfalls unter G stabil.

Beweis: Da M unter G stabil ist, folgt aus 7.4., dass M ein H'-Retrakt von $H \otimes_{H'} M$ sein muss. Nach Voraussetzung ist N ein H'-Retrakt von M. Dann ist aber N ein H'-Retrakt des H-Moduls $H \otimes_{H'} M$, und die Behauptung folgt aus Corollar 4.5.

7.6. Bemerkung: Sei unter den Voraussetzungen von 7.4. $G/\tilde{G}'$ eine konstante Gruppe. Dann existiert ein Schnitt $\sigma : G/\tilde{G}' \to G$ für die kanonische Projektion $\pi : G \to G/G'$, und man überzeugt sich sofort davon, dass die Familie $(\delta(\sigma(g)))_{g \in G/\tilde{G}'(k)}$ sowohl eine Basis für den $H(G')$-Linksmodul $H(G)$ als auch eine Basis für den $H(G')$-Rechtsmodul $H(G)$ darstellt. Wegen der Beziehung $\delta(\sigma(g)) \cdot H(G') = H(G') \cdot \delta(\sigma(g))$ für $g \in G/\tilde{G}'(k)$ ist der H'-Bimodul ${}_{H'}H'_{H'}$ ein direkter Summand des H'-Bimoduls ${}_{H'}H'_{H'}$. Dieses Ergebnis ist bekanntlich mit der folgenden Aussage gleichbedeutend: Ist N ein H'-Modul, so gibt es eine in N funktorielle, H'-lineare Retraktion $\rho(N) : H \otimes_{H'} N \to N$ zu der kanonischen Inklusion $N \to H \otimes_{H'} N$. (Dass die kanonische Abbildung $N \to H \otimes_{H'} N$ für jedes Paar endlicher, algebraischer Gruppen $G' \subset G$ und jeden G'-Modul N injektiv ist, folgt übrigens aus [20], 2.6.).

Wir stellen uns nun die Frage, unter welchen Bedingungen eine derartige funktorielle Retraktion existiert, wenn die Restklassengruppe $G/\tilde{G}'$ infinitesimal ist. Zu diesem Zweck bezeichnen wir mit $\mathrm{Autalg}_k(H(G'))$ das Automorphismenschema der k-Algebra $H(G')$ sowie mit $H(G')^*$ das k-Gruppenschema der Einheiten von $H(G')$. Das (Garben)-Bild von $H(G')^*$ unter dem kanonischen Gruppenhomomorphismus

$$\mathrm{int} : H(G')^* \longrightarrow \mathrm{Autalg}_k(H(G'))$$

welcher durch die Gleichung

$$\mathrm{int}(x)(h) = x\, h\, x^{-1} \qquad \forall x \in H(G')^*,\ h \in H(G')$$

gegeben wird, bezeichnen wir mit $\mathrm{Autint}_k(H(G'))$. Wir bemerken noch, dass der (Garben)-Epimorphismus

$$H(G')^* \longrightarrow \mathrm{Autint}_k(H(G'))$$

glatt ist, denn sein Kern ist die Einheitengruppe des Zentrums von $H(G')$. Da G' ein Normalteiler in G ist, erhalten wir einen kanonischen Gruppenhomomorphismus :

$$\vartheta : G \longrightarrow \mathrm{Autalg}_k(H(G'))$$

welcher durch die Gleichung

$$\vartheta(g)(h) = g\, h\, g^{-1} \qquad \forall g \in G, h \in H(G')$$

gegeben wird, wobei wir G über die kanonische Einbettung $\delta : G \rightarrow H(G)$ mit einer Untergruppe der Einheitengruppe $H(G)^*$ identifiziert haben. Wir sagen nun, dass G auf $H(G')$ durch innere Automorphismen operiert, wenn ϑ über die Untergruppe $\mathrm{Autint}_k(H(G')) \subset \mathrm{Autalg}_k(H(G'))$ faktorisiert, d.h. wenn $\vartheta(G) \subset (\mathrm{Autint}_k(H(G'))$ gilt.
Da der glatte Morphismus in algebraischen Gruppen:

$$H(G')^* \longrightarrow \mathrm{Autint}_k(H(G'))$$

auf den endlichen k-Algebren surjektiv ist, folgt aus der Endlichkeit der k-Gruppe[1], dass G genau dann durch innere Automorphismen auf $H(G')$ operiert, wenn die folgende Aussage erfüllt ist:
"Zu jedem $R \in \mathrm{Alf}/k$ und jedem $g \in G(R)$ existiert ein[2] $h \in H(G') \otimes_k R$ mit $\vartheta(g) = \mathrm{int}(h)$".

---

[1] G [2] invertierbares Element

Betrachten wir noch den H'-Bimodul $_{H'}H'_{H'}$. Offenbar kann $_{H'}H'_{H'}$ aufgefasst werden als Linksmodul über der Gruppe $G'\pi G'^{op}$. Ueber die kanonische Inklusion $G'\pi G'^{op} \hookrightarrow G\pi G^{op}$ wird $G'\pi G'^{op}$ zu einem Normalteiler von $G\pi G^{op}$, sodass die Bildung $\mathrm{Stab}_{G\pi G^{op}}(_{H'}H'_{H'}) \subset G\pi G^{op}$ sinnvoll wird. Mit diesen Bezeichnungen und Verabredungen gilt nun der folgende

<u>7.7. Satz</u>: Sei unter den Voraussetzungen von 7.4. k ein algebraisch abgeschlossener Grundkörper positiver Charakteristik und $G\tilde{/}G'$ eine infinitesimale algebraische k-Gruppe. Dann sind die folgenden Bedingungen gleichbedeutend:

i) Für jeden G'-Modul N existiert eine in N funktorielle H'-lineare Retraktion $\rho(N) : H \otimes_{H'} N \to N$ für die kanonische Inklusion $N \hookrightarrow H \otimes_{H'} N$

ii) Der $G'\pi G'^{op}$-Linksmodul $_{H'}H'_{H'}$ ist stabil unter $G\pi G^{op}$, d.h. also $\mathrm{Stab}_{G\pi G^{op}}(_{H'}H'_{H'}) = G\pi G^{op}$.

iii) Die Gruppe G operiert auf der Algebra $H(G') = H'$ durch innere Automorphismen, d.h. also $\widetilde{\vartheta(G)} \subset (\mathrm{Autint}_k(H(G'))$ (siehe 7.6.).

<u>Beweis:</u> Wir beweisen zunächst die Implikation von i) $\to$ ii). Bekanntlich ist i) gleichbedeutend mit der Behauptung, dass der H'-Bimodul $_{H'}H'_{H'}$ ein direkter Summand des H'-Bimoduls $_{H'}H_{H'}$ ist. Hieraus folgt die Behauptung sofort mit Hilfe von Corollar 4.5.

Zum Beweis der Implikation ii) $\to$ iii) betrachten wir für $R \subset \mathrm{Alf}/k$ ein Element $(g,e) \in G(R)\pi G^{op}(R)$, wo e das Einselement von $G^{op}(R)$ bedeuten möge. Wegen der Bedingung ii) muss ein Isomorphismus in $H' \otimes_k R$-Bimoduln

$$u : {}_{H'}H'_{H'} \underset{k}{\otimes} R \xrightarrow{\sim} F_{(g,e)}({}_{H'}H'_{H'} \underset{k}{\otimes} R)$$

geben (vergl. 3.6.). Offenbar ist u durch $u(1_{H' \otimes_k R}) = r$ bereits festgelegt. Da u ein Bimodulmorphismus ist, erhalten wir nämlich die Gleichungen:

1) $u(h') = u(h'.1) = g\,h'g^{-1}.\,r \qquad \forall h' \in H' \underset{k}{\otimes} R$

2) $u(h') = u(1.h') = r.h' \qquad \forall h' \in H' \underset{k}{\otimes} R$

Da u surjektiv ist, folgt aus der ersten Gleichung, dass r ein Linksinverses Element in $H' \underset{k}{\otimes} R$ besitzen muss. Nun ist aber $H' \underset{k}{\otimes} R$ ein artinscher Ring, und infolgedessen ist r in $H' \underset{k}{\otimes} R$ sogar invertierbar. Dann folgt aber aus 1) und 2) sofort:

3) $r\,h'r^{-1} = g\,h'g^{-1} \qquad \forall h' \in H' \underset{k}{\otimes} R$

Dies bedeutet aber gerade

4) $\operatorname{int}(r) = \vartheta(g)$

Da $R \in Alf/k$ und $g \in G(R)$ beliebig gewählt waren, erhalten wir schliesslich die zu beweisende Behauptung : $\vartheta(\tilde{G}) \subset \operatorname{Autint}_k(H(G'))$. Es bleibt die Implikation iii) $\to$ i) zu beweisen. Wegen der in 7.6. durchgeführten Ueberlegung gibt es für $j = id_A \in Sp_k(A)(A) \cong G(A)$ ein [1] Element $l \in H' \underset{k}{\otimes} A$ mit

$$\operatorname{int}(l) = \vartheta(j)$$

Zunächst ist klar, dass die Multiplikation mit l für jeden H'-Modul N einen in N funktoriellen mit $l(A \underset{k}{\otimes} N)$ bezeichneten Isomorphismus in $A \otimes H'$-Moduln induziert:

$$l(A \underset{k}{\otimes} N) : A \underset{k}{\otimes} N \xrightarrow{\sim} F_j(A \underset{k}{\otimes} N)$$

[1] invertierbares

Sei nun $\varepsilon_A : A \longrightarrow k$ die Augmentationsabbildung der Bigebra $A \cong \mathcal{O}(G)$ und $\bar{1} \in H'$ das Bild von 1 unter dem k-Algebrenhomomorphismus $\varepsilon_A \otimes_k H' : A \otimes_k H' \to H'$. Bezeichnen wir noch den k-linearen Automorphismus von N, der durch Multiplikation mit $\bar{1} \in H'$ auf N induziert wird, mit $\bar{1}(N)$, so erhalten wir ein kommutatives Diagramm von in N funktoriellen, H'-linearen Abbildungen:

I)
$$\begin{array}{ccc} A \otimes_k N & \xrightarrow{\;l(A \tilde{\otimes} N)\;} & F_j(A \otimes_k N) \\ \downarrow{\scriptstyle \varepsilon_A \otimes_k N} & & \downarrow{\scriptstyle \varepsilon_A \otimes_k N} \\ N & \xrightarrow{\;\tilde{\bar{1}}(N)\;} & N \end{array}$$

Andrerseits ist auch das folgende Diagramm von in N funktoriellen, H'-linearen Abbildungen kommutativ:

II)
$$\begin{array}{ccc} A \otimes_B \mathrm{Hom}_{H'}({}_{H'}H_{H'}, N) & \xrightarrow{\;\tilde{\varphi}(N)\;} & F_j(A \otimes_k N) \\ \uparrow{\scriptstyle i(N)} & & \downarrow{\scriptstyle \varepsilon_A \otimes_k N} \\ \mathrm{Hom}_{H'}({}_{H'}H_{H'}, N) & \xrightarrow{\;\Psi(N)\;} & N \end{array}$$

Dabei ist $\varphi(N)$ der Isomorphismus von 7.3., während $\Psi(N)$ durch die Gleichung

$$\Psi(N)(u) = u(1_H) \qquad \forall u \in \mathrm{Hom}_{H'}({}_{H'}H_{H'}, N)$$

gegeben wird. Mit $i(N) : \mathrm{Hom}_{H'}({}_{H'}H_{H'}, N) \longrightarrow A \otimes_B \mathrm{Hom}_{H'}({}_{H'}H_{H'}, N)$

sei die kanonische Abbildung:

$$i(N)(u) = 1 \otimes_B u \qquad \forall u \in \mathrm{Hom}_{H'}({}_{H'}H_{H'}, N)$$

bezeichnet. Offenbar genügt es nun zum Beweise von i) für jeden endlich-dimensionalen H'-Modul N einen in N funktoriellen, H'-linearen Schnitt

$\sigma(N) : N \longrightarrow \mathrm{Hom}_{H'}({}_{H'}H_{H'}, N)$ für die kanonische Projektion $\Psi(N)$ anzugeben.

Denn der H'-lineare, in N funktorielle Isomorphismus

$$\mathrm{Hom}_{H'}({}_{H'}H_{H'}, N)^t \xrightarrow{\sim} {}_{H'}H_{H'} \otimes_{H'} (N^t)$$

identifiziert $\Psi(N)^t$ mit der kanonischen Inklusion $j(N^t) : N^t \hookrightarrow H \otimes_{H'} (N^t)$ und führt infolgedessen $\sigma(N)^t$ über in eine H'-lineare, in N funktorielle Retraktion von $j(N^t)$. Da N endlich-dimensional sein sollte, ergibt sich aus dem H'-Isomorphismus $N \xrightarrow{\sim} N^{tt}$, dass wir für jeden endlich-dimensionalen H'-Modul N eine H'-lineare, in N funktorielle Retraktion für die kanonische Inklusion $j(N) \hookrightarrow H \otimes_{H'} N$ angeben können. Dann muss aber der H'-Bimodul ${}_{H'}H'_{H'}$ ein direkter Summand des H'-Bimoduls ${}_{H'}H_{H'}$ sein und mithin i) gelten.

Zur Konstruktion von $\sigma(N)$ bemerken wir zunächst, dass die Inklusion $B \to A$ eine B-lineare Retraktion $A \to B$ besitzt, denn der B-Modul A ist lokal-frei und endlich erzeugt.[2] Damit erhalten wir eine H'-lineare, in N funktorielle Retraktion $\rho_1(N) : A \otimes_B \mathrm{Hom}_{H'}({}_{H'}H_{H'}, N) \longrightarrow \mathrm{Hom}_{H'}({}_{H'}H_{H'}, N)$ für die kanonische Inklusion

$$i(N) : \mathrm{Hom}_{H'}({}_{H'}H_{H'}, N) \longrightarrow A \otimes_B \mathrm{Hom}_{H'}({}_{H'}H_{H'}, N) .$$

Wegen des kommutativen Diagramms II genügt es zur Konstruktion von $\sigma(N)$ einen H'-linearen, in N funktoriellen Schnitt $\sigma_1(N) : N \longrightarrow F_j(A \otimes_k N)$ für die H'-lineare Surjektion $\varepsilon_A \otimes_k N : F_j(A \otimes_k N) \longrightarrow N$ anzugeben[1].
Wegen des kommutativen Diagramms I ist diese Aufgabe aber gleichbedeutend damit, einen H'-linearen, in N

---

[1] und dann $\sigma(N) = \rho_1(N) \circ \varphi(N)^{-1} \circ \sigma_1(N)$ zu setzen.

funktoriellen Schnitt $\sigma_2(N) : N \to A \underset{k}{\otimes} N$ für die H'-lineare Surjektion $\varepsilon_A \underset{k}{\otimes} N : A \underset{k}{\otimes} N \to N$ zu finden. Dieses Problem wird offenbar von der kanonischen Inklusion:

$$\sigma_2(N)(n) = 1 \underset{k}{\otimes} n \quad \forall n \in N$$

gelöst. Damit ist auch die Implikation iii) $\to$ i) nachgewiesen und der Beweis von 7.7 beendet.

---

[1] und dann $\sigma(N) = \rho_1(N) \circ \varphi(N)^{-1} \circ \sigma_1(N)$ zu setzen.

[2] siehe [7], chap. III, § 3, n° 2, prop. 6.

§ 8. Der Zerlegungssatz von Mackey

8.1. Das Resultat 7.4. ist ein Spezialfall eines sehr viel allgemeineren Satzes, der in der Situation konstanter Gruppen als Zerlegungssatz von Mackey seit längerem wohlbekannt ist. (siehe [11], Bd.A, §21). Wir werden in diesem Paragraphen den Zerlegungssatz von Mackey für endliche, algebraische Gruppen herleiten, bemerken jedoch, dass im weiteren Verlauf der Arbeit nur der Spezialfall 7.4. benutzt werden wird. Beim Beweis des allgemeinen Zerlegungssatzes wird sich herausstellen, dass es notwendig ist, die Darstellbarkeit der Doppelrestklassengarbe $G'\tilde{\backslash} G \tilde{/} G''$ zu fordern. Für diese Bedingung soll eine Reihe von hinreichenden Kriterien entwickelt werden, unter denen sie stets erfüllt ist.

Sei also G eine endliche, lokal-freie algebraische Gruppe über dem kommutativen Grundring k. Mit $G', G'' \subset G$ seien zwei abgeschlossene, lokal-freie Untergruppen von G bezeichnet. Wir setzen wieder $A = \mathcal{O}(G)$ und $B_l = {}^{G'}A$. Dann ist $X = Sp_k(B_l) \cong G'\tilde{\backslash} G$, da G' endlich und lokal-frei über k ist (siehe [10], chap.III, §2,3.2). Setzen wir weiterhin voraus, dass auch die Doppelrestklassengarbe $G'\tilde{\backslash} G \tilde{/} G''$ darstellbar ist, so erhalten wir $Y = Sp_k(C_{l,r}) \cong G'\tilde{\backslash} G \tilde{/} G''$ mit $C_{l,r} = {}^{G'}A^{G''} = {}^{G'}A \cap A^{G''}$ (Entsprechend setzen wir $C_{r,l} = {}^{G''}A^{G'} = {}^{G''}A \cap A^{G'}$).
Ist nun N ein k-G'-Modul und $x \in G(k)$, so bezeichnen wir mit $F_x(N)$ den k-$G'' \cap x^{-1}G'x$-Modul, dem N als k-Modul zugrunde liegt und auf dem eine mit „$\circ_x$" bezeichnete $G'' \cap x^{-1}G'x$-Operation gegeben ist, welche durch die Gleichung

$$g'' \underset{x}{\circ} n = xg''x^{-1}n \qquad \forall g'' \in G'' \cap x^{-1}G'x,\ n \in N .$$

beschrieben wird. Weiterhin sei wieder wie im voraufgegangenen Paragraphen $j = id_A \in Sp_k(A)(A) \cong G(A)$.

Für einen k-G'-Modul N ist $\mathrm{Hom}_{H(G')}(H(G),N)$ ein B_l-Modul mit verschränkter G-Linksoperation und damit ein $C_{l,r}$-Modul mit $C_{l,r}$-linearer G"-Linksoperation. Entsprechend ist $H(G) \otimes_{H(G')} N$ ein B_r-Modul mit verschränkter G-Linksoperation und damit ein $C_{r,l}$-Modul mit $C_{r,l}$-linearer G"-Linksoperation. Mit $\mathrm{Hom}_{G''_A \cap j^{-1} G'_A j}(H(G''_A), F_j(A \otimes_k N))$ bezeichnen wir den A-Modul der $G''_A \cap j^{-1} \cdot G'_A \cdot j$ - linearen Abbildungen von $H(G''_A)$ nach $F_j(A \otimes_k N)$. Dieser A-Modul trägt eine $H(G''_A)$-Linksmodulstruktur, die von der Rechtsoperation von $H(G''_A)$ auf $H(G''_A)$ induziert wird. Mit diesen Beziehungen und Verabredungen gilt nun der folgende

<u>8.2. Satz (Mackey)</u>: Ist in der in 8.1. geschilderten Situation die Doppelrestklassengarbe $G'\tilde{\setminus} G/\tilde{G}''$ darstellbar, so gibt es für jeden k-G'-Modul N einen in N funktoriellen Isomorphismus in $A \otimes_k H(G'')$-Moduln:

$$A \otimes_{C_{l,r}} \mathrm{Hom}_{H(G')}(H(G),N) \xrightarrow[H(G''_A)]{\sim} \mathrm{Hom}_{G''_A \cap j^{-1} G'_A \cdot j}(H(G''_A)\ ;\ F_j(A \otimes_k N)) .$$

<u>Beweis:</u> Indem wir den k-Algebrenhomomorphismus $i : C_{l,r} \hookrightarrow A$ in das Kompositum

$$i : C_{l,r} \hookrightarrow A = C_{l,r} \xrightarrow{ind_C} C_{l,r} \otimes_k A \xrightarrow{m} A$$

mit $ind_C(f) = f \otimes_k 1,\ m(f \otimes_k h) = f \cdot h \quad \forall f \in C_{l,r}\ h \in A$

zerlegen, erhalten wir einen Isomorphismus in $A \otimes_k H(G'')$-Moduln :

$$A \underset{C_{l,r} \otimes_k A, m}{\otimes} (C_{l,r} \otimes_k A) \underset{C_{l,r}, ind_C}{\otimes} (\mathrm{Hom}_{H(G')}(H(G),N)) \cong$$

$$\cong A \underset{C_{l,r} \otimes_k A, m}{\otimes} (A \otimes_k \mathrm{Hom}_{H(G')}(H(G),N)) \cong A \otimes_{C_{l,r}} \mathrm{Hom}_{H(G')}(H(G),N)$$

Da nun $H(G)$ ein projektiver, endlich-erzeugter k-Modul ist, gibt es einen Isomorphismus in

$A \underset{k}{\otimes} C_{l,r} \underset{A}{\otimes} H(G''_A)$ - Moduln :

$$A \underset{k}{\otimes} \operatorname{Hom}_{H(G')}(H(G),N) \xrightarrow{\sim} \operatorname{Hom}_{H(G'_A)}(H(G_A) ; A \underset{k}{\otimes} N)$$

Wegen des kanonischen Isomorphismus in affinen A-Schemata

$$Sp_A(A \otimes C_{l,r}) \xrightarrow{\sim} (G' \tilde{\setminus} G/\tilde{G}'')_A \xrightarrow{\sim} G'_A \tilde{\setminus} G_A/\tilde{G}''_A$$

genügt es daher die folgende Behauptung zu beweisen :

"Ist unter den Voraussetzungen von 8.1. $g \in G(k)$ ein rationaler Punkt von G und sind $\bar{g} \in G' \tilde{\setminus} G(k)$ bzw. $\bar{\bar{g}} \in G' \tilde{\setminus} G/\tilde{G}''(k)$ seine Bilder unter den kanonischen Projektionen $G \to G' \tilde{\setminus} G$ bzw. $G \to G' \tilde{\setminus} G/\tilde{G}''$, dann gibt es einen in N funktoriellen Isomorphismus in $H(G'')$-Moduln :

$$\operatorname{Hom}_{H(G')}(H(G),N) \underset{C_{l,r},\bar{\bar{g}}}{\otimes} k \xrightarrow[H(G'')]{\sim} \operatorname{Hom}_{G'' \cap g^{-1} G' g}(H(G''),F_g(N)) \text{"}$$

Zum Beweise dieser Behauptung betrachten wir das nachfolgende Diagramm, dessen Teildiagramme I, II, III und IV sämtlich kommutativ und cartesisch sind (mit $\bar{A} = A_{C_{l,r};\bar{\bar{g}}} \otimes k$ und $\bar{B}_l = B_{l\,C_{l,r};\bar{\bar{g}}} \otimes k$) :

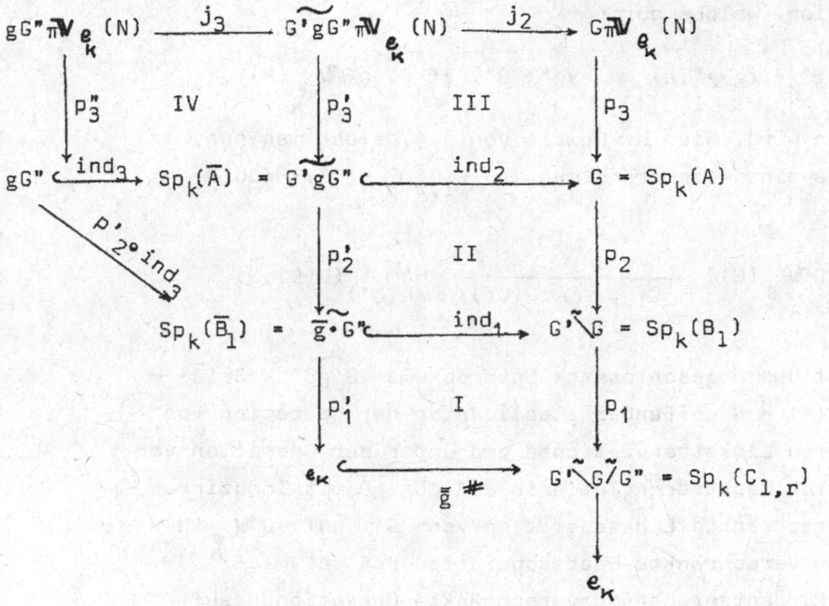

In diesem Diagramm seien $\text{ind}_1 : \tilde{\tilde{g}}G'' \hookrightarrow G'\tilde{\backslash}G$, $\text{ind}_2 : \widetilde{G'gG''} \hookrightarrow G$ sowie $\text{ind}_3 : gG'' \hookrightarrow G'gG''$ die jeweiligen Inklusionsabbildungen, während mit $p_1 : G'\tilde{\backslash}G \to G'\tilde{\backslash}G/\tilde{G}''$ und $p_2 : G \to G'\tilde{\backslash}G$ die kanonischen Projektionen bezeichnet seien. Die Einschränkungen von p_1 bzw. p_2 auf $\tilde{\tilde{g}}G'' \subset G'\tilde{\backslash}G$ bzw. $\widetilde{G'gG''} \subset G$ seien mit p_1' bzw. p_2' bezeichnet. Die Strukturmorphismen der Quasivektorraumbündel $p_3 : G\pi\mathbb{V}_{1_k}(N) \to G$, $p_3' : \widetilde{G'gG''}\pi\mathbb{V}_{e_\kappa}(N) \to \widetilde{G'gG''}$ und $p_3'' : gG''\pi\mathbb{V}_{e_\kappa}(N) \to gG''$ sind die Projektionen auf den jeweils ersten Faktor. Ausserdem setzen wir $j_3 = \text{ind}_3\pi\mathbb{V}_{e_\kappa}(N)$ und $j_2 = \text{ind}_2\pi\mathbb{V}_{e_\kappa}(N)$.

Dabei versehen wir das Quasivektorraumbündel $G\pi\mathbb{V}_{e_\kappa}(N)$ über G mit einer verschränkten G'-Linoperation, welche durch die Gleichung

$$g'\cdot(g,n) = (g'\cdot g, g'\cdot n) \qquad \forall g' \in G',\ g \in G'\ n \in \mathbb{V}_{e_\kappa}(N)$$

beschrieben wird, sowie mit einer verschränkten G''-Rechtsoperation, welche durch

$$(g,n)\cdot g'' = (g\cdot g'',n) \qquad \forall g''\in G'',\ g\in G,\ n\in \mathbb{V}_{e_k}(N)$$

gegeben wird. Wie im Beweis von 7.4. sieht man nun, dass es einen Isomorphismus in $C_{l,r}\otimes_k H(G'')$-Moduln gibt:

$$^{G'}\Gamma(G;G\,\mathbb{V}_{e_k}(N)) \xrightarrow[C_{l,r}\otimes_k H(G'')]{\sim} \operatorname{Hom}_{H(G')}(H(G),N)$$

Nun ist das abgeschlossene Unterschema $\widetilde{G'gG''} = Sp(\overline{A}) \hookrightarrow$ $\hookrightarrow Sp_k(A) = G$ offenbar stabil unter der Operation von G' durch Linkstranslationen und unter der Operation von G'' durch Rechtstranslationen auf G. Damit induzieren die verschränkte Linksoperation von G' auf $G\,\mathbb{V}_{e_k}(N)$ und die verschränkte Rechtsoperation von G'' auf $G\,\mathbb{V}_{1_k}(N)$ entsprechende verschränkte Operationen auf $\widetilde{G'gG''}\,\mathbb{V}_{e_k}(N)$. Weil G ein G'-Linkstorseur über $G'\backslash G$ ist, erhalten wir einen Isomorphismus in $H(G'')$-Moduln:

$$^{k}C_{l,r;\overline{g}} \otimes {}^{G'}\Gamma(G,G\,\mathbb{V}_{e_k}(N)) \xrightarrow[H(G'')]{\sim} {}^{G'}\Gamma(\widetilde{G'gG''},G'gG''\,\mathbb{V}_{e_k}(N))$$

(siehe hierzu §5,5.3). Damit haben wir insgesamt den Isomorphismus in $H(G'')$-Moduln erhalten :

a) $$^{G'}\Gamma(\widetilde{G'gG''},\ \widetilde{G'gG''}\,\mathbb{V}_{e_k}(N)) \xrightarrow[H(G'')]{\sim} {}^{k}C_{l,r,\overline{g}} \otimes \operatorname{Hom}_{H(G')}(H(G),N).$$

Nun ist aber das abgeschlossene Unterschema $g\,G'' \hookrightarrow G$ stabil unter der Operation von $gG''g^{-1}\cap G'$ durch Linkstranslationen und unter der Operation von G'' durch Rechtstranslationen auf G. Deswegen induziert die verschränkte Linksoperation von G' auf $G\,\mathbb{V}_{e_k}(N)$ eine verschränkte Linksoperation von $gG''g^{-1}\cap G'$ auf $g\cdot G''\,\mathbb{V}_{e_k}(N)$, und entsprechend induziert die verschränkte Rechtsoperation von G'' auf $G\,\mathbb{V}_{e_k}(N)$ eine verschränkte Rechtsoperation von G'' auf $g\cdot G''\pi\mathbb{V}_{e_k}(N)$.

Nun liefert aber der Morphismus

$$j_3 : gG''\pi\mathbb{V}_{e_k}(N) \longrightarrow \widetilde{G'gG''}\pi\mathbb{V}_{e_k}(N)$$

einen Homomorphismus in $H(G'')$-Moduln:

b) $$^{G'}\Gamma(\widetilde{G'gG''},\widetilde{G'gG''}\pi\mathbb{V}_{e_k}(N)) \to {}^{gG''g^{-1}\cap G'}\Gamma(gG'',gG''\pi\mathbb{V}_{e_k}(N)) .$$

Dieser letzte Morphismus ist sogar bijektiv. In der Tat : Setzen wir zunächst abklärend $D = gG''g^{-1}\cap G'$, so ist gG'' ein D-Linkstorseur über $\widetilde{g\cdot G''}$. Entsprechend ist $\widetilde{G'gG''}$ ein G'-Linkstorseur über $\widetilde{g\cdot G''}$. Damit erhalten wir die kanonischen Identifizierungen :

$$^{D}\Gamma(gG'',gG''\pi\mathbb{V}_{e_k}(N)) \xrightarrow{\sim} \Gamma(\widetilde{g\cdot G''};\, D\tilde{\backslash}(gG''\pi\mathbb{V}_{e_k}(N)))$$

$$^{G'}\Gamma(\widetilde{G'gG''},\widetilde{G'gG''}\pi\mathbb{V}_{e_k}(N)) \xrightarrow{\sim} \Gamma(\widetilde{gG''};\, G'\tilde{\backslash}(\widetilde{G'gG''}\pi\mathbb{V}_{e_k}(N)))$$

Infolgedessen wird es genügen nachzuweisen, dass der von j_3 induzierte Morphismus in Garben über $\widetilde{gG''}$:

$$D\tilde{\backslash}(gG''\pi\mathbb{V}_{e_k}(N)) \longrightarrow G'\tilde{\backslash}(\widetilde{G'gG''}\pi\mathbb{V}_{e_k}(N))$$

ein Isomorphismus ist. Zu diesem Zwecke betrachten wir das nachfolgende Diagramm, dessen sämtliche Teildiagramme kommutativ sind. Da die Teildiagramme I und II cartesisch sind, muss auch das Teildiagramm III cartesisch sein. Andrerseits ist aber auch das Teildiagramm IV cartesisch. Hieraus ergibt sich aber unmittelbar die Behauptung, denn der Morphismus $p_2'\circ\mathrm{ind}_3$ ist ein Garbenepimorphismus und daher effektiv.

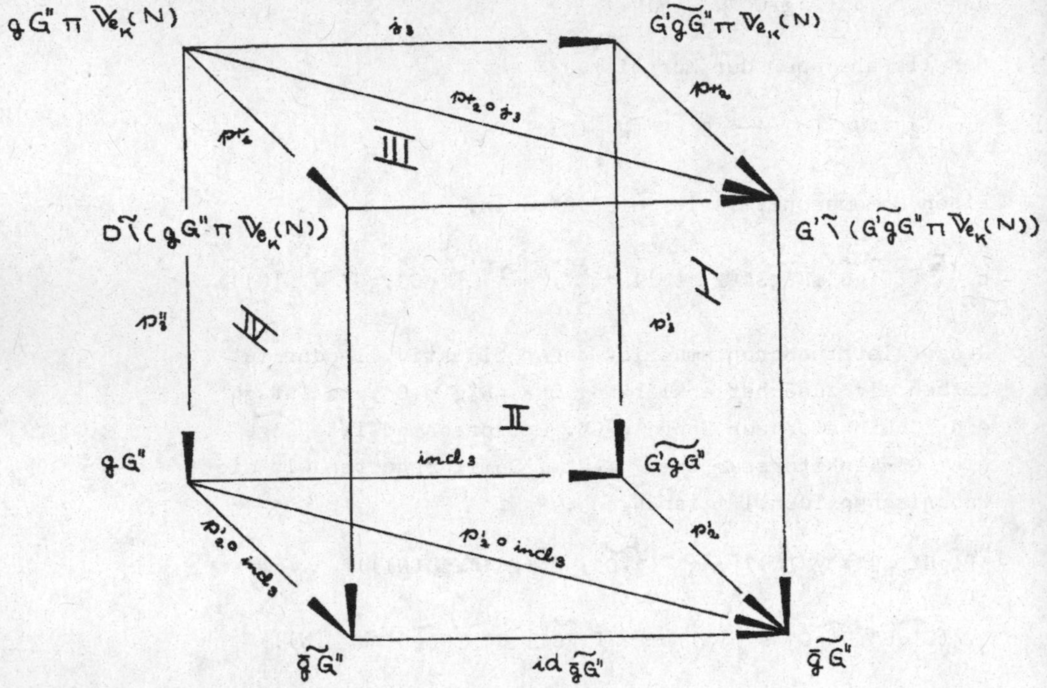

(Die Bedeutung der Bezeichnungen ergibt sich aus dem vorangegangenen Diagramm. Mit pr_1 bzw. pr_2 seien die kanonischen Projektionen auf die jeweiligen Quotienten bezeichnet).

Um den $H(G")$-Modul $^{gG"g^{-1}\cap G'}\Gamma(gG", gG" \pi \mathbb{V}_{e_\kappa}(N))$ besser interpretieren zu können, führen wir das Quasivektorraumbündel $G" \pi \mathbb{V}_{e_\kappa}(F_g(N))$ ein, auf dem wir eine verschränkte $G" \cap g^{-1} G' g$ - Linksoperation durch

$$g_1''(g_2'',n) = (g_1''\cdot g_2'',\ g_1'' \underset{g}{\circ} n) \qquad \forall g_1'' \in G" \cap g^{-1} G' g \ ;\ g_2'' \in G" \quad n \in \mathbb{V}_{e_\kappa}(N)$$

sowie eine verschränkte $G"$-Rechtsoperation durch

$$(g_2'',n)\cdot g_1'' = (g_2''\, g_1'',n) \qquad \forall g_1'',g_2'' \in G",\ n \in \mathbb{V}_{e_\kappa}(N)$$

erklären.

Aus dem kommutativen Diagramm

$$\begin{array}{ccc} G''\pi\mathbb{V}_{e_\kappa}(F_g(N)) & \xrightarrow[f_2]{\sim} & gG''\pi\mathbb{V}_{e_\kappa}(N) \\ \downarrow & & \downarrow \\ G'' & \xrightarrow[f_1]{\sim} & gG'' \end{array}$$

mit $\quad f_1(g'') = g\cdot g'' \qquad \forall g'' \in G''$

und $\quad f_2(g'',n) = (gg'',n) \qquad \forall g'' \in G'',\ n \in \mathbb{V}_{e_\kappa}(F_g(N))$

erhalten wir wegen der Beziehungen:

$$f_1(g_1''\cdot g_2'') = f_1(g_1'')\cdot g_2'' \,, \quad f_2((g_1'',n)\cdot g_2'') = f_2((g_1'',n))\cdot g_2''$$
$$\forall g_1'', g_2'' \in G'',\ n \in \mathbb{V}_{e_\kappa}(F_g(N))$$

$$f_1(g_1''\cdot g_2'') = gg_1''g^{-1}\, f_1(g_2''),\ f_2(g_1''\cdot(g_2'',n)) = gg_1''g^{-1}\cdot f_2((g_2'',n))$$
$$\forall g_1'' \in G'' \cap g^{-1}G'g,\ g_2'' \in G'',\, n \in \mathbb{V}_{e_\kappa}(F_g(N))$$

einen Isomorphismus in $H(G'')$-Moduln:

c) $$^{gG''g^{-1}\cap G'}\Gamma(gG'', gG''\pi\mathbb{V}_{e_\kappa}(N)) \xrightarrow[H(G'')]{\sim} {}^{G''\cap g^{-1}G'g}\Gamma(G'', G''\pi\mathbb{V}_{e_\kappa}(F_g(N)))$$

Nun gibt es aber andrerseits einen Isomorphismus in $H(G'')$-Moduln (vgl. 7.4.) :

d) $$^{G''\cap g^{-1}G'g}\Gamma(G'', G''\pi\mathbb{V}_{e_\kappa}(F_g(N))) \xrightarrow[H(G'')]{\sim} \mathrm{Hom}_{G''\cap g^{-1}G'g}(H(G''), F_g(N))$$

Da die $H(G'')$-linearen Isomorphismen a), b), c) und d) sämtlich in N funktoriell sind, erhält man aus ihnen schliesslich einen $H(G'')$-linearen, in N funktoriellen Isomorphismus

e) $\mathrm{Hom}_{H(G')}(H(G),N) \otimes_{C_{l,r,\bar{g}}} k \xrightarrow[H(G'')]{\sim} \mathrm{Hom}_{G''\cap g^{-1}G'g}(H(G''),F_g(N))$

womit der Beweis von 8.2. beendet ist.

<u>8.3. Bemerkung</u>: Ist der kommutative Grundring k von Satz 8.2. artinsch, so wird der Isomorphietyp des $C_{l,r} \otimes_k H(G'')$-Moduls $\mathrm{Hom}_{H(G')}(H(G),N)$ durch den Isomorphismus von Satz 8.2. festgelegt. In der Tat: Mit k sind auch A und $C_{l,r}$ artinsche Ringe. Weil der Morphismus in affinen k-Schemata $Sp_k(A) \rightrightarrows G \to G'\widetilde{\backslash G/G''} \rightrightarrows Sp_k(C_{l,r})$ ein Garbenepimorphismus ist, gibt es eine $C_{l,r}$-Algebra A' , die als $C_{l,r}$-Modul endlich erzeugt und projektiv ist, sowie einen Homomorphismus in $C_{l,r}$-Algebren : $A \to A'$ (siehe [10], chap.III,§5,1.4). Setzen wir noch $j' = j_{A'}$, so erhalten wir aus dem Isomorphismus in 8.2. durch Basiswechsel längs $A \to A'$ einen Isomorphismus in $A' \otimes_k H(G'')$-Moduln:

$$A' \otimes_{C_{l,r}} \mathrm{Hom}_{H(G')}(H(G),N) \xrightarrow[A' \otimes_k H(G'')]{\sim} \mathrm{Hom}_{G''_{A'}\cap j'^{-1} G'_{A'} j'}(H(G''_{A'}), F_{j'}(A' \otimes_k N))$$ V

Hieraus erhalten wir durch Einschränkung einen Isomorphismus in $C_{l,r} \otimes_k H(G'')$-Moduln. Nun ist aber $C_{l,r}$ als artinscher, kommutativer Ring ein Produkt lokaler, artinscher Ringe, sodass wir ohne Beschränkung der Allgemeinheit $C_{l,r}$ lokal voraussetzen können. Dann ist A' ein freier $C_{l,r}$-Modul von endlichem Rang n , und wir erhalten somit einen Isomorphismus in $C_{l,r} \otimes_k H(G'')$-Moduln

$$\mathrm{Hom}_{H(G')}(H(G),N)^n \xrightarrow[C_{l,r} \otimes_k H(G'')]{\sim} \mathrm{Hom}_{G''_{A'}\cap j'^{-1} G'_{A'} j'}(H(G''_{A'}), F_{j'}(A' \otimes_k N))$$

Diese Isomorphiebeziehung legt wegen des Satzes von Remak-Krull-Schmidt den Isomorphietyp des $C_{l,r} \otimes_k H(G'')$-Moduls $\mathrm{Hom}_{H(G')}(H(G),N)$ eindeutig fest.

V Es ergibt sich aus 5.3, daß die Bildung des rechten Termes mit Basiswechseln vertauscht.

8.4. Corollar: Sei mit den Bezeichnungen und Voraussetzungen von 8.1. k ein Grundkörper. Weiterhin sei die endliche, algebraische Gruppe $G''_A \cap j\, G'_A\, j^{-1}$ lokal-frei über A. Dann gibt es für jeden endlich-dimensionalen $H(G')$-Modul N Isomorphismen in $A \otimes_k H(G'')$-Moduln, die in N funktoriell sind:

$$1)\ A \otimes_{C_{l,r}} \mathrm{Hom}_{H(G')}(H(G),N) \xrightarrow[A \otimes_k H(G'')]{\sim} \mathrm{Hom}_{H(G''_A \cap j^{-1} G'_A j)}(H(G''_A); F_j(A \otimes_k N))$$

$$2)\ A \otimes_{C_{r,l}} (H(G) \otimes_{H(G')} N) \xrightarrow[A \otimes_k H(G'')]{\sim} H(G'')_A \otimes_{H(G''_A \cap jG'_A j^{-1})} F_{j^{-1}}(A \otimes_k N)$$

Beweis: Wegen Satz 8.6. ist aufgrund der Voraussetzung über $G''_A \cap jG'_A j^{-1}$ die Doppelrestklassengarbe $G' \tilde{\backslash} G \tilde{/} G''$ darstellbar, und der Morphismus $G \to G' \tilde{\backslash} G \tilde{/} G''$ ist endlich und lokal-frei. Damit ergibt sich der erste Isomorphismus unmittelbar aus Satz 8.2. Wir werden nun ähnlich wie im Beweise von 7.3. den zweiten Isomorphismus aus dem ersten herleiten. Hierfür treffen wir zunächst die folgende Verabredung:

Ist L eine endliche, lokal-freie, algebraische Gruppe über A, und ist M ein $H(L)$-(Links)-Modul, so machen wir den k-Vektorraum $M^t = \mathrm{Hom}_k(M,k)$ zu einem $H(L)$-(Links)Modul, indem wir setzen:

$$(h \cdot f)(m) = f(\sigma_{H(L)}(h) \cdot m) \qquad \forall f \in \mathrm{Hom}_k(M,k),\ h \in H(L)\ \ m \in M .$$

Dabei soll $\sigma_{H(L)} : H(L) \to H(L)$ den Antipodismus der Hopfalgebra $H(L)$ bezeichnen.

Aus dem Isomorphismus 1) erhalten wir nun durch Dualisieren den Isomorphismus 3) zwischen $H(G''_A)$-Moduln:

$$3)\ (A \otimes_{C_{l,r}} \mathrm{Hom}_{H(G')}(H(G),N))^t \xrightarrow{\sim} (\mathrm{Hom}_{H(G''_A \cap j^{-1} G'_A j)}(H(G''_A), F_j(A \otimes_k N)))^t$$

Wir wollen im folgenden die endliche, lokal-freie, algebraische A-Gruppe $G''_A \cap j^{-1} G'_A \cdot j$ mit D bezeichnen. Für jeden H(D)-Modul M gibt es nun einen in M funktoriellen Isomorphismus zwischen $H(G''_A)$-Moduln:

4) $\Psi : \mathrm{Hom}_k(H(G''_A) \otimes_{H(D)} M, k) \xrightarrow{\sim} \mathrm{Hom}_{H(D)}(H(G''_A), \mathrm{Hom}_k(M,K))$

welcher durch die Gleichung:

$$\Psi(l)(h)(m) = l(\sigma_{H(G''_A)}(h) \otimes_{H(D)} m) \quad \forall l \in \mathrm{Hom}_k(H(G''_A) \otimes_{H(D)} M, k)$$
$$h \in H(G''_A), m \in M$$

gegeben wird.

Dabei soll $\sigma_{H(G''_A)} : H(G''_A) \longrightarrow H(G''_A)$ wieder den Antipodismus der Hopfalgebra $H(G''_A)$ bezeichnen. Die Umkehrabbildung φ von Ψ wird übrigens durch die Gleichung:

$$\varphi(f)(h \otimes_{H(D)} m) = f(\sigma_{H(G''_A)}(h))(m) \quad \forall f \in \mathrm{Hom}_{H(D)}(H(G''_A), M^*), h \in H(G''_A),$$
$$m \in M$$

gegeben. Für einen endlich-dimensionalen H(D)-Modul M erhalten wir aus 4) den in M funktoriellen Isomorphismus in $H(G''_A)$-Moduln:

5) $H(G''_A) \otimes_{H(D)} (M^t) \xrightarrow[H(G''_A)]{\sim} \mathrm{Hom}_{H(D)}(H(G''_A), M)^t$

Nun gilt aber für jeden $H(G'_A)$-Modul M :

6) $(F_j(M))^t = F_j(M^t)$

Weiterhin sei daran erinnert, dass es für jeden endlich-dimensionalen H(G')-Modul N einen in N funktoriellen Isomorphismus zwischen $A \otimes_k H(G') \cong H(G'_A)$-Moduln gibt:

7) $(A \otimes_k N)^t \cong A^t \otimes_k N^t \cong A \otimes_k N^t$

Zusammen mit 6) und 7) erhalten wir nun aus 5) für jeden endlich-dimensionalen $H(G')$-Modul N einen in N funktoriellen Isomorphismus zwischen $H(G''_A)$-Moduln:

8) $H(G''_A) \otimes_{H(D)} (F_j(A \otimes_k N^t)) \xrightarrow[H(G''_A)]{\sim} \mathrm{Hom}_{H(D)}(H(G''_A), F_j(A \otimes_k N))^t$

Andrerseits folgt aus der eingangs gemachten Voraussetzung über die A-Gruppe D V, dass A als $C_{l,r}$-Modul projektiv und endlich erzeugt sein muss. Damit erhalten wir aus der Isomorphiebeziehung zwischen A-Moduln:

9) $A \xrightarrow[A]{\sim} A^t$

mit Hilfe des Satzes von Remak-Krull-Schmidt die Isomorphiebeziehung zwischen $C_{l,r}$-Moduln

10) $C_{l,r} \xrightarrow[C_{l,r}]{\sim} C^t_{l,r}$

(In der Tat können wir zu Beweis der letzten Behauptung $C_{l,r}$ ohne Beschränkung der Allgemeinheit lokal und damit A frei von endlichem Rang über $C_{l,r}$ annehmen). Wie im Beweise von 7.3. erhalten wir aus 9) und 10) für jeden $C_{l,r} \otimes_k H(G'')$-Modul M einen in M funktoriellen Isomorphismus in $A \otimes_k H(G'') \cong H(G''_A)$-Moduln:

11) $(A \otimes_{C_{l,r}} M)^t \xrightarrow[H(G''_A)]{\sim} A \otimes_{C_{l,r}} M^t$

Zusammen mit dem Isomorphismus aus Lemma 6.2. erhalten wir aus 11) wie im Beweise von 7.3. für jeden endlich-dimensionalen $H(G')$-Modul N einen in N funktoriellen $H(G'')$-linearen und bezüglich $S_A : A \cong A$ semilinearen Isomorphismus:

12) $A \otimes_{C_{r,l}} (H(G) \otimes_{H(G')} N^t) \cong (A \otimes_{C_{l,r}} \mathrm{Hom}_{H(G')}(H(G),N))^t$

V wegen Satz 8.6.

Aus 3),8) und 12) erhalten wir schliesslich für jeden endlich-dimensionalen $H(G')$-Modul N einen in N funktoriellen, $H(G")$-linearen, bezüglich $S_A : A \xrightarrow{\sim} A$ semilinearen Isomorphismus

13) $$A \underset{C_{r,l}}{\otimes} (H(G) \underset{H(G')}{\otimes} N^t) \xrightarrow{\sim} H(G"_A) \underset{H(D)}{\otimes} F_j(A \underset{k}{\otimes} N^t)$$

Wir setzen nun $D' = G"_A \cap jG'_A j^{-1}$. Mit D ist auch D' eine endliche, lokal-freie, algebraische Gruppe über A, denn sie entsteht ja aus D durch Basiswechsel längs $S_A : A \xrightarrow{\sim} A$. Deswegen muss insbesondere der k-Algebrenautomorphismus $S_A \underset{k}{\otimes} H(G) : A \underset{k}{\otimes} H(G) \xrightarrow{\sim} A \underset{k}{\otimes} H(G)$ die k-Unteralgebra $H(D) \subset H(G_A)$ isomorph auf die k-Unteralgebra $H(D') \subset H(G_A)$ abbilden. Nun induziert aber die k-lineare, bijektive Abbildung $S_A \underset{k}{\otimes} N^t : A \underset{k}{\otimes} N^t \xrightarrow{\sim}$ $\xrightarrow{\sim} A \underset{k}{\otimes} N^t$ eine bezüglich des k-Algebrenisomorphismus $S_A \otimes H(G) : H(D) \xrightarrow{\sim} H(D')$ semilineare Bijektion:

14) $$F_j(A \underset{k}{\otimes} N^t) \xrightarrow{\sim} F_{j^{-1}}(A \underset{k}{\otimes} N^t)$$

aus 14) ergibt sich unmittelbar ein bezüglich des k-Algebrenisomorphismus $S_A \underset{k}{\otimes} H(G") : A \underset{k}{\otimes} H(G") \xrightarrow{\sim} A \underset{k}{\otimes} H(G")$ semilineare Bijektion

15) $$H(G"_A) \underset{H(D)}{\otimes} F_j(A \underset{k}{\otimes} N^t) \xrightarrow{\sim} H(G"_A) \underset{H(D')}{\otimes} F_{j^{-1}}(A \otimes N^t)$$

Schalten wir nun 15) hinter 13), so erhalten wir schliesslich für jeden endlich-dimensionalen $H(G')$-Modul N einen in N funktoriellen, $H(G"_A)$-linearen Isomorphismus:

16) $$A \underset{C_{r,l}}{\otimes} (H(G) \underset{H(G')}{\otimes} N^t) \xrightarrow[H(G"_A)]{\sim} H(G"_A) \underset{H(D')}{\otimes} F_{j^{-1}}(A \underset{k}{\otimes} N^t)$$

Da wir N endlich-dimensional über k vorausgesetzt hatten, können wir in 16) N^t durch N ersetzen und erhalten damit den in N funktoriellen, $H(G"_A)$-linearen

Isomorphismus 2).

8.5. Der konstante Fall. Seien nun die endlichen, algebraischen Gruppen G', $G'' \subset G$ von 8.1. konstante Gruppen über dem Grundkörper k. Mit $s : Y = G''\widetilde{\setminus} G / \widetilde{G'} \longrightarrow G$ sei ein Schnitt für die kanonische Projektion $p : G \to Y$ bezeichnet. Ist nun N ein endlich-dimensionaler $H(G')$-Modul, so liefert der Isomorphismus 2) von 8.4. eine Isomorphismus in $H(G'')$-Moduln

$$\mathbb{V}_Y(H(G) \underset{H(G')}{\otimes} N)(k,y) \xrightarrow{\sim} H(G'') \underset{H(G''\cap s(y)G's(y)^{-1})}{\otimes} F_{s(y)^{-1}}(N)$$

$$\forall y \in Y(k).$$

Da Y konstant ist, gibt es einen $H(G'')$-linearen Isomorphismus

$$\Gamma(Y, \mathbb{V}_Y(H(G) \underset{H(G')}{\otimes} N)) \xrightarrow{\sim} \prod_{y \in Y(k)} \mathbb{V}_Y(H(G) \underset{H(G')}{\otimes} N)(k,y)$$

Erinnern wir noch an den bekannten Isomorphismus in $H(G''\cap s(y)G's(y)^{-1})$-Moduln:

$$F_{s(y)^{-1}}(N) \xrightarrow{\sim} s(y) \underset{H(G')}{\otimes} N \subset H(G) \underset{H(G')}{\otimes} N$$

so erhalten wir schliesslich den bekannten Isomorphismus in $H(G'')$-Moduln:

$$H(G) \underset{H(G')}{\otimes} N \underset{H(G'')}{\xrightarrow{\sim}} \prod_{y \in Y(k)} H(G'') \underset{H(G''\cap s(y)G's(y)^{-1})}{\otimes} (s(y) \underset{HG')}{\otimes} N)$$

8.6. Wir kehren nun zu den Bezeichnungen und Voraussetzungen von 8.1. zurück. Da $G''_A \subset G_A$ und $j \cdot G'_A \cdot j^{-1} \subset G_A$ abgeschlossene Untergruppen von G_A sind, muss auch $G''_A \cap j \cdot G'_A \cdot j^{-1} \subset G_A$ eine abgeschlossene und mithin endliche, algebraische Untergruppe von G_A sein. Nun ist die endliche, algebraische Gruppe $G''_A \cap j . G'_A \cdot j^{-1}$ genau dann lokal-frei über A, wenn dies für die endliche, algebraische Gruppe $G''_A \cap j^{-1} G'_A \cdot j$ zutrifft, denn diese beiden Gruppen gehen ja durch Basiswechsel längs $s_A : A \xrightarrow{\sim} A$ auseinander hervor. Andrerseits ist aber auch $G''_A \cap j \cdot G'_A\, j^{-1}$ genau dann lokal-frei über A, wenn die A-Gruppe $j^{-1}(G''_A \cap j \cdot G'_A \cdot j^{-1}) \cdot j = j^{-1} G''_A \cdot j \cap G'_A$ lokal-frei über A ist. Wir setzen wieder $X = G' \tilde{\backslash} G$ und $Y = G' \tilde{\backslash} G / \tilde{G}''$. Es gilt nun der folgende

<u>Satz</u>: Sei G eine endliche, lokal-freie, algebraische Gruppe über dem kommutativen Grundring k und seien weiterhin $G', G'' \subset G$ zwei endliche, lokal-freie, algebraische Untergruppen von G derart, dass $G''_A \cap j^{-1} G'_A \cdot j \subset G_A$ eine endliche, lokal-freie, algebraische Gruppe über A ist.

Dann ist $Y = G' \tilde{\backslash} G / \tilde{G}''$ darstellbar, und der kanonische Morphismus $G \to Y$ ist endlich und lokal-frei.

<u>Beweis</u>: Wir setzen $d : G \to G \underset{Y}{\pi} X$ mit $d(g) = (g, \bar{g})$ $\forall g \in G$, wo $\bar{g} \in X = G' \tilde{\backslash} G$ die "Restklasse" von $g \in G$ bezeichnen möge. Weiterhin sei $m : G \pi G'' \to G \underset{Y}{\pi} X$ der durch

$m((g, g'')) = (g, \bar{g} \cdot g'')$ $\forall g \in G,\ g'' \in G''$ definierte Morphismus in Garben über G. Da G'' auf den Fasern der kanonischen Projektion $p_1 : X \to Y$ im garbentheoretischen Sinne transitiv operiert, ist m ein Garbenepimorphismus. Nun induziert die Rechtsoperation der k-Gruppengarbe G'' auf der k-Garbe X über der k-Garbe Y eine Rechtsoperation der G-Gruppengarbe $G \pi G''$ auf der G-Garbe $G \underset{Y}{\pi} X$ (Wir identifizieren $\widetilde{M_k E / G} \xrightarrow{\sim} \widetilde{M_G E}$). Bezeichnen wir bezüglich dieser Operation den Zentralisator des Schnittes $d : G \to G \underset{Y}{\pi} X$ in $G \pi G''$ mit $\mathrm{Cent}_{G\pi G''}(d)$, so induziert m einen Isomorphismus in Garben über G:

$$\mathrm{Cent}_{G\pi G''}(d) \tilde{\backslash} G \pi G'' \xrightarrow{\sim} G \underset{Y}{\pi} X$$

Wir bemerken noch, dass bei der Identifizierung

$\tilde{M_K}E/G \xrightarrow{\sim} \tilde{M_G}E \xrightarrow{\sim} \tilde{M_A}E$ das Paar $\mathrm{Cent}_{G\pi G''}(d) \subset G\pi G''$ von Gruppenobjekten in Garben über G in das Paar $G''_A \cap j^{-1} G'_A\, j \subset G''_A$ von A-Gruppengarben überführt wird.
Wir betrachten nun das nachfolgende kommutative Diagramm:

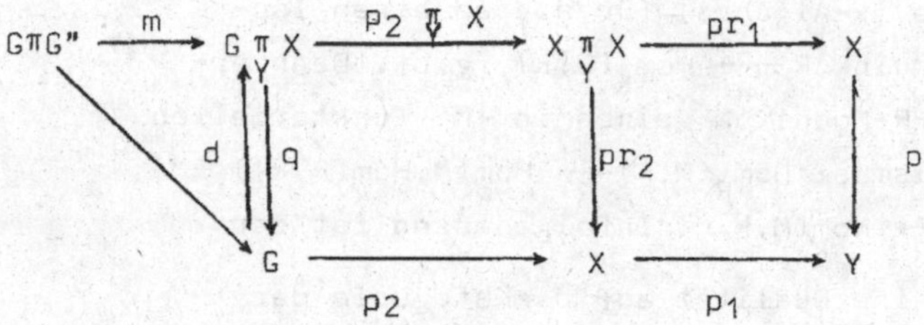

Ist nun $G''_A \cap j^{-1} \cdot G'_A \cdot j$ endlich und lokal-frei über A, so folgt aus dem Satz über lokal-freie, endliche Aequivalenzrelationen (siehe [10], chap.III,§3,3.2), dass $G \underset{Y}{\pi} X$ darstellbar und m endlich, lokal-frei sein muss. Da nun aber $G\pi G''$ endlich und lokal-frei über G ist, muss die kanonische Projektion $q : G \underset{Y}{\pi} X \to G$ ebenfalls endlich und lokal-frei sein (siehe [7], chap.II,§5, exerc.4). Andererseits ist der Morphismus p_2 treuflach und deswegen ist mit q auch pr_2 affin (siehe [10],chap.III, §1,2.12.). Insbesondere ist also $X \underset{Y}{\pi} X$ darstellbar, denn $X = G'\backslash G$ ist wegen des Satzes über endliche, lokal-freie Aequivalenzrelationen darstellbar. Schliesslich muss mit q auch pr_2 endlich und lokal-frei sein, da p_2 treuflach ist.(siehe [7], chap.I,§3,n°6,proposition 12). Erneute Anwendung des Satzes über endliche, lokal-freie Aequivalenzrelationen liefert nun die zu beweisende Behauptung.

<u>8.7.</u> Wir wollen nun die Voraussetzung in 8.6. etwas genauer untersuchen und führen zu diesem Zwecke die folgende, abkürzende Redeweise ein: Wir sagen, dass sich die beiden endlichen, lokal-freien, algebraischen Untergruppen $G', G'' \subset G$ in der endlichen, lokal-freien, algebraischen

k-Gruppe G in guter Position befinden, wenn die endliche, algebraische A-Gruppe $G''_A \cap j^{-1} G'_A j$ lokal-frei über A ist.

Sei nun k ein Körper und $R \in Alf/k$ eine kommutative, endlich-dimensionale k-Algebra, für die es einen Isomorphismus in R-Moduln $R \xrightarrow[R]{\sim} Hom_k(R,k)$ gibt. Dann erhält man für jeden R-Modul M einen in M funktoriellen R-linearen Isomorphismus: $Hom_R(M,R) \xrightarrow[R]{\sim} Hom_R(M, Hom_k(R,k)) \underset{R}{\cong} Hom_k(R \otimes_R M, k) \xrightarrow[R]{\sim} Hom_k(M,k)$. Infolgedessen ist der Funktor $Hom_R(?,R)$ eine Dualität auf der Kategorie der R-Moduln von endlicher k-Dimension. Diese Bemerkung liefert sofort: Sind $G_1, G_2 \subset G$ drei endliche, lokal-freie, algebraische R-Gruppen, so ist die endliche R-Gruppe $G_1 \cap G_2$ genau dann lokal-frei, wenn der endlich-erzeugte R-Modul $H(G_1) \cap H(G_2)$ lokal-frei über R ist. In diesem Falle gilt dann : $H(G_1 \cap G_2) = H(G_1) \cap H(G_2)$.

Ist nun G eine endliche, algebraische Gruppe über k, so gibt es für $A = \mathcal{O}_k(G)$ einen Isomorphismus in A-Moduln: $A \xrightarrow[A]{\sim} Hom_k(A,k)$. Wegen der voraufgegangenen Bemerkung sind also zwei algebraische Untergruppen $G', G'' \subset G$ genau dann in guter Position, wenn der endlich-erzeugte A-Modul $H(G''_A) \cap j^{-1} H(G'_A) \cdot j$ lokal-frei über A ist.

<u>8.8.</u> Im Falle, dass G eine infinitesimale Gruppe über dem Grundkörper k positiver Charakteristik ist, erhalten wir aus dem k-Algebrenisomorphismus

$$\mathcal{O}_A(G''_A \cap j^{-1} G'_A \cdot j) \otimes_A k \cong \mathcal{O}_k(G'' \cap G') \cong \mathcal{O}_A(G''_A \cap G'_A) \otimes_A k$$

die Bemerkung, dass der freie A-Modul $\mathcal{O}_A(G''_A \cap G'_A) \cong \mathcal{O}_k(G'' \cap G') \otimes_k A$ eine projektive Hülle des A-Moduls $\mathcal{O}_A(G''_A \cap j^{-1} G'_A \cdot j)$ sein muss. Hieraus ergibt sich die Ungleichung: $\dim_k \mathcal{O}_A(G''_A \cap j^{-1} G'_A j) \leq \dim_k \mathcal{O}_A(G''_A \cap G'_A)$, wobei Gleichheit genau dann besteht, wenn der A-Modul $\mathcal{O}_A(G''_A \cap j^{-1} G'_A j)$ projektiv ist, d.h. wenn G' und G'' sich in G in guter Position befinden. Nun ist aber wegen 8.7. $\dim_k \mathcal{O}_A(G''_A \cap j^{-1} G'_A \cdot j) = \dim_k (H(G''_A) \cap j^{-1} H(G'_A) j)$ sowie $\dim_k \mathcal{O}_A(G''_A \cap G'_A) = \dim_k H(G''_A \cap G'_A)$. Damit erhalten wir schliesslich die Ungleichung:

$\dim_k (H(G''_A) \cap j^{-1} H(G'_A) j) \leq \dim_k H(G''_A \cap G'_A)$. Als notwendiges und hinreichendes Kriterium dafür, dass sich G' und G'' in G in guter Position befinden, ergibt sich schliesslich die Gleichung:

$$\dim_k (H(G''_A) \cap j^{-1} H(G'_A) j) = \dim_k H(G''_A \cap G'_A) = \dim_k A \cdot \dim_k H(G'' \cap G').$$

In diesem Falle liefert dann das Diagramm im Beweise von 8.6. die Beziehung: $C_{1,r}$-Rang $(B_1) = [G'' : G' \cap G'']$.

8.9. Aus den Ueberlegungen von 8.8. ergibt sich ein nützliches hinreichendes Kriterium dafür, dass sich in einer infinitesimalen, algebraischen Gruppe G über einem Grundkörper k positiver Charakteristik zwei Untergruppen $G', G'' \subset G$ in guter Position befinden.

Hierzu schicken wir die folgende, kurze Betrachtung voraus: Seien $U, V \subset G$ drei endliche, algebraische Gruppen über dem Grundkörper k. Mit X_n sei das n-fache cartesische Produkt $X_n = (U \pi V)^n$ bezeichnet, während die Abbildung $f_n : X_n \to G$ durch die Gleichung

$$f_n((u_1,v_1),(u_2,v_2),\ldots(u_n,v_n)) = u_1 v_1 u_1^{-1} v_1^{-1} u_2 v_2 u_2^{-1} v_2^{-1} \ldots$$

$$\ldots u_n v_n u_n^{-1} v_n^{-1} \qquad \forall u_i \in U,\ v_i \in V,\ 1 \leq i \leq n .$$

gegeben wird. Das abgeschlossene Bild von f_n sei mit Y_n bezeichnet. Dann ist offenbar $Y_n \subset Y_{n+1}$ $\forall n \in N$.

Aus Ranggründen muss infolgedessen ein $n_o \in \mathbb{N}$ existieren, sodass $Y_{n_o} = Y_{n_o+1} = Y_{n_o+2} = \dots$ gilt. Man überzeugt sich nun leicht davon, dass die Multiplikation $m : G \pi G \to G$ das abgeschlossene Unterschema $Y_{n_o} \pi Y_{n_o} \subset G \pi G$ in das abgeschlossene Unterschema $Y_{2n_o} = Y_{n_o} \subset G$ abbildet. Hieraus ergibt sich aber sofort, dass Y_{n_o} eine abgeschlossene Untergruppe von G sein muss. In der Tat können wir zum Beweis der letzten Behauptung den Grundkörper k ohne Beschränkung der Allgemeinheit algebraisch abgeschlossen voraussetzen. Dann muss aber das offene Unterschema $Y^*_{n_o} \subset Y_{n_o}$ der invertierbaren Elemente von Y_{n_o} die Punkte von Y_{n_o} sämtliche enthalten, weil $G(k)$ endlich ist. Wir setzen nun $Y_{n_o} = [U,V]$. Es gilt nun der folgende

<u>Satz</u>: Seien $G', G'' \subset G$ drei infinitesimale, algebraische Gruppen über dem Grundkörper k positiver Charakteristik. Wir setzen voraus, dass $[G, G' \cap G''] \subset G'$ oder $[G, G' \cap G''] \subset G''$ gilt. Dann befinden sich die Gruppen G' und G'' in G in guter Position. Die obige Bedingung ist immer erfüllt, wenn es einen Normalteiler in G gibt, der $G' \cap G''$ umfasst und unter G' oder G'' liegt. Ist insbesondere G'' ein Normalteiler von G, so erhält man für einen endlichdimensionalen $H(G')$-Modul N in N funktorielle, $A \underset{k}{\otimes} H(G'')$-lineare Isomorphismen:

$$A \underset{C_{l,r}}{\otimes} \operatorname{Hom}_{H(G')}(H(G),N) \xrightarrow[A \underset{k}{\otimes} H(G'')]{\sim} F_j\,(A \underset{k}{\otimes} \operatorname{Hom}_{H(G' \cap G'')}(H(G'),N))$$

$$A \underset{C_{r,l}}{\otimes} (H(G) \underset{H(G')}{\otimes} N) \xrightarrow[A \underset{k}{\otimes} H(G'')]{\sim} F_{j^{-1}}(A \underset{k}{\otimes} (H(G'') \underset{H(G' \cap G'')}{\otimes} N))$$

<u>Beweis</u>: Sei $[G, G' \cap G''] \subset G''$. Hieraus erhält man zunächst $j^{-1}(G'_A \cap G''_A)\, j \subset G''_A$. Wegen $j^{-1}(G'_A \cap G''_A) j \subset j^{-1} G'_A j$ ergibt sich die Inklusion $j^{-1}(G'_A \cap G''_A) j \subset G''_A \cap j^{-1} G'_A j$. Zusammen

mit der Ungleichung (vergl. 8.8.)

$$\dim_k \mathcal{O}_A(j^{-1}(G'_A \cap G''_A)\cdot j) = \dim_k \mathcal{O}_A(G'_A \cap G''_A) \geq \dim_k \mathcal{O}_A(G''_A \cap j^{-1} G'_A j)$$

liefert dies schliesslich die Gleichung :

$j^{-1}(G'_A \cap G''_A)j = G''_A \cap j^{-1} G'_A j$. Damit $G'_A \cap G''_A = (G' \cap G'')_A$ auch $j^{-1}(G'_A \cap G''_A)j$ lokal-frei, von endlichem Range über A sein muss, befinden sich G' und G'' in G in guter Position. Entsprechend argumentiert man im Falle, dass $[G, G' \cap G''] \subset G'$ gilt.

Die zweite Behauptung des Satzes ist unmittelbar klar. Zum Beweis der letzten Behauptung bezeichnen wir mit $\mathrm{int}(j) : H(G''_A) \xrightarrow{\sim} H(G''_A)$ den A-Algebrenautomorphismus:

$$\mathrm{int}(j)(h'') = j\cdot h''\cdot j^{-1} \quad \forall h'' \in H(G''_A)$$

Dann induziert $\mathrm{Hom}_k(\mathrm{int}(j),N)$ einen $H(G''_A)$-linearen Isomorphismus:

$$\Psi: F_j(\mathrm{Hom}_{H(G'_A \cap G''_A)}(H(G''_A), A \otimes_k N) \xrightarrow{\sim} \mathrm{Hom}_{H(j^{-1}\cdot(G'_A \cap G''_A)\cdot j)}(H(G''_A), F_j(A \otimes_k N))$$

Zusammen mit dem kanonischen Isomorphismus in $H(G''_A) \xrightarrow{\sim} A \otimes_k H(G'')$-Moduln

$$A \otimes_k \mathrm{Hom}_{H(G' \cap G'')}(H(G''),N) \xrightarrow{\sim} \mathrm{Hom}_{A \otimes_k H(G' \cap G'')}(A \otimes_k H(G''), A \otimes_k N)$$

ergibt sich hieraus mit Hilfe von 8.4. der Isomorphismus 1). Entsprechend wird der Isomorphismus 2) abgeleitet.

<u>8.10. Satz</u>: Sei L eine glatte, zusammenhängende, algebraische Gruppe über dem algebraisch abgeschlossenen Grundkörper k . Mit $G', G'' \subset G \subset L$ seien drei endliche, algebraische Untergruppen von L bezeichnet. Gilt dann für alle $g \in L(k)$ die Gleichung $\dim_k (G' \cap G'') = \dim_k (G'' \cap g^{-1} G' g)$ so befinden sich G' und G'' in guter Position.

Beweis: Wir betrachten unter Benutzung der Identifizierung $ME/L \xrightarrow{\sim} M_L E \xrightarrow{\sim} M_{\mathcal{O}_k(L)} E$ den L-Gruppenfunktor D, welcher durch die Gleichung

$$D(R,g) = G''_R \cap g^{-1} G'_R g \subset G_R \quad \forall g \in L(R), R \in M_k$$

gegeben wird. Offenbar ist D eine endliche, algebraische Gruppe über L. Da $D \underset{L}{\pi} G$ bei der Identifizierung $ME/G \xrightarrow{\sim} M_G E \xrightarrow{\sim} M_A E$ in den A-Gruppenfunktor $G''_A \cap j^{-1} \cdot G'_A \cdot j$ übergeht, genügt es offenbar nachzuweisen, dass D lokal-frei über L ist. Nun muss aber die endliche L-Gruppe D zunächst in einer Umgebung des generischen Punktes von L lokal-frei, von endlichem Rang n sein. Da die rationalen Punkte in L dicht liegen, erhalten wir aus der Voraussetzung die Gleichung $n = \dim_k \mathcal{O}(G' \cap G'')$. Dann muss aber für jeden rationalen Punkt $g \in L(k)$ die endliche, algebraische Gruppe $D \underset{L}{\pi} Sp\mathcal{O}_{L,g}$ lokal-frei vom Rang n über $Sp\mathcal{O}_{L,g}$ sein (siehe [7], chap.II, §3, n°2, proposition 7). Hieraus folgt aber wiederum aus der Bemerkung, dass die rationalen Punkte in L dicht liegen, dass D lokal-frei vom Rang n über L sein muss.

§ 9. Filtrierungen auf induzierten Moduln

9.1. Wir kehren nun zu der in 7.1. geschilderten Situation zurück und betrachten über einem Grundkörper k positiver Charakteristik p zwei endliche algebraische Gruppen $G' \subset G$, wobei wir jetzt zusätzlich fordern, daß das Restklassenschema G/G' infinitesimal ist. Wir setzen wieder $\mathcal{O}(G) = A$, $\mathcal{O}(G') = A'$ sowie $B_r = A^{G'}$. Den Kern der von der Inklusion $G' \subset G$ induzierten kanonischen Surjektion $A = \mathcal{O}(G) \longrightarrow \mathcal{O}(G') = A'$ bezeichnen wir mit J und setzen für $J \cap B_r$ abkürzend I_r. Dann ist bekanntlich $J = I_r . A$ (siehe [10] , chap. III, § 2., 3.2). Da B_r eine lokale k-Algebra sein soll, muß I_r und damit auch J nilpotent sein. Wir betrachten nun die durch die Potenzen von J auf A gegebene J-adische Filtrierung:
$A \supset J \supset J^2 \dots J^i \supset J^{i+1} \dots J^n = o$. Die nun folgenden Eigenschaften der J-adischen Filtrierung auf A sind sämtlich in [12] , exposé VII_B, n^o5 im allgemeineren Zusammenhang der formalen Gruppen abgeleitet worden. Da aber die vorliegende Arbeit wesentlich auf den in loc.cit. entwickelten Gedanken beruht, sollen einige, für uns besonders wichtige der dort auftretenden Resultate in dem von uns betrachteten Spezialfall noch einmal kurz erläutert werden. Für die ausführlichen Beweise sei der Leser auf [12] verwiesen.

9.2. Ist V ein (endlich-dimensionaler) k-Vektorraum mit

einer absteigenden Filtrierung

$V = V_o \supset V_1 \supset \; .. \; V_i \supset V_{i+1} \; .. \; V_n = o$, so versehen wir

$V^t = \mathrm{Hom}_k(V,k)$ mit einer aufsteigenden Filtrierung:

$o \subset (V^t)_o = (V_1)^{\perp} \ldots (V^t)_{i-1} = (V_i)^{\perp} \subset (V^t)_i = (V_{i+1})^{\perp}$

$\ldots (V^t)_{n-1} = (V_n)^{\perp} = V$

Sind V und W zwei absteigend (bzw. aufsteigend) gefilterte (endlich-dimensionale) Vektorräume, so machen wir $V \otimes_k W$ zu einem absteigend (bzw. aufsteigend) gefilterten Vektorraum durch die Gleichung:

$$(V \otimes_k W)_n = \sum_{i+j=n} V_i \otimes_k W_j$$

Nun ergibt sich zunächst aus [12] , exposé VII_B, n° 5, daß A versehen mit seiner J-adischen Filtrierung eine absteigend gefilterte Bigebra ist. Das heißt, A ist eine absteigend gefilterte Algebra derart, daß die Komultiplikation $\Delta_A : A \longrightarrow A \otimes_k A$ und die Kosymmetrie $S_A : A \longrightarrow A$ Morphismen gefilterter Vektorräume sind. Dann ist aber $H = H(G) = A^t$ versehen mit seiner von der J-adischen Filtrierung auf A induzierten aufsteigenden Filtrierung

$$H(G)_n = \left\{ \mu \in H(G) \;\middle|\; \int f.d\mu = o \;\; \forall f \in J^{n+1} \right\}$$

eine (aufsteigend) gefilterte Hopfalgebra. Das heißt, H ist eine aufsteigend gefilterte Algebra derart, daß die Diagonalabbildung $\Delta_H : H \longrightarrow H \otimes H$ und der Antipodismus $s_H : H \longrightarrow H$ Morphismen in gefilterten Vektorräumen sind. Dies ergibt sich aus den entsprechenden Aussagen über die gefilterte Bigebra A zusammen mit der Bemerkung, daß die kanonische, bijektive, lineare Abbildung

$$i : H \otimes_k H = A^t \otimes_k A^t \xrightarrow{\sim} (A \otimes A)^t$$

ein Isomorphismus in gefilterten Vektorräumen ist.

In der Tat: Identifizieren wir den k-Vektorraum $A^t \underset{k}{\otimes} A^t$ über die k-lineare Bijektion i mit dem k-Vektorraum $(A \underset{k}{\otimes} A)^t$, so erhalten wir auf $H \underset{k}{\otimes} H = A^t \underset{k}{\otimes} A^t$ zwei Filtrierungen, von denen die eine durch die Gleichung:

a) $$(H \underset{k}{\otimes} H)_n = \sum_{i+j=n} H_i \underset{k}{\otimes} H_j = \sum_{i+j=n} (H_i \underset{k}{\otimes} H \cap H \underset{k}{\otimes} H_j)$$
$$= \sum_{i+j=n} (J^{i+1\perp} \underset{k}{\otimes} A^t \cap A^t \underset{k}{\otimes} J^{j+1\perp}) = \sum_{i+j=n} ((J^{i+1} \underset{k}{\otimes} A)^\perp$$
$$\cap (A \otimes J^{j+1})^\perp) = \sum_{i+j=n} ((J^{i+1} \underset{k}{\otimes} A + A \underset{k}{\otimes} J^{j+1})^\perp)$$
$$= (\bigcap_{i+j=n} (J^{i+1} \underset{k}{\otimes} A + A \underset{k}{\otimes} J^{j+1}))^\perp$$

und die andere durch die Gleichung:

b) $$((A \underset{k}{\otimes} A)^t)_n = (\sum_{i'+j'=n+1} J^{i'} \underset{k}{\otimes} J^{j'})^\perp$$

gegeben wird. Nun ergibt sich aber die Gleichung

c) $$\bigcap_{i+j=n} (J^{i+1} \underset{k}{\otimes} A + A \underset{k}{\otimes} J^{j+1}) = \sum_{i'+j'=n+1} J^{i'} \underset{k}{\otimes} J^{j'}$$

nach einem Vorschlage von P. Gabriel sofort aus der Bemerkung, daß der von den beiden Ketten

$$A \underset{k}{\otimes} A \supset A \underset{k}{\otimes} J \supset A \underset{k}{\otimes} J^2 \ldots A \underset{k}{\otimes} J^i \supset A \underset{k}{\otimes} J^{i+1} \ldots A \underset{k}{\otimes} J^n = 0$$

und

$$A \underset{k}{\otimes} A \supset J \underset{k}{\otimes} A \supset J^2 \underset{k}{\otimes} A \ldots J^i \underset{k}{\otimes} A \supset J^{i+1} \underset{k}{\otimes} A \ldots J^n \underset{k}{\otimes} A = 0$$

im Verband der Untervektorräume von $A \underset{k}{\otimes} A$ erzeugte modulare Teilverband notwendig distributiv sein muß.

9.3. Wir betrachten nun die graduierte Algebra

$$gr_J (A) = A/J \oplus J/J^2 \ldots \oplus J^i/J^{i+1} \ldots \oplus J^{n-1}$$

welche der J-adisch gefilterten Algebra assoziiert ist.

Wie in [12] , exposé VII_B, n° 5 gezeigt wird, führt der Funktor gr (?) Tensorprodukte gefilterter Vektorräume in Tensorprodukte graduierter Vektorräume über und infolgedessen trägt $gr_J(A)$ sogar die Struktur einer graduierten Bigebra. Dabei ergibt sich insbesondere, daß sowohl die kanonische Inklusion $i : A/J \longrightarrow gr_J(A)$ als auch die kanonische Projektion $p : gr_J(A) \longrightarrow A/J$, welche durch die Gleichung

$$p(\bar{a}) = \bar{a} \quad \forall \bar{a} \in A/J \text{ und } p(\bar{b}) = o \quad \forall \bar{b} \in J^i/J^{i+1},\ i>o$$

beschrieben wird, Bigebren‿morphismen sind. Bezeichnen wir nun mit $\bar{G} = Sp_k(gr_J(A))$ den von der Bigebra $gr_J(A)$ dargestellten k-Gruppenfunktor, so induziert infolgedessen die Inklusion $i : A/J \longrightarrow gr_J(A)$ einen (Garben)-Epimorphismus zwischen endlichen, algebraischen k-Gruppen

$$Sp_k(i) : \bar{G} = Sp_k(gr_J(A)) \longrightarrow Sp_k(A/J) \xrightarrow{\sim} G' ,$$

dessen Kern wir mit N bezeichnen wollen. Entsprechend liefert die Surjektion $p : gr_J(A) \longrightarrow A/J$ einen Monomorphismus zwischen endlichen, algebraischen k-Gruppen:

$$Sp_k(p) : G' \xrightarrow{\sim} Sp_k\ (A/J) \hookrightarrow Sp_k(gr_J(A)) = \bar{G},$$

über den wir G' als Untergruppe von $\bar{G}$ auffassen können. Da offenbar $Sp_k(i)$ eine Retraktion von $Sp_k(p)$ ist, erhalten wir einen Isomorphismus in endlichen, algebraischen k-Gruppen:

$$h : [N] \amalg G' \xrightarrow{\sim} \bar{G},$$

welcher durch $h((n,g')) = n.g' \quad \forall\ n \in N,\ g' \in G'$ gegeben wird. Dabei soll $[N] \amalg G'$ das semidirekte Produkt von G' mit N bezeichnen, das bezüglich der Operation von G' auf N durch innere Automorphismen zu bilden ist. Für die von uns ins Auge gefaßten Anwendungen ist nun besonders die Kenntnis der (Links-)Operation von $G' \amalg G'^{op}$ auf $\overline{G}$ wichtig, die durch die Gleichung

$$(g'_1, g'_2) \cdot g = g'_1 \cdot g \cdot g'_2 \quad \forall g \in \overline{G},\ g'_1, g'_2 \in G'$$

beschrieben wird. Bezeichnen wir mit

$$r : \overline{G} \longrightarrow \overline{G} \tilde{/} G'$$

die kanonische Projektion, so ergibt sich aus den voraufgegangenen Bemerkungen, daß der Morphismus in endlichen, algebraischen k-Schemata

$$l : \overline{G} \longrightarrow \overline{G} \tilde{/} G' \amalg G'$$

welcher durch $l(g) = (r(g), Sp_k(i)(g)) \ \forall g \in \overline{G}$ gegeben wird, ein Isomorphismus sein muß. Der Isomorphismus l wird sogar zu einem Isomorphismus in Schemata mit $G' \amalg G'^{op}$-(Links-)Operation, wenn wir die Gruppe $G' \amalg G'^{op}$ von links auf $\overline{G} \tilde{/} G' \amalg G'$ vermöge der Vorschrift:

$$(g'_1, g'_2) \cdot (x, g'_3) = (g'_1 \cdot x, g'_1 \cdot g'_3 \cdot g'_2)$$

$$\forall \quad g'_1, g'_2, g'_3 \in G',\ x \in \overline{G} \tilde{/} G'$$

operieren lassen. Damit ist die Untersuchung des $G' \amalg G'^{op}$-Schemas $\overline{G}$ zurückgeführt auf die Untersuchung des Restklassenschemas $\overline{G} \tilde{/} G'$ und der auf ihm gegebenen kanonischen Operation von G' durch Linkstranslationen. Um das G'-Schema $\overline{G} \tilde{/} G'$ etwas genauer zu beschreiben, betrachten wir zunächst das exakte Diagramm:

1) $\quad B_r \longrightarrow A \underset{incl_1}{\overset{q \circ \Delta_A}{\rightrightarrows}} A \underset{k}{\otimes} A/J$

wo $q : A \longrightarrow A/J$ die kanonische Projektion bedeuten möge. Aus der Tatsache, daß A treuflach über B_r ist, folgt nun wegen $J^n = A \cdot I_r^{\sim}$ zusammen mit [7] , chap I, § 3, n° 5, proposition 10 die Gleichung $J^n \cap B_r = I_r^{\sim}$

Damit erhalten wir aus 1) durch Übergang zu den assoziierten, graduierten Algebren das exakte Diagramm

2) $\quad gr_{I_r}(B_r) \longrightarrow gr_J(A) \underset{incl_1}{\overset{p\circ\Delta'}{\rightrightarrows}} gr_J(A) \underset{k}{\otimes} A/J$

wo

$$\Delta' : gr_J(A) \xrightarrow{gr(\Delta_A)} gr(A \underset{k}{\otimes} A) \xrightarrow{\sim} gr_J(A) \underset{k}{\otimes} gr_J(A)$$

die Komultiplikation der Bigebra $gr_J(A)$ bedeuten soll und $gr_{I_r}(B_r)$ durch

$$gr_{I_r}(B_r) = k \oplus I_r/I_r^2 \cdots \oplus I_r^i/I_r^{i+1} \cdots \oplus I_r^{n-1}$$

gegeben wird. Damit haben wir aber einen Isomorphismus in endlichen, algebraischen k-Schemata erhalten:

$$\overline{G}\tilde{/}G' \xrightarrow{\sim} Sp_k(gr_{I_r}(B_r))$$

Nun induziert die Operation von G' auf $\overline{G}$ durch Links- bzw. Rechtstranslationen auf der Funktionenalgebra $\mathcal{O}_k(\overline{G}) \xrightarrow{\sim} Gr_J(A)$ eine Links- bzw. Rechtsoperation, welche durch die Gleichung

$$g'\overline{f} = \overline{g'.f} \quad \text{bzw.} \quad \overline{f}.g' = \overline{f.g'} \quad \forall g' \in G',\ f \in J^i,\ i \geq 0$$

beschrieben wird, wobei mit $\overline{f}$, $\overline{g'.f}$ bzw. $\overline{f.g'}$ die Restklassen von f,g'.f bzw. f.g' in J^i/J^{i+1} bezeichnet seien. Infolgedessen wird bei der obigen Identifizierung die Linksoperation von G' auf $\mathcal{O}_k(\overline{G}\tilde{/}G') \xrightarrow{\sim} Gr_J(A)^{G'} \xrightarrow{\sim} gr_{I_r}(B_r)$ gegeben durch die Gleichung:

$$g'.\overline{f} = \overline{g'.f} \qquad \forall g' \in G',\ f \in I_r^i,\ i \geq 0$$

wobei wieder $\overline{f}$ bzw. $\overline{g'.f}$ die Restklassen von f bzw. g'.f in I_r^i/I_r^{i+1} bezeichnen sollen.

<u>9.4.</u> Da der Morphismus in endlichen, algebraischen k-Schemata

$$1 : G \longrightarrow \overline{G}\tilde{/}G' \sqcap G'$$

von 9.3. ein Isomorphismus ist, muß der von ihm induzierte Morphismus in graduierten Algebren

$$\mathfrak{O}_k(1) : gr_{I_+}(B_r) \underset{k}{\otimes} A/J \longrightarrow gr_J(A)$$

mit

$$\mathfrak{O}_k(1)\,(\bar{b} \underset{k}{\otimes} \bar{a}) = \bar{b}\,.\,\bar{a} \qquad \forall\, \bar{b} \in gr_{I_+}(B_r), \bar{a} \in A/J$$

bejektiv sein. Der Morphismus $\mathfrak{O}_k(1)$ ist wegen 9.3. sogar in $G'\pi G'^{op}$ linear, wenn wir $gr_{I_+}(B_r) \underset{k}{\otimes} A/J$ und $Gr_J(A)$ mit denjenigen $G'\pi G'^{op}$-(Links-)Operationen ausrüsten, die von den in 9.3. definierten $G'\pi G'^{op}$-(Links-)Operationen auf $\tilde{\overline{G}}/G'\pi G'$ und $\overline{G}$ induziert werden. Durch Dualisieren erhalten wir aus $\mathfrak{O}_k(1)$ einen in $G'\pi G'^{op}$ linearen Isomorphismus in graduierten Vektorräumen:

$$H(\overline{G}) = (gr_J(A))^t \xrightarrow{\sim} (gr_{I_+}(B_r))^t \underset{k}{\otimes} H(G'),$$

der über dies ein Isomorphismus in A/J-Moduln ist. Bezeichnen wir nun die der gefilterten Hopfalgebra H(G) (siehe 9.2.) assoziierte, graduierte Hopfalgebra mit $gr_{G'}H(G)$, so ergibt sich aus der Bemerkung, daß sowohl der Funktor gr(?) als auch der Funktor$?^t$ Tensorprodukte in Tensorprodukte überführen, ein Isomorphismus in graduierten Hopfalgebren:

$$gr_{G'}H(G) = gr(A^t) \xrightarrow{\sim} (gr_J(A))^t = H(\overline{G})$$

Wegen seines funktoriellen Charakters ist dieser Isomorphismus sowohl in A/J als auch in $G'\pi G'^{op}$ linear. Bezeichnen wir nun das Augmentationsideal von H(G') mit L', so erhalten wir aus dem Diagramm 1) von 9.3. durch Dualisieren einen Isomorphismus in gefilterten Vektorräumen, der überdies in G linear ist:

$$H(G)/H(G)L' \xrightarrow{\sim} (B_r)^t$$

wenn wir die Filtrierung auf H(G)/H(G)L' durch die Gleichung

$$(H(G)/H(G)L')_n = (H(G)_n + H(G)L')/H(G)L' \subset H(G)/H(G)L'$$

definieren. Zusammen mit dem Diagramm 2) aus 9.3. erhalten wir hieraus einen Isomorphismus in graduierten Vektorräumen, der überdies linear in G' ist:

$$gr(H(G)/H(G)L') \xrightarrow{\sim} gr((B_r)^t) \xrightarrow{\sim} (gr_{I_r}(B_r))^t \xrightarrow{\sim} gr_{G'}H(G)/gr_{G'}H(G).L'$$

Zusammenfassend erhalten wir schließlich einen Isomorphismus in A/J-Moduln mit verschränkter $G' \sqcap G'^{op}$-Operation, der überdies die Graduierungen respektiert:

1) $gr_{G'}H(G) \xrightarrow{\sim} gr(H(G)/H(G)L') \otimes_k H(G')$

Dabei wird die A/J-Modulstruktur zusammen mit der $G' \sqcap G'^{op}$-Operation auf $gr_{G'}H(G)$ durch die folgenden Gleichungen beschrieben:

$$\bar{f}.\bar{h} = \overline{f.h},\ (g_1',g_2').\bar{h} = \overline{g_1'.h.g_2'}\ \forall g_1',g_2' \in G',\ f \in A, h \in H(G)_n$$

wobei wie üblich $\bar{f}$ die Restklasse von f in A/J und $\bar{h}$, $\overline{fh}$, $\overline{g_1'.h.g_2'}$ die Restklassen von h, f.h, $g_1'.h.g_2'$ in $H(G)_n / H(G)_{n-1}$ bedeuten sollen.

Entsprechend wird A/J-Modulstruktur auf $gr(H(G)/H(G)L') \otimes_k H(G')$ durch die folgenden Gleichungen beschrieben:

$$\bar{f}.(n \otimes h') = n \otimes_k \bar{f}.h' \quad , \quad (g_1',g_2').(n \otimes h')$$
$$= g_1'.n \otimes_k g_1'h'g_2' \quad \forall n \in gr(H(G)/H(G)L'), h' \in H(G')$$
$$\bar{f} \in A/J,\ g_1',\ g_2' \in G'$$

Ein wichtiger Spezialfall der obigen Situation ist gegeben, wenn G' ein Normalteiler von G ist. In diesem

Falle ist $H(G)/H(G)L' \xrightarrow{\sim} H(\tilde{G/G'})$. Außerdem ist jetzt die Linksoperation von G' auf H(G)/H(G)L' und damit auch auf gr(H(G)/H(G)L') trivial. Schließlich erhalten wir aus dem Gruppenisomorphismus:

$$\bar{G} \xrightarrow{\sim} \bar{G}/G' \prod G'$$

einen Isomorphismus in graduierten Hopfalgebren:

2) $$\mathrm{gr}_{G'} H(G) \xrightarrow{\sim} \mathrm{gr}_{e_k} H(\tilde{G/G'}) \otimes_k H(G')$$

<u>9.5</u>. Wir kehren nun zu der in 9.2. definierten, aufsteigenden Filtrierung durch H(G')-Bimoduln auf H(G) zurück, welche durch die Untergruppe $G' \subset G$ induziert wird. Nun lehrt der Isomorphismus 1) von 9.4., daß die H(G')-Rechtsmoduln $H(G)_n$ bzw $H(G)/H(G)_n$ sämtlich frei sein müssen. Insbesondere zerfallen daher alle exakten Sequenzen in H(G')-Rechtsmoduln

$$0 \longrightarrow H(G)_n \longrightarrow H(G) \longrightarrow H(G)/H(G)_n \longrightarrow 0$$

Ist nun N ein H(G')-Linksmodul, so ergibt sich hieraus, daß die kanonische Abbildung in H(G')-Linksmoduln

$$i : H(G)_n \otimes_{H(G')} N \longrightarrow H(G) \otimes_{H(G')} N$$

injektiv ist, sodaß wir $H(G)_n \otimes_{H(G')} N$ über i als H(G')-Teilmodul von $H(G) \otimes_{H(G')} N$ auffassen können. Damit erhalten wir auf $H(G) \otimes_{H(G')} N$ eine aufsteigende Filtrierung in H(G')-Teilmoduln, indem wir setzen:

$$(H(G) \otimes_{H(G')} N)_n = H(G)_n \otimes_{H(G')} N$$

Diese Filtrierung wollen wir in Zukunft die kanonische Filtrierung des induzierten Moduls $H(G) \otimes_{H(G')} N$ nennen.

9.6. Bevor wir die wichtigsten Eigenschaften der kanonischen Filtrierung auf $H(G) \underset{H(G')}{\otimes} N$ in den nachfolgenden Satz zusammenfassen, sei noch die folgende Verabredung getroffen: Sind V und W zwei H(G')-Linksmoduln, so machen wir den k-Vektorraum $V \underset{k}{\otimes} W$ zu einem H(G')-Linksmodul, indem wir G' auf $V \underset{k}{\otimes} W$ vermöge der Vorschrift:

$$g'.(v \underset{k}{\otimes} w) = g'v \underset{k}{\otimes} g'w \qquad \forall\ v \in V,\ w \in W,\ g' \in G'$$

operieren lassen. Weiterhin sei noch daran erinnert, daß der induzierte Modul $H(G) \underset{H(G')}{\otimes} N$ eine B_r-Modulstruktur trägt (siehe 7.1.). Dabei gilt offenbar die Gleichung:

$$g(b.m) = gb.gm \qquad \forall\ b \in B_r,\ m \in H(G) \underset{H(G')}{\otimes} N,\ g \in G$$

Satz: Seien $G' \subset G$ zwei endliche, algebraische Gruppen über dem Grundkörper k positiver Charakteristik p derart, daß das Restklassenschema $G\tilde{/}G'$ infinitesimal ist. Mit N sei ein H(G')-Modul bezeichnet. Dann gilt für die kanonische Filtrierung auf dem H(G')-Modul $H(G) \underset{H(G')}{\otimes} N$ (siehe 9.5.):

$$(H(G) \underset{H(G')}{\otimes} N)_n = \left\{ v \in H(G) \underset{H(G')}{\otimes} N \;\middle|\; fv = o\ \forall f \in I_r^{n+1} \right\}$$

Außerdem gibt es in N funktorielle, H(G')-lineare Isomorphismen:

$$(H \underset{H'}{\otimes} N)_n / (H \underset{H'}{\otimes} N)_{n-1} \xrightarrow[H(G')]{\sim} (H_n + H\cdot L')/(H_{n-1} + H\cdot L') \underset{k}{\otimes} N$$

Dabei haben wir abkürzend H = H(G) sowie H' = H(G') gesetzt, während $L' \subset H(G')$ wie in 9.4. das Augmentationsideal von H(G') bedeuten soll. Ist G' ein Normalteiler von G, so besitzt der H(G')-Modul $H(G) \underset{H(G')}{\otimes} N$ eine Kompositionsreihe, deren Quotienten sämtlich zu dem H(G')-

Modul N isomorph sind.

<u>Beweis</u>: Wir bemerken zunächst, daß der H(G')-Rechtsmodul $H(G')_{H(G')}$ projektiv und injektiv ist, denn es gilt

$$H(G')_{H(G')} \xrightarrow[H(G')]{\sim} \mathcal{O}(G')_{H(G')}$$

(vergleiche hierzu: [20], [21], [26]). Dann sind aber wegen 9.5. auch die H(G')-Rechtsmoduln $H(G)_m$ sämtlich injektiv. Sei nun $f_1, f_2, \ldots f_q$ ein Erzeugendensystem des B_r-Ideals I_r^{n+1}. Natürlich ist $f_1, f_2 \ldots f_q$ auch ein Erzeugendensystem für das A-Ideal J^{n+1} (siehe 9.1). Betrachten wir nun die exakte Sequenz in H(G')-Rechtsmoduln

$$o \longrightarrow H(G)_n \xrightarrow{i} H(G) \xrightarrow{v} H(G)^q$$

wo i die Inklusion bedeuten möge und v durch die Gleichung

$$v(h) = (f_i \cdot h)_{1 \leq i \leq q} \qquad \forall h \in H(G)$$

gegeben wird, so liefert die voraufgegangene Bemerkung, daß sowohl die Inklusion $i : H(G)_n \longrightarrow H(G)$ als auch die Inklusion $j : v(H(G)) \longrightarrow H(G)^q$ Retraktionen besitzen müssen, die H(G')-rechtslinear sind, so daß schließlich auch die Sequenz in H(G')-Linksmoduln

$$O \longrightarrow H(G)_n \underset{H(G')}{\otimes} N \xrightarrow{i \underset{H(G')}{\otimes} N} H(G) \underset{H(G')}{\otimes} N \xrightarrow{v \underset{H(G')}{\otimes} N} (H(G) \underset{H(G')}{\otimes} N)^q$$

exakt wird, womit die erste Behauptung des Satzes bewiesen ist. Zum Beweis der zweiten Behauptung bemerken wir zunächst, daß alle exakten Sequenzen in H(G')-Rechtsmoduln

$$o \longrightarrow H(G)_{n-1} \longrightarrow H(G)_n \longrightarrow H(G)_n / H(G)_{n-1} \longrightarrow o$$

zerfallen müssen, weil wegen des Isomorphismus 1) von 9.4 die H(G')-Rechtsmoduln $H(G)_n \,/\, H(G)_{n-1}$ sämtlich frei sind. Hieraus erhalten wir aber mit H = H(G) und H' = H(G') die Isomorphismen in H(G')-Linksmoduln:

$$(H_n \underset{H'}{\otimes} N \,/\, H_{n-1} \underset{H'}{\otimes} N) \xrightarrow{\sim} (H_n/H_{n-1}) \underset{H'}{\otimes} N$$

$$\xrightarrow{\sim} (H_n + HL')/(H_{n-1} + HL') \underset{k}{\otimes} H' \underset{H'}{\otimes} N$$

$$\xrightarrow{\sim} (H_n + HL')/(H_{n-1} + HL') \underset{k}{\otimes} N$$

womit auch die zweite Behauptung des Satzes bewiesen ist. Die letzte Behauptung des Satzes ergibt sich schließlich aus der Bemerkung, daß für einen Normalteiler G' ⊂ G die Operation von G' auf $(H_n + HL')/(H_{n-1} + HL')$ trivial sein muß (siehe 9.4).

<u>9.7. Corollar</u>: Sei unter denselben Voraussetzungen wie in Satz 9.6. N ⊂ M ein H(G')-Teilmodul des endlich-dimensionalen H(G)-Moduls M. Ist nun G' ein Normalteiler von G, so besitzt der von N erzeugte H(G)-Teilmodul H(G).N ⊂ M aufgefaßt als H(G')-Modul dieselben Jordan-Hölder-Kompositionsfaktoren wie der H(G')-Modul N.

<u>Beweis</u>: Der H(G)-Teilmodul H(G).N ⊂ M ist das Bild von $H(G) \underset{H(G')}{\otimes} N$ unter der kanonischen, H(G)-linearen Abbildung $H(G) \underset{H(G')}{\otimes} N \longrightarrow M$, die von der Inklusion $N \longrightarrow M$ induziert wird.

<u>9.8. Corollar</u>: Sei unter denselben Voraussetzungen wie in 9.6. M ein einfacher H(G)-Modul. Ist nun G' ein Normalteiler von G, so sind alle H(G')-Kompositionsfaktoren einer Jordan-Hölder-Kompositionsreihe des H(G')-Moduls M

untereinander isomorph.

Beweis: Sei N M ein einfacher H(G')-Teilmodul von M. Dann ist H(G).N = M

9.9. Corollar: Sei unter denselben Voraussetzungen wie in 9.6. N ein endlicher dimensionaler H(G')-Modul. Ist nun G' ein Normalteiler von G, so ist N genau dann stabil unter G, wenn die exakten Sequenzen in H(G')-Moduln

$$E_n : 0 \longrightarrow H_{n-1} \underset{H'}{\otimes} N \longrightarrow H_n \otimes N \longrightarrow (H_n/H_{n-1}) \underset{H'}{\otimes} N \longrightarrow 0$$

sämtlich zerfallen (Dabei soll wieder H = H(G) und H' = H(G') sein).

Beweis: Wenn alle exakten Sequenzen E_n in H(G')-Moduln zerfallen, muß die H(G')-lineare Inklusion

$N \xrightarrow{\sim} H_o \underset{H'}{\otimes} N \hookrightarrow H \underset{H'}{\otimes} N$ eine H(G')-lineare Retraktion

$r : H \underset{H'}{\otimes} N \longrightarrow N$ besitzen, und mithin muß N wegen 4.5 stabil unter G sein.

Ist umgekehrt N stabil unter G, so gibt es wegen 7.4. einen Isomorphismus in $B_r \underset{k}{\otimes}$ H(G')-Moduln:

$$H(G) \underset{H(G')}{\otimes} N \xrightarrow{\sim} B_r \underset{k}{\otimes} N$$

Hieraus ergibt sich nun sofort wegen der in 9.6. gegebenen Beschreibung der kanonischen Filtrierung auf $H(G) \underset{H(G')}{\otimes} N$, daß die exakten Sequenzen in H(G')-Moduln E_n sämtlich zerfallen müssen.

9.10. Beispiel: Wir kehren nun zu dem in 2.12 untersuchten Beispiel zurück und betrachten über einem Grundkörper k der Charakteristik 2 die infinitesimale, algebraische Gruppe ${}_2SL_F$ von der Höhe ≤ 1. Wir erinnern daran, daß die p-Liealgebra von ${}_2SL_F$ eine Basis (X, Y, H) besitzt, deren Elemente die folgenden Beziehungen erfüllen:

$$X^{[2]} = 0 = Y^{[2]}, \quad H^{[2]} = H, \quad [H,X] = 0 = [H,Y] \quad , \quad [X,Y] \quad = H.$$

Mit $N \subset {}_2SL_F$ sei derjenige abgeschlossene Normalteiler von ${}_2SL_F$ bezeichnet, dessen zugehöriges p-Lieideal die k-Basis (X,H) besitzt. Sei nun V der nichttriviale, indimensional N-Modul und W der zweidimensionale, einfache ${}_2SL_F$-Modul. Man überzeugt sich jetzt sofort davon, daß es eine H(N)-lineare, injektive Abbildung $i: V \to W$ gibt, durch welche W zu einer injektiven Hülle des H(N)-Moduls V wird. Andererseits induziert i eine $H({}_2SL_F)$-lineare Abbildung $H({}_2SL_F) \underset{H(N)}{\otimes} V \longrightarrow W$, die zunächst wegen der Einfachheit von W surjektiv und damit aus Ranggründen schließlich sogar bijektiv sein muß. Aus dem Isomorphismus in $H({}_2SL_F)$-Moduln $H({}_2SL_F) \underset{H(N)}{\otimes} V \xrightarrow{\sim} W$ ergibt sich insbesondere, daß die kanonische Filtrierung auf dem induzierten Modul $H({}_2SL_F) \underset{H(N)}{\otimes} V$ mit dessen aufsteigender H(N)-Loewyreihe übereinstimmt. Dieses Phänomen soll im nachfolgenden Satz genauer untersucht werden.

<u>9.11. Satz</u>: Seien $G'' \subset G' \subset G$ drei endliche, algebraische Gruppen über einem algebraisch abgeschlossenen Grundkörper k positiver Charakteristik p. Wir setzen voraus, daß G'' ein Normalteiler von G ist und daß $G'_{red} = G_{red}$ gilt. Weiterhin sei N ein endlich-dimensionaler G'-Modul, so daß der G''-Modul $_{[G'']}N$ halbeinfach, isotypisch vom Typ T ist und darüber hinaus die Bedingung $\mathrm{Stab}_G({}_{[G'']}N) = G'$ erfüllt.
Dann ist die in 9.5. definierte kanonische Filtrierung auf $H(G) \underset{H(G')}{\otimes} N$ aufgefaßt als Filtrierung in $H(G'')$-Moduln mit der aufsteigenden Loewyreihe des $H(G'')$-Moduls $H(G) \underset{H(G')}{\otimes} N$ identisch.

<u>Beweis</u>: Wegen 9.6. ist die Behauptung des Satzes gleichbedeutend mit der Aussage, daß die aufsteigende Loewyreihe des B_r-Moduls $H(G) \underset{H(G')}{\otimes} N$ mit der aufsteigenden Loewyreihe des $H(G'')$-Moduls $H(G) \underset{H(G')}{\otimes} N$ zusammenfällt.
Da mit N auch $M = N^t$ als $H(G'')$-Modul halbeinfach, isotypisch vom Typ $S = T^t$ ist und darüber hinaus auch noch $\mathrm{Stab}_G({}_{[G'']}M) = G'$ gilt, genügt es wegen des in H(G) linearen, bezüglich $s_A : B_r \longrightarrow B_1$ semilinearen Isomorphismus (siehe 6.2):

$$H(G) \underset{H(G')}{\otimes} N \xrightarrow{\sim} (\mathrm{Hom}_{H(G')}(H(G), N^t))^t$$

zu zeigen, daß unter den Voraussetzungen des Satzes die absteigende Loewyreihe des $H(G'')$-Moduls $\mathrm{Hom}_{H(G')}(H(G), M)$ übereinstimmt mit der absteigenden Loewyreihe des B_1-Moduls $\mathrm{Hom}_{H(G')}(H(G), M)$.

Sei nun $R'' = \mathrm{Rad}\,(H(G'')$ das Radikal der k-Algebra $H(G'')$.

Dann erhält man die absteigende $H(G'')$-Loewyreihe von

$\mathrm{Hom}_{H(G')}(H(G), M)$ in der Gestalt:

$$1)\ \mathrm{Hom}_{H(G')}(H(G), M) \supset R''.\mathrm{Hom}_{H(G')}(H(G), M) \supset \cdots$$

$$\cdots R''^{m}.\ \mathrm{Hom}_{H(G')}(H(G), M = 0$$

Wegen $G'_{red} = G_{red}$ ist das Restklassenschema $\widetilde{G'\backslash G}$ infinitesimal, und infolgedessen ist die Funktionenalgebra $\mathcal{O}_k(G'\tilde{\backslash} G) = B_1$ eine lokale k-Algebra mit maximalem Ideal $I_1 = B_1 \cap J$ (siehe 9.1. und 7.1.). Damit erhalten wir die absteigende B_1-Loewyreihe von $\mathrm{Hom}_{H(G')}(H(G), M)$ in der Gestalt:

$$2)\ \mathrm{Hom}_{H(G')}(H(G), M) \supset I_1.\ \mathrm{Hom}_{H(G')}(H(G), M) \supset \cdots I_{\ell}^{n}.\mathrm{Hom}_{H(G')}(H(G), M) = 0$$

Da die Operation von $H(G'')$ mit der Operation von B_1 auf $\mathrm{Hom}_{H(G')}(H(G), M)$ vertauscht, sind alle k-Vektorräume der Filtrierung 1) und der Filtrierung 2) $B_1 \otimes_k H(G'')$-Teilmoduln von $\mathrm{Hom}_{H(G')}(H(G), M)$. Man überzeugt sich nun sofort davon, daß der Funktor $A \otimes_{B_1} ?$ die Filtrierung 1) in die

absteigende $H(G'')$-Loewyreihe von $A \otimes_{B_1} (\mathrm{Hom}_{H(G')}(H(G), M))$

und die Filtrierung 2) in die absteigende B_1-Loewyreihe von $A \otimes_{B_1} (\mathrm{Hom}_{H(G')}(H(G), M))$ überführt. Da A ein endlich erzeugter, projektiver B_1-Modul ist, wird es wegen 7.3. genügen nachzuweisen, daß die absteigende $H(G'')$-Loewyreihe von $F_j(A \otimes_k M)$ mit der absteigenden B_1-Loewyreihe von $F_j(A \otimes_k M)$ zusammenfällt.

Dies ergibt sich aber unter Benutzung der in 7.1. und 9.1. eingeführten Bezeichnungen sofort aus dem nachfolgenden Lemma.

<u>9.12. Lemma</u>: Seien $G'' \subset G$ zwei endliche, algebraische Gruppen über dem algebraisch abgeschlossenen Grundkörper k positiver Charakteristik p derart, daß G'' ein Normalteiler von G ist. Weiterhin sei M ein endlichdimensionaler, halbeinfacher, isotypischer H(G'')-Modul vom Typ S, dessen Stabilisator $G' = \mathrm{Stab}_G(M)$ die Beziehung $G'_{red} = G_{red}$ erfüllt. Dann gilt mit den Bezeichnungen von 9.11 für jeden endlich erzeugten A-Modul W:

$$\mathrm{Rad}\,(H(G'')).F_j(W \otimes_k M) = J.F_j(W \otimes_k M) = F_j(J.W \otimes_k M)$$

<u>Beweis des Lemmas</u>: Da der Funktor $F_j(W \otimes_k ?)$ für jeden A-Modul W additiv ist, können wir wegen $\mathrm{Stab}_G(M) = \mathrm{Stab}_G(S)$ (siehe 2.2.) ohne Beschränkung der Allgemeinheit annehmen, daß M einfach ist, das heißt also, daß $M \xrightarrow{\sim} S$ gilt.

Ist nun $\varphi : A^n \longrightarrow W$ eine A-lineare Surjektion des freien A-Moduls A^n auf den A-Modul W, so ist $\varphi \otimes_k M : F_j(A^n \otimes_k M) \longrightarrow F_j(W \otimes_k M)$ eine $A \otimes_k H(G'')$-lineare Surjektion, durch welche infolgedessen das H(G'')-Radikal der linken Seite surjektiv auf das H(G'')-Radikal der rechten Seite und entsprechend das

B_1-Radikal der linken Seite surjektiv auf das B_1-Radikal der rechten Seite abgebildet wird. Daher können wir ohne Beschränkung der Allgemeinheit annehmen, daß $W = A^n$ ist. Wegen des Isomorphismus in $A \otimes_k H(G'')$-Moduln $F_j(A^n \otimes_k M) \xrightarrow{\sim} F_j(A \otimes_k M)^n$ können wir schließlich $W = A$ voraussetzen.

Da das Ideal $J \subset A$ die abgeschlossene Untergruppe $Stab_G(M) = G' \subset G$ definiert, erhalten wir einen Isomorphismus in $A/J \otimes_k H(G'')$-Moduln

$$\varrho : F_j.(A/J \otimes_k M) \xrightarrow{\sim} A/J \otimes_k M$$

Insbesondere muß also $F_j.(A/J \otimes_k M)$ ein halbeinfacher $H(G'')$-Modul sein. Wegen der Beziehung

$$F_j.(A \otimes_k M) \;/\; F_j(J \otimes_k M) \xrightarrow{\sim} F_j(A/J \otimes_k M)$$

erhalten wir damit schließlich die Inklusion:

$$Rad(H(G'')).F_j\;(A \otimes_k M) \subset \quad F_j\;(J \otimes_k M)$$

Um die umgekehrte Inklusion beweisen zu können, bemerken wir zunächst, daß $Rad(H(G'').F_j(A \otimes_k M)$ ein $A \otimes_k H(G'')$-Teilmodul von $F_j(A \otimes_k M)$ sein muß, da die Operation von A mit der Operation von $H(G'')$ auf $F_j(A \otimes_k M)$ vertauscht. Dann ist aber $Rad(H(G''))\cdot$ $.F_j(A \otimes_k M)$ von der Gestalt:

$$Rad(H(G'').F_j(A \otimes_k M) = F_j(P)$$

für einen geeigneten $A \otimes_k H(G'')$-Teilmodul $P \subset A \otimes_k M$.

Nun ist der Funktor $V \longmapsto V \otimes_k M$ aus der Kategorie der k-Vektorräume in die Kategorie der halbeinfachen, isotypischen $H(G'')$-Moduln vom Typ M eine Kategorienäquivalenz, so daß ein A-stabiler $H(G'')$-Teilmodul $P \subset A \otimes_k M$ nur von der Gestalt $P = L \otimes_k M$ für ein geeignetes Ideal $L \subset A$ sein kann. Zusammenfassend erhalten wir also die Beziehungen:

$$\mathrm{Rad}(H(G'')).F_j(A \otimes_k M) = F_j(L \otimes_k M) \text{ und } L \subset J \subset A$$

Um die Inklusion $L \supset J$ zu beweisen, betrachten wir zunächst den surjektiven Morphismus in $A/L \otimes_k H(G'')$-Moduln:

$$\psi : F_j(A/L \otimes_k M) \xrightarrow[p \otimes_k M]{} F_j(A/J \otimes_k M) \xrightarrow[\varsigma]{\sim} A/J \otimes_k M$$

wo $p : A/L \longrightarrow A/J$ die kanonische Projektion bezeichnen möge. Da nun $F_j(A/L \otimes_k M)$ ein halbeinfacher $H(G'')$-Modul ist, muß es eine $H(G'')$-lineare Abbildung

$$\sigma : M \longrightarrow F_j(A/L \otimes_k M)$$

geben derart, daß $\psi \circ \sigma = i$ gilt, wobei $i : M \rightarrow A/L \otimes_k M$ die kanonische Inklusion bezeichnen soll. Aus σ erhalten wir eine $A/L \otimes_k H(G'')$-lineare Abbildung

$$\tau : A/L \otimes_k M \longrightarrow F_j(A/L \otimes_k M) \text{ mit } \tau(\bar{f} \otimes_k m) = f.\sigma(m)$$

$$\forall \bar{f} \in A/L,\ m \in M$$

Nun ist aber offenbar $\psi \circ \tau = p \otimes_k M$. Da wegen $G'_{red} = G_{red}$ das Restklassenschema $\widetilde{G' \setminus G}$ infinitesimal ist, muß $I_\ell \subset B_\ell$ nilpotent sein. Damit sind aber auch die Ideale $J = I_\ell \cdot A$ und $J/L \subset A/L$ nilpotent. Aus der

Beziehung Ker $\psi = F_j(J/L \bigotimes_k M) = J/L \cdot F_j(A/L \bigotimes_k M)$ erhalten wir daher mit Hilfe des Nakayamalemmas, daß τ surjektiv sein muß. Aus Ranggründen ist τ sogar ein Isomorphismus. Da das Ideal $J \subset A$ die abgeschlossene Untergruppe $\mathrm{Stab}_G(M) = G' \subset G$ definiert, folgt hieraus die Inklusion $J \subset L$.

<u>9.13. Corollar</u>: Seien $G'' \subset G' \subset G$ drei endliche, algebraische Gruppen über dem algebraisch abgeschlossenen Grundkörper k positiver Charakteristik p derart, daß G'' ein Normalteiler von G ist. Weiterhin sei M ein endlich-dimensionaler $H(G')$-Modul, der als $H(G'')$-Modul halbeinfach, isotypisch vom Typ S ist und darüber hinaus die Bedingung $\mathrm{Stab}_G([G'] M) = G'$ erfüllt. Dann erhält man unter Verwendung eines Schnittes $\sigma : G(k)/G'(k) \longrightarrow G(k)$ für die kanonische Projektion $\pi : G(k) \longrightarrow G(k)/G'(k)$ den $H(G'')$-Sockel $S_{G''}(H(G) \bigotimes_{H(G')} M)$ des $H(G'')$-Moduls $H(G) \bigotimes_{H(G')} M$ zusammen mit seiner Zerlegung in seine isotypischen Komponenten in der folgenden Gestalt:

$$S_{G''}(H(G) \bigotimes_{H(G')} M) = \coprod_{\bar{g} \in G(k)/G'(k)} \delta(\sigma(g)) \bigotimes_{H(G')} M$$

<u>Beweis</u>: Wir setzen $G^* = G^o.G'$, $N = H(G^*) \bigotimes_k M$,

$H(G^*) = H^*$.

Da G^*/G' infinitesimal ist, erhalten wir wegen

$\mathrm{Stab}_G({}_{[G']}M) = \mathrm{Stab}_{G^*}({}_{[G']}M)$ aus 9.12:

1) $$S_{G''}(H(G^*) \underset{H(G')}{\otimes} M) = M \subset H(G^*) \underset{H(G')}{\otimes} M$$

Da andererseits die Familie $(\delta(\sigma(\bar{g})))_{\bar{g} \in G(k)/G'(k)}$

eine $H(G^*)$ Rechtsbasis von $H(G)$ ist, erhalten wir einen Isomorphismus in $H(G'')$-Moduln:

2) $$H \underset{H'}{\otimes} M \xrightarrow{\sim} H \underset{H^*}{\otimes} N = \coprod_{\bar{g} \in G(k)/G'(k)} \delta(\sigma(g)) \underset{H^*}{\otimes} N$$

mit $H = H(G)$ und $H' = H(G')$. Offenbar ist wegen 1) der $H(G'')$-Sockel des $H(G'')$-Moduls $\delta(\sigma(\bar{g})) \underset{H^*}{\otimes} N$ gerade $\delta(\sigma(\bar{g}) \underset{H^*}{\otimes} M$. Andererseits ergibt sich aus der Isomorphiebeziehung in $H(G'')$-Moduln:

$$\delta(\sigma(\bar{g})) \underset{H^*}{\otimes} T \xrightarrow[H(G'')]{\sim} \delta(\sigma(\bar{h})) \underset{H^*}{\otimes} T$$

sofort $\sigma(\bar{g}).\sigma(\bar{h})^{-1} \in \mathrm{Stab}_G(T)(k) = \mathrm{Stab}_G({}_{[G']}M)(k)$ $= G'(k)$ und damit schließlich $\bar{g} = \bar{h}$.

<u>9.14. Corollar</u>: Sei mit den Bezeichnungen und Voraussetzungen von 9.13. L ein endlich-dimensionaler $H(G)$-Modul und $M \subset L$ ein $H(G')$-Teilmodul derart, daß der $H(G'')$-Modul ${}_{[G']}M$ halbeinfach, isotypisch ist und darüber hinaus die Beziehung $\mathrm{Stab}_G({}_{[G']}M) = G'$ erfüllt. Dann ist die kanonische Abbildung:

$$j : H(G) \underset{H(G')}{\otimes} M \longrightarrow L$$

injektiv.

<u>Beweis</u>: Offenbar genügt es, die Injektivität von j auf dem $H(G'')$-Sockel von $H(G) \underset{H(G'')}{\otimes} M$ zu prüfen. Hierfür

wiederum ist es ausreichend nachzuweisen, daß j auf jeder isotypischen Komponente $\delta(\sigma(\bar{g})) \underset{H(G')}{\otimes} M$ von $S_{G''}(H(G) \underset{H(G')}{\otimes} M)$ injektiv ist. Dies folgt aber aus der Injektivität von j auf M.

III.

§ 10. Verschränkte Produkte

10.1. Sei k ein beliebiger Grundkörper. Wir werden über k gleichzeitig algebraische und formale Gruppen betrachten. Ist G eine algebraische k-Gruppe, so bezeichnen wir wie in [12] die Komplettierung von G mit $\widehat{G}$.
Allgemeiner werden wir die Einschränkung eines Funktors $X \in M_k E$ auf die Unterkategorie der endlich-dimensionalen, kommutativen k-Algebren Alf/k mit $\widehat{X}$ bezeichnen. Sind F_1, F_2 zwei kovariante, mengenwertige Funktoren auf der Kategorie der endlich dimensionalen, kommutativen k-Algebren Alf/k, so bezeichnen wir wie üblich mit $\mathrm{Alf}_k E$ (F_1, F_2) die Menge der Morphismen von F_1 nach F_2.
Ist G eine endliche, algebraische k-Gruppe (bzw. ein endliches, algebraisches k-Schema), so werden wir im folgenden häufig G mit $\widehat{G}$ mit Hilfe des Yonedalemmas identifizieren. Für einen k-Vektorraum M werden wir, wenn Mißverständnisse nicht zu befürchten sind, anstelle von $\widehat{\mathbb{V}_k(M)}$ häufig abkürzend einfach M schreiben.

Für eine formale k-Gruppe G definieren wir den k-Gruppenfunktor $\mathrm{Aut}_k(G)$ auf Alf/k - ähnlich wie im Falle algebraischer k-Gruppen - durch die Gleichung:

1) $Aut_k(G)(R)$ = "Automorphismengruppe der formalen R-Gruppe G_R" $\forall R \in Alf/k$

Sind $G' \subset G$ zwei formale k-Gruppen, so wird der k-Gruppenfunktor $Norm_G(G')$ auf Alf/k – ähnlich wie im Falle algebraischer k-Gruppen – durch die Gleichung:

2) $Norm_G(G')(R) = \{ g \in G(R) \mid g.G'_R.g^{-1} = G'_R \; \forall \; R \in Alf/k \}$

beschrieben. Man überzeugt sich nun leicht davon, daß die beiden k-Gruppenfunktoren 1) und 2) auf Alf/k linksexakt und damit formale k-Gruppen sind (siehe [12], exposé VII_B, 0.4.2).
Für eine k-Algebra A bezeichnen wir den k-Gruppenfunktor der Einheiten von A auf M_k mit A^* und entsprechend die formale k-Gruppe der Einheiten von A mit $\widehat{A^*}$.
Ist A eine endlich-dimensionale k-Algebra, so ist A bekanntlich eine affine algebraische k-Gruppe.
Ist $f : A \longrightarrow B$ ein Homomorphismus in k-Algebren, so bezeichnen wir mit $f^* : A^* \longrightarrow B^*$ bzw. $\widehat{f^*} : \widehat{A^*} \longrightarrow \widehat{B^*}$ die von f induzierten Homomorphismen in den zugehörigen k-Gruppenfunktoren auf M_k bzw. Alf/k.
Wenn Mißverständnisse nicht zu befürchten sind, werden wir anstelle von f^* bzw. $\widehat{f^*}$ häufig abkürzend f schreiben.

Ist A eine k-Algebra, so verwenden wir für den k-Gruppenfunktor der Automorphismen von A auf M_k die Bezeichnung $Aut_k(A)$ und entsprechend für die formale k-Gruppe der Automorphismen von A die Bezeichnung $\widehat{Aut_k(A)}$.

Ist A eine endlich-dimensionale k-Algebra, so ist $Aut_k(A)$ bekanntlich eine affine, algebraische k-Gruppe. Sei schließlich $Aut_k(A^*)$ der k-Gruppenfunktor der Automorphismen der algebraischen k-Gruppe A^* auf M_k. Offenbar gibt es nun kanonische Homomorphismen in k-Gruppenfunktoren:

$$i_a : Aut_k(A) \longrightarrow Aut_k(A^*); \; i_f : \widehat{Aut_k(A)} \longrightarrow Aut_k(\widehat{A^*})$$

$$j : \widehat{Aut_k(A^*)} \longrightarrow Aut_k(\widehat{A^*})$$

Wir bemerken nun zunächst, daß j ein Monomorphismus ist. In der Tat hat man für zwei Morphismen $d_1, d_2 : X \rightrightarrows Y$ in algebraischen l-Schemata mit $l \in Alf/k$ die folgenden Äquivalenzen:

$$\hat{d}_1 = \hat{d}_2 \Leftrightarrow Ker(\hat{d}_1, \hat{d}_2) = \widehat{Ker(d_1, d_2)} = \hat{X} \Leftrightarrow Ker(d_1,d_2) = X \Leftrightarrow d_1 = d_2 .$$

Andererseits ist auch i_a ein Monomorphismus. Dies folgt aus der Bemerkung, daß die Inklusion in affinen, algebraischen k-Schemata $A^* \longrightarrow \mathbb{V}_k(A)$ eine offene Immersion ist und mithin A^* - im schematheoretischen Sinne - dicht in $\mathbb{V}_k(A)$ liegt.

Damit ist schließlich auch i_f ein Monomorphismus wegen der Gleichung $i_f = j \circ \widehat{i_a}$.

Sei nun G eine algebraische k-Gruppe, die auf A vermöge des Homomorphismus in k-Gruppenfunktoren $\wp : G \longrightarrow Aut_k(A^*)$ von links durch Gruppenautomorphismen

operiert. Wir sagen in dieser Situation, G operiere durch k-Algebrenautomorphismen auf A^*, wenn φ über einen - eindeutig bestimmten - Homomorphismus in algebraischen k-Gruppen $v : G \longrightarrow \mathrm{Aut}_k(A)$ faktorisiert: $\varphi = i_a \circ v$.
Für eine formale k-Gruppe G, die vermöge des Homomorphismus $\psi: G \longrightarrow \mathrm{Aut}_k(\widehat{A^*})$ von links auf $\widehat{A^*}$ operiert, sagen wir entsprechend, G operiere durch k-Algebrenautomorphismen auf $\widehat{A^*}$, wenn ein - eindeutig bestimmter - Homomorphismus $w : G \longrightarrow \widehat{\mathrm{Aut}_k(A)}$ existiert derart, daß $\psi = i_f \circ w$ gilt.
Sind nun $B \subset A$ zwei endlich-dimensionale k-Algebren und ist $G \subset A^*$ eine algebraische Untergruppe von A^* derart, daß $B^* \subset G \subset \mathrm{Norm}_{A^*}(B^*)$ gilt, so ist die kanonische Operation von G auf dem Normalteiler $B^* \subset G$ durch innere Automorphismen eine Operation G auf B^* durch k-Algebrenautomorphismen. In der Tat braucht man sich hierfür nur zu überlegen, daß bei der Operation von G auf A durch innere Automorphismen mit B^* auch B unter G in sich abgebildet wird. Dies folgt wieder aus der Bemerkung, daß B^* in $\mathbb{V}_k(B)$ dicht liegt. Eine entsprechende Aussage gilt natürlich auch im Falle, daß $G \subset \widehat{A^*}$ eine formale Untergruppe von $\widehat{A^*}$ mit $\widehat{B^*} \subset G \subset \mathrm{Norm}_{\widehat{A^*}}(\widehat{B^*})$ ist.
Für $R \in \mathrm{Alf}/k$ und $g \in A^*(R)$ hat man jetzt mit $A \otimes_k R = A_R$ und $B \otimes_k R = B_R$ nämlich die Äquivalenzen:

$$g.\widehat{B_R^*}.g^{-1} = \widehat{g.B_R^* \, g^{-1}} = \widehat{B_R^*} \iff g.B_R^* \, g^{-1} = B_R^*$$

$$\iff \qquad g.B_R \, g^{-1} = B_R$$

<u>10.2.:</u> Für eine endlich-dimensionale k-Algebra l betrachten wir nun die Kategorie $\widehat{EALG/l}$, deren Objekte Paare (A,G) sind bestehend aus einer endlich-dimensionalen k-Algebrenerweiterung $l \subset A$ und einer formalen Untergruppe $G \subset \widehat{A^*}$ derart, daß $\widehat{l^*} \subset G \subset Norm_{\widehat{A^*}}(\widehat{l^*})$ gilt. Unter einem Morphismus $f : (A,G) \longrightarrow (B,H)$ in $\widehat{EALG/l}$ verstehen wir einen k-Algebrenhomomorphismus $f : A \longrightarrow B$ mit $f|_l = id_l$ und $\widehat{f^*}(G) \subset H$.

Daneben betrachten wir die Kategorie $\widehat{EGR/l^*}$, deren Objekte aus den formalen Gruppenerweiterungen G von $\widehat{l^*}$ bestehen, welche die folgenden drei Bedingungen erfüllen:

1) $\widehat{l^*}$ ist ein Normalteiler von G

2) $G/\widehat{l^*}$ ist endlich

3) Die kanonische Operation ist: $G \longrightarrow Aut_k(\widehat{l^*})$, welche durch $int(g)(v) = g \cdot v \cdot g^{-1}$
$\forall g \in G(R),\ v \in \widehat{l^*}(R),\ R \in Alf/k$
gegeben wird, ist eine Operation von G auf $\widehat{l^*}$ durch k-Algebrenautomorphismen (10.1.).

Unter einem Morphismus $h : G \longrightarrow H$ aus $\widehat{EGR/l^*}$ verstehen wir einen Homomorphismus in formalen k-Gruppen $h : G \longrightarrow H$ mit $h|_{\widehat{l^*}} = id_{\widehat{l^*}}$.

Offenbar erhält man einen Funktor $\hat{R} : \widehat{EALG/l} \longrightarrow \widehat{EGR/l^*}$, indem man $\hat{R}((A,G)) = G$ setzt. Es gilt nun das folgende

Lemma: Der Funktor $\widehat{R} : \widehat{EALG/1} \longrightarrow \widehat{EGR/1^*}$ besitzt einen volltreuen linksadjungierten Funktor $\widehat{L} : \widehat{EGR/1^*} \longrightarrow \widehat{EALG/1}$.

Beweis: Sei $G \in \widehat{EGR/1^*}$ gegeben. Sei $\delta : \widehat{1^*} \longrightarrow H(\widehat{1^*})$ die kanonische Einbettung von $\widehat{1^*}$ in die k-Algebra $H(\widehat{1^*})$ (genauer: in die formale Einheitengruppe von $H(\widehat{1^*})$). Wegen der universellen Eigenschaft von $H(\widehat{1^*})$ (siehe [12], exposé VII_B, $n^o 2$, proposition 2.3.2) gibt es genau einen k-Algebrenhomomorphismus $\pi : H(\widehat{1^*}) \longrightarrow 1$ mit $\widehat{\pi^*} \circ \delta = id_{\widehat{1^*}}$, wobei $\widehat{\pi^*}$ den von π in den formalen Einheitengruppen induzierten Morphismus bezeichnen möge. Dieser k-Algebrenhomomorphismus π ist sicher surjektiv, denn sein Bild ist ein Untervektorraum von 1 und enthält $\widehat{1^*}$ und damit 1 (siehe 10.1.). Wir bezeichnen mit J den Kern von π und bilden in der k-Algebrenerweiterung $H(\widehat{1^*}) \subset H(G)$ das zweiseitige Ideal $K = H(G).J.H(G)$. Setzen wir nun $\widehat{L}(G) = H(G)/K$, so genügt es wegen der universellen Eigenschaft von H(G) nachzuweisen, daß die kanonischen Morphismen

$$H(\widehat{1^*})/J \xrightarrow{\sim} 1 \longrightarrow H(G)/K \text{ sowie } G \longrightarrow \widehat{(H(G)/K)^*}$$

Mono-
Morphismen sind.

Da $\widehat{1^*}$ ein Normalteiler von G ist, operiert G auf $\widehat{1^*}$ und damit auf $H(\widehat{1^*})$ durch innere Automorphismen. Wir zeigen zunächst, daß $J \subset H(\widehat{1^*})$ unter dieser G-Operation stabil ist. Da wegen der Bedingung 3) ein Homomorphismus $w : G \longrightarrow \widehat{Aut_k(1)}$ mit $int = i_f \circ w$ existieren muß, ist für jedes $R \in Alf/k$, $g \in G(R)$ das untenstehende Diagramm kommutativ:

$$\begin{array}{ccccc}
\widehat{1}^*_R & \xrightarrow{\delta_R} & H(\widehat{1}^*_R) & \xrightarrow{\widetilde{\pi}_R} & 1_R \\
\Big\downarrow{\scriptstyle int(g)} & & & & \Big\downarrow{\scriptstyle w(g)} \\
\widehat{1}^*_R & \xrightarrow{\delta_R} & H(\widehat{1}^*_R) & \xrightarrow{\widetilde{\pi}_R} & 1_R
\end{array}$$

Bezeichnen wir nun den durch int(g) auf $H(\widehat{1}^*_R)$ induzierten Automorphismus der Einfachheit halber wieder mit int(g), so muß wegen der universellen Eigenschaft von $H(\widehat{1}^*_R)$ auch das nachfolgende Diagramm kommutativ sein:

$$\begin{array}{ccc}
H(\widehat{1}^*) & \xrightarrow{\widetilde{\pi}_R} & 1_R \\
\Big\downarrow{\scriptstyle int(g)} & & \Big\downarrow{\scriptstyle w(g)} \\
H(\widehat{1}^*) & \xrightarrow{\widetilde{\pi}_R} & 1_R
\end{array}$$

Dies bedeutet aber gerade $int(g)(J_R) = J_R$.
Hieraus ergibt sich nun die Beziehung $J.H(G) = K = H(G).J$, denn die Unteralgebra $S \subset H(G)$, welche durch die Gleichung

$$S = \{\, h \in H(G) \mid h.J \subset J.H(G) \,\}$$

gegeben wird, enthält wegen der voraufgegangenen Bemerkung G und fällt infolgedessen mit H(G) zusammen.
Da andererseits die Bildung von $\widehat{L}(G)$ mit Grundkörperer-

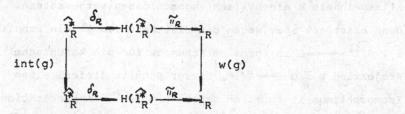

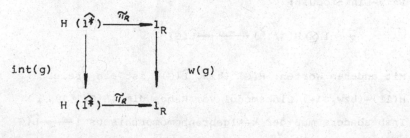

weiterungen vertauscht, können wir ohne Beschränkung der Allgemeinheit k algebraisch abgeschlossen voraussetzen. Dann existiert aber wegen der Glattheit von l^* ein Schnitt $s : G/\widetilde{\widehat{l^*}} \longrightarrow G$ in formalen Schemata für die kanonische Projektion $p : G \longrightarrow G/\widetilde{\widehat{l^*}}$. Dieser Schnitt liefert einen Isomorphismus in formalen Schemata mit $\widehat{l^*}$ -Linksoperation $t : \widehat{l^*} \amalg G/\widetilde{\widehat{l^*}} \xrightarrow{\sim} G$ mit $t(n,\overline{g}) = n.s(\overline{g})\ \forall n \in \widehat{l^*}, g \in G/\widetilde{\widehat{l^*}}$. Durch Übergang zu den Cogebren erhalten wir aus t einen Isomorphismus in $H(\widehat{l^*})$-Linksmoduln:

$$\tau : H(\widehat{l^*}) \underset{k}{\otimes} H(G/\widetilde{\widehat{l^*}}) \xrightarrow{\sim} H(G).$$

Wegen $K = J.H(G)$ erhalten wir aus τ einen Isomorphismus $\overline{\tau}$ in l-Linksmoduln:

$$\overline{\tau} : l \underset{k}{\otimes} H(G/\widetilde{\widehat{l^*}}) \xrightarrow{\sim} \hat{L}(G)$$

Mit anderen Worten: H(G) (bzw. $\hat{L}(G)$) ist ein freier $H(\widehat{l^*})$-(bzw. l-) Linksmodul vom Range $\dim_k(H(G/\widetilde{\widehat{l^*}}))$. Insbesondere muß der k-Algebrenhomomorphismus $l \longrightarrow \hat{L}(G)$ injektiv sein, denn sein Kern ist der Annihilator des l-Linksmoduls $\hat{L}(G)$.

Es bleibt nachzuweisen, daß der Homomorphismus $G \longrightarrow \widehat{L(G)^*}$ ein Monomorphismus ist. Sei nun $Q \subset \hat{L}(G)$ das (garbentheoretische) Bild von $G \subset H(G)$ unter der kanonischen Projektion $q : H(G) \longrightarrow \hat{L}(G)$. Es muß gezeigt werden, daß die von dem k-Algebrenhomomorphismus q induzierte Abbildung in formalen k-Gruppen $q : G \longrightarrow Q$ ein Isomorphismus ist. Da der k-Algebrenhomomorphismus $l \longrightarrow \hat{L}(G)$ injektiv ist, muß $q_{|\widehat{l^*}}$ injektiv sein, so daß es genügen wird zu zeigen, daß der induzierte Morphismus

$q : \widetilde{G/\hat{1}^*} \longrightarrow \widetilde{Q/q(\hat{1}^*)}$ ein Isomorphismus ist. Hierfür genügt es offenbar nachzuweisen, daß $\dim_k(H(\widetilde{G/\hat{1}^*})$ $= \dim_k H(\widetilde{Q/q(\hat{1}^*)})$ gilt. In der Tat ergibt sich nun aber aus dem k-Algebrenisomorphismus

$$H(G)/J.H(G) \xrightarrow{\sim} H(Q)/J.H(Q) \xrightarrow{\sim} \hat{L}(G)$$

zusammen mit den voraufgegangenen Bemerkungen (angewendet auf G und Q) die Dimensionsgleichung:

$$\dim_k 1.\dim_k H(\widetilde{G/\hat{1}^*}) = \dim_k 1.\dim_k H(\widetilde{Q/q(\hat{1}^*)}).$$

<u>Notation:</u> Für $G \in \widehat{EGR}/\hat{1}^*$ setzen wir $\overline{G} = \widetilde{G/\hat{1}^*}$ und $\hat{L}(G) = \overline{G} \underset{k,G}{\otimes} 1.$

<u>10.3. Bemerkung</u>: Der Beweis von Lemma 10.2. läßt sich zu einer "konstruktiven" Beschreibung verschränkter Produkte mit Hilfe von "Faktorensystem" verwenden, die wir hier kurz skizzieren wollen, um den Zusammenhang mit der klassischen Situation herzustellen. Hierzu normieren wir den Schnitt $s : \overline{G} \longrightarrow G$ zunächst derart, daß s das Einselement der Gruppe $\overline{G}(k)$ auf das Einselement der Gruppe G(k) abbildet und definieren sodann mit Hilfe von s die beiden Morphismen in formalen k-Schemata

1) $a : \overline{G} \sqcap \overline{G} \longrightarrow \hat{1}^*$ mit $a(g,h) = s(\overline{g}).s(\overline{h}).s(\overline{g}.\overline{h})^{-1}$ $\forall \overline{g},\overline{h} \in \overline{G}$

und

2) $v : \overline{G} \xrightarrow[s]{} G \xrightarrow[\omega]{} \widehat{Aut_k(1)}$

wobei $w : G \to \widehat{Aut_k(1)}$ den in 10.2. eingeführten Morphismus in formalen k-Gruppen bezeichnen soll. Dem Morphismus a entspricht ein Morphismus in Cogebren:

1*) $\alpha : H(\overline{G}) \otimes_k H(\overline{G}) \longrightarrow H(\widehat{1^*})$

während v durch die k-lineare Abbildung

2*) $\nu : H(\overline{G}) \otimes_k 1 \longrightarrow 1$

beschrieben wird. Wir setzen nun noch abkürzend

$$\nu(u \otimes n) = u(n) \qquad \forall\ u \in H(\overline{G}),\ n \in 1$$

sowie

$$\pi(\alpha(u \otimes v)) = \overline{\alpha}(u,v) \quad \forall\ u,v \in H(\overline{G}),$$

wobei wieder $\pi : H(\widehat{1^*}) \longrightarrow 1$ der surjektive Algebrenhomomorphismus aus 10.2. sein soll. Identifizieren wir nun den k-Vektorraum $1 \otimes_k H(\overline{G})$ über den Isomorphismus $\overline{\tau}$ aus 10.2. mit dem k-Vektorraum $\hat{L}(G)$, so kann man die Algebrenmultiplikation auf $\hat{L}(G)$ durch die folgenden vier Gleichungen beschreiben:

1) $(n \otimes 1).(1 \otimes u) = n \otimes u$

2) $(n \otimes 1).(m \otimes 1) = n.m \otimes 1$

3) $(1 \otimes u).(1 \otimes v) = \sum_{i,j} \overline{\alpha}(u_{1_i}, v_{1_j}) \otimes u_{2_i} v_{2_j}$

4) $(1 \otimes u).(n \otimes 1) = \sum_i u_{1_i}(n) \otimes u_{2_i}$

mit $\Delta(u) = \sum_i u_{1_i} \otimes u_{2_i}$, $\Delta(v) = \sum_j v_{1_j} \otimes v_{2_j}$

$\forall\ u,v \in H(\overline{G}),\ n,m \in 1.$

Dabei soll $\Delta : H(\overline{G}) \longrightarrow H(\overline{G}) \underset{k}{\otimes} H(\overline{G})$ wieder die Diagonalabbildung der Hopfalgebra $H(\overline{G})$ bezeichnen. Wir bemerken noch, daß sich die Gleichung 3) im Falle eines Schnittes $s : \overline{G} \longrightarrow G$, der bereits ein Homomorphismus in formalen k-Gruppen ist, zu der Gleichung

3') $(1 \otimes u).(1 \otimes v) = 1 \otimes u.v \quad \forall\ u,v \in H(\overline{G})$ vereinfacht. Zum Beweis der obigen Formeln bemerken wir zunächst, daß durch die Gleichungen 1)-4) eine k-lineare Abbildung

$$m' : 1 \underset{k}{\otimes} H(\overline{G}) \underset{k}{\otimes} 1 \underset{k}{\otimes} H(\overline{G}) \longrightarrow 1 \underset{k}{\otimes} H(\overline{G})$$

definiert wird, von der zu zeigen ist, daß sie bei der Identifizierung $\overline{\tau}$ aus 10.2. mit der durch die Multiplikation auf $\hat{L}(G)$ induzierten k-linearen Abbildung

$$m : \hat{L}(G) \underset{k}{\otimes} \hat{L}(G) \longrightarrow \hat{L}(G)$$

zusammenfällt. Bezeichnen wir wieder mit $q : H(G) \longrightarrow \hat{L}(G)$ die kanonische Projektion, so genügt es offenbar unter Benutzung der Identifizierung $\overline{\tau}$ die Gleichung

$$m \circ (q \underset{k}{\otimes} q) = m' \circ (q \underset{k}{\otimes} q)$$

zu verifizieren. Nun gibt es aber für jeden k-Vektorraum M und jede formale k-Gruppe G einen in M und G funktoriellen Isomorphismus:

$$\mathrm{Alf}_k E \quad (G, \widehat{\mathbb{V}_k(M)}) \xrightarrow{\sim} \mathrm{Hom}_k(H(G), M)$$

wobei der linke Term die Menge der Morphismen des formalen k-Schemas G in das formale k-Schema $\widehat{W_k(M)}$ bezeichnen möge. Wegen der Identifizierung $H(G) \otimes H(G) \xleftarrow{\sim} H(G \amalg G)$ wird es daher genügen, die Gleichheit der beiden linearen Abbildungen $m \circ (q \underset{k}{\otimes} q)$ und $m' \circ (q \underset{k}{\otimes} q)$ auf $G \amalg G \hookrightarrow H(G) \underset{k}{\otimes} H(G)$ zu testen.

Dies liefert unter Berücksichtigung der Formel

$$\bar{\tau}(n \otimes \bar{g}) = n.s(\bar{g}) \quad \forall \quad n \in \widehat{1^*},\ \bar{g} \in \bar{G}$$

aus den Gleichungen 3) und 4) die Beziehungen:

3*) $s(\bar{g}).s(\bar{h}) = a(\bar{g},\bar{h}).s(\bar{g}.\bar{h}) \quad \forall \quad \bar{g},\bar{h} \in \bar{G}$

4*) $s(\bar{g}).n = s(\bar{g}).n.s(\bar{g})^{-1}.s(\bar{g}) \quad \forall \quad \bar{g} \in \bar{G},\ n \in \widehat{1^*}$

Entsprechend argumentiert man in den Fällen 1) und 2).

<u>10.4. Beispiel</u>: Sei $G = [\widehat{1^*}] \amalg N$ ein semidirektes Produkt von $\widehat{1^*}$ mit einer infinitesimalen, endlichen Gruppe N der Höhe ≤ 1 derart, daß N auf $\widehat{1^*}$ durch k-Algebrenautomorphismen operiert. Setzen wir wieder abkürzend

$$\gamma(d \underset{k}{\otimes} n) = d(n) \qquad \forall \quad d \in Lie(N) \subset H(N),\ n \in 1$$

so können wir $\hat{L}(G)$ als eine k-Algebrenerweiterung $1 \subset \hat{L}(G)$ beschreiben zusammen mit einer k-linearen Inklusion $j: Lie(N) \hookrightarrow \hat{L}(G)$ derart, daß die folgenden Bedingungen erfüllt sind:

1) Die Inklusion $j : Lie(N) \hookrightarrow \hat{L}(G)$ ist ein Homomorphismus in p-Liealgebren, wenn man die k-Algebra $\hat{L}(G)$ mit

ihrer kanonischen p-Liealgebrenstruktur versieht.

2) Ist $(d_i)_{1 \leq i \leq r}$ eine k-Basis von Lie(N), so bilden die Potenzprodukte $\prod_{1 \leq i \leq r} d_i^{s_i}$, $o \leq s_i < p$ eine l-Linksbasis von $\hat{L}(G)$.

3) Es gilt: $d_i.n-n.d_i = d_i(n) \quad \forall\, n \in l,\ 1 \leq i \leq r$.

<u>10.5.</u> Wir wollen nun die in 10.2. geschilderte Situation noch etwas genauer untersuchen. Zu diesem Zweck betrachten wir zunächst die Kategorie EALG/l, deren Objekte Paare (A,G) sind bestehend aus einer endlichdimensionalen k-Algebrenerweiterung $l \subset A$ sowie einer algebraischen Untergruppe $G \subset A$ derart, daß $l^* \subset G \subset \mathrm{Norm}_{A^*}(l^*)$ gilt. Unter einem Morphismus $f : (A,G) \longrightarrow (B,H)$ aus EALG/l verstehen wir einen Homomorphismus $f : A \longrightarrow B$ in k-Algebren mit $\widetilde{f^*(G)} \subset H$. Daneben betrachten wir die Kategorie EGR/l^*, deren Objekte aus den algebraischen k-Gruppenerweiterungen G von l^* bestehen, welche die drei folgenden Bedingungen erfüllen:

1) Die Untergruppe l^* ist ein Normalteiler von G

2) Die Restklassengruppe $\widetilde{G/l^*}$ ist endlich

3) Die kanonische Operation $\mathrm{int} : G \longrightarrow \mathrm{Aut}_k(l^*)$, welche durch $\mathrm{int}(g)(n) = g.n.g^{-1} \quad \forall\, g \in G,\ n \in l^*$ gegeben wird, ist eine Operation von G auf l^* durch k-Algebrenautomorphismen.

Unter einem Morphismus $h : G \longrightarrow H$ aus EGR/l^* verstehen wir einen Homomorphismus in algebraischen k-Gruppen $h : G \longrightarrow H$ mit $h|_{l^*} = id_{l^*}$

Offenbar erhalten wir wieder einen Funktor $R : EALG/l \longrightarrow EGR/l^*$, indem wir $R((A,G)) = G$ setzen.

Weiterhin betrachten wir die Funktoren $F_1 : EALG/l \longrightarrow \widehat{EALG/l}$ und $F_2 : EGR/l^* \longrightarrow \widehat{EGR/l^*}$, welche durch $F_1((A,G)) = (A,\hat{G})$ bzw. $F_2(G) = \hat{G}$ gegeben werden. Es gilt nun das folgende

Lemma: Die Funktoren $F_1 : EALG/l \longrightarrow \widehat{EALG/l}$ und $F_2 : EGR/l^* \longrightarrow \widehat{EGR/l^*}$ sind Kategorienäquivalenzen.

Beweis: Wir stellen zunächst einige Bemerkungen zusammen, die wir im nachfolgenden Beweis benutzen werden.

1) Seien $X_1, X_2 \subset X$ zwei abgeschlossene Teilschemata des algebraischen T-Schemas X für $T \in Alf/k$. Dann gilt:
$X_1 = X_2 \Leftrightarrow \hat{X}_1 = \hat{X}_2$.
In der Tat: Sind $I_1, I_2 \subset \mathcal{O}_X$ die kohärenten Ideale, welche X_1 bzw. X_2 in X definieren, und bezeichnen wir mit $|X|_{max}$ die Menge der abgeschlossenen Punkte von X, so gelten die Äquivalenzen:

$$X_1 = X_2 \Leftrightarrow I_1 = I_2 \Leftrightarrow I_{1,x} = I_{2,x} \quad \forall\, x \in |X|_{max}$$

$$= I_{1,x} \cdot \hat{\mathcal{O}}_{X,x} = I_{2,x} \hat{\mathcal{O}}_{X,x} \quad \forall\, x \in |X|_{max}$$

$\Leftrightarrow \hat{X}_1 = \hat{X}_2$ ([7], chap II, § 3, n°3 proposition 10 und [7], chap III, § 3, n° 5, proposition 9 sowie [10], chap I, § 3, 6.5.)

2) Unter den Voraussetzungen von 1) gilt: $X_1 \subset X_2$ $\Leftrightarrow$ $\hat{X}_1 \subset \hat{X}_2$.

In der Tat hat man wegen 1) die Äquivalenzen:

$$X_1 \subset X_2 \Leftrightarrow X_1 \cap X_2 = X_1 \Leftrightarrow \widehat{X_1 \cap X_2} = \hat{X}_1 \cap \hat{X}_2 = \hat{X}_1 \Leftrightarrow \hat{X}_1 \subset \hat{X}_2.$$

3) Seien $d_1, d_2 : X \rightrightarrows Y$ zwei Morphismen in algebraischen T-Schemata. Dann gilt: $d_1 = d_2 \Leftrightarrow \hat{d}_1 = \hat{d}_2$.

Aus $\hat{d}_1 = \hat{d}_2$ folgt nämlich, daß d_1 und d_2 auf der Menge der abgeschlossenen Punkte von X übereinstimmen, sodaß infolgedessen $Ker(d_1,d_2)$ ein abgeschlossenes Unterschema von X ist. Wegen 1) erhält man die Äquivalenzen:

$$d_1 = d_2 \Leftrightarrow Ker(d_1,d_2) = X \Leftrightarrow \widehat{Ker(d_1,d_2)} = Ker(\hat{d}_1,\hat{d}_2) = \hat{X} \Leftrightarrow \hat{d}_1 = \hat{d}_2$$

4) Seien $G' \subset G$ zwei algebraische Gruppen über dem Grundkörper k. Dann gilt: $\widehat{Norm_G(G')} = Norm_{\hat{G}}(\hat{G'})$.

In der Tat: Für $T \in Alf/k$ und $g \in G(T) = \hat{G}(T)$ hat man die folgenden Äquivalenzen:

$$g \in Norm_{\hat{G}}(\hat{G'})(T) \Leftrightarrow g.\hat{G'}_T.g^{-1} = \widehat{g.G'_T.g^{-1}} = \hat{G'}_T \Leftrightarrow g.G'_T.g^{-1} = G'_T \Leftrightarrow g \in Norm_G(G')(T) = \widehat{Norm_G(G')}(T).$$

Wir wenden uns nun dem Funktor F_1 zu. Wegen Bemerkung 3) ist F_1 treu. Seien nun (A,G), (B,H) zwei Objekte der Kategorie EALG/1 und $f : (A,\hat{G}) \longrightarrow (B,\hat{H})$ ein Morphismus aus $\widehat{EALG/1}$. Wegen Bemerkung 2) hat man die folgenden Implikationen:

$\widehat{f^*}(\widehat{G}) \subset \widehat{H} \Leftrightarrow \widehat{f^*}^{-1}(\widehat{H}) = \widehat{f^{*-1}(H)} \supset \widehat{G} \Leftrightarrow f^{*-1}(H) \supset G$

$\Leftrightarrow f^*(G) \subset H.$

Mit anderen Worten: F_1 ist volltreu. Um zu zeigen, daß F_1 auch quasisurjektiv ist, genügt es offenbar, die folgende Aussage zu verifizieren:

Sei $l \subset A$ eine endlich-dimensionale k-Algebrenerweiterung von l. Dann induziert der Funktor $\widehat{?}$ einen Isomorphismus von der geordneten Menge der algebraischen Untergruppen $G \subset A^*$, welche die beiden Bedingungen

1) $l^* \subset G \subset \mathrm{Norm}_{A^*}(l^*)$ und 2) $\dim_k \mathcal{O}(G/\widetilde{l^*}) < \infty$

erfüllen, auf die geordnete Menge der formalen Untergruppen $H \subset \widehat{A^*}$, welche die beiden Bedingungen:

1') $\widehat{l^*} \subset H \subset \mathrm{Norm}_{\widehat{A^*}}(\widehat{l^*})$ und 2') $\dim_k \mathcal{O}(H/\widetilde{\widehat{l^*}}) < \infty$

erfüllen.

Wegen $\mathrm{Norm}_{\widehat{A^*}}(\widehat{l^*})/\widetilde{\widehat{l^*}} = \widehat{\mathrm{Norm}_{A^*}(l^*)/\widetilde{l^*}} = \widehat{\mathrm{Norm}_{A^*}(l^*)/\widetilde{l^*}}$ genügt es nun aber für $G = \mathrm{Norm}_{A^*}(l^*)/\widetilde{l^*}$, die folgende Aussage zu beweisen:

Ist G eine algebraische k-Gruppe, so induziert der Funktor $\widehat{?}$ einen Isomorphismus der geordneten Menge der endlichen Untergruppen von G auf die geordnete Menge der endlichen Untergruppen von $\widehat{G}$.

In der Tat: Da der Funktor $\widehat{G}$ die Einschränkung des Funktors G auf die volle Unterkategorie $\mathrm{Alf}/k \subset M_k$ ist, erhalten wir für jede endliche algebraische k-Gruppe E aufgrund des Yonedalemmas einen kanonischen Isomorphismus, der von dem Funktor $\hat{?}$ induziert wird:

$$Gr(E,G) \longrightarrow Gr(\hat{E},\hat{G})$$

(siehe [7], chap II, § 1, 1.7.). Da der Funktor $\hat{?}$ mit der Bildung von Kernen vertauscht, entsprechen bei dieser Identifizierung die Monomorphismen der linken Seite umkehrbar eindeutig den Monomorphismen der rechten Seite. Damit ist gezeigt, daß F_1 eine Kategorienäquivalenz ist. Wir betrachten nun den Funktor F_2. Wegen Bemerkung 3) ist F_2 treu. Um zu zeigen, daß F_2 quasisurjektiv ist, gehen wir aus von dem nachfolgenden Diagramm in Kategorien und Funktoren:

$$\begin{array}{ccc} \widehat{EGR/1^*} & \xleftarrow{\hat{R}} & \widehat{EALG/1} \\ {\scriptstyle F_2}\uparrow & & \uparrow{\scriptstyle F_1} \\ EGR/1^* & \xleftarrow{R} & EALG/1 \end{array}$$

Offenbar genügt es nun zu zeigen, daß $F_2 \circ R$ quasisurjektiv ist. Dies ist aber gleichbedeutend damit, daß $\hat{R}$ quasisurjektiv ist, denn es gilt $F_2 \circ R \xrightarrow{\sim} \hat{R} \circ F_1$ und F_1 ist eine Kategorienäquivalenz. Die Quasisurjektivität von $\hat{R}$ ergibt sich schließlich aus der Tatsache, daß es wegen 10.2. zu jedem Objekt $G \in \widehat{EGR/1^*}$ einen in G funktoriellen Isomorphismus $G \xrightarrow{\sim} \hat{R}(\hat{L}(G))$ gibt.

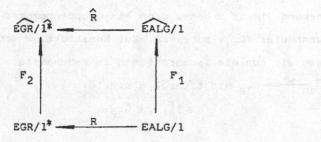

Es bleibt zu zeigen, daß F_2 volltreu ist. Zu diesem Zwecke beweisen wir zunächst die folgende Aussage:

Seien G_1, G_2 zwei Objekte aus $EGR/1^*_k$ und sei $u : \hat{G}_{1R} \longrightarrow \hat{G}_{2R}$ ein Homomorphismus zwischen formalen R-Gruppen für $R \in Alf/k$ derart, daß $u|_{\hat{1}^*_R} = id_{\hat{1}^*_R}$ gilt. Dann gibt es einen Homomorphismus zwischen algebraischen R-Gruppen $v : G_{1R} \longrightarrow G_{2R}$ mit $\hat{v} = u$, wenn die kanonischen Projektionen $p_{1R} : G_{1R} \longrightarrow \overline{G}_{1R}$ und $p_{2R} : G_{2R} \longrightarrow \overline{G}_{2R}$ Schnitte in algebraischen R-Schemata $s_1 : \overline{G}_{1R} \longrightarrow G_{1R}$ und $s_2 : \overline{G}_{2R} \longrightarrow G_{2R}$ besitzen ($\overline{G}_{1R} = G_{1R}/\tilde{1}^*_R$, $\overline{G}_{2R} = G_{2R}/\tilde{1}^*_R$).

Zum Beweis dieser Behauptung bemerken wir zunächst, daß es genügen wird, einen Morphismus in algebraischen R-Schemata $v : G_{1R} \longrightarrow G_{2R}$ anzugeben mit $\hat{v} = u$, denn wegen Bemerkung 3) ist v genau dann ein Gruppenhomomorphismus, wenn dies für $\hat{v}$ zutrifft. Zur Konstruktion von v betrachten wir nun die Isomorphismen in R-Schemata:

$$t_1 : 1^*_R \sqcap \overline{G}_{1R} \xrightarrow{\sim} G_{1R} \text{ mit } t_1(n,\overline{g}) = n.s_1(\overline{g})$$
$$\forall n \in 1^*_R,\ \overline{g} \in \overline{G}_{1R}$$

sowie

$$t_2 : 1^*_R \sqcap \overline{G}_{2R} \xrightarrow{\sim} G_{2R} \text{ mit } t_2\,(n,\overline{g}) = n.s_2(\overline{g})$$
$$\forall n \in 1^*_R, \overline{g} \in \overline{G}_{2R}$$

Mit diesen Identifizierungen nimmt der Homomorphismus $u : \hat{G}_{1R} \longrightarrow \hat{G}_{2R}$ in formalen R-Gruppen die folgende Gestalt an:

$$u : \widehat{1^*_R} \sqcap \hat{\overline{G}}_{1R} \longrightarrow \widehat{1^*_R} \sqcap \hat{\overline{G}}_{2R} \text{ mit } u(n,\overline{g}) = (n.h(\overline{g}),\ \overline{u}(\overline{g}))$$
$$\forall n \in \widehat{1^*_R},\ \overline{g} \in \hat{\overline{G}}_{1R},$$

wobei $h : \hat{\overline{G}}_{1R} \longrightarrow \hat{1}^*_R$ ein Morphismus in formalen

R-Schemata ist und $\overline{u} : \hat{\hat{G}}_{1R} \longrightarrow \hat{\hat{G}}_{2R}$ den von u auf den Restklassengruppen induzierten Homomorphismus bezeichnen soll.

Wir bemerken nun noch, daß für ein endliches, algebraisches R-Schema E und einen beliebigen R-Funktor G die Komplettierung $\hat{?}$ wegen des Yonedalemmas eine Bijektion

$$M_R E\ (E,G) \xrightarrow{\sim} \mathrm{Alf}_R E(\hat{E},\hat{G})$$

von der Menge der Morphismen von E nach G auf die Menge der Morphismen von $\hat{E}$ nach $\hat{G}$ induziert. Zusammen mit der obigen Beschreibung von u liefert dies sofort, daß u von der Gestalt $u = \hat{v}$ für einen geeigneten Morphismus $v : G_{1R} \longrightarrow G_{2R}$ in algebraischen R-Schemata sein muß.

Nachdem der Beweis der Zwischenbemerkung beendet ist, können wir jetzt zeigen, daß auch der Funktor $F_2 : EGR/1^* \longrightarrow \widehat{EGR/1^*}$ volltreu ist. Wir betrachten zu diesem Zweck zwei Objekte $G_1, G_2 \in EGR/1^*$ sowie einen Morphismus $u_o : \hat{G}_1 \longrightarrow \hat{G}_2$ aus $\widehat{EGR/1^*}$. Wegen der Glattheit von 1^* müssen die kanonischen Projektionen $p_{1,\overline{k}} : G_{1,\overline{k}} \longrightarrow \overline{G}_{1,\overline{k}}$ und $p_{2,\overline{k}} : G_{2,\overline{k}} \longrightarrow \overline{G}_{2,\overline{k}}$ Schnitte in algebraischen $\overline{k}$-Schemata $s_1 : \overline{G}_{1,\overline{k}} \longrightarrow G_{1,\overline{k}}$ und $s_2 : \overline{G}_{2,\overline{k}} \longrightarrow G_{2,\overline{k}}$ besitzen, wenn wir mit $\overline{k} \in M_k$ die algebraische Hülle von k bezeichnen. Aber dann gibt es bereits eine endliche Erweiterung $k \subset k' \subset \overline{k}$ derart, daß die kanonischen Projektionen $p_{1,k'}$ und $p_{2,k'}$ Schnitte besitzen (siehe [10], chap I, § 3, 2.2.).

Betrachten wir nun das kommutative Diagramm in formalen k-Schemata

$$
1)\quad
\begin{array}{ccccc}
\hat{G}_1 & \longleftarrow & \hat{G}_1 \sqcap \widehat{Sp_k(k')} & \leftleftarrows & \hat{G}_1 \sqcap \widehat{Sp_k(k' \underset{k}{\otimes} k')} \\
\Big\downarrow \mu_o & \mathrm{I} & \Big\downarrow \mu_1 & \mathrm{II} & \Big\downarrow \mu_2 \\
\hat{G}_2 & \longleftarrow & \hat{G}_2 \sqcap \widehat{Sp_k(k')} & \leftleftarrows & \hat{G}_2 \sqcap \widehat{Sp_k(k' \underset{k}{\otimes} k')}
\end{array}
$$

mit $u_1 = u_o \sqcap \widehat{Sp_k(k')}$ und $u_2 = u_o \sqcap \widehat{Sp_k(k' \underset{k}{\otimes} k')}$, so ergibt die voraufgegangene Bemerkung, daß $u_1 = \hat{v}_1$ und $u_2 = \hat{v}_2$ ist, wobei $v_1 : G_1 \sqcap Sp_k(k') \longrightarrow G_2 \sqcap Sp_k(k')$ bzw. $v_2 : G_1 \sqcap Sp_k(k' \underset{k}{\otimes} k') \longrightarrow G_2 \sqcap Sp_k(k' \underset{k}{\otimes} k')$ Morphismen in algebraischen k' bzw. $k' \underset{k}{\otimes} k'$-Gruppenschemata sind.

Wir betrachten nun das Diagramm in algebraischen k-Schemata:

$$
2)\quad
\begin{array}{ccccc}
G_1 & \longleftarrow & G_1 \sqcap Sp_k(k') & \leftleftarrows & G_1 \sqcap Sp_k(k' \underset{k}{\otimes} k') \\
\Big\downarrow v_o & \mathrm{I'} & \Big\downarrow v_1 & \mathrm{II'} & \Big\downarrow v_2 \\
G_2 & \longleftarrow & G_2 \sqcap Sp_k(k') & \leftleftarrows & G_2 \sqcap Sp_k(k' \underset{k}{\otimes} k')
\end{array}
$$

Nun ergibt sich aus der Kommutativität des Teildiagrammes II im Diagramm 1) wegen der Bemerkung 3), daß das Teildiagramm II' im Diagramm 2) ebenfalls kommutativ sein muß. Dann muß aber wegen [10] chap I, § 2, 2.7. ein Morphismus $v_o : G_1 \longrightarrow G_2$ in algebraischen k-Schemata existieren, der das Teildiagramm I' im Diagramm 2) kommutativ macht. Wenden wir nun auf das

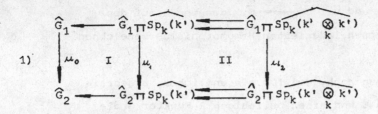

Diagramm 2) den Funktor $\hat{?}$ an und vergleichen mit 1), so liefert [12], exposé VII_B, 13.1 die Beziehung $\hat{v}_o = u_o$. Damit ist gezeigt, daß auch der Funktor $F_2 : EGR/l^* \longrightarrow \widehat{EGR}/\hat{l}^*$ eine Kategorienäquivalenz ist.

10.6. Bezeichnungen: Ist Q_1 ein quasiinverser Funktor zu F_1, so erhält man einen volltreuen, zu R linksadjungierten Funktor L, indem man $L = Q_1 \circ \hat{L} \circ F_2$ setzt. Im folgenden werden wir daher die Kategorien EGR/l^* und $\widehat{EGR}/\hat{l}^*$ sowie EALG/l und $\widehat{EALG}/l$ miteinander identifizieren. Entsprechend werden wir die Funktoren R und $\hat{R}$ sowie L und $\hat{L}$ miteinander identifizieren. Ist $G \in EGR/l^*$, so setzen wir $\overline{G} = G/\hat{l}^*$ und $L(G) = \overline{G} \otimes_{k,G} l$. Ist $h : G \longrightarrow H$ ein Morphismus aus EGR/l^*, so bezeichnen wir mit $\overline{h} : \overline{G} \longrightarrow \overline{H}$ den von h in den Restklassengruppen induzierten Homomorphismus.

§ 11. Das Rechnen mit verschränkten Produkten

Wir werden in diesem Paragraphen eine Reihe von Bemerkungen über verschränkte Produkte zusammenstellen, die technischer Natur sind. Dabei sollen diejenigen Abschnitte, die im weiteren Verlauf nicht benutzt werden, durch ein * gekennzeichnet sein.

11.1. Sei $G \in EGR/l^*$. Der Beweis von Lemma 10.2. liefert die Beziehung:

$$\dim_k(\overline{G} \otimes_{k,G} l) = \dim_k H(\overline{G}).\dim_k l$$

<u>11.2.</u> Seien $G' \subset G$ zwei Objekte aus EGR/l^*, dann ist der kanonische k-Algebrenhomomorphismus

$$\overline{G'} \underset{k,G'}{\otimes} l \longrightarrow \overline{G} \underset{k,G}{\otimes} l$$

injektiv.

In der Tat: Zunächst induziert die Inklusion $i : G' \to G$ eine Inklusion $\overline{i} : \overline{G'} \to \overline{G}$ und damit schließlich eine k-lineare, injektive Abbildung $H(\overline{i}) : H(\overline{G'}) \to H(\overline{G})$. Andererseits können wir offenbar den Grundkörper k algebraisch abgeschlossen voraussetzen und somit annehmen, daß die kanonische Projektion $p : G \longrightarrow \overline{G}$ einen Schnitt $s : \overline{G} \longrightarrow G$ besitzt, dessen Einschränkung auf $\overline{G'} \subset \overline{G}$ wir mit s' bezeichnen wollen. Mit Hilfe von $s : \overline{G} \longrightarrow G$ und $s' : \overline{G'} \longrightarrow G'$ identifiziert sich nun aber der obige k-Algebrenhomomorphismus - aufgefaßt als Morphismus in l-Linksmoduln - mit der l-linearen Inklusion:

$$l \underset{k}{\otimes} H(\overline{i}) : l \underset{k}{\otimes} H(\overline{G'}) \longrightarrow l \underset{k}{\otimes} H(\overline{G})$$

<u>11.3.</u> Seien wieder $G' \subset G$ zwei Objekte aus EGR/l^* $\xrightarrow{\sim} \widehat{EGR}/\hat{l}^*$. Wegen 11.2. können wir $\overline{G'} \underset{k,G'}{\otimes} l$ als Unteralgebra von $\overline{G} \underset{k,G}{\otimes} l$ auffassen. Unter Benutzung dieser Verabredung erhalten wir jetzt die Beziehung:

$$G \cap (\overline{G'} \underset{k,G'}{\otimes} l)^* = G'$$

Setzen wir nämlich $D = G \cap (\overline{G'} \underset{k,G'}{\otimes} l)^*$, so genügt es offenbar wegen der Inklusionen $G' \subset D \subset G$, die Ungleichung $\dim_k H(\overline{D}) \leq \dim_k H(\overline{G'})$ zu verifizieren. Nun ist aber wegen

11.2. $\overline{D} \underset{k,D}{\otimes} l$ eine Unteralgebra von $\overline{G} \underset{k,G}{\otimes} l$, welche sogar in $\overline{G'} \underset{k,G'}{\otimes} l$ enthalten sein muß, denn es gilt: $D \subset (\overline{G'} \underset{k,G'}{\otimes} l)^*$.
Dies liefert mit Hilfe von 11.1. die Ungleichung:
$\dim_k l . \dim_k H(\overline{D}) \leq \dim_k l . \dim_k H(\overline{G})$.

11.4. Sei G ein Objekt aus $EGR/l^* \xrightarrow{\sim} \widehat{EGR}/\widehat{l^*}$. Aus dem Beweis von 10.2. ergibt sich, daß das verschränkte Produkt $\overline{G} \underset{k,G}{\otimes} l$ die folgende, verallgemeinerte universelle Eigenschaft besitzt:

Zu jedem Paar (f_1, f_2) bestehend aus einem Homomorphismus in endlichdimensionalen k-Algebren $f_1 : l \longrightarrow A$ und einem Homomorphismus in algebraischen k-Gruppen $f_2 : G \longrightarrow A^*$ derart, daß $f_2|_{l^*} = f_1^*$ gilt, gibt es genau einen k-Algebrenhomomorphismus

$$f : \overline{G} \underset{k,G}{\otimes} l \longrightarrow A \text{ mit } f|_l = f_1 \text{ und } f^*|_G = f_2.$$

11.5. Seien wieder $G' \subset G$ zwei Objekte aus $EGR/l^* \xrightarrow{\sim} \widehat{EGR}/\widehat{l^*}$ derart, daß G' ein Normalteiler von G ist.
Wir setzen $V = \overline{G} \underset{k,G}{\otimes} l$ und $V' = \overline{G'} \underset{k,G'}{\otimes} l$. Wegen 11.2. können wir V' als Unteralgebra von V auffassen. Da nun G' ein Normalteiler von G ist, muß V' unter der Operation von G auf V durch innere Automorphismen in sich abgebildet werden ("Der Vektorraum V' wird von $G' \subset V'$ erzeugt"). Das bedeutet aber: $G \subset \operatorname{Norm}_{V^*}(V'^*)$.

Andererseits erkennt man sofort, daß die Gruppenerweiterung $\widetilde{G.V'^*}$ von V'^* ein Objekt der Kategorie EGR/V'^* ist. Schließlich ergibt sich aus 11.3. der Isomorphismus $\widetilde{GV'^*}/\tilde{}V'^* \xrightarrow{\sim} G\tilde{/}G' \xrightarrow{\sim} \overline{G}/\tilde{\overline{G}}'$. Zusammenfassend erhalten wir aus diesen Bemerkungen mit Hilfe von 11.4. einen kanonischen k-Algebrenisomorphismus:

$$\overline{G}/\tilde{\overline{G}}' \underset{k,\tilde{G.V'^*}}{\otimes} (\overline{G}' \underset{k,G'}{\otimes} 1) \xrightarrow{\sim} \overline{G} \underset{k,G}{\otimes} 1.$$

11.6. Sei G ein Objekt aus $EGR/1^* \xrightarrow{\sim} \widehat{EGR/1^*}$. Wegen der in 10.2. getroffenen Verabredungen existiert eine Operation von G auf 1 durch k-Algebrenautomorphismen, welche die Operation von G auf dem Normalteiler $1^* \subset G$ durch innere Automorphismen induziert. Sei weiterhin $J \subset 1$ ein zweiseitiges nilpotentes Ideal von 1, das unter dieser Operation von G auf 1 in sich abgebildet wird. Wie im Beweise von 10.2. erhält man nun mit $V = \overline{G} \underset{k,G}{\otimes} 1$ die Beziehung:

$$J.V = V.J.V = V.J$$

Andererseits ist 1+J ein Normalteiler von G, und die Erweiterung $G\tilde{/}(1+J)$ von $1^*\tilde{/}(1+J) \xrightarrow{\sim} (1/J)^*$ ist offenbar ein Objekt der Kategorie $EGR/(1/J)^*$. Außerdem besteht die Isomorphiebeziehung:
$G\tilde{/}1^* \longrightarrow (G\tilde{/}(1+J))\ \tilde{/}\ (1^*\tilde{/}(1+J))$. Bezeichnen wir noch mit $p : 1 \longrightarrow 1/J$ die kanonische Projektion, so erhält man wieder mit Hilfe von 11.4. einen kanonischen Iso-

morphismus in k-Algebren:

$$(\overline{G} \otimes_{k,G} 1) \otimes_{1,p} (1/J) \xrightarrow{\sim} \overline{G} \otimes_{k,G\widetilde{/}(1+J)} (1/J)$$

11.7. Wir betrachten wiederum ein Objekt $G \subset \widehat{EGR}/\hat{1}^*$ und fordern jetzt zusätzlich, daß der Quotient $G\widetilde{/}\hat{1}^*$ eine infinitesimale Gruppe ist. Wegen [12] exposé VII_B, n° 5 gibt es dann auf $H(G) = H$ eine aufsteigende, von dem Paar $(\hat{1}^*, G)$ in funktorieller Weise abhängende Filtrierung:

$$H(\hat{1}^*) = H_o \subset H_1 \cdot \cdot H_i \subset H_{i+1} \cdot \cdot H_n = H(G)$$

welche $H(G)$ zu einer aufsteigend gefilterten Hopfalgebra macht. Weiterhin gibt es wegen loc.cit. einen in dem Paar $(\hat{1}^*, G)$ funktoriellen Isomorphismus in graduierten Hopfalgebren:

$$\alpha: gr_{\hat{1}^*} H(G) \xrightarrow{\sim} H(\hat{1}^*) \otimes_k gr_{\mathfrak{L}_k} (H(\overline{G}))$$

mit $\overline{G} = G\widetilde{/}\hat{1}^*$ (vergl. 9.4.). Hieraus erhält man sofort, daß die $H(\hat{1}^*)$-Linksmoduln H_{i+1}/H_i, H/H_i sämtlich frei sind. Das bedeutet aber, daß die exakten Sequenzen in $H(\hat{1}^*)$-Linksmoduln

$$0 \longrightarrow H_i \longrightarrow H \longrightarrow H/H_i \longrightarrow 0$$

$$0 \longrightarrow H_i \longrightarrow H_{i+1} \longrightarrow H_{i+1}/H_i \longrightarrow 0$$

zerfallen müssen. Unter Benutzung der in 10.2. eingeführten Bezeichnungen liefert dies die Gleichungen:

1) $J.H_i = J.H \cap H_i = K \cap H_i$ und

2) $K \cap H_{i+1}/K \cap H_i = J.H_{i+1}/J.H_i \xrightarrow{\sim} J.(H_{i+1}/H_i)$

Wir definieren nun auf $H(G)/K = \overline{G} \underset{k,G}{\otimes} 1$ eine aufsteigende Filtrierung, die wir im folgenden als die kanonische Filtrierung auf dem verschränkten Produkt $\overline{G} \underset{k}{\otimes} 1$ bezeichnen wollen, indem wir festsetzen: $(H(G)/K)_i = (H_i+K)/K$. Andererseits rüsten wir K mit der aufsteigenden Filtrierung aus, welche durch $K_i = K \cap H_i$ gegeben wird. Dann erhalten wir aus der exakten Sequenz:

$$0 \longrightarrow \mathrm{gr}K \longrightarrow \mathrm{gr}_{\hat{1}^*}H(G) \longrightarrow \mathrm{gr}(H(G)/K) \longrightarrow 0$$

zusammen mit den Gleichungen 1) und 2) den Isomorphismus in graduierten k-Algebren:

$$\mathrm{gr}(H(G)/J.H(G)) \xrightarrow{\sim} \mathrm{gr}_{\hat{1}^*}H(G)/J.\mathrm{gr}_{\hat{1}^*}H(G)$$

Hieraus ergibt sich schließlich mit Hilfe des Isomorphismus α ein in dem Paare (1,G) funktorieller Isomorphismus in graduierten k-Algebren:

$$\beta\colon \mathrm{gr}(\overline{G} \underset{k,G}{\otimes} 1) \xrightarrow{\sim} \mathrm{gr}_{\mathfrak{L}_k} H(\overline{G}) \underset{k}{\otimes} 1$$

Für ein verschränktes Produkt $\overline{G} \underset{k,G}{\otimes} 1$ mit infinitesimaler k-Gruppe $\overline{G}$ soll im folgenden, wenn nicht ausdrücklich andere Verabredungen getroffen werden, mit $\mathrm{gr}(\overline{G} \underset{k,G}{\otimes} 1)$ stets die graduierte k-Algebra bezeichnet werden, die bezüglich der kanonischen Filtrierung auf $\overline{G} \underset{k,G}{\otimes} 1$ zu bilden ist.

<u>11.8*.</u> Die in 11.7. durchgeführten Betrachtungen lassen sich noch etwas verallgemeinern: Seien $G' \subset G$ zwei Objekte aus $\widehat{EGR/1^*}$ derart, daß G' ein Normalteiler in G mit infinitesimaler Restklassengruppe $G\tilde{/}G'$ ist. Dann definiert $G' \subset G$ eine Filtrierung auf $H(G)$, deren Bild in $H(G)/K = \overline{G} \underset{k,G}{\otimes} 1$ unter der kanonischen Projektion wir als die von $G' \subset G$ auf $\overline{G} \underset{k,G}{\otimes} 1$ induzierte Filtrierung bezeichnen wollen. Man erhält nun bezüglich dieser Filtrierung wie in 11.7. einen in dem Tripel $(1,G',G)$ funktoriellen Isomorphismus in graduierten Algebren:

$$\gamma : gr_{G'}(\overline{G} \underset{k,G}{\otimes} 1) \xrightarrow{\sim} (\overline{G'} \underset{k,G'}{\otimes} 1) \underset{K}{\otimes} gr_{e_k} H(G\tilde{/}G').$$

<u>11.9*.</u> Sei nun wieder $G \in EGR/1^* \xrightarrow{\sim} \widehat{EGR/1^*}$ gegeben, derart daß $\overline{G} = G\widetilde{/}\hat{1}^*$ infinitesimal von der Höhe $\leq r$ ist. Bezeichnen wir den Kern der kanonischen Surjektion $H({}_F r\hat{1}^*) \longrightarrow 1$ mit J_r und das zweiseitige Ideal

$$J_r\, H({}_{F^r}G) = H({}_{F^r}G) \,.\, J_r \cdot H({}_{F^r}G) = H({}_{F^r}G) . J_r$$

in $H({}_{F^r}G)$ mit K_r, so erhalten wir einen kanonischen k-Algebrenhomomorphismus

$$\rho : H({}_{F^r}G)/K_r \longrightarrow H(G)/K = \overline{G} \underset{k,G}{\otimes} 1$$

der sogar ein Isomorphismus ist. Rüsten wir nämlich $H({}_{F^r}G)/K_r$ mit der von der Untergruppe ${}_{F^r}\hat{1}^* \subset {}_{F^r}G$ induzierten Filtrierung aus, so ist ϱ ein Homomorphismus in gefilterten Algebren, und es genügt zu zeigen, daß der Homomorphismus in den assoziierten, graduierten Algebren

$$gr(\varrho) : l \underset{k}{\otimes} gr_{e_k} H({}_{F^r}G/\widetilde{{}_{F^r}\hat{l}^*}) \longrightarrow l \underset{k}{\otimes} gr_{e_k} H(G/\widetilde{\hat{l}^*})$$

ein Isomorphismus wird. Dies ist aber der Fall, denn der kanonische Homomorphismus ${}_{F^r}G/\widetilde{{}_{F^r}\hat{l}^*} \longrightarrow {}_{F^r}(G/\widetilde{\hat{l}^*}) = G/\widetilde{\hat{l}^*}$

ist wegen [12] exposé VII_A, n° 8, proposition 8.2. ein Isomorphismus, da l^* glatt ist (vergl. 10.5.).

11.10. Wir betrachten ein Objekt $G \in EGR/l^* \xrightarrow{\sim} \widehat{EGR}/\hat{l}^*$ mit infinitesimaler Restklassengruppe $\bar{G} = G/\widetilde{\hat{l}^*}$ und setzen weiterhin voraus, daß die kanonische Projektion $p : G \longrightarrow \bar{G}$ einen Schnitt $s : \bar{G} \longrightarrow G$ besitzen möge. Rüsten wir wieder $H(G)$ mit der von der Untergruppe $\hat{l}^* \subset G$ induzierten Filtrierung aus, und betrachten wir auf $H(\bar{G})$ die von der Untergruppe $e_k \subset G$ induzierte Filtrierung, so liefert s einen Morphismus in gefilterten Cogebren $\sigma : H(\bar{G}) \longrightarrow H(G)$. Hieraus ergibt sich mit den Bezeichnungen von 10.2. ein die Filtrierungen respektierender Isomorphismus in l-Linksmoduln:

$$\bar{\tau} : l \underset{k}{\otimes} H(\bar{G}) \longrightarrow H(G)/K = \bar{G} \underset{k,G}{\otimes} l$$

wenn wir $l \underset{k}{\otimes} H(\bar{G})$ nach der Vorschrift $(l \underset{k}{\otimes} H(\bar{G}))_i = l \underset{k}{\otimes} H(\bar{G})_i$ filtrieren.

Nun ergibt aber der kanonische Isomorphismus β von 11.7., daß τ aus Ranggründen ein Isomorphismus in gefilterten 1-Moduln sein muß.

11.11*: Die in 11.10 durchgeführte Überlegung läßt sich noch etwas verallgemeinern. Wir betrachten zu diesem Zweck zwei Objekte $G' \subset G$ aus $\widehat{EGR}/\hat{1}^*$ derart, daß G' ein Normalteiler in G mit infinitesimaler Restklassengruppe $G/\tilde{G}'$ ist und rüsten $H(\overline{G})$ (bzw. $\overline{G} \underset{G,k}{\otimes} 1$) mit der von $\overline{G'} \subset \overline{G}$ (bzw. von $G' \subset G$) induzierten Filtrierung aus. Ist nun $s: \overline{G} \to G$ ein Schnitt für die kanonische Projektion $p : G \to \overline{G}$, welchem der Cogebrenmorphismus $\sigma : H(\overline{G}) \to H(G)$ entspricht, so ist der in 10.2. definierte Isomorphismus in 1-Linksmoduln:

$$\tau: 1 \underset{k}{\otimes} H(\overline{G}) \xrightarrow{\sim} H(G)/K = \overline{G} \underset{k,G}{\otimes} 1$$

ein Isomorphismus in gefilterten 1-Linksmoduln, wenn wir den linken Term nach der Vorschrift $(1 \underset{k}{\otimes} H(\overline{G}))_i = 1 \underset{k}{\otimes} H(\overline{G})_i$ filtrieren.

§ 12. Endomorphismenringe induzierter Darstellungen als verschränkte Produkte

12.1. Wir betrachten nun über einem beliebigen Grundkörper k zwei endliche, algebraische Gruppen $G' \subset G$

derart, daß G' ein Normalteiler von G ist. Mit M' sei ein endlich-dimensionaler H(G')-Modul bezeichnet. Wir setzen

$$M = H(G) \underset{H(G')}{\otimes} M' \text{ sowie } E' = \mathrm{Hom}_{H(G')}(M',M') \text{ und}$$

$$E = \mathrm{Hom}_{H(G)}(M,M).$$

Wir betrachten nun den Untergruppenfunktor F = F(G',G,M') von $G^{op} \Pi Gl_k(M')$, der durch die folgende Gleichung beschrieben wird:

$$F(G',G,M')(R) = \{ (g,u) \in G^{op}(R) \Pi Gl_k(M')(R) \mid u : M' \underset{k}{\otimes} R \xrightarrow[H(G') \otimes_k R]{\sim} F_{g^{-1}}(M' \underset{k}{\otimes} R) \}$$

$$\forall R \in M_k$$

Der Untergruppenfunktor $F \subset G^{op} \Pi Gl_k(M')$ ist sogar ein abgeschlossener Unterfunktor von $G^{op} \Pi Gl_k(M')$:
Sei $(g,u) \in G^{op}(R) \Pi Gl_k(M')(R)$ und $R \in M_k$. Bezeichnen wir nun mit $(h'_i)_{1 \leq i \leq r}$ eine k-Basis von H' = H(G') und mit $(m'_j)_{1 \leq j \leq s}$ eine k-Basis von M', so gibt es a.r.s eindeutig bestimmte Familien $(\lambda_l^{i,j})_{1 \leq l \leq s}$, $(\nu_l^{i,j})_{1 \leq l \leq s}$ von Elementen aus R derart, daß die folgenden Gleichungen erfüllt sind:

$$u(h'_i \cdot m'_j) = \sum_{l=1}^{l=s} \lambda_l^{i,j} m'_l \,, \quad g^{-1} h'_i g \cdot u(m'_j) = \sum_{l=1}^{l=s} \nu_l^{i,j} \, m'_l$$

Setzen wir nun $K = \sum_{i,j,l} (\lambda_l^{i,j} - \nu_l^{i,j}) \cdot R \subset R$, so gilt für jeden k-Algebrenhomomorphismus $\varphi : R \longrightarrow T$ aus M_k die Äquivalenz:

$(G^{op}(\varphi)(g), Gl_k(M')(\varphi)(u)) = (g,u)_T \in F(T) \Longleftrightarrow K \subset \mathrm{Ker}\,\varphi$

womit die Behauptung bewiesen ist.

Wir betrachten nun die exakte Sequenz in algebraischen k-Gruppen:

$$e_k \longrightarrow E'^* \xrightarrow{\ i\ } F \xrightarrow{\ q\ } G^{op}$$

mit $i(v) = (e_G, v)$ und $q((g,u)) = g$

$$\forall v \in E'^*,\ (g,u) \in F$$

wobei $e_G \in G$ das Einselement von G bedeuten soll.

Nun hat man offenbar die Implikation:

$$(g,u) \in F \Longrightarrow u \in \mathrm{Norm}_{Gl_k(M')}(E'^*) \quad \forall (g,u) \in F$$

und infolgedessen operiert F wegen 10.1. auf dem Normalteiler E'^* durch k-Algebrenautomorphismen. Schließlich liefert die in § 3 gegebene Charakterisierung der Untergruppe $\mathrm{Stab}_G(M') \subset G$ die Gleichung:

$$q(F) = \widetilde{q(F)} = \mathrm{Stab}_G(M')^{op}$$

Damit können wir die Ergebnisse dieses Abschnittes folgendermaßen zusammenfassen: $F \in EGR/E'^*$ und $F/\widetilde{E'^*} \xrightarrow{\sim} \mathrm{Stab}_G(M')^{op}$. Im folgenden werden wir nun stets $G^{op} = \mathrm{Stab}_G(M')^{op}$ voraussetzen.

<u>12.2.</u> Für $g' \in G'$ bezeichnen wir mit $g'_{M'}$ die auf M' durch Multiplikation mit g' induzierte lineare Selbstabbildung. Unter Verwendung der in 12.1. eingeführten Bezeichnungen bilden wir nun die Sequenz

in algebraischen k-Gruppen:

$$e_k \longrightarrow G'^{op} \xrightarrow{j} F \xrightarrow{r} E^*$$

mit $\quad j(g') = (g', g'^{-1}_{M'}) \quad \forall\, g' \in G'^{op}$

und $\quad r((g,u))(m') = g.u(m') \quad \forall\, (g,u) \in F,\ m' \in M'$.

Wir bemerken nun zunächst, daß die obige Sequenz in algebraischen k-Gruppen exakt ist. Diese Behauptung ergibt sich offenbar unmittelbar aus der Beziehung:

$$\mathrm{Norm}_G\,(M' \subset M) = G'$$

Zum Beweise dieser Gleichung setzen wir zunächst $N = \mathrm{Norm}_G(M' \subset M)$ und bemerken dann, daß die kanonische Inklusion

$$H(N) \underset{H(G')}{\otimes} M' \hookrightarrow H(G) \underset{H(N)}{\otimes} (H(N) \underset{H(G')}{\otimes} M') \xrightarrow{\sim} M$$

über die kanonische Inklusion $M' \subset M$ faktorisieren muß. Damit erhalten wir schließlich einen Isomorphismus in $H(N)$-Moduln $H(N) \underset{H(G')}{\otimes} M' \xrightarrow{\sim} M'$. Nun ist aber nach dem Zerlegungssatz von Oberst-Schneider in [20] $H(N)$ ein freier $H(G')$-Rechtsmodul, und wir erhalten somit aus Ranggründen: $N = G'$.

Im folgenden wollen wir die k-Algebra E' über die kanonische Inklusion $E' \hookrightarrow E$ als Unteralgebra der k-Algebra E auffassen.
Wir bezeichnen nun das garbentheoretische Bild von $F = F(G;G,M')$ unter dem Morphismus r in der algebrai-

schen k-Gruppe E^* mit $L = L(G',G,M')$. Da offenbar $r|_{E'^*} = id_{E'^*}$ ist, muß mit $F \in EGR/E'^*$ auch $L \in EGR/E'^*$ gelten. Andererseits induziert die Projektion $q : F \longrightarrow G^{op}$ einen Isomorphismus von $Ker(r)$ auf die Untergruppe $G'^{op} \subset G^{op}$. Damit erhalten wir schließlich $L/\widetilde{E'^*} \xrightarrow{\sim} (G/\widetilde{G'})^{op}$.

Nun induzieren aber die kanonischen Inklusionen $E' \hookrightarrow E$ und $L \hookrightarrow E^*$ einen kanonischen Homomorphismus in k-Algebren:

$$h(G',G,M') = h : (G/\widetilde{G'})^{op} \underset{k,L}{\otimes} E' \longrightarrow E$$

Entsprechend liefert die kanonische Projektion $F \longrightarrow L$ einen Homomorphismus in den zugehörigen verschränkten Produkten:

$$G^{op} \underset{k,F}{\otimes} E' \longrightarrow (G/\widetilde{G'})^{op} \underset{k,L}{\otimes} E'$$

der wegen der in 10.2. angegebenen Konstruktion verschränkter Produkte surjektiv sein muß.

<u>12.3</u>. Wir engen nun die in 12.1. und 12.2. betrachtete Situation ein, indem wir den Grundkörper k algebraisch abgeschlossen von positiver Charakteristik voraussetzen und zusätzlich fordern, daß die Restklassengruppe $G/\widetilde{G'}$ infinitesimal ist. Dann trägt das verschränkte Produkt $(G/\widetilde{G'})^{op} \underset{k,L}{\otimes} E'$ wegen 11.6. eine kanonische Filtrierung, die wir etwas genauer untersuchen wollen. Hierfür bemerken wir zunächst, daß die kanonische Projektion $F \longrightarrow G^{op}$ einen Schnitt in algebraischen k-Schemata

$s : G^{op} \longrightarrow F$ besitzen muß, denn k ist algebraisch abgeschlossen, und E'^{*} ist eine glatte, algebraische Gruppe über k. Betrachten wir nun die Morphismen in formalen k-Schemata:

$$s_1 : \widehat{G^{op}} \xrightarrow{\hat{s}} \hat{F} \longrightarrow \widehat{\mathbb{V}_k(H(\hat{F}))} \text{ bzw. } s_2 : \widehat{G^{op}} \xrightarrow{\hat{s}} \hat{F} \longrightarrow \hat{L} \longrightarrow \widehat{\mathbb{V}_k((G\tilde{/}G')^{op} \underset{k,L}{\otimes} E')}$$

so entsprechen ihnen k-lineare Abbildungen:

$$\sigma_1 : H(G^{op}) = H(\widehat{G^{op}}) \longrightarrow H(\hat{F}) \text{ bzw. } \sigma_2 : H(G^{op}) = H(\widehat{G^{op}}) \longrightarrow (G\tilde{/}G')^{op} \underset{k,L}{\otimes} E'$$

Rüsten wir nun $H(G^{op})$ mit der aufsteigenden Filtrierung aus, die von der Untergruppe $G'^{op} \subset G^{op}$ induziert wird, so können wir die kanonische Filtrierung auf dem verschränkten Produkt $(G\tilde{/}G')^{op} \underset{k,L}{\otimes} E'$ mit Hilfe von σ_2 durch die folgende Gleichung beschreiben:

$$E'.\sigma_2(H(G^{op})_i) = ((G\tilde{/}G')^{op} \underset{k,L}{\otimes} E')_i$$

Zum Beweise dieser Gleichung betrachten wir zunächst die Untergruppe $F' \subset F$, die durch $F' = E'^{*}.Ker(r)$ gegeben wird.

Offenbar kann man $F' \subset F$ als das volle Urbild von $G'^{op} \subset G^{op}$ unter der kanonischen Projektion $q : F \longrightarrow G^{op}$ auffassen. Wir versehen nun $H(\hat{F})$ mit der von der Untergruppe $\hat{F'} \subset \hat{F}$ induzierten Filtrierung und entsprechend $H(\hat{L})$ mit der von der Untergruppe $\widehat{E'^*} \hookrightarrow \hat{L}$ induzierten Filtrierung. Dann wird der kanonische k-Algebrenhomomorphismus $H(\hat{F}) \longrightarrow H(\hat{L})$ zu einem Morphismus in gefilterten Algebren und der zugehörige Morphismus in den assoziierten, graduierten k-Algebren identifiziert sich mit der kanonischen Surjektion:

$$H(\widehat{F'}) \otimes_k gr_{e_k} H(G/\tilde{G}') \longrightarrow H(\widehat{E'^*}) \otimes_k gr_{e_k} H(G/\tilde{G}')$$

(N.B.: Für eine infinitesimale k-Gruppe G ist $gr_{e_k} H(G)$ stets kommutativ, sodaß man die Beziehung $gr_{e_k} H(G^{op}) = gr_{e_k} (H(G)^{op}) = (gr_{e_k} H(G))^{op} = gr_{e_k} H(G)$ erhält).

Aus der vorangegangenen Bemerkung ergibt sich nun sofort, daß es genügen wird, die folgende Aussage zu beweisen:

Versehen wir den $H(\widehat{E'^*})$-Linksmodul $H(\widehat{E'^*}) \otimes_k H(G)$ mit der durch die Gleichung

$$H(\widehat{E'^*}) \otimes_k H(G)_i = (H(\widehat{E'^*}) \otimes_k H(G))_i$$

beschriebenen aufsteigenden Filtrierung, so ist die k-lineare Abbildung

$$\tau: H(\widehat{E'^*}) \otimes_k H(G) \longrightarrow H(\hat{F})$$

mit $\tau(n \otimes_k h) = n.\sigma_1(h) \quad \forall n \in H(\widehat{E'^*}),\ h \in H(G)$

ein Isomorphismus in gefilterten $H(\widehat{E'^*})$-Moduln.

Offenbar ist jedenfalls τ ein bijektiver Morphismus in gefilterten $H(\widehat{E'^*})$-Moduln. Um die gesamte Aussage zu beweisen, genügt es zu zeigen, daß $gr\,\tau$ ein Isomorphismus in graduierten $H(\widehat{E'^*})$-Moduln ist. Nun wird aber

$$gr\,\tau: H(\widehat{E'^*}) \underset{k}{\otimes} gr_{G'^{op}} H(G^{op}) \longrightarrow gr_{\widehat{F}'} H(\widehat{F})$$

durch die Gleichung

$$gr\,\tau(n \underset{k}{\otimes} \bar{h}) = n.(gr\sigma_1)(\bar{h}) \quad \forall n \in H(\widehat{E'^*}),\ \bar{h} \in gr_{G'} H(G)$$

beschrieben und damit folgt die Behauptung aus der Bemerkung, daß $gr\sigma_1$ ein Cogebrenschnitt für den kanonischen Hopfalgebrenhomomorphismus

$$gr_{\widehat{F}'} H(\widehat{F}) \xrightarrow{\sim} H(\widehat{F'}) \underset{k}{\otimes} gr_{e_k} H(G/\!\!\sim G')$$

$$\longrightarrow H(G'^{op}) \underset{k}{\otimes} gr_{e_k} H(G\tilde{/}G') \xrightarrow{\sim} gr_{G'^{op}} H(G^{op})$$

ist.

Anmerkung: Natürlich hätte man auch 11.11. heranziehen können.

<u>12.4.</u> Wir betrachten nun über einem beliebigen Grundkörper k drei endliche algebraische Gruppen $G'' \subset G' \subset G$ derart, daß sowohl G' als auch G'' Normalteiler von G sind. Weiterhin sei M'' ein endlich-dimensionaler $H(G'')$-Modul mit $Stab_G(M'') = G$. Wir bemerken zunächst, daß auch $Stab_G(H(G') \underset{H(G'')}{\otimes} M'') = G$ gelten muß. Zum Beweis der zweiten Gleichung können wir offenbar den

Grundkörper k algebraisch abgeschlossen voraussetzen.

Für $g \in G(R)$, $R \in Alf/k$ gibt es wegen der ersten Gleichung einen Isomorphismus in $H(G''_R)$ -Moduln:

$$v : M''_R \xrightarrow{\sim} F_g(M''_R)$$

mit $M''_R = M'' \bigotimes_k R$. Definieren wir nun die R-lineare, bijektive Abbildung

$$w : H(G'_R) \bigotimes_{H(G''_R)} M''_R \longrightarrow H(G'_R) \bigotimes_{H(G''_R)} M''_R$$

durch die Gleichung

$$w(h' \otimes m'') = gh'g^{-1} \otimes v(m'') \quad \forall h' \in H(G'_R),\ m'' \in M''_R$$

so erhalten wir offenbar einen Isomorphismus in $H(G'_R)$-Moduln:

$$w : H(G'_R) \bigotimes_{H(G''_R)} M''_R \xrightarrow{\sim} Fg(H(G'_R) \bigotimes_{H(G''_R)} M''_R)$$

und damit schließlich die Beziehung:

$g \in Stab_G(H(G') \bigotimes_{H(G'')} M'')(R)$.

Wir setzen nun für das weitere abkürzend:

$M' = H(G') \bigotimes_{H(G'')} M''$ und $M = H(G) \bigotimes_{H(G'')} M''$. Entsprechend definieren wir $E'' = Hom_{H(G'')}(M'',M'')$,

$E' = Hom_{H(G')}(M',M')$ sowie $E = Hom_{H(G)}(M,M)$.

Weiterhin setzen wir abkürzend $L_{2,1} = L(G'',G',M'')$ (bzw. $F_{2,1} = F(G'',G',M'')$), $L_{1,0} = L(G',G,M')$ (bzw. $F_{1,0} = F(G',G,M')$) sowie $L_{2,0} = L(G'',G,M'')$ (bzw. $F_{2,0} = F(G'',G,M'')$).

Entsprechend führen wir die Bezeichnungen

$h_{2,1}$: $h(G'',G',M'')$, $h_{1,0} = h(G',G,M')$ sowie $h_{2,0}$ $= h(G'',G,M'')$ ein.

Mit diesen Verabredungen gilt nun das folgende

Lemma: Sind die kanonischen k-Algebrenhomomorphismen (siehe 12.2.) $h_{2,1} : (G'\tilde{/}G'')^{op} \underset{k,L_{2,1}}{\otimes} E'' \longrightarrow E'$ und

$h_{1,0} : (G\tilde{/}G')^{op} \underset{k,L_{1,0}}{\otimes} E' \longrightarrow E$ bijektiv, so ist auch der kanonische k-Algebrenhomomorphismus

$h_{2,0} : (G\tilde{/}G'')^{op} \underset{k,L_{2,0}}{\otimes} E'' \longrightarrow E$ bijektiv.

Beweis: Wir betrachten die kanonischen Inklusionen $E'' \subset E' \subset E$. Aus der Voraussetzung folgt zunächst, daß sowohl die k-Algebra E' zusammen mit den Inklusionen $E'' \subset E'$; $L_{2,1} \subset E'^*$ als auch die k-Algebra E zusammen mit den Inklusionen $E' \subset E$, $L_{1,0} \subset E^*$ die in 11.4. formulierte universelle Eigenschaft besitzen. Um zu zeigen, daß auch die k-Algebra E zusammen mit den Inklusionen $E'' \subset E$, $L_{2,0} \subset E^*$ die universelle Eigenschaft von 11.4. besitzt, betrachten wir zunächst den Homomorphismus in algebraischen k-Gruppen:

$$f : F_{2,0} \longrightarrow F_{1,0}$$

welcher durch die Gleichung

$$f((g,v)) = (g,w) \quad \forall (g,v) \in F_{2,0}(R), R \in M_k$$

beschrieben wird, wobei der Isomorphismus in $H(G'_R)$-Moduln

$$w : H(G'_R) \underset{H(G''_R)}{\otimes} M''_R \xrightarrow{\sim} F_{g^{-1}}(H(G'_R) \underset{H(G''_R)}{\otimes} M''_R)$$

wieder durch die Beziehung:

$$w(h' \otimes m'') = g^{-1}h'g \otimes v(m'') \quad \forall h' \in H(G'_R),\ m'' \in M''_R$$

festgelegt wird. Offenbar ist nun das nachfolgende Diagramm in algebraischen k-Gruppen kommutativ:

$$\begin{array}{ccc} F_{2,0} & \xrightarrow{r(G'',G,M'')} & E^* \\ {\scriptstyle f}\downarrow & & \downarrow{\scriptstyle id_E} \\ F_{1,0} & \xrightarrow[r(G',G,M')]{} & E^* \end{array}$$

Hieraus folgt zunächst: $L_{2,0} \subset L_{1,0}$. Weiterhin erhalten wir, daß auch das nachfolgende Diagramm mit exakten Zeilen kommutativ sein muß:

$$\begin{array}{ccccccccc} e_k & \longrightarrow & E''^* & \longrightarrow & L_{2,0} & \longrightarrow & (G/\widetilde{G''})^{op} & \longrightarrow & e_k \\ & & \downarrow{\scriptstyle incl.} & & \downarrow{\scriptstyle incl.} & & \downarrow{\scriptstyle kan.} & & \\ e_k & \longrightarrow & E'^* & \longrightarrow & L_{1,0} & \longrightarrow & (G/\widetilde{G'})^{op} & \longrightarrow & e_k \end{array}$$

Hieraus ergibt sich sofort: $L_{1,0} = \widetilde{E'^*.L_{2,0}}$. Infolgedessen ist der kanonische k-Algebrenhomomorphismus

$h_{2,0} : (G/\widetilde{G}'')^{op} \underset{k,L_{2,0}}{\otimes} E'' \longrightarrow E$ surjektiv, denn sein

Bild enthält offenbar E' und mit $L_{2,0}$ auch $L_{1,0}$. Andererseits gilt nach Voraussetzung wegen 11.1.:

$$\dim_k E = \dim_k H(G/\widetilde{G}').\dim_k E' = \dim_k H(G/\widetilde{G}').\dim_k H(G'/\widetilde{G}'')$$

$$.\dim_k E'' \text{ und } \dim_k (G/\widetilde{G}'')^{op} \underset{k,L_{2,0}}{\otimes} E'' = \dim_k (H(G/\widetilde{G}'').$$

$$.\dim_k E''.$$

Dies bedeutet aber, daß $h_{2,0}$ aus Ranggründen bijektiv sein muß.

12.5. Sei X ein endliches algebraisches Schema über dem Grundkörper k. Mit $A = \mathcal{O}_k(X)$ sei die Funktionenalgebra und mit $H = H(X)$ die Cogebra von X bezeichnet. Weiterhin sei M ein endlich-dimensionaler k-Vektorraum. Wir erinnern an den bereits mehrfach benutzten, in X und M funktoriellen Isomorphismus:

$$\mathrm{Hom}_k(H(X), M) \xrightarrow{\sim} M_k E(X, \mathbb{V}_k(M))$$

Sei nun $s : X \longrightarrow Gl_k(M)$ ein Morphismus in k-Funktoren. Die dem Morphismus $X \longrightarrow Gl_k(M) \hookrightarrow \mathbb{V}_k(\mathrm{Hom}_k(M,M))$ entsprechende k-lineare Abbildung $H(X) \longrightarrow \mathrm{Hom}_k(M,M)$ sei mit σ bezeichnet. Weiterhin setzen wir abkürzend:

$s(x)(m) = x_s.m \;\; \forall x \in X,\ m \in M$ sowie

$\sigma(h)(m) = h_{\sigma}.m \;\; \forall h \in H,\ m \in M.$

Mit diesen Verabredungen und Bezeichnungen gilt nun

das folgende

<u>Lemma</u>: Sei $M' \subset M$ ein Untervektorraum von M, und seien $s_1, s_2 : X \rightrightarrows Gl_k(M)$ zwei Morphismen in k-Funktoren derart, daß die Beziehung

$$x \underset{s_1}{.} (M' \underset{k}{\otimes} R) = x \underset{s_2}{.} (M' \underset{k}{\otimes} R) \quad \forall x \in X(R),\ R \in M_k$$

erfüllt ist. Dann gilt für jeden A-Teilmodul $V \subset H(X)$ die Gleichung:

$$V \underset{\sigma_1}{.} M' = V \underset{\sigma_2}{.} M'$$

<u>Beweis</u>: Sei wieder $j = id_A \in Sp_k(A)(A) \xrightarrow{\sim} X(A)$. Wegen der Gleichung

$$s_1(j)(M' \underset{k}{\otimes} A) = s_2(j)(M' \underset{k}{\otimes} A)$$

muß es einen A-linearen Automorphismus

$$d : M' \underset{k}{\otimes} A \longrightarrow M' \underset{k}{\otimes} A$$

geben derart, daß

$$s_1(j) \circ d = S_2(j) \Big|_{M' \underset{k}{\otimes} A}$$

gilt. Dem Element $d \in Gl_k(M')(A)$ entspricht ein Morphismus in k-Funktoren

$$s_3 : X \longrightarrow Gl_k(M')$$

welcher die Gleichung

$$s_1(x) \circ s_3(x) = s_2(x)\big|_{M \otimes_k R} \qquad \forall x \in X(R),\ R \in M_k$$

erfüllt. Aber diese Beziehung drückt sich in der Sprache der Cogebren unter Verwendung der eingangs eingeführten Bezeichnungen folgendermaßen aus:

$$\sum h_{1_i} \underset{\sigma_1}{\cdot} (h_{2_i} \underset{\sigma_3}{\cdot} m') = h \underset{\sigma_2}{\cdot} m' \qquad \forall m' \in M',\ h \in H$$

mit

$$\Delta_H(h) = \sum h_{1_i} \otimes_k h_{2_i}, \text{ wobei wieder } \Delta_H : H \longrightarrow H \otimes_k H$$

die Comultiplikation der Cogebra H = H(X) bedeuten möge.

Nun gilt aber für jeden A-Teilmodul $V \subset H$

$$\Delta_H(V) \subset V \otimes_k V$$

denn die A-Teilmoduln von H entsprechen unter dem Funktor $?^t$ umkehrbar eindeutig den Restklassenalgebren von A. Damit erhalten wir aber aus der letzten Gleichung die Inklusion:

$$V \underset{\sigma_1}{\cdot} M' \supset V \underset{\sigma_1}{\cdot} (V \underset{\sigma_3}{\cdot} M') \supset V \underset{\sigma_2}{\cdot} M'$$

Durch Vertauschen von σ_1 und σ_2 ergibt sich schließlich die umgekehrte Inklusion

$$V \underset{\sigma_1}{\cdot} M' \subset V \underset{\sigma_2}{\cdot} M'$$

womit der Beweis des Lemmas beendet ist.

12.6. Wir haben nun alle technischen Hilfsmittel bereitgestellt, um das nachfolgende Resultat ableiten zu können:

Satz: Seien über einem beliebigen Grundkörper k zwei endliche, algebraische Gruppen $G' \subset G$ derart gegeben, daß G' ein Normalteiler von G ist. Weiterhin sei M' ein endlich-dimensionaler H(G')-Modul, der unter G stabil ist. Dann ist mit den Bezeichnungen von 12.1. und 12.2. der kanonische k-Algebrenhomomorphismus

$$h : (G\tilde{/}G'^{op}) \underset{k,L}{\otimes} E' \longrightarrow E$$

bijektiv.

Beweis: Offenbar vertauscht die Konstruktion von $h = h(G',G,M')$ mit Grundkörpererweiterungen, sodaß wir zunächst ohne Beschränkung der Allgemeinheit k als algebraisch abgeschlossen voraussetzen können.
Ist nun k ein Körper der Charakteristik 0, so muß nach dem Satz von Cartier (siehe [10] chap. II, § 6, n° 1) $G\tilde{/}G'$ eine konstante Gruppe sein. Ist k ein Körper positiver Charakteristik, so ist $G\tilde{/}G'$ das semidirekte Produkt des infinitesimalen Normalteilers $(G\tilde{/}G')^{o}$ mit der konstanten Untergruppe $(G\tilde{/}G')_{red}$ (siehe [10] chap II, § 5, n° 2).

Wegen Lemma 2.4. wird es daher genügen, den Beweis des Satzes in zwei Spezialfällen zu führen:

a) Die Restklassengruppe $G\tilde{/}G'$ ist konstant

b) Die Restklassengruppe $G\tilde{/}G'$ ist infinitesimal.

<u>Der Fall a)</u>: Wir zeigen, daß h ein Isomorphismus in E'-Rechtsmoduln ist, wobei wir den kanonischen E'-Rechtsmodulisomorphismus

$$\vartheta: E \xrightarrow{\sim} \mathrm{Hom}_{H(G')}(M',M)$$

mit $M = H(G) \underset{H(G')}{\otimes} M'$ benutzen werden. Da die Restklassengruppe $G\tilde{/}G'$ konstant ist, besitzt die kanonische Projektion $G \longrightarrow G\tilde{/}G'$ einen Schnitt $s_o : G\tilde{/}G' \longrightarrow G$ in algebraischen (endlichen) k-Schemata. Setzen wir nun abkürzend $Q = G\tilde{/}G'$, so bildet die Familie $(s_o(\bar{g}))_{\bar{g}\in Q(k)}$ von Elementen aus H(G) eine Rechtsbasis für den H(G')-Rechtsmodul H(G). Hieraus erhalten wir eine Zerlegung von M in H(G')-Linksmoduln

$$M \xrightarrow[H(G')]{\sim} \coprod_{\bar{g}\in Q(k)} s_o(\bar{g}) \otimes M' \xrightarrow[H(G')]{\sim} \coprod_{\bar{g}\in Q(k)} F_{s_o(\bar{g})^{-1}}(M')$$

Sei nun $s_1 : G^{op} \longrightarrow F$ ein Schnitt in algebraischen k-Schemata für die kanonische Projektion $q : F \longrightarrow G^{op}$ (siehe 12.1.). Dann ist $s_2 = r o s_1 o s_o : (G\tilde{/}G')^{op} \longrightarrow L$ ein Schnitt in k-Schemata für die kanonische Projektion $L \longrightarrow (G\tilde{/}G')^{op}$. Infolgedessen ist die Familie $(s_2(\bar{g}))_{\bar{g}\in Q(k)}$ eine E'-Rechtsbasis in dem verschränkten

Produkt $(G/\widetilde{G'})^{op} \underset{k,L}{\otimes} E'$ (siehe 10.2.). Man rechnet nun sofort nach, daß der Endomorphismus $h(s_2(\bar{g})) \in E$ für $\bar{g} \in Q(k)$ den direkten $H(G')$-Summanden $M' \subset M$ isomorph auf den direkten $H(G')$-Summanden $s_o(g) \otimes M' \subset M$ in der obigen $H(G')$-Zerlegung von M abbildet. Dies bedeutet aber, daß die Familie $(h(s_2(\bar{g})))_{\bar{g} \in Q(k)}$ eine E'-Rechtsbasis von E ist und daß mithin h ein Isomorphismus in E'-Rechtsmoduln sein muß.

<u>Der Fall b)</u>: Versieht man den $H(G')$-Modul $M = H(G) \underset{H(G')}{\otimes} M'$ mit der kanonischen aufsteigenden Filtrierung in $H(G')$-Moduln von § 9:

$$M_n = H(G)_n \underset{H(G')}{\otimes} M'$$

so erhält man für den assoziierten, graduierten $H(G')$-Modul:

$$gr(M) \xrightarrow[H(G')]{\sim} gr_{G'} H(G) \underset{H(G')}{\otimes} M' \xrightarrow[H(G')]{\sim} gr_{e_k} H(G/\widetilde{G'}) \underset{k}{\otimes} H(G') \underset{H(G')}{\otimes} M'$$

$$\xrightarrow[H(G')]{\sim} gr_{e_k} H(G/\widetilde{G'}) \underset{k}{\otimes} M'$$

(siehe 9.6.). Mit Hilfe dieser Filtrierung auf dem $H(G')$-Modul M gewinnen wir eine aufsteigende Filtrierung auf der k-Algebra E, indem wir setzen:

$$E_n = \{ u \in E \mid u(M') \subset M_n \}$$

Entsprechend filtrieren wir den E'-Rechtsmodul $\mathrm{Hom}_{H(G')}(M', M)$ durch die Gleichung:

$$\mathrm{Hom}_{H(G')}(M',M)_n = \{v \in \mathrm{Hom}_{H(G')}(M',M) \mid v(M') \subset M_n\}$$

Da nun M' ein unter G stabiler H(G')-Modul ist, müssen wegen 9.9. die exakten Sequenzen in H(G')-Moduln:

$$0 \longrightarrow M_{n-1} \longrightarrow M_n \longrightarrow M_n/M_{n-1} \longrightarrow 0$$

sämtlich zerfallen. Wir setzen für alles weitere noch abkürzend $H = H(G)$, $H' = H(G')$, $\bar{H} = H(G\tilde{/}G')$ sowie $gr_{e_k} H(G\tilde{/}G') = gr\bar{H}$. Dann erhalten wir zunächst aus den voraufgegangenen Bemerkungen die kanonischen Isomorphismen in graduierten E'-Rechtsmoduln:

$$grE \xrightarrow{\sim} gr\,\mathrm{Hom}_{H'}(M',M) \xrightarrow{\sim} \mathrm{Hom}_{H'}(M', grM) \xrightarrow{\sim}$$

$$\mathrm{Hom}_{H'}(M', gr\bar{H} \otimes_k M') \xrightarrow{\sim} \mathrm{Hom}_{gr\bar{H} \otimes_k H'}(gr\bar{H} \otimes_k M', gr\bar{H} \otimes_k M') \underset{\psi}{\xleftarrow{\sim}} gr\bar{H} \otimes_k E'$$

Man rechnet nun ohne Mühe nach, daß der so erhaltene Isomorphismus in graduierten E'-Rechtsmoduln:

$$\psi : grE \xrightarrow{\sim} \mathrm{Hom}_{gr\bar{H} \otimes_k H'}(gr\bar{H} \otimes_k M', gr\bar{H} \otimes_k M')$$

sogar ein k-Algebrenhomomorphismus ist, welcher durch die folgende Gleichung beschrieben wird:

$$\psi(\bar{u})(m') = p_n o u(m') \quad \forall\, u \in E_n,\ m' \in M'.$$

Dabei soll $\bar{u}$ die Restklasse von u in E_n/E_{n-1} bedeuten, während mit:

$$p_n : M_n \longrightarrow M_n/M_{n-1} \xrightarrow{\sim} gr_n\bar{H} \otimes_k M'$$

kanonische Projektion bezeichnet sei.

Weiterhin sei noch daran erinnert, daß der kanonische k-Algebrenisomorphismus:

$$\varphi : gr\overline{H} \underset{k}{\otimes} E' \xrightarrow{\sim} \mathrm{Hom}_{gr\overline{H} \underset{k}{\otimes} H'} (gr\overline{H} \underset{k}{\otimes} M', gr\overline{H} \underset{k}{\otimes} M')$$

durch die Gleichung

$$\varphi(\overline{w} \underset{k}{\otimes} u')(m') = \overline{w} \underset{k}{\otimes} u'(m') \quad \forall \overline{w} \in gr\overline{H},\ u' \in E',\ m' \in M'$$

festgelegt wird. Wir werden im nun folgenden Beweis die Identifizierungen φ und ψ häufig ohne ausdrücklichen Hinweis stillschweigend benutzen.

Der k-Algebrenisomorphismus liefert nun zunächst die Dimensionsgleichung:

$$\dim_k E = \dim_k grE = \dim_k E' . \dim_k \overline{H} = \dim_k((G/\widetilde{G}')^{op} \underset{k,L}{\otimes} E')$$

Aus Ranggründen wird es daher genügen zu zeigen, daß der kanonische k-Algebrenhomomorphismus h surjektiv ist. Hierfür reicht es aber aus, die beiden folgenden Behauptungen zu verifizieren:

i) $h : (G/\widetilde{G}')^{op} \underset{k,L}{\otimes} E' \longrightarrow E$ ist ein Homomorphismus in gefilterten Algebren

ii) $grh : gr((G/\widetilde{G}')^{op} \underset{k,L}{\otimes} E') \longrightarrow grE$ ist surjektiv.

Um die Behauptungen i) und ii) nachzuprüfen, wählen wir zunächst einen Schnitt $s_1 : G \longrightarrow F$ in algebraischen k-Schemata für die kanonische Projektion $q : F \longrightarrow G^{op}$.

Wie in 12.3. bilden wir mit Hilfe von s_1 die k-lineare Bbildung $\sigma_2' : H \longrightarrow (G\tilde{/}G')^{op} \otimes_{k,L} E'$. Weiterhin setzen wir noch $\sigma_3' = h \circ \sigma_2'$. Wegen Lemma 12.5. erhält man nun für jeden A-Teilmodul $V \subset H$ in dem H-Modul M die Gleichung:

$$V \underset{\sigma_3}{\cdot} M' = V \cdot M'$$

Dabei ist der rechte Term im Sinne der H-Operation auf M zu bilden, welche die H-Modulstruktur auf M definiert. Setzen wir $V = H_n$ (siehe § 9, 9.5.), so ergibt sich insbesondere:

$$H_n \underset{\sigma_3}{\cdot} M' = H_n \cdot M' = M_n$$

Hieraus erhalten wir nun sofort die Inklusion:

$$\sigma_3'(H_n) = h(\sigma_2'(H_n)) \subset E_n$$

Zusammen mit 12.3. liefert dies bereits die Behauptung i. Zum Beweis der Behauptung ii) bemerken wir zunächst, daß man kanonische Isomorphismen hat:

$$E' \xrightarrow{\sim} gr_o((G\tilde{/}G')^{op} \otimes_{k,L} E'), \qquad E' \xrightarrow{\sim} gr_o E$$

über welche $gr_o h$ mit $id_{E'}$ identifiziert werden kann. Deswegen wird es ausreichen zu zeigen, daß das Bild von grh in grE ein E'-Erzeugendensystem des E'-(Rechts)Moduls $grE \xrightarrow{\sim} E' \otimes_k gr\bar{H}$ enthält. Wegen der Beziehung $gr\sigma_3 = grh \circ gr\sigma_2$ genügt es schließlich, die folgende Aussage zu beweisen:

ii') Das Bild der k-linearen Abbildung in graduierten Vektorräumen

$$\mathrm{gr}\,\sigma_3 \;:\; \mathrm{gr}_{G'}H \longrightarrow \mathrm{gr}E \xrightarrow{\sim} E' \underset{k}{\otimes} \mathrm{gr}\bar{H}$$

enthält ein Erzeugendensystem des E'-Rechtsmoduls grE.

Zum Beweis der Behauptung ii') betrachten wir zunächst die kanonische Projektion

$$q_n \;:\; H_n \longrightarrow H_n/H_{n-1} \underset{\varrho}{\xrightarrow{\sim}} \mathrm{gr}_n\bar{H} \underset{k}{\otimes} H'.$$

Da wegen 9.4. der Isomorphismus ϱ in $A' = \mathcal{O}_k(G')$ linear ist, muß auch q_n in $A = \mathcal{O}_k(G)$ linear sein.
Sei nun $\bar{w} \in \mathrm{gr}_n\bar{H}$ ein beliebiges Element. Dann existiert ein $v \in H_n$ mit $q_n(v) = \bar{w} \underset{k}{\otimes} 1_{H'}$. Für $a \in A$ erhalten wir wegen der voraufgegangenen Bemerkung über q_n zunächst:
$q_n(a.v) = \bar{w} \underset{k}{\otimes} (a.1_{H'})$.
Wegen Lemma 12.5. gilt nun die Gleichung

$$1) \qquad (Av) \underset{\sigma_3}{\cdot} M' = (Av).M'$$

in dem H-Modul M. Aus 1) erhalten wir mit Hilfe der Gleichungen

$$2) \quad p_n((Av)\underset{\sigma_3}{\cdot}M') = p_n\Big(\sum_{a\in A}\sigma_3(av)(M')\Big)$$
$$= \sum_{a\in A} p_n(\sigma_3(av)(M')) = \sum_{a\in A} \mathrm{gr}\sigma_3(q_n(av))(M')$$
$$= \sum_{a\in A} \mathrm{gr}\sigma_3(\bar{w} \underset{k}{\otimes} a.1_{H'})(M')$$

und

3) $p_n((Av).M') = p_n(\sum_{a\in A}(av).M') = \sum_{a\in A} p_n((av).M')$

$= \sum_{a\in A} q_n(av).M' = \sum_{a\in A}(\overline{w} \underset{k}{\otimes} a.1_{H'})M'$

schließlich die Beziehung

4) $\sum_{a\in A} gr\sigma_3(\overline{w} \underset{k}{\otimes} a.1_{H'})(M') = \sum_{a\in A}(\overline{w} \underset{k}{\otimes} a.1_{H'}).M'$

Nun gilt aber bekanntlich

5) $A.1_{H'} = A'.1_{H'} = k.1_{H'}$

Damit geht 4) schließlich über in die Beziehung

6) $gr\sigma_3(\overline{w} \underset{k}{\otimes} 1_{H'})(M') = \overline{w} \underset{k}{\otimes} M'$

Hieraus ergibt sich aber sofort, daß es einen Automorphismus $\alpha: M' \xrightarrow{\sim} M'$ des H'-Moduls M' geben muß, sodaß die Gleichung

7) $gr\sigma_3(\overline{w} \underset{k}{\otimes} 1_{H'}) = \overline{w} \underset{k}{\otimes} \alpha$

erfüllt ist. Damit ist die Behauptung ii') verifiziert und der Beweis des Satzes 12.6 beendet.

<u>12.7.</u> Sei W eine endlich-dimensionale Algebra über dem Grundkörper k. Wir sagen, W sei vollständig primär, wenn die Radikalrestklassenalgebra von W eine einfache k-Algebra ist. Es gilt nun der folgende

<u>Satz</u>: Sei k ein algebraisch abgeschlossener Grundkörper positiver Charakteristik p. Sei weiterhin W eine endlich-dimensionale k-Algebra sowie $G \in EGR/W$.* Dann gilt:

i) Ist W vollständig primär, und ist $\overline{G} = G/\widetilde{W}^*$ infinitesimal und unipotent, so ist das verschränkte Produkt $\overline{G} \underset{K,G}{\otimes} W$ ebenfalls vollständig primär.

ii) Ist W eine lokale Algebra, und ist $\overline{G} = G/\widetilde{W}$ konstant und unipotent, so ist das verschränkte Produkt $\overline{G} \underset{k,G}{\otimes} W$ ebenfalls eine lokale Algebra.

<u>Beweis</u>: Wir schicken zunächst die folgende Bemerkung voraus: Sie W eine beliebige endlich-dimensionale k-Algebra und M ein beliebiger, endlich-dimensionaler W-Modul. Der Endomorphismenring des W-Moduls M sei wieder mit E bezeichnet. Wir betrachten nun eine Remak-Krull-Schmidt-Zerlegung des W-Moduls M und die ihr zugeordnete Zerlegung der Eins in primitive, orthogonale Idempotente in E:

$$M = \coprod_{1 \leq i \leq n} M_i, \quad 1_E = \sum_{i=1}^{i=n} e_i$$

Dann ist $E = \coprod_{1 \leq i \leq n} E.e_i$ eine Remak-Krull-Schmidt-Zerlegung des E-Linksmoduls E, und es gilt:

$M_i \underset{W}{\xrightarrow{\sim}} M_j \iff E.e_i \underset{E}{\xrightarrow{\sim}} E.e_j$.

Wir beweisen nun zunächst die Behauptung i).
Wegen 11.5. können wir ohne Beschränkung der Allgemeinheit voraussetzen, daß $G/\widetilde{W}^* \xrightarrow{\sim} \alpha_p$ ist.
Offenbar genügt es nun anstelle von i) die folgende

Behauptung zu beweisen:

i_1) Sei W eine beliebige endlich-dimensionale k-Algebra und P ein unzerlegbarer, projektiver W-Modul. Sei weiterhin $G \in EGR/W^*$ mit $G/\widetilde{W^*} \xrightarrow{\sim} \alpha_p$ und $V = \alpha_p \underset{k,G}{\otimes} W$. Dann gehören alle direkten Summanden einer Remak-Krull-Schmidt-Zerlegung des V-Moduls $V \underset{W}{\otimes} P$ demselben Isomorphietyp an.
Wegen der vorangestellten Bemerkung ist i_1) gleichwertig mit der folgenden Aussage:

i_2) Sei W eine beliebige endlich-dimensionale k-Algebra und P ein unzerlegbarer, projektiver W-Modul. Sei weiterhin $G \in EGR/W^*$ mit $G/\widetilde{W^*} \xrightarrow{\sim} \alpha_p$ und $V = \alpha_p \underset{k,G}{\otimes} W$. Dann ist die Endomorphismenalgebra $End_V(V \underset{W}{\otimes} P)$ des V-Moduls $V \underset{W}{\otimes} P$ vollständig primär.

Zum Beweise von i_2) setzen wir $_FG = G_1$ und $_FG \cap W^* = {}_FW^* = G'_1$. Sei J_1 der Kern der kanonischen Surjektion in k-Algebren:

$$\pi: H(G'_1) \longrightarrow W$$

Dann gilt wegen 11.8. $J_1.H(G_1) = K_1 = H(G_1).J_1$ mit $K_1 = J_1H(G_1).J_1$. Weiterhin erhalten wir aus 11.8. einen kanonischen k-Algebrenisomorphismus

$$\psi: H(G_1)/K_1 \xrightarrow{\sim} V$$

Wir machen nun P über π zu einem $H(G'_1)$-Modul und $V \underset{W}{\otimes} P$ über ψ zu einem $H(G_1)$-Modul. Aus $J_1.P = 0$ folgt nun zusammen mit $J_1H(G_1) = H(G_1).J_1$ sofort die Beziehung $K_1 \otimes_{H(G'_1)} P = 0$. Zusammen mit der exakten Sequenz in $H(G_1)$-Moduln:

$$K_1 \otimes_{H(G'_1)} P \longrightarrow H(G_1) \otimes_{H(G'_1)} P \longrightarrow V \otimes_{H(G'_1)} P \longrightarrow 0$$

liefert dies wegen $V \otimes_W P \xrightarrow{\sim} V \otimes_{H(G_1)} \otimes_{H(G'_1)} P$ einen Isomorphismus in $H(G_1)$-Moduln

$$V \otimes_W P \xrightarrow{\sim} H(G_1) \otimes_{H(G'_1)} P.$$

Nun folgt aber andererseits aus der Gleichung $J_1 H(G_1) = H(G_1).J_1$, daß das zweiseitige Ideal $J_1 \subset H(G'_1)$ unter der Operation von G_1 auf $H(G'_1)$ durch innere Automorphismen in sich abgebildet wird. Betrachten wir nun das algebraische k-Schema $M_{H(G'_1),n}$ der n-dimensionalen Darstellungen von $H(G'_1)$ und in ihm das abgeschlossene Unterschema $M_{W,n} \subset M_{H(G'_1),n}$ der n-dimensionalen Darstellungen von $H(G'_1)/J_1 \xrightarrow{\sim} W$, so liefert die voraufgegangene Bemerkung über das Ideal $J_1 \subset H(G'_1)$, daß $M_{W,n}$ unter der Operation von G_1 auf $M_{H(G'_1),n}$ in sich abgebildet wird. Für $n = \dim_k P$ ist aber die dem Isomorphietyp von P entsprechende $Gl_{n,k}$-Bahn in $M_{W,n}$ offen und wird infolgedessen unter der Operation der infinitesimalen Gruppe G_1 auf $M_{W,n}$ in sich abgebildet (vergl. § 3). Dies bedeutet aber: $\mathrm{Stab}_{G_1}(P) = G_1$. Damit erhalten wir unter Benutzung von 12.6. die Isomorphismen in k-Algebren:

$$\mathrm{End}_V(V \otimes_W P) \xrightarrow{\sim} \mathrm{End}_{H(G_1)}(H(G_1) \otimes_{H(G'_1)} P) \xleftarrow{\sim} (G_1 \tilde{/} G'_1)^{op} \otimes_{k,L} E'$$

wobei wieder $E' = \mathrm{End}_{H(G'_1)}(P)$ und $L = L(G'_1, G_1, P)$ gesetzt sei.

Da wegen der Unzerlegbarkeit von P der Endomorphismenring E' von P eine lokale Algebra ist, genügt es anstelle von i_2) die folgende Behauptung zu verifizieren:

i_3) Sei W eine lokale k-Algebra und $G \in EGR/W^*$ mit $G\tilde{/}W^* \xrightarrow{\sim} \alpha_p$, so ist $V = \alpha_p \otimes_{k,G} W$ vollständig primär.

Zum Beweise von i_3) gehen wir aus von der exakten Sequenz in algebraischen k-Gruppen

$$1_k \longrightarrow W^* \longrightarrow G \longrightarrow \alpha_p \longrightarrow 1_k ,$$

welche wegen der Glattheit von W die exakte Sequenz in den zugehörigen p-Liealgebren induziert:

$$0 \longrightarrow \mathrm{Lie}W^* \longrightarrow \mathrm{Lie}G \longrightarrow \mathrm{Lie}\,\alpha_p \longrightarrow 0$$

Wir benutzen im folgenden stillschweigend die kanonischen Identifizierungen $W \xrightarrow{\sim} \mathrm{Lie}W^*$ und $V \xrightarrow{\sim} \mathrm{Lie}V^*$ sowie die kanonische Einbettung $\mathrm{Lie}G \hookrightarrow \mathrm{Lie}V^* \xrightarrow{\sim} V$.

Sei nun x ein von Null verschiedenes Element aus $\mathrm{Lie}\,\alpha_p$. Dann gibt es einen Repräsentanten $y \in \mathrm{Lie}G \subset V$ für x mit $y^{p^n} = 0$ für ein geeignetes $n \in \mathbb{N}$. In der Tat: Sei $y_1 \in \mathrm{Lie}G \subset V$ zunächst ein beliebiger Repräsentant von $x \in \mathrm{Lie}\,\alpha_p$. Dann ist $y_1^p \in W$. Da W eine lokale k-Algebra ist, existiert ein $n \in \mathbb{N}$ mit $y_1^{p^{n+1}} = r.1_W$ für ein geeignetes $r \in k$. Wir denken uns überdies n minimal mit dieser Eigenschaft gewählt. Da k algebraisch abgeschlossen ist, existiert ein $s \in k$ mit $s^{p^{n+1}} = r$. Dann erfüllt offenbar $y = y_1 - s.1_W$ die Bedingung $y^{p^{n+1}} = 0$, und die Potenzen $y, y^p, y^{p^2} \dots y^{p^n}$ bilden die Basis für die p-Liealgebra einer infinitesimalen, unipotenten, kommutativen algebraischen Untergruppe $U \subset G$ von der Höhe ≤ 1, welche durch die kanonische Projektion $G \to {}_p\alpha$ surjektiv (im garbentheoretischen Sinne) auf ${}_p\alpha$ abgebildet wird.

Bezeichnen wir nun mit G_o das Faserprodukt des Diagramms: $G \to {}_p\alpha \leftarrow U$, so erhalten wir ein kommutatives Diagramm mit exakten Zeilen in algebraischen k-Gruppen, dessen vertikale Morphismen sämtlich Garbenepimorphismen sind:

$$\begin{array}{ccccccccc}
1_k & \longrightarrow & W^* & \longrightarrow & G_o & \underset{s}{\rightleftarrows} & U & \longrightarrow & 1_k \\
 & & \downarrow{\scriptstyle id} & & \downarrow & \swarrow{\scriptstyle i} & \downarrow & & \\
1_k & \longrightarrow & W^* & \longrightarrow & G & \longrightarrow & {}_p\alpha & \longrightarrow & 1_k
\end{array}$$

Außerdem liefert die Inklusion $i : U \hookrightarrow G$ einen Schnitt $s : U \to G_o$ für die kanonische Projektion $G_o \to U$. Da nun Restklassenalgebren vollständig primärer Algebren wieder vollständig primär sind, liefert der surjektive Homomorphismus in k-Algebren $U \otimes_{k,G_o} W \to {}_p\alpha \otimes_{k,G} W$ schließlich die Bemerkung, daß es genügt, anstelle von $i_3)$ die folgende Behauptung zu verifizieren:

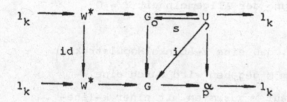

i_4) Sei W eine lokale, endlich-dimensionale k-Algebra. Sei weiterhin $G \in EGR/W^*$ gegeben derart, daß $G/\widetilde{W^*} = U$ unipotent und infinitesimal ist und daß darüberhinaus ein Schnitt $s : U \longrightarrow G$ in algebraischen k-Gruppen für die kanonische Projektion $G \longrightarrow U$ existiert, über den wir U als Untergruppe von G auffassen können. Dann ist das verschränkte Produkt $V = U \underset{k,G}{\otimes} W$ vollständig primär.

Zum Beweis dieser letzten Behauptung bemerken wir zunächst, daß es in der lokalen k-Algebra W ein größtes Linksideal $Y \subset W$ geben muß, das unter der Operation von U auf W durch innere Automorphismen in sich abgebildet wird. Man prüft sofort nach, daß Y sogar ein zweiseitiges Ideal von W sein muß. Wegen 11.6. können wir offenbar ohne Beschränkung der Allgemeinheit $Y = 0$ voraussetzen.

Wir bemerken nun noch, daß eine V-(Links)Modulstruktur auf einen k-Vektorraum M gegeben wird durch eine W-(Links)Modulstruktur auf M zusammen mit einer k-linearen Operation von U auf M derart, daß

$$g(w.m) = (gwg^{-1}).gm \quad \forall \quad g \in U,\ w \in W,\ m \in M$$

gilt. Versehen wir nun insbesondere den W-(Links) Modul W mit der U-Operation durch innere Automorphismen, so erhalten wir wegen $Y = 0$ einen einfachen V-Modul. Ist nun N ein weiterer einfacher V-Modul, so existiert in N wegen der Unipotenz von U ein unter U invariantes Element $n \in {}^U N$ mit $n \neq 0$. Dann ist die k-lineare Abbildung

$$h : W \longrightarrow N \quad \text{mit} \quad h(w) = w.n \quad \forall\, w \in W$$

ein von Null verschiedener Homomorphismus in einfachen V-Moduln, der infolgedessen sogar ein Isomorphismus sein muß. Dies bedeutet aber gerade, daß V vollständig primär ist.

Wir beweisen nun die Behauptung ii).

Sei $\mathfrak{m} \subset W$ das maximale Ideal von W. Wir bemerken zunächst, daß $\mathfrak{m}$ unter der Operation von G auf W durch innere Automorphismen in sich abgebildet wird. In der Tat: Einerseits wird $\mathfrak{m}$ ersichtlich von allen rationalen Punkten der algebraischen k-Gruppe G in sich abgebildet und andererseits ist G reduziert, denn W* ist reduziert, und $G/\tilde{W}^* \xrightarrow{\sim} \Gamma_k$ ist konstant. Also erhalten wir wiederum $\mathfrak{m}V = V\mathfrak{m}V = V\mathfrak{m}$, und damit ergibt sich schließlich, daß das zweiseitige Ideal $Y = V\cdot\mathfrak{m}\cdot V$ in V nilpotent ist. Wegen 11.6. gibt es nun einen kanonischen Isomorphismus in k-Algebren:

$$V/Y \xrightarrow{\sim} \Gamma_k \otimes_{k,G/\tilde{}(1+\mathfrak{m})} k \quad \text{mit} \quad \Gamma_k \xrightarrow{\sim} G/\tilde{W}^*.$$

Da Γ_k eine unipotente endliche, algebraische k-Gruppe ist, muß Γ eine endliche Gruppe der Ordnung p^n für ein geeignetes $n \in \mathbb{N}$ sein. Nun ist aber

$$H_0^2\,(\Gamma_k, \mu_k) = H^2(\Gamma, \mu_k(k)) = 0$$

denn der zweite Term wird von p^n annulliert, während

andererseits das Potenzieren mit p^n auf der multiplikativen Gruppe $\mu_k(k)$ des algebraisch abgeschlossenen Grundkörpers k einen Automorphismus auf dem Γ-Modul $\mu_k(k)$ und damit einen Automorphismus auf der Gruppe $H^2(\Gamma,\mu_k(k))$ induziert (N.B. $k^* = \mu_k$). Wir erhalten somit:

$$V/Y \xrightarrow{\sim} \Gamma_k \underset{k,G\tilde{/}(1+Y)}{\otimes} k \xrightarrow{\sim} k[\Gamma]$$

womit der Beweis von ii) beendet ist.

12.8. Corollar: Seien über einem algebraisch abgeschlossenen Grundkörper k der Charakteristik $p > 0$ zwei endliche, algebraische Gruppen $G' \subset G$ gegeben derart, daß G' ein Normalteiler von G ist. Weiterhin sei M ein unzerlegbarer H(G')-Modul, der unter G stabil ist. Dann gilt:

i) Ist $G\tilde{/}G'$ unipotent, so gehören alle direkten Summanden einer Remak-Krull-Schmidt-Zerlegung des induzierten H(G)-Moduls $H(G) \underset{H(G')}{\otimes} M$ demselben Isomorphietyp an.

ii) Ist $G\tilde{/}G'$ unipotent und konstant, so ist der induzierte H(G)-Modul $H(G) \underset{H(G')}{\otimes} M$ unzerlegbar.

Beweis: Der Beweis folgt unmittelbar aus 12.6., 12.7. und der Bemerkung zu Beginn des Beweises von 12.7.

12.9. Bemerkung: Die Behauptung ii) von 12.8. ist im wesentlichen gleichbedeutend mit einem auf Green zurückgehenden Satz über induzierte Darstellungen konstanter Gruppen (vergl. [11], § 52, theorem 52.4.). Daß sich der Satz von Green nicht auf den infinitesimalen Fall übertragen läßt, lehrt das folgende Beispiel: Wir betrachten wieder wie im Beispiel 2.13 von I über einem algebraisch abgeschlossenen Grundkörper k der Charakteristik 2 die infinitesimale, nilpotente Gruppe ${}_F Sl_2$ und in ihr die invariante Untergruppe $G' \subset {}_F Sl_2$, die durch die Gleichung

$$G'(R) = \left\{ \begin{pmatrix} \xi & 0 \\ \beta & \xi \end{pmatrix} \,\middle|\, \xi, \beta \in R, \xi^2 = 1, \beta^2 = 0 \right\} \quad \forall R \in M_k$$

gegeben wird. Sei nun W die irreduzible 2-dimensionale Darstellung von ${}_F Sl_2$ und $V = {}_{[G']} W$ die aus W durch Einschränkung auf $G' \subset {}_F Sl_2$ hervorgehende Darstellung von G', so ist V offenbar unzerlegbar, und man erhält für die induzierte Darstellung die Remak-Krull-Schmidt-Zerlegung

$$H({}_F Sl_2) \underset{H(G')}{\otimes} V \xrightarrow{\sim} W \amalg W$$

während andererseits ${}_F Sl_2 \widetilde{/} G' \xrightarrow{\sim} 2^{\alpha}$ gilt.

L i t e r a t u r

1. BARNES, D.W.: Nilpotency of Lie Algebras.
Math. Z. 79, S.237-238 (1962).

2. BARNES, D.W.: On the Cohomology of Soluble Lie Algebras.
Math. Z. 101, S.343-349 (1967).

3. BARNES, D.W.: The Frattini Argument for Lie Algebras.
Math. Z. 133, S.277-283 (1973).

4. BEGUERI, L.: Schéma d'automorphismes.
Application a l'étude d'extensions finies radicielles.
Bull. Sc. Math., vol.93, 1969, p. 89-111.

5. BERTIN, J.E.: Généralités sur les préschémas en groupes.
Séminaire de Géométrie Algébrique du Bois Marie 1962/64
(SGA 3), Exposé VI_B.
Lecture Notes in Mathematics 151, Springer.

6. BOURBAKI, N.: Eléments de mathématique.
Algèbre.
Paris: Hermann 1958.

7. BOURBAKI, N.: Eléments de mathématique.
Algèbre commutative
Paris: Hermann 1961.

8. BOURBAKI, N.: Eléments de mathématique.
Groupes et algèbres de Lie.
Paris: Hermann 1960.

9. CURTIS, C.W., REINER, I.: Representation theory of finite
groups and associative algebras.
New York - London: Interscience Publishers 1962.

10. DEMAZURE, M., GABRIEL, P.: Groupes algébriques.
Tome 1.
Paris-Amsterdam: Masson 1970.

11. DORNHOFF, L.: Group representation theory (A + B).
New York: Marcel Dekker, Inc. 1971.

12. GABRIEL, P.: Etude infinitésimale des schémas en groupes.
Séminaire de Géométrie Algébrique du Bois Marie 1962/64
(SGA 3). Exposé VII_A, VII_B.
Lecture Notes in Mathematics 151, Springer.

13. GABRIEL, P.: Indecomposable representations II.
Istituto nazionale di alta matematica.
Symposia mathematica, volume XI.

14. GOERINGER, G.: Modules biquadratiques.
Thèse.
Université de Strasbourg 1969.

15. GROTHENDIECK, A. , DIEUDONNE, J.:Eléments de géométrie algébrique.
Publications mathématiques.
Le Bois-Marie, Bures-sur-Yvette: Institut des hautes études
scientifiques.

16. HAMERNIK, W.: Group structure and properties of block ideals
of the group algebra.
Erscheint in J. of Glasgow Math. Soc.

17. HUPPERT, B.: Normalteiler und maximale Untergruppen in
endlichen Gruppen.
Math. Z. 60, S.409-434, (1954).

18. HUPPERT, B.: Endliche Gruppen I.
Berlin-Heidelberg-New York: Springer 1967.

19. MORITA, K.: On group rings over a modular field, which possess
radicals, expressible as principal ideals.
Science reports of the Tokyo Bunrika Daigaku 4(1951),177-194.

20. OBERST, U., SCHNEIDER, H.J.: Über Untergruppen endlicher algebraischer Gruppen.
Manuscripta math. 8, 217.241 (1973).

21. PAREIGIS, B.: When Hopfalgebras are Frobeniusalgebras.
J. of Algebra 18, 588-596 (1971).

22. PAREIGIS, B.: Kategorien und Funktoren.
Stuttgart: Teubner 1969.

23. SHODA, K.: Über monomiale Darstellungen einer endlichen Gruppe.
Nippon Sugaki-buturigakkwai Kizi, Proceedings of the Physico-Mathematical Society of Japan.
3rd series, volume 15 (1933), 251-257.

24. SCHWARCK, F.: Die Frattinialgebra einer Lie-Algebra.
Dissertation.
Kiel: Christian-Albrechts-Universität 1963.

25. SCHWARZ, C.: Komplettierung affiner und affine Hülle formaler Gruppen.
Diplomarbeit.
Bonn: Friedrich-Wilhelms-Universität 1975.

26. VOIGT, D.: Endliche Hopfalgebren.
Math. Z. 134, 189-203, (1973).

27. ZASSENHAUS, H.: Über Liesche Ringe mit Primzahlcharakteristik.
Hamb. Abh. 13, 1-100, (1939).

Sachverzeichnis